CAD/CAM/CAE 微视频讲解大系

中文版 **AutoCAD 2020** 建筑设计
从入门到精通
（实战案例版）

18 小时同步微视频讲解　　108 个实例案例分析

☑疑难问题集　☑应用技巧集　☑典型练习题　☑认证考题　☑常用图块集　☑大型图纸案例及视频

天工在线　编著

·北京·

内 容 提 要

《中文版 AutoCAD 2020 建筑设计从入门到精通（实战案例版）》以 AutoCAD 2020 为软件平台，讲述 AutoCAD 建筑设计中的各种绘制方法和技巧，是一本 AutoCAD 建筑设计的基础教程，也是一本案例视频教程。全书分 3 篇共 20 章，其中第 1 篇为基础知识篇，主要介绍了建筑设计基础知识和 AutoCAD 2020 的各种绘图知识，包括简单绘图、精确绘图、复杂二维绘图、图形编辑、文字与表格、尺寸标注和辅助绘图等。在讲解过程中，每个重要知识点均配有实例讲解，不仅可以让读者更好地理解和掌握知识点的应用，还可以提高读者的动手能力；第 2 篇为建筑施工图篇，通过大量案例详细讲解了不同建筑施工图的总平面图、平面图、立面图、剖面图和详图的绘制方法和具体过程；第 3 篇为办公大楼设计实例篇，详细讲解了办公大楼的总平面图、平面图、立面图、剖面图和详图的绘制方法和具体过程，通过办公大楼大型综合实例的讲解，帮助读者逐步学习和操练 CAD 建筑设计的完整过程。

《中文版 AutoCAD 2020 建筑设计从入门到精通（实战案例版）》一书配备了极为丰富的学习资源。其中配套资源包括：①18 小时的同步微视频讲解，扫描二维码，可以随时随地看视频，超方便；②全书实例的源文件和初始文件可以直接调用和查看，模仿学习，效率更高。附赠资源包括：①AutoCAD 疑难问题集、AutoCAD 应用技巧集、AutoCAD 常用图块集、AutoCAD 常用填充图案库、AutoCAD 常用快捷命令速查手册、AutoCAD 常用快捷键速查手册、AutoCAD 常用工具按钮速查手册等；②9 套建筑图纸设计方案及同步视频讲解，可以开阔视野；③AutoCAD 2020 认证考试大纲和认证考试样题库。

《中文版 AutoCAD 2020 建筑设计从入门到精通（实战案例版）》适合 AutoCAD 建筑设计入门与提高、AutoCAD 建筑设计从入门到精通的读者使用，也适合作为应用型高校或相关培训机构的 AutoCAD 建筑设计教材。使用 AutoCAD 2019、AutoCAD 2018、AutoCAD 2016、AutoCAD 2014 等版本的读者也可参考学习。

图书在版编目（CIP）数据

中文版 AutoCAD 2020 建筑设计从入门到精通：实
战案例版 / 天工在线编著. -- 北京：中国水利水电出
版社, 2020.10
（CAD/CAM/CAE微视频讲解大系）
ISBN 978-7-5170-8485-3

I. ①中… II. ①天… III. ①建筑设计－计算机辅助
设计－AutoCAD软件 IV. ①TU201.4

中国版本图书馆CIP数据核字（2020）第051580号

丛　书　名	CAD/CAM/CAE 微视频讲解大系
书　　　名	中文版 AutoCAD 2020 建筑设计从入门到精通（实战案例版） ZHONGWENBAN AutoCAD 2020 JIANZHU SHEJI CONG RUMEN DAO JINGTONG
作　　　者	天工在线 编著
出　版　发　行	中国水利水电出版社 （北京市海淀区玉渊潭南路 1 号 D 座 100038） 网址：www.waterpub.com.cn E-mail: zhiboshangshu@163.com 电话：（010）62572966-2205/2266/2201（营销中心）
经　　　售	北京科水图书销售中心（零售） 电话：（010）88383994、63202643、68545874 全国各地新华书店和相关出版物销售网点
排　　　版	北京智博尚书文化传媒有限公司
印　　　刷	涿州市新华印刷有限公司
规　　　格	203mm×260mm　16 开本　30.5 印张　792 千字　2 插页
版　　　次	2020 年 10 月第 1 版　2020 年 10 月第 1 次印刷
印　　　数	0001—5000 册
定　　　价	99.80 元

凡购买我社图书，如有缺页、倒页、脱页的，本社营销中心负责调换

Try your best
Never underestimate your power to change yourself!

中文版AutoCAD 2020建筑设计
从入门到精通（实战案例版）
本书部分图块

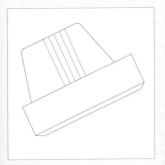
电脑

烤箱

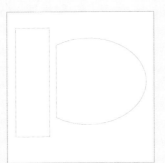
马桶

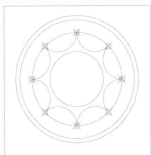
水晶吊灯

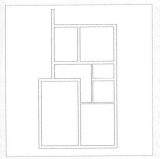
编辑住宅墙体

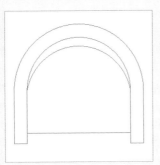
圈椅

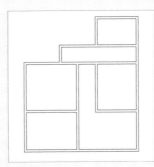
建筑墙体

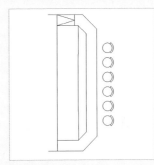
吧台

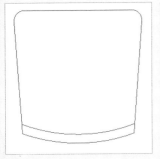
梳妆凳

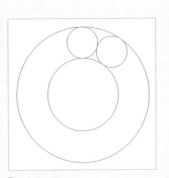
相切圆

坐便器

浴盆

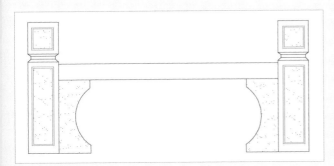
石栏杆

小房子

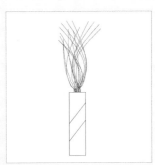
装饰瓶

中文版AutoCAD 2020建筑设计
从入门到精通（实战案例版）
本书部分图块

Try your best
Never underestimate your power to change yourself!

布纹沙发

台灯

锅

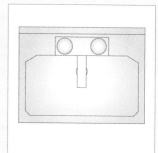
洗菜盆

雨伞

小屋

花园一角

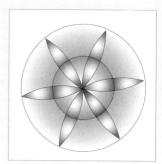
装饰盘

吧台

烤箱

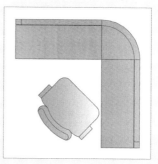
接待台

卡通造型

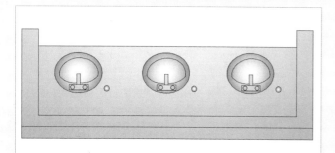
洗手台

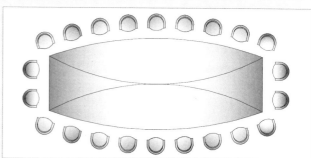
会议桌

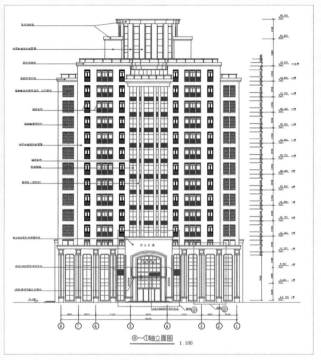

■ 办公大楼8-1轴立面图

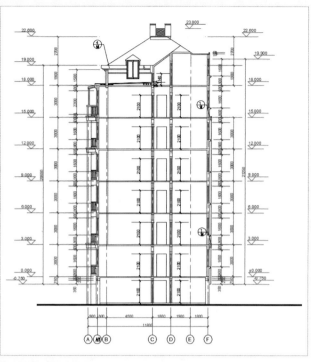

■ 某住宅剖面图

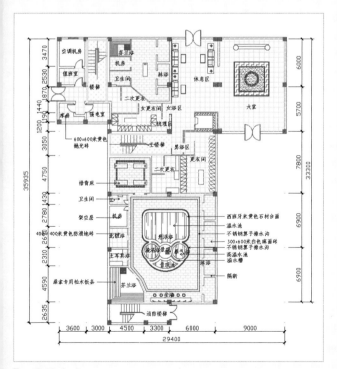

■ 康体中心

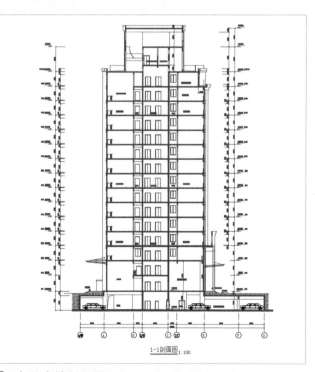

■ 办公大楼剖面图1-1

■ 办公楼立面

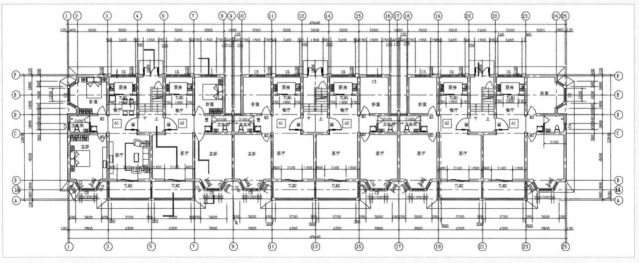

■ 住宅一层平面图

前　言

Preface

AutoCAD 是 Autodesk 公司开发的一种计算机辅助设计软件，是集二维绘图、三维设计、参数化设计、协同设计及通用数据库管理和互联网通信功能为一体的计算机辅助绘图软件包。随着计算机的发展，计算机辅助设计（CAD）和计算机辅助制造（CAM）技术得到了飞速发展。AutoCAD软件作为产品设计的一个十分重要的设计工具，因具有操作简单、功能强大、性能稳定、兼容性好、扩展性强等优点，成为计算机 CAD 系统中应用最为广泛的图形软件之一。AutoCAD 软件采用的.dwg 文件格式，也成为二维绘图的一种常用技术标准。建筑设计作为 AutoCAD 的一个重要应用方向，在建筑平面图、立面图、剖面图和详图的绘制方面发挥着重要作用，更因绘图的便利性和可修改性，使工作效率在很大程度上得到了提高。

本书将以目前最新、功能最强的 AutoCAD 2020 版本为基础进行讲解。

本书特点

➘　内容合理，适合自学

本书定位以初学者为主，并充分考虑到初学者的特点，内容讲解由浅入深，循序渐进，能引领读者快速入门。在知识点上不求面面俱到，但求够用，学好本书，能满足建筑设计工作中需要的所有常用技术。

➘　视频讲解，通俗易懂

为了提高学习效率，书中的大部分实例都录制了教学视频。视频录制时采用模仿实际授课的形式，在各知识点的关键处给出解释、提醒和需注意事项，专业知识和经验的提炼，让读者高效学习的同时，更多地体会绘图的乐趣。

➘　内容全面，实例丰富

本书第一部分为基础章节，分别介绍了建筑设计基础知识和AutoCAD 2020 的各种绘图知识，包括简单绘图、精确绘图、复杂二维绘图、图形编辑、文字与表格、尺寸标注和辅助绘图等。第二和第三部分为案例实战篇，分别讲解了不同建筑施工图的总平面图、平面图、立面图、剖面图和详图的绘制方法和具体过程，以及办公大楼的总平面图、平面图、立面图、剖面图和详图的绘制方法和具体过程，通过大量实例的讲解，帮助读者逐步学习和操练CAD建筑设计的完整过程。

➘　栏目设置，精彩关键

根据需要并结合实际工作经验，作者在书中穿插了大量的"注意""说明""教你一招"等小栏目，给读者以关键提示。为了让读者更多地动手操作，书中还设置了"动手练"模块，让读者在快速理解相关知识点后动手练习，达到举一反三的效果。

本书显著特色

> ↘ **体验好，随时随地学习**

二维码扫一扫，随时随地看视频。书中大部分实例都提供了二维码，读者朋友可以通过手机微信扫一扫，随时随地观看相关的教学视频（若个别手机不能播放，请参考"本书学习资源列表及获取方式"，在计算机上下载观看）。

> ↘ **资源多，全方位辅助学习**

从配套到拓展，资源库一应俱全。本书提供了几乎所有实例的配套视频和源文件，还提供了应用技巧集、疑难问题集、常用图块集、全套工程图纸案例、各种快捷命令速查手册、认证考试练习题等，学习资源一网打尽！

> ↘ **实例多，用实例学习更高效**

案例丰富详尽，边做边学更快捷。跟着大量实例去学习，边学边做，从做中学，可以使学习更深入、更高效。

> ↘ **入门易，全力为初学者着想**

遵循学习规律，入门实战相结合。编写模式采用"基础知识+中小实例+综合演练+模拟认证考试"的形式，有知识、有实例、有习题，内容由浅入深，循序渐进，入门与实战相结合。

> ↘ **服务快，让你学习无后顾之忧**

提供QQ群在线服务，随时随地可交流。提供QQ群、公众号等多渠道贴心服务。

本书学习资源列表及获取方式

为让读者朋友在最短的时间内学会并精通 AutoCAD 辅助绘图技术，本书提供了极为丰富的学习配套资源。具体如下。

> ↘ **配套资源**

（1）为方便读者学习，本书所有实例均录制了视频讲解文件（可扫描二维码直接观看或通过下述方法下载后观看）。

（2）用实例学习更专业，本书包含中小实例共108个（素材和源文件可通过下述方法下载后参考和使用）。

> ↘ **拓展学习资源**

（1）AutoCAD 应用技巧集（100条）

（2）AutoCAD 疑难问题集（180问）

（3）AutoCAD 认证考试练习题（256道）

（4）AutoCAD 常用图块集（600个）

（5）AutoCAD 常用填充图案集（671个）

（6）AutoCAD 大型设计图纸视频及源文件（9套）

（7）AutoCAD 常用快捷命令速查手册（1部）

（8）AutoCAD 常用快捷键速查手册（1部）

（9）AutoCAD 常用工具按钮速查手册（1部）

（10）AutoCAD 2020 工程师认证考试大纲（2部）

以上资源的获取及联系方式（注意本书不配带光盘，以上提到的所有资源均需通过下面的方法下载后使用）。

（1）用手机微信扫描下方的二维码，获取本书的各类资源。

（2）读者可加入QQ群1059217543，与作者和广大读者在线交流学习（若群满，会创建新群，请注意加群时的提示，并根据提示加入相应的群）。

↘　**特别说明（新手必读）：**

在读者朋友学习本书时或按照本书上的实例进行操作之前，请先在计算机中安装AutoCAD 2020中文版软件，您可以在Autodesk官网下载该软件试用版本（或购买正版），也可在网上商城或者软件经销商处购买并安装软件。

关于作者

本书由天工在线组织编写。天工在线是一个CAD/CAM/CAE技术研讨、工程开发、培训咨询和图书创作的工程技术人员协作联盟，包含40多位专职和众多兼职CAD/CAM/CAE工程技术专家。

天工在线负责人由 Autodesk 中国认证考试中心首席专家担任，全面负责 Autodesk 中国官方认证考试大纲制定、题库建设、技术咨询和师资力量培训工作，其成员精通 Autodesk 系列软件。其创作的很多教材成为国内具有引导性的旗帜作品，在国内相关专业方向图书创作领域具有举足轻重的地位。

致谢

本书能够顺利出版，是作者、编辑和所有审校人员共同努力的结果，在此表示深深的感谢。同时，祝福所有读者在通往优秀设计师的道路上一帆风顺。

编　者

目　录

Contents

第 1 篇　基础知识篇

第2篇　建筑施工图篇

第3篇　办公大楼设计实例篇

1

建筑设计是为人类建立良好生活环境的综合艺术和科学，是一门涵盖极广的专业。建筑设计是根据建筑物的使用性质、所处环境和相应的标准，运用物质技术手段和建筑美学原理，创造功能合理、舒适优美、满足人们物质和精神生活需要的室内外空间环境。

第 1 篇　基础知识篇

本篇主要介绍建筑设计的一些基础知识与AutoCAD 2020基础知识，包括建筑设计基本概念、AutoCAD 2020入门、基本绘图设置、二维绘图命令、二维编辑命令、文字与表格、尺寸标注和辅助绘图工具。通过本篇的学习，可以为读者在AutoCAD 2020建筑设计方面的应用打下坚实的理论基础，为后面具体的建筑设计进行必要的知识准备。

第1章 建筑设计基本概念

内容简介

建筑设计是指在建造建筑物之前，设计者按照建设任务，将施工过程和使用过程中所存在的或可能发生的问题，事先做好通盘的设想，拟定好解决这些问题的办法、方案，并用图纸和文件表达出来。本章将简要介绍建筑设计的一些基础知识，包括建筑设计概论、建筑设计特点、建筑制图概述、建筑制图的要求及规范、建筑制图的内容及编排顺序等内容。

内容要点

➤ 建筑设计基础理论
➤ 建筑制图基础知识

案例效果

1.1 建筑设计基础理论

本节将简要介绍建筑设计的一些基础理论及其特点。

1.1.1 建筑设计概论

建筑设计是为人类建立良好生活环境的综合艺术和科学，是一门涵盖极广的专业。从总体上说，建筑设计由三大阶段构成，即方案设计、初步设计和施工图设计。方案设计主要是构思建筑的总体布局，包括各个功能空间的设计、高度、层高、外观造型等内容；初步设计是对方案设计的进一步细化，确定建筑的具体尺度和大小，包括建筑平面图、建筑剖面图和建筑立面图等；施工图设计则是将建筑构思变成图纸的重要阶段，是建造建筑的主要依据，除包括建筑平面图、建筑剖面图和建筑立面图等之外，还包括各个建筑大样图、建筑构造节点图，以及其他专业设计图纸，如结构施工图、电气设备施工图、暖通空调设备施工图等。总的来说，建筑施工图越详细越好，要准确无误。

在建筑设计中，需按照国家规范及标准进行设计，确保建筑的安全、经济、适用等。需遵守的国家建筑设计规范主要如下。

（1）《房屋建筑制图统一标准》（GB/T 50001—2010）。

（2）《建筑制图标准》（GB/T 50104—2010）。

（3）《建筑内部装修设计防火规范》（GB 50222—2017）。

（4）《建筑工程建筑面积计算规范》（GB/T 50353—2013）。

（5）《民用建筑设计通则》（GB 50352—2005）。

（6）《建筑设计防火规范》（GB 50016—2014）。

（7）《建筑采光设计标准》（GB 50033—2013）。

（8）《建筑照明设计标准》（GB 50034—2013）。

（9）《汽车库、修车库、停车场设计防火规范》（GB 50067—2014）。

（10）《自动喷水灭火系统设计规范》（GB 50084—2017）。

（11）《公共建筑节能设计标准》（GB 50189—2015）。

（12）其他标准。

注意

建筑设计规范中 GB 是国家标准，此外还有行业规范、地方标准等。

建筑设计是为人们提供环境空间的综合艺术和科学，与人们日常的学习、工作和生活息息相关，从住宅到商场大楼，从写字楼到酒店，从教学楼到体育馆，无处不与建筑设计紧密联系。如图1-1和图1-2 所示是两种不同风格的建筑。

图 1-1　高层商业建筑

图 1-2　别墅建筑

1.1.2　建筑设计特点

建筑设计是根据建筑物的使用性质、所处环境和相应标准，运用物质技术手段和建筑美学原理，创造功能合理、舒适优美、满足人们物质和精神生活需要的室内外空间环境。设计构思时，需要运用物质技术手段，如各类装饰材料和设施设备等，还需要遵循建筑美学原理，综合考虑使用功能、结构施工、材料设备、造价标准等多种因素。

从设计者的角度来分析建筑设计的方法，主要有以下几点。

1．大处着眼、细处着手，总体与细部深入推敲

大处着眼是建筑设计应考虑的几个基本点之一，是指有一个设计的全局观念，这样设计思考问题更全面，着手设计的起点更高。细处着手是指具体进行设计时，必须根据建筑的使用性质，深入调查、收集信息，掌握必要的资料和数据，从最基本的人体尺度、人流动线、活动范围和特点、家具与设备的尺寸，以及使用它们所需的空间等方面着手。

2．从里到外、从外到里，局部与整体协调统一

建筑室内空间环境需要与建筑整体的性质、标准、风格，以及室外环境相互协调统一，它们之间有着相互依存的密切关系，设计时需要从里到外、从外到里多次反复协调，从而使设计更趋完善合理。

3．意在笔先或笔意同步，立意与表达并重

意在笔先原指创作绘画时必须先有立意，即深思熟虑，有了"想法"后再动笔。也就是说，设计的构思、立意至关重要。具体设计时，可以说一项设计，如果没有立意就等于没有"灵魂"，设计的难度也往往在于要有一个好的的构思。意在笔先固然好，但是一个较为成熟的构思，往往需要有足够的信息量，有商讨和思考的时间，因此也可以边动笔边构思，即所谓笔意同步，在设计前期和出方案过程中使立意、构思逐步明确，关键仍然是要有一个好的构思。

📢 注意

> 对于建筑设计来说，正确、完整、富有表现力地表达出建筑室内外空间环境设计的构思和意图，使建设者和评审人员能够通过图纸、模型、说明等，全面地了解设计意图也是非常重要的。

根据设计的进程，通常将建筑设计分为4个阶段，即准备阶段、方案阶段、施工图阶段和实施阶段。

1．准备阶段

设计准备阶段主要是接受委托任务书，签订合同，或者根据标书要求参加投标；明确设计任务和要求，如建筑设计任务的使用性质、功能特点、设计规模、等级标准、总造价，以及根据任务的使用性质所需创造的建筑室内外空间环境氛围、文化内涵或艺术风格等。

2．方案阶段

方案阶段是指在准备阶段的基础上进一步收集、分析、运用与设计任务有关的资料与信息，构思立意，进行初步方案设计，进而深入设计，进行方案的分析与比较，最终确定初步设计方案，提供设计文件，如平面图、立面图、透视效果图等。如图1-3所示是某个项目建筑设计方案效果图。

3．施工图阶段

施工图阶段主要是提供平面图、剖面图、立面图、构造节点图、大样图，以及结构施工图、电气设备施工图、暖通空调设备施工图等图纸，满足施工的需要。如图1-4所示是某个项目建筑平面施工图。

4. 实施阶段

实施阶段也就是工程的施工阶段。建筑工程在施工前,设计人员应向施工单位进行设计意图说明及图纸的技术交底;工程施工期间需按图纸要求核对施工实况,有时还需根据现场实况提出对图纸的局部修改或补充;施工结束时,会同质检部门和建设单位进行工程验收。如图 1-5 所示是正在施工中的建筑(局部)。

图 1-3 建筑设计方案

图1-4 建筑平面施工图(局部)

图 1-5 施工中的建筑

📢 **注意**

为了使设计取得预期效果,建筑设计人员必须抓好各个环节,充分重视设计、施工、材料、设备等各个方面,协调好与建设单位和施工单位之间的相互关系,在设计意图和构思方面进行沟通,达成共识,以期取得理想的设计工程成果。

一套工业与民用建筑的建筑施工图通常包括以下几大类。

1. 建筑平面图(简称平面图)

建筑平面图是按照一定比例绘制的建筑的水平剖切图。通俗地讲,就是将一幢建筑窗台以上部分切掉,再将切面以下部分用直线和各种图例、符号直接绘制在纸上,以直观地表示建筑在设计和使用上的基本要求和特点。建筑平面图一般比较详细,通常采用较大的比例,如 1:200、1:100 和 1:50,并标出实际的详细尺寸。如图 1-6 所示为某建筑标准层平面图。

2. 建筑立面图(简称立面图)

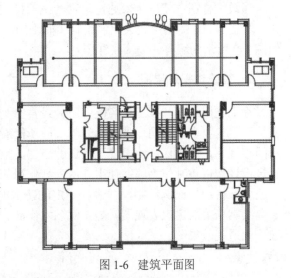

图 1-6 建筑平面图

建筑立面图是按一定比例,在与建筑立面平行的铅垂投影面上所作的投影图,主要用来表达建筑物各个立面的形状和外墙面的装修等。它展示的是建筑物的外部形式，说明了建筑物长、宽、高的尺寸，表现了楼地面标高、屋顶的形式、阳台位置和形式、门窗洞口的位置和形式，以及外墙装饰的设计形式、材料及施工方法等。如图1-7所示为某建筑的立面图。

3. 建筑剖面图（简称剖面图）

建筑剖面图是按照一定比例绘制的建筑竖直方向剖切前视图，用于表达建筑内部的空间高度、室内立面布置、结构和构造等情况。在绘制剖面图时，应包括各层楼面的标高、窗台、窗上口、室内尺寸等，剖切楼梯应表明楼梯分段与分级数量；建筑主要承重构件的相互关系，画出房屋从屋面到地面的内部构造特征，如楼板构造、隔墙构造、内门高度、各层梁和板位置、屋顶的结构形式与用料等；注明装修方法，如楼、地面做法，所用材料也要加以说明，标明屋面做法及构造；各层的层高与标高，标明各部位高度尺寸等。如图1-8所示为某建筑的剖面图。

图1-7　建筑立面图

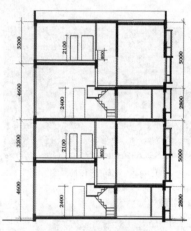

图1-8　建筑剖面图

4. 建筑大样图（简称详图）

建筑大样图主要用于表达建筑物的细部构造、节点连接形式，以及构件、配件的形状大小、材料、做法等。详图要用较大比例绘制（如1:20、1:5等），尺寸标注要准确齐全，文字说明要详细。如图1-9所示为墙身（局部）详图。

5. 建筑透视效果图

除上述图纸外，在工程实践中还会经常绘制建筑透视图。尽管它不是必要的施工图，但由于能够呈现建筑物内部空间或外部形体与实际所能看到的建筑本身相类似的主体图像，具有强烈的三维空间透视感，非常直观地表现了建筑的造型、空间布置、色彩和外部环境等多方面内容，因此常在建筑设计和销售时作为辅助使用。从高处俯视的透视图又称"鸟瞰图"或"俯视图"。建筑透视图一般要严格地按比例绘制，并进行一定的艺术加工，这种图通常被称为建筑表现图或建筑效果图。一幅绘制精美的建筑表现图就是一件艺术作品，具有很强的艺术感染力。如图1-10所示为某建筑三维外观透视效果图。

📢 注意

目前普遍采用计算机绘制效果图，其特点是透视效果逼真，可以复制多份。

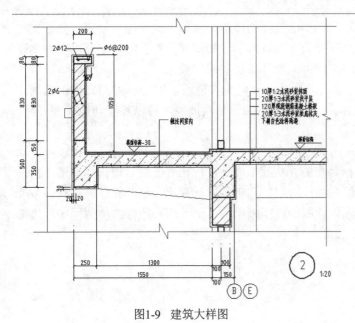

图1-9 建筑大样图

图1-10 建筑透视效果图

1.2 建筑制图基础知识

建筑设计图纸是交流设计思想、传达设计意图的技术文件。尽管 AutoCAD 功能强大，但它毕竟不是专门为建筑设计定制的软件，一方面需要在用户的正确操作下才能实现其绘图功能；另一方面需要用户遵循统一制图规范，在正确的制图理论及方法的指导下来操作，才能生成合格的图纸。可见，即使在当今大量采用计算机绘图的形势下，仍然有必要掌握基本绘图知识。基于此，本节对必备的制图知识做简单介绍，已掌握该部分内容的读者可跳过。

1.2.1 建筑制图概述

1. 建筑制图的概念

建筑图纸是建筑设计人员用来表达设计思想、传达设计意图的技术文件，是方案投标、技术交流和建筑施工的要件。建筑制图是根据正确的制图理论及方法，按照国家统一的建筑制图规范将设计思想和技术特征清晰、准确地表现出来。建筑图纸包括方案图、初设图、施工图等类型。国家标准《房屋建筑制图统一标准》（GB/T 50001—2010）、《总图制图标准》（GB/T 50103—2010）、《建筑制图标准》（GB/T 50104—2010）是建筑专业手工制图和计算机制图的依据。

2. 建筑制图的方式

建筑制图有手工制图和计算机制图两种方式。手工制图又分为徒手绘制和工具绘制两种。

手工制图是作为建筑师必须掌握的技能，也是学习 AutoCAD 软件或其他绘图软件的基础。手工制图体现出一种绘图素养，直接影响计算机图面的质量，而其中的徒手绘制则是建筑师职场上的闪光点和敲门砖，不可偏废。采用徒手绘制的方式可以绘制全部的图纸文件，但是需要花费大量的精力和时间。计算机制图是指操作计算机绘图软件画出所需图形，并形成相应的图形电子文件，可以进一步通过绘图仪或打印机将图形文件输出，形成具体的图纸。这种方式快速、便捷，易于文档存储，便于图纸的重复利用，可以大大提高设计效率。目前手工制图（简称手绘）主要用在方案设计的前期，而后期成品方案图及初设图、施工图都采用计算机制图完成。

总之，这两种技能同等重要，不可偏废。在本书中，我们重点讲解运用 AutoCAD 2020 绘制建筑图的方法和技巧，对于手绘方面不做具体介绍。若需要加强此项技能，可以参看其他有关书籍。

3. 建筑制图程序

建筑制图的程序是与建筑设计的程序相对应的。从整个设计过程来看，按照设计方案图、初设图、施工图的顺序来进行。后面阶段的图纸在前一阶段的基础上进行深化、修改和完善。就每个阶段而言，一般遵循平面图、立面图、剖面图、详图的过程来绘制。至于每种图样的制图程序，将在后面章节结合 AutoCAD 操作来讲解。

1.2.2 建筑制图的要求及规范

1. 图幅、标题栏及会签栏

图幅即图面的大小，分为横式和立式两种。根据国家标准的规定，按图面的长和宽的大小确定图幅的等级。建筑常用的图幅有A0（也称0号图幅，其余类推）、A1、A2、A3和A4，每种图幅的长宽尺寸如表1-1所示，其中的尺寸代号意义如图1-11和图1-12所示。

表 1-1 图幅标准　　　　　　　　　　　　　　　　　　单位：mm

尺寸代号 ＼ 图幅代号	A0	A1	A2	A3	A4
$b×l$	841×1189	594×841	420×594	297×420	210×297
c	10			5	
a	25				

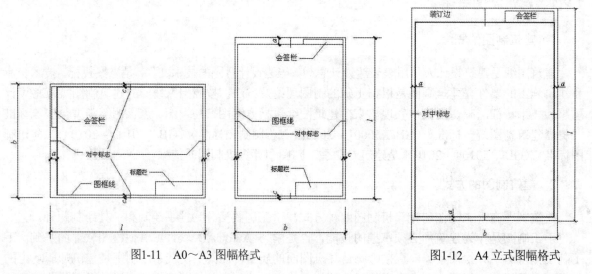

图1-11 A0～A3 图幅格式　　　　　　　　　图1-12 A4 立式图幅格式

A0～A3图纸可以在长边加长，但短边一般不应加长，加长尺寸如表1-2所示。如有特殊需要，可采用$b×l$ =841mm×891mm或1189mm×1261mm 的幅面。

表1-2　图纸长边加长尺寸　　　　　　　　　　　　单位：mm

图　幅	长边尺寸	长边加长后尺寸
A0	1189	1486、1635、1783、1932、2080、2230、2378
A1	841	1051、1261、1471、1682、1892、2102
A2	594	743、891、1041、1189、1338、1486、1635、1783、1932、2080
A3	420	630、841、1051、1261、1471、1682、1892

标题栏包括设计单位名称、工程名称区、签字区、图名区，以及图号区等内容。一般标题栏格式如图 1-13 所示；如今不少设计单位采用自己个性化的标题栏格式，但是仍必须包括这几项内容。

会签栏是为各工种负责人审核后签名所用的表格，其中包括专业、姓名、日期等内容，如图1-14所示。对于不需要会签的图纸，可以不设此栏。

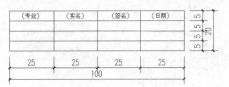

图1-13　标题栏格式　　　　　　　　　　　　图 1-14　会签栏格式

此外，需要微缩复制的图纸，其中一条边上应附有一段准确米制尺度，4条边上均附有对中标志。米制尺度的总长应为100mm，分格应为10mm；对中标志应画在图纸各边长的中点处，线宽应为0.35mm，伸入框内应为5mm。

2. 线型要求

建筑图纸主要由各种线条构成，不同的线型表示不同的对象和不同的部位，代表着不同的含义。为了使图面能够清晰、准确、美观地表达设计思想，工程实践中采用了一套常用的线型，并规定了它们的使用范围，其统计如表 1-3 所示。

表1-3　常用线型统计

名　称		线　型	线　宽	适　用　范　围
实线	粗		b	建筑平面图、剖面图、构造详图中被剖切的主要构件截面轮廓线；建筑立面图外轮廓线；图框线；剖切线；总图中的新建建筑物轮廓
	中		$0.5b$	建筑平面图、剖面图中被剖切的次要构件的轮廓线；建筑平面图、立面图、剖面图中构配件的轮廓线；详图中的一般轮廓线
	细		$0.25b$	尺寸线、图例线、索引符号、材料线及其他细部刻画用线等
虚线	中		$0.5b$	主要用于构造详图中不可见的实物轮廓；平面图中的起重机轮廓；拟扩建的建筑物轮廓
	细		$0.25b$	其他不可见的次要实物轮廓线
点画线	细		$0.25b$	轴线、构配件的中心线、对称线等
折断线	细		$0.25b$	省略画图样时的断开界线
波浪线	细		$0.25b$	构造层次的断开界线，有时也表示省略画出时的断开界线

图线宽度b宜从2.0mm、1.4mm、1.0mm、0.7mm、0.5mm、0.35mm等线宽中选取。不同的b值产生不同的线宽组。在同一张图纸内，各种不同线宽组中的细线可以统一采用较细的线宽组中的细线。对于需要微缩的图纸，线宽不宜≤0.18mm。

3．尺寸标注

尺寸标注的一般原则有以下几点。

（1）尺寸标注应力求准确、清晰、美观大方。同一张图纸中，标注风格应保持一致。

（2）尺寸线应尽量标注在图样轮廓线以外，从内到外依次标注从小到大的尺寸，不能将大尺寸标在内而将小尺寸标在外，如图1-15所示。

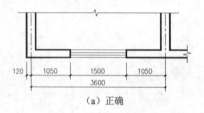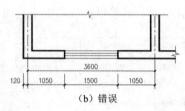

图1-15　尺寸标注正误对比

（3）最内一道尺寸线与图样轮廓线之间的距离不应小于10mm，两道尺寸线之间的距离一般为7～10mm。

（4）尺寸界线朝向图样的端头距图样轮廓的距离应≥2mm，不宜直接与之相连。

（5）在图线拥挤的地方，应合理安排尺寸线的位置，但不宜与图线、文字及符号相交；可以考虑将轮廓线用作尺寸界线，但不能作为尺寸线。

（6）室内设计图中连续重复的构配件等，当不易标明定位尺寸时，可在总尺寸的控制下，定位尺寸不用数值而用"均分"或"EQ"字样表示，如图1-16所示。

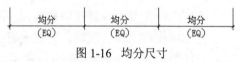

图1-16　均分尺寸

4．文字说明

在一幅完整的图纸中用图线方式表现得不充分和无法用图线表示的地方，就需要进行文字说明，如设计说明、材料名称、构配件名称、构造做法、统计表及图名等。文字说明是图纸内容的重要组成部分。制图规范对文字标注中的字体、字号大小、字体字号搭配等方面做了一些具体规定。

（1）一般原则：字体端正、排列整齐、清晰准确、美观大方，避免过于个性化的文字标注。

（2）字体：一般标注推荐采用仿宋字，大标题、图册封面、地形图等的汉字，也可书写成其他字体，但应易于辨认。

字型示例如下。

① 仿宋：建筑（小四）、建筑（四号）、建筑（二号）。

② 黑体：建筑（四号）、建筑（小二）。

③ 楷体：建筑（小四）、建筑（二号）。

④ 字母、数字及符号：0123456789abcdefghijk%@ 或 0123456789abcde

fghijk%@。

（3）字的大小：标注的文字高度要适中。同一类型的文字采用同一大小的字。较大的字用于较概括性的说明内容，较小的字用于较细致的说明内容。文字的字高应从如下系列中选用：3.5mm、5mm、7mm、10mm、14mm、20mm。如需书写更大的字，其高度应按 $\sqrt{2}$ 的比值递增。注意字体及大小搭配的层次感。

5. 常用图示标志

（1）详图索引符号及详图符号。

平面图、立面图、剖面图中，在需要另设详图表示的部位标注一个索引符号，以表明该详图的位置，这个索引符号即详图索引符号，如图1-17所示。详图索引符号采用细实线绘制，圆圈直径10mm。如图1-17（d）、图1-17（e）、图1-17（f）和图1-17（g）所示形式用于索引剖面详图。当详图就在本张图纸时，采用如图1-17（a）所示形式；当详图不在本张图纸时，采用图1-17（b）、图1-17（c）、图1-17（d）、图1-17（e）、图1-17（f）、图1-17（g）所示形式。

详图符号即详图的编号，用粗实线绘制，圆圈直径为14mm，如图1-18所示。

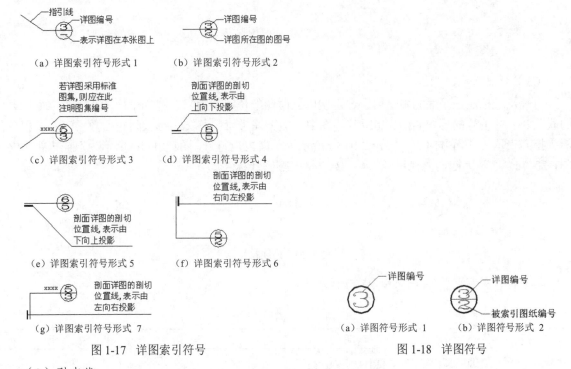

（a）详图索引符号形式1　　（b）详图索引符号形式2

（c）详图索引符号形式3　　（d）详图索引符号形式4

（e）详图索引符号形式5　　（f）详图索引符号形式6

（g）详图索引符号形式7

图 1-17　详图索引符号

（a）详图符号形式1　　（b）详图符号形式2

图 1-18　详图符号

（2）引出线。

由图样引出一条或多条线段指向文字说明，该线段就是引出线。引出线与水平方向的夹角一般采用0°、30°、45°、60°、90°，常见的引出线形式如图1-19所示。其中，图1-19（a）、图1-19（b）、图1-19（c）、图1-19（d）、图1-19（i）所示为普通引出线，图1-19（e）、图1-19（f）、图1-19（g）、图1-19（h）所示为多层构造引出线。使用多层构造引出线时，注意构造分层的顺序应与文字说明的分层顺序一致。文字说明可以放在引出线的端头，如图1-19（a）～图 1-19（h）所示；也可放在引出线水平段之上，如图1-19（i）所示。

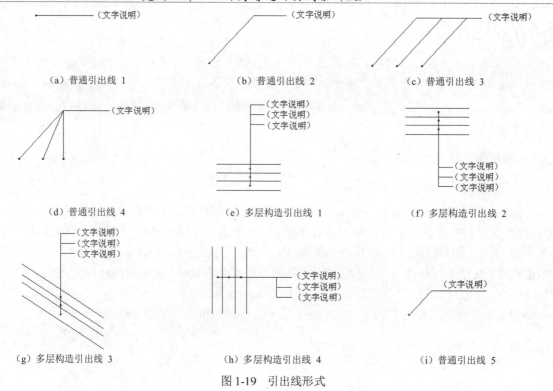

图 1-19　引出线形式

（3）内视符号。

内视符号标注在平面图中，用于表示室内立面图的位置及编号，建立平面图和室内立面图之间的联系。内视符号的形式如图1-20所示，图中立面图编号可用英文字母或阿拉伯数字表示，黑色的箭头指向表示的立面方向。其中图1-20（a）所示为单向内视符号，图1-20（b）所示为双向内视符号，图1-20（c）所示为四向内视符号，A、B、C、D顺时针标注。

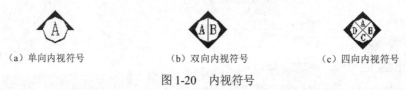

图 1-20　内视符号

其他符号图例汇总如表1-4和表1-5所示。

表 1-4　建筑常用符号图例

符　号	说　明	符　号	说　明
3.600 3.600	标高符号，线上数字为标高值，单位为 m。下面一个在标注位置比较拥挤时采用	i=5%	表示坡度
① Ⓐ	轴线号	1/1　1/A	附加轴线号
1　　　1	标注剖切位置的符号，标数字的方向为投影方向，"1"与剖面图的编号"1-1"对应	2　　2	标注绘制断面图的位置，标数字的方向为投影方向，"2"与断面图的编号"2-2"对应

符 号	说 明	符 号	说 明
	对称符号。在对称图形的中轴位置画此符号，可以省略画出另一半图形	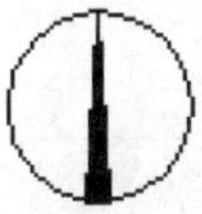	指北针
	方形坑槽	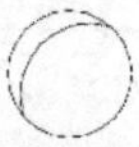	圆形坑槽
	方形孔洞		圆形孔洞
@	表示重复出现的固定间隔。例如，"双向木格栅@500"	ϕ	表示直径，如$\phi30$
 平面图 1:100	图名及比例	 ①1:5	索引详图名及比例
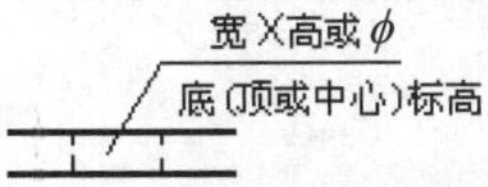 宽×高或ϕ／底(顶或中心)标高	墙体预留洞	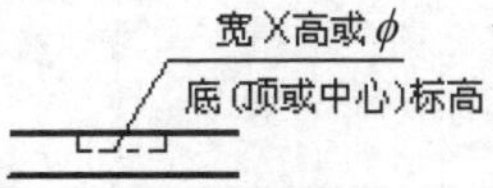 宽×高或ϕ／底(顶或中心)标高	墙体预留槽
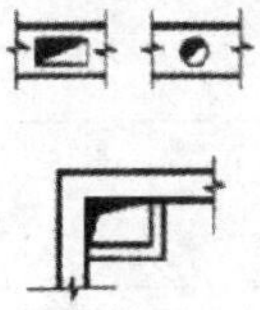	烟道	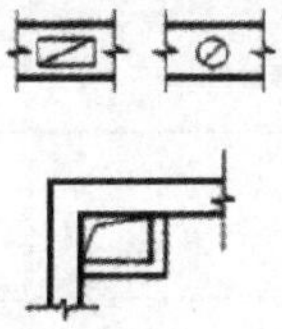	通风道

表 1-5 总图常用图例

符 号	说 明	符 号	说 明
	新建建筑物，用粗线绘制。需要时，表示出入口位置▲及层数 X。轮廓线以±0.00处外墙定位轴线或外墙皮线为准。需要时，地上建筑用中实线绘制，地下建筑用细虚线绘制	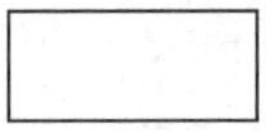	原有建筑，用细线绘制
	拟扩建的预留地或建筑物，用中虚线绘制		新建地下建筑或构筑物，用粗虚线绘制
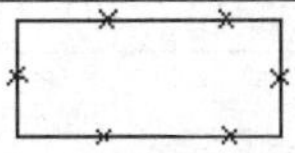	拆除的建筑物，用细实线表示	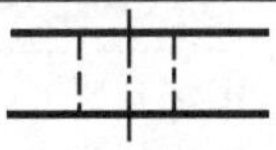	建筑物下面的通道
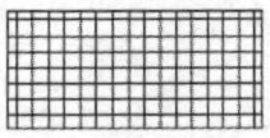	广场铺地	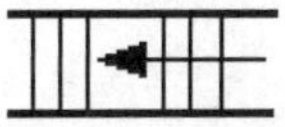	台阶，箭头指向表示向上
	烟囱。实线为下部直径，虚线为基础。必要时，可标注烟囱高度和上下口直径		实体性围墙
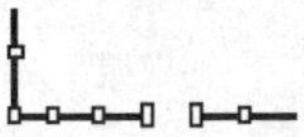	通透性围墙		挡土墙。被挡土在"突出"的一侧
	填挖边坡。边坡较长时，可在一端或两端局部表示		护坡。护坡较长时，可在一端或两端局部表示

符　号	说　明	符　号	说　明
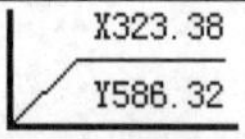 X323.38 Y586.32	测量坐标	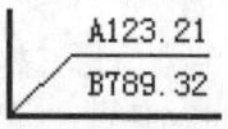 A123.21 B789.32	建筑坐标
 32.36(±0.00)	室内标高	 32.36	室外标高

6. 常用材料符号

建筑图中经常应用材料图例来表示材料，在无法用图例表示的地方，也采用文字说明。为了方便读者，将常用的图例汇总，如表1-6所示。

表1-6　常用材料图例

材　料　图　例	说　明	材　料　图　例	说　明
	自然土壤		夯实土壤
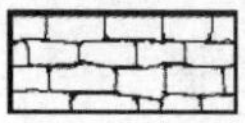	毛石砌体	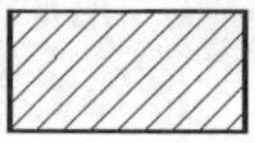	普通砖
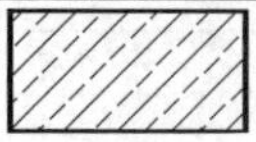	石材	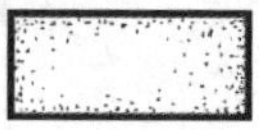	砂、灰土
	空心砖	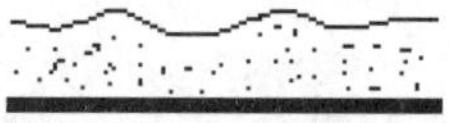	松散材料
	混凝土		钢筋混凝土
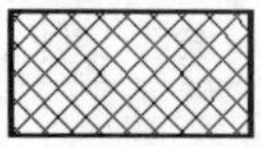	多孔材料	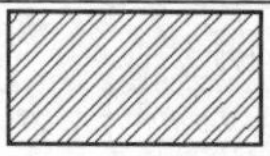	金属
	矿渣、炉渣	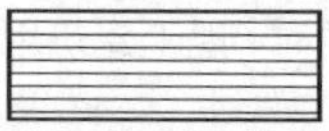	玻璃
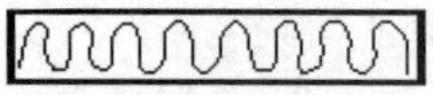	纤维材料		防水材料 上下两种根据绘图比例大小选用
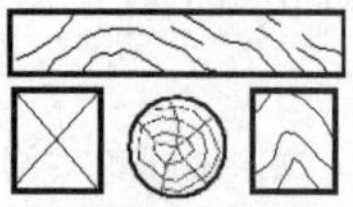	木材	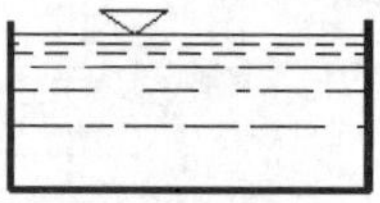	液体，须注明液体名称

7. 常用绘图比例

下面已列出常用绘图比例，可根据实际情况灵活选用。

（1）总图：1:500、1:1000、1:2000。

（2）平面图：1:50、1:100、1:150、1:200、1:300。

（3）立面图：1:50、1:100、1:150、1:200、1:300。

（4）剖面图：1:50、1:100、1:150、1:200、1:300。

（5）局部放大图：1:10、1:20、1:25、1:30、1:50。

（6）配件及构造详图：1:1、1:2、1:5、1:10、1:15、1:20、1:25、1:30、1:50。

8. 定位轴线

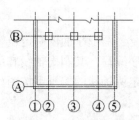

图1-21 定位轴线编号顺序

定位轴线应用细点画线绘制。定位轴线一般应编号，编号应标注在轴线端部的圆内。圆应用细实线绘制，直径为8～10mm。定位轴线圆的圆心应在定位轴线的延长线上或延长线的折线上。平面图上定位轴线的编号宜标注在图样的下方与左侧。横向编号应用阿拉伯数字，按从左至右的顺序编写，竖向编号应用大写拉丁字母，按从下至上的顺序编写，如图1-21所示。需要注意的是，拉丁字母I、O、Z不得用于轴线编号。如字母数量不够使用，可增加双字母或单字母加数字注脚，如AA、BA、……、YA或A1、B1、Y1。

组合较复杂的平面图中定位轴线也可采用分区编号，如图1-22所示。编号的标注形式应为"分区号—该分区编号"，采用阿拉伯数字或大写拉丁字母表示。

附加定位轴线的编号，应以分数形式表示，并按下列规定编写。

（1）两根轴线间的附加轴线应以分母表示前一轴线的编号，分子表示附加轴线的编号，编号宜用阿拉伯数字顺序编写。例如，$\frac{1}{2}$表示2号轴线之后附加的第1根轴线，$\frac{3}{C}$表示C号轴线之后附加的第3根轴线。

（2）1号轴线或A号轴线之前的附加轴线的分母应以01或0A表示。例如，$\frac{1}{01}$表示1号轴线之前附加的第1根轴线，$\frac{1}{0A}$表示A号轴线之前附加的第1根轴线。

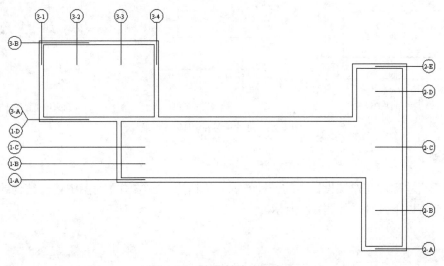

图1-22 定位轴线分区编号

一个详图适用于几根轴线时，应同时注明各有关轴线的编号，如图1-23所示。通用详图中的定位轴线，应只画圆，不标注轴线编号。

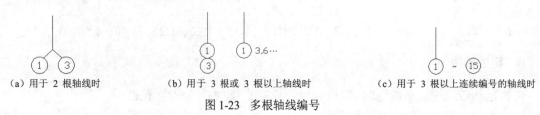

（a）用于 2 根轴线时　　（b）用于 3 根或 3 根以上轴线时　　（c）用于 3 根以上连续编号的轴线时

图 1-23　多根轴线编号

圆形平面图中定位轴线的编号，其径向轴线宜用阿拉伯数字表示，从左下角开始，按逆时针顺序编写；其圆周轴线宜用大写拉丁字母表示，从外向内顺序编写，如图1-24所示。折线形平面图中定位轴线的编号可按图1-25所示的形式编写。

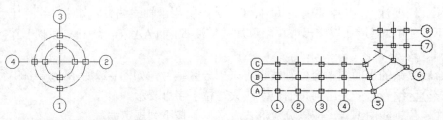

图 1-24　圆形平面图中定位轴线的编号　　　　图 1-25　折线形平面图中定位轴线的编号

9. 尺寸标注

我国制图规范规定，尺寸线、尺寸界线应用细实线绘制。一般尺寸界线应与被标注长度垂直，尺寸线应与被标注长度平行。图样本身的任何图线均不得用作尺寸线。尺寸起止符号一般用粗斜短线绘制，其倾斜方向应与尺寸界线成顺时针45°角，长度宜为2～3mm。半径、直径、角度与弧长的尺寸起止符号宜用箭头表示。

尺寸标注一般由尺寸起止符号、尺寸数字、尺寸界线及尺寸线组成，如图1-26所示。

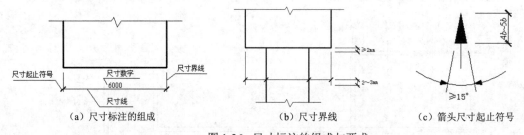

（a）尺寸标注的组成　　　　　　（b）尺寸界线　　　　　　（c）箭头尺寸起止符号

图 1-26　尺寸标注的组成与要求

10. 标高

标高属于尺寸标注在建筑设计中的一种特殊应用情形。在结构立面图中要对结构的标高进行标注。标高主要有以下几种，如图1-27所示。

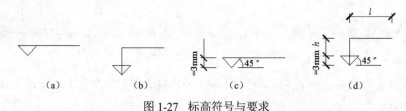

（a）　　　　　（b）　　　　　（c）　　　　　（d）

图 1-27　标高符号与要求

标高的标注方法及要求如图1-28所示。

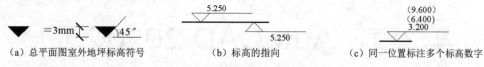

（a）总平面图室外地坪标高符号   （b）标高的指向   （c）同一位置标注多个标高数字

图 1-28 标高的标注方法及要求

1.2.3 建筑制图的内容及图纸编排顺序

1. 建筑制图内容

建筑制图的内容主要包括总图、平面图、立面图、剖面图、构造详图、透视图、设计说明、图纸封面、图纸目录等方面。

2. 图纸编排顺序

图纸编排顺序一般应为图纸目录、总图、建筑图、结构图、给水排水图、暖通空调图、电气图等。对于建筑专业，一般顺序为目录、施工图设计说明、附表（装修做法表、门窗表等）、平面图、立面图、剖面图、详图等。

第2章 AutoCAD 2020入门

内容简介

本章将介绍 AutoCAD 2020 绘图的基础知识，从中应了解如何设置系统参数、样板图，熟悉创建新的图形文件、打开已有文件的方法等，为进入系统学习做准备。

内容要点

- ➥ 操作环境简介
- ➥ 文件管理
- ➥ 基本输入操作
- ➥ 显示图形
- ➥ 模拟认证考试

案例效果

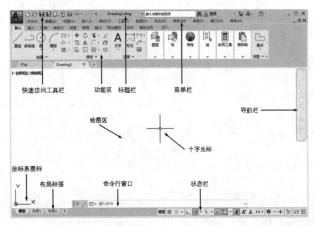

2.1 操作环境简介

操作环境是指和 AutoCAD 2020相关的操作界面、绘图系统设置等一些涉及软件的最基本的界面和参数。本节将对以上内容简要介绍。

2.1.1 操作界面

AutoCAD 操作界面是 AutoCAD显示、编辑图形的区域，一个完整的草图与注释操作界面如图2-1所示，包括标题栏、菜单栏、工具栏、功能区、绘图区、十字光标、导航栏、坐标系图标、命令行窗口、状态栏、布局标签和快速访问工具栏等。

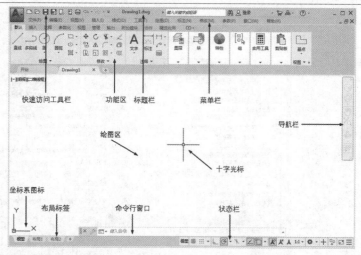

图 2-1 AutoCAD 2020 中文版的操作界面

扫一扫,看视频

动手学——设置明界面

【操作步骤】

（1）启动 AutoCAD 2020，打开如图2-2所示的操作界面。

图 2-2 默认操作界面

（2）在绘图区中右击，在弹出的快捷菜单中选择"选项"命令，如图2-3所示。

（3）打开"选项"对话框，选择"显示"选项卡，在"窗口元素"选项组的"颜色主题"下拉列表框中选择"明"，如图2-4所示。单击"确定"按钮，退出对话框，完成明界面的设置，如图2-5所示。

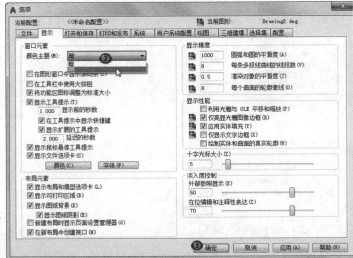

图2-3 快捷菜单   图2-4 "选项"对话框

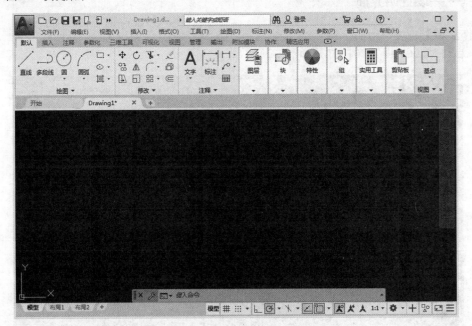

图 2-5 "图形窗口颜色"对话框

1. 标题栏

AutoCAD 2020 中文版操作界面的最上端是标题栏。在标题栏中，显示了系统当前正在运行的应用程序和用户正在使用的图形文件。在第一次启动AutoCAD 2020时，在标题栏中将显示AutoCAD 2020 在启动时创建并打开的图形文件Drawing1.dwg，如图2-1所示。

📢 注意

> 需要将 AutoCAD 的工作空间切换到"草图与注释"模式下（单击操作界面右下角的"切换工作空间"按钮，在弹出的菜单中选择"草图与注释"命令），才能显示如图 2-1 所示的操作界面。本书中的所有操作均在"草图与注释"模式下进行。

2. 菜单栏

同其他Windows程序一样，AutoCAD的菜单也是下拉形式的，并在菜单中包含子菜单。AutoCAD的菜单栏中包含12个菜单："文件""编辑""视图""插入""格式""工具""绘图""标注""修改""参数""窗口"和"帮助"，这些菜单几乎包含了 AutoCAD 的所有绘图命令，后面的章节将对这些菜单功能进行详细讲解。

动手学——设置菜单栏

扫一扫,看视频

【操作步骤】

（1）单击AutoCAD快速访问工具栏右侧的▼按钮 ❶，在弹出的下拉菜单中选择"显示菜单栏"命令❷，如图2-6所示。

图2-6　下拉菜单

（2）调出的菜单栏位于界面的上方❸，如图2-7所示。

图2-7　菜单栏显示界面

（3）在图2-6所示下拉菜单中选择"隐藏菜单栏"命令，则关闭菜单栏。

一般来讲，AutoCAD下拉菜单中的命令有以下3种。

（1）带有子菜单的菜单命令。这种类型的菜单命令后面带有小三角形。例如，选择菜单栏中的"绘图"→"圆"命令，系统就会进一步显示出"圆"子菜单中所包含的命令，如图2-8所示。

（2）打开对话框的菜单命令。这种类型的命令后面带有省略号。例如，选择菜单栏中的"格式"→"表格样式..."命令（如图2-9所示），系统就会打开"表格样式"对话框，如图2-10所示。

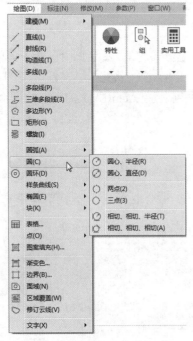

图 2-8　带有子菜单的菜单命令　　　　　　　图 2-9　打开对话框的菜单命令

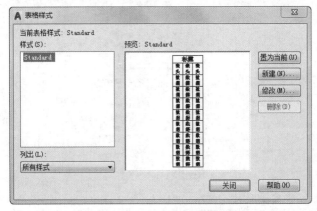

图 2-10　"表格样式"对话框

（3）直接执行操作的菜单命令。这种类型的命令后面既不带小三角形，也不带省略号，选择该命令将直接进行相应的操作。例如，选择菜单栏中的"视图"→"重画"命令，系统将刷新所有视口。

3．工具栏

工具栏是一组工具按钮的集合。AutoCAD 2020 提供了几十种工具栏。

动手学——调出工具栏

扫一扫，看视频

【操作步骤】

（1）选择菜单栏中的"工具" ❶→"工具栏" ❷→AutoCAD❸命令，单击某一个未在界面中显示的工具栏的名称❹（如图2-11所示），系统将自动在界面中打开该工具栏，如图2-12所示；反之，则关闭工具栏。

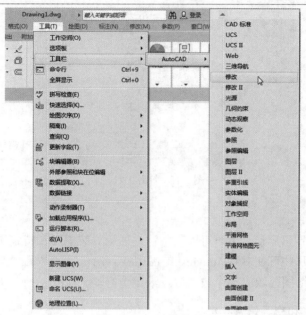

图 2-11　调出工具栏

（2）把光标移动到某个按钮上，稍停片刻即在该按钮的一侧显示相应的功能提示，此时单击按钮就可以启动相应的命令。

（3）工具栏可以在绘图区浮动显示（如图2-12所示），此时显示该工具栏标题，并可关闭该工具栏。可以拖动浮动工具栏到绘图区边界，使其变为固定工具栏，此时该工具栏标题隐藏。也可以把固定工具栏拖出，使其成为浮动工具栏。

图 2-12　浮动工具栏

有些工具栏按钮的右下角带有一个小三角形，单击这类按钮会打开相应的工具栏，如图2-13所示。将光标移动到某一按钮上并单击，该按钮就变为当前显示的按钮。单击当前显示的按钮，即可执行相应的命令。

图2-13　打开工具栏

4. 导航栏

导航栏是一种用户界面元素，用户可以从中访问通用导航工具和特定于产品的导航工具。

通用导航工具是指那些可在多种Autodesk产品中找到的工具，产品特定的导航工具为该产品特有的，导航栏可在当前绘图区域的一个边上方，沿该边浮动。

5. 快速访问工具栏和交互信息工具栏

（1）快速访问工具栏。该工具栏包括"新建""打开""保存""另存为""从Web和Mobile中打开""保存到Web和Mobile""打印""放弃""重做"等几个常用的工具按钮。用户也可以单击此工具栏右侧的下拉按钮，在弹出的下拉菜单中选择需要的常用工具。

（2）交互信息工具栏。该工具栏包括"搜索"、Autodesk A360、Autodesk App Store、"保持连接"和"单击此处访问帮助"等几个常用的数据交互访问工具按钮。

6. 功能区

在默认情况下，功能区包括"默认""插入""注释""参数化""视图""管理""输出""附加模块""协作"及"精选应用"选项卡，如图2-14所示。每个选项卡都以多个面板的形式集成了一类相关的操作工具，便于用户的使用，如图2-15所示。用户可以单击功能区选项卡后面的按钮控制功能的展开与收缩。

图2-14　默认情况下出现的选项卡

图2-15　所有的选项卡

【执行方式】
- 命令行：RIBBON（或 RIBBONCLOSE）。
- 菜单栏：选择菜单栏中的"工具"→"选项板"→"功能区"命令。

动手学——设置功能区

【操作步骤】

（1）在面板中任意位置右击，在弹出的快捷菜单中选择"显示选项卡"命令，如图2-16所示。单击某一个未在功能区显示的选项卡名称，系统自动在功能区打开该选项卡；反之，则关闭选项卡（调出面板的方法与调出选项板的方法类似，这里不再赘述）。

（2）面板可以在绘图区"浮动"，如图2-17所示。将光标放到浮动面板的右上角，显示"将面板返回到功能区"，如图2-18所示。单击此处，即可使其变为固定面板。也可以把固定面板拖出，使其成为浮动面板。

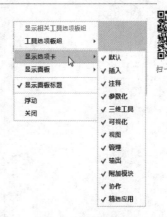

扫一扫，看视频

图2-16 快捷菜单

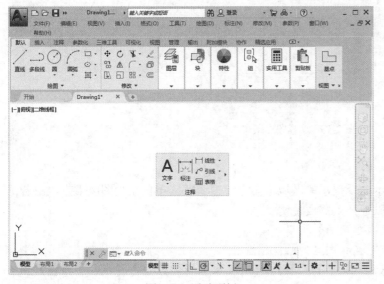

图 2-17 浮动面板

图 2-18 "注释"面板

7. 绘图区

绘图区是指位于界面中央的大片空白区域，用于绘制图形。用户要完成一幅设计图形，其主要工作都是在绘图区中进行的。

8. 坐标系图标

在绘图区的左下角有一个箭头指向的图标，称为坐标系图标。它表示用户绘图时正使用的坐标系样式。坐标系图标的作用是为点的坐标确定一个参照系。根据工作需要，用户可以选择将其关闭。

【执行方式】

➥ 命令行：UCSICON。
➥ 菜单栏：选择菜单栏中的"视图"→"显示"→"UCS图标"→"开"命令，如图2-19所示。

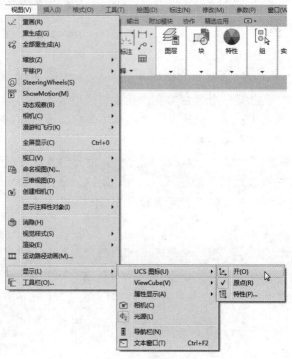

图 2-19 "视图"菜单

9. 命令行窗口

命令行窗口是输入命令名和显示命令提示的区域。命令行窗口默认布置在绘图区下方，由若干文本行构成。关于命令行窗口，有以下几点需要说明。

（1）移动拆分条，可以扩大或缩小命令行窗口。

（2）可以拖动命令行窗口，布置在绘图区的其他位置。

（3）对当前命令行窗口中输入的内容，可以按F2键用文本编辑的方法进行编辑，如图2-20所示。AutoCAD文本窗口和命令行窗口相似，可以显示当前AutoCAD进程中命令的输入和执行过程。在执行AutoCAD的某些命令时，会自动切换到文本窗口，列出有关信息。

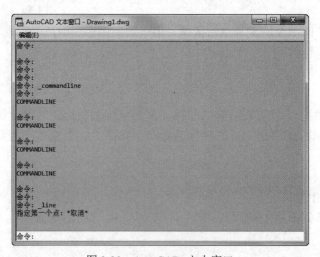

图 2-20 AutoCAD 文本窗口

（4）AutoCAD通过命令行窗口反馈各种信息，其中包括出错信息，因此用户要时刻关注在命令行窗口中出现的信息。

10. 状态栏

状态栏显示在屏幕的底部，依次有"坐标""模型空间""栅格""捕捉模式""推断约束""动态输入""正交模式""极轴追踪""等轴测草图""对象捕捉追踪""二维对象捕捉""线宽""透明度""选择循环""三维对象捕捉""动态UCS""选择过滤""小控件""注释可见性""自动缩放""注释比例""切换工作空间""注释监视器""单位""快捷特性""锁定用户界面""隔离对象""图形特性""全屏显示""自定义"30个功能按钮。单击部分开关按钮，即可以实现这些功能的开关；通过部分按钮可以控制图形或绘图区的状态。

✍ 技巧

默认情况下，不会显示所有的工具，可以通过单击状态栏中最右侧的☰按钮，在弹出的"自定义"菜单中选择要显示的工具。状态栏中显示的工具可能会发生变化，具体取决于当前的工作空间及当前显示的是"模型"还是"布局"。

下面对状态栏中的按钮做一简单介绍，如图2-21所示。

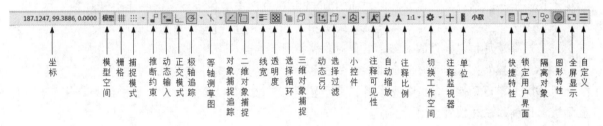

图 2-21 状态栏

（1）坐标：显示工作区光标所在位置的坐标。

（2）模型空间：在模型空间与布局空间之间进行转换。

（3）栅格：栅格是由覆盖整个坐标系（UCS）XY 平面的直线或点组成的矩形图案，类似于在图形下放置一张坐标纸。利用栅格可以对齐对象并直观显示对象之间的距离。

（4）捕捉模式：对象捕捉对于在对象上指定精确位置非常重要。无论何时提示输入点，都可以指定对象捕捉。默认情况下，将光标移到对象的捕捉位置时，将显示标记和工具提示。

（5）推断约束：自动在正在创建或编辑的对象与捕捉的关联对象或点之间应用约束。

（6）动态输入：在光标附近显示出一个提示框（称之为"工具提示"），给出对应的命令提示和光标的当前坐标值。

（7）正交模式：将光标限制在水平或垂直方向上移动，以便于精确地创建和修改对象。当创建或移动对象时，可以使用"正交"模式将光标限制在相对于用户坐标系（UCS）的水平或垂直方向上。

（8）极轴追踪：启用极轴追踪，光标将按指定角度进行移动。创建或修改对象时，可以使用"极轴追踪"来显示由指定的极轴角度所定义的临时对齐路径。

（9）等轴测草图：通过设定"等轴测捕捉/栅格"，可以很容易地沿3个等轴测平面之一对齐对象。尽管等轴测图形看似三维图形，但它实际上是由二维图形表示，因此不能期望提取三维距离和面积、从不同视点显示对象或自动消除隐藏线。

（10）对象捕捉追踪：启用对象捕捉追踪，可以沿着基于对象捕捉点的对齐路径进行追踪。已获取的点将显示一个小加号（+），一次最多可以获取7个追踪点。获取点之后，在绘图路径上移动光标，将显示相对于获取点的水平、垂直或极轴对齐路径。例如，可以基于对象端点、中点或者对象的交点，沿着某条路径选择一点。

（11）二维对象捕捉：使用"执行对象捕捉"设置（也称为对象捕捉），可以在对象上的精确位置指定捕捉点。如果启用多个执行对象捕捉，则在一个指定的位置可能有多个对象捕捉符合条件。在指定点之前，按Tab键，可以在这些选项之间循环。

（12）线宽：分别显示对象所在图层中设置的不同宽度，而不是统一线宽。

（13）透明度：调整绘图对象显示的明暗程度。

（14）选择循环：当一个对象与其他对象彼此接近或重叠时，准确地选择某一个对象是很困难的。使用选择循环命令，单击鼠标左键，弹出"选择集"列表框，其中列出了鼠标单击处周围的图形，然后在列表中选择所需的对象。

（15）三维对象捕捉：三维中的对象捕捉与在二维中工作的方式类似，不同之处是在三维中可以投影对象捕捉。

（16）动态UCS：在创建对象时使UCS的XY平面自动与实体模型上的平面临时对齐。

（17）选择过滤：根据对象特性或对象类型对选择集进行过滤。单击该按钮（使其处于按下状态），只选择满足指定条件的对象，其他对象将被排除在选择集之外。

（18）小控件：帮助用户沿三维轴或平面移动、旋转或缩放一组对象。

（19）注释可见性：当按钮亮显时，表示显示所有比例的注释性对象；当按钮变暗时，表示仅显示当前比例的注释性对象。

（20）自动缩放：注释比例更改时，自动将比例添加到注释对象。

（21）注释比例：单击注释比例右侧的下拉按钮，在弹出的下拉菜单中可以根据需要选择适当的注释比例，如图2-22所示。

（22）切换工作空间：进行工作空间的转换。

（23）注释监视器：打开仅用于所有事件或模型文档事件的注释监视器。

（24）单位：指定线性和角度单位的格式和小数位数。

（25）快捷特性：控制快捷特性面板的使用与禁用。

（26）锁定用户界面：单击该按钮（使其处于按下状态），可以锁定工具栏、面板和可固定窗口的位置和大小。

（27）隔离对象：当选择隔离对象时，在当前视图中显示选定对象，其他所有对象都暂时隐藏；当选择隐藏对象时，在当前视图中暂时隐藏选定对象，其他所有对象都可见。

（28）图形特性：设定图形卡的驱动程序及硬件加速的相关选项。

（29）全屏显示：单击该按钮，可以清除Windows 窗口中的标题栏、功能区和选项板等界面元素，使AutoCAD 的绘图窗口全屏显示，如图2-23所示。

（30）自定义：状态栏可以提供重要信息，而无须中断工作流。使用 MODEMACRO 系统变量可将应用程序所能识别的大多数数据显示在状态栏中。使用该系统变量的计算、判断和编辑功能可以完全按照用户的要求构造状态栏。

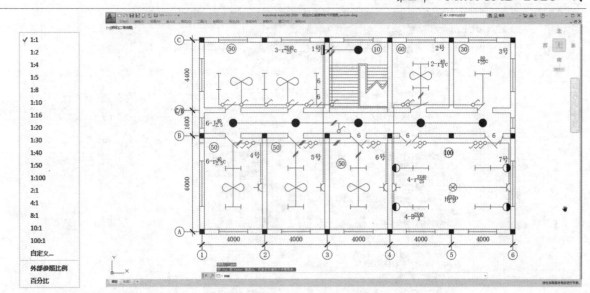

图2-22 注释比例   图2-23 全屏显示

11. 布局标签

AutoCAD系统默认设定一个"模型"空间和"布局1""布局2"两个图样空间布局标签,这里有两个概念需要解释一下。

(1)布局。布局是系统为绘图设置的一种环境,包括图样大小、尺寸单位、角度设定、数值精确度等。在系统预设的3个标签中,这些环境变量采用默认设置。用户可以根据实际需要改变变量的值,也可以设置符合自己要求的新标签。

(2)模型。AutoCAD中的空间分为模型空间和图样空间两种。模型空间是通常绘图的环境;而在图样空间中,用户可以创建浮动视口,以不同视图显示所绘图形,还可以调整浮动视口并决定所包含视图的缩放比例。如果用户选择图样空间,可以打印多个视图,也可以打印任意布局的视图。AutoCAD系统默认打开模型空间,用户可以通过单击操作界面下方的布局标签来选择需要的布局。

12. 十字光标

在绘图区中,有一个作用类似光标的"十"字线,其交点坐标反映了光标在当前坐标系中的位置。在AutoCAD中,将该"十"字线称为十字光标,如图2-1所示。

✍ 技巧

AutoCAD 通过十字光标坐标值显示当前点的位置。十字光标的方向与当前用户坐标系的 X、Y 轴方向平行,其长度系统预设为绘图区大小的 5%,用户可以根据绘图的实际需要修改大小。

动手学——设置光标大小

【操作步骤】

(1)选择菜单栏中的"工具"→"选项"命令,打开"选项"对话框。

(2)选择"显示"选项卡,在"十字光标大小"文本框中直接输入数值,或者拖动文本框后面的滑块,即可对十字光标的大小进行调整,如图2-24所示。

扫一扫,看视频

图2-24 "显示"选项卡

此外，还可以通过设置系统变量CURSORSIZE的值修改其大小，命令行提示与操作如下。

```
命令：CURSORSIZE↙
输入 CURSORSIZE 的新值 <5>: 5
```

在提示下输入新值即可修改光标大小，默认值为绘图区大小的 5%。

2.1.2 绘图系统

每台计算机所使用的显示器、输入设备和输出设备的类型不同，用户喜好的风格及计算机的目录设置也不同。一般来讲，使用AutoCAD 2020 的默认配置就可以绘图，但为了方便用户使用自有设备提高绘图的效率，推荐用户在作图前进行必要的配置。

【执行方式】

➥ 命令行：PREFERENCES。

➥ 菜单栏：选择菜单栏中的"工具"→"选项"命令。

➥ 快捷菜单：在绘图区右击，在弹出的快捷菜单中选择"选项"命令，如图2-25所示。

图2-25 快捷菜单

扫一扫，看视频

动手学——设置绘图区的颜色

【操作步骤】

在默认情况下，AutoCAD 的绘图区是黑色背景、白色线条，这不符合大多数用户的习惯，因此修改绘图区颜色是大多数用户都要进行的操作。

（1）选择菜单栏中的"工具"→"选项"命令，在弹出的"选项"对话框中选择"显示"选项卡，如图2-26所示。单击"窗口元素"选项组中的"颜色"按钮❶，打开"图形窗口颜色"对话框，如图2-27所示。

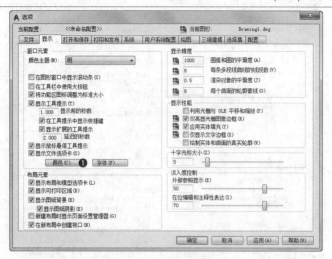

图2-26 "显示"选项卡

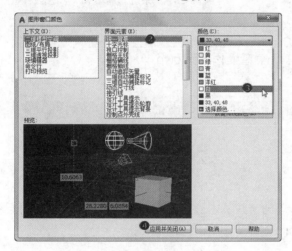

图2-27 "图形窗口颜色"对话框

✍ 技巧

在"选项"对话框中设置实体显示精度时务必要注意，精度越高（显示质量越高），计算机计算的时间越长。建议不要将精度设置得太高，将显示质量设定在一个合理的程度即可。

（2）在"界面元素"选项组中选择要更换颜色的元素，这里选择"统一背景"元素❷；然后在"颜色"下拉列表框中选择需要的窗口颜色（通常按视觉习惯选择白色为窗口颜色）❸；最后单击"应用并关闭"按钮❹，此时AutoCAD的绘图区就变换了背景色。

【选项说明】

在"选项"对话框中，用户可以设置有关选项，对绘图系统进行配置。下面就其中主要的两个选项卡加以说明，其他配置选项在后面用到时再做具体说明。

（1）"系统"选项卡：用来设置AutoCAD系统的相关特性，如图2-28所示。其中，"常规选项"选项组确定是否选择系统配置的基本选项。

（2）"显示"选项卡：用于控制AutoCAD系统的外观，可设定滚动条、文件选项卡等显示与否，设置绘图区颜色、十字光标大小、AutoCAD的版面布局、各实体的显示精度等。

图 2-28 "系统"选项卡

动手练——熟悉操作界面

源文件：源文件\第 2 章\熟悉操作界面.dwg

 思路点拨

了解操作界面各部分的功能，掌握改变绘图区颜色和十字光标大小的方法，能够熟练地打开、移动、关闭工具栏。

2.2 文 件 管 理

本节介绍有关文件管理的一些基本操作方法，包括新建文件、打开已有文件、保存文件、删除文件等。这些都是应用AutoCAD 2020最基础的知识。

2.2.1 新建文件

当启动AutoCAD的时候，系统会自动新建一个文件 Drawing1。如果想新画一张图，可以再次新建文件。

【执行方式】

- 命令行：NEW。
- 菜单栏：选择菜单栏中的"文件"→"新建"命令。
- 主菜单：单击程序图标，在弹出的主菜单中选择"新建"命令。
- 工具栏：单击标准工具栏中的"新建"按钮或单击快速访问工具栏中的"新建"按钮。
- 快捷键：Ctrl+N。

【操作步骤】

执行上述操作后，打开如图2-29所示的"选择样板"对话框，从中选择适当的模板，然后单击"打开"按钮，即可新建一个图形文件。

✎ 技巧

AutoCAD 最常用的模板文件有两个，即 acad.dwt 和 acadiso.dwt，一个是英制的，一个是公制的。

图 2-29 "选择样板"对话框

2.2.2 快速新建文件

如果用户不愿意每次新建文件时都选择样板文件，可以在系统中预先设置默认的样板文件，从而快速创建图形。该功能是创建新图形最快捷的方法。

【执行方式】

命令行：QNEW。

动手学——快速创建图形设置

【操作步骤】

要想使用快速创建图形功能，必须首先进行如下设置。

（1）在命令行中输入FILEDIA，按Enter键，设置系统变量为1；在命令行中输入STARTUP，按Enter键，设置系统变量为0。

（2）选择菜单栏中的"工具"→"选项"命令，在弹出的"选项"对话框中选择"文件"选项卡，单击"样板设置"前面的"+"图标，在展开的选项列表中选择"快速新建的默认样板文件名"选项，如图2-30所示。单击"浏览"按钮，打开"选择文件"对话框，然后选择需要的样板文件即可。

扫一扫，看视频

图 2-30 "文件"选项卡

（3）在命令行进行如下操作。

命令: QNEW ↙

执行上述命令后，系统将立即以所选的图形样板创建新图形，而不显示任何对话框或提示。

2.2.3 保存文件

画完图或画图过程中都可以保存文件。

【执行方式】

- ➥ 命令名：QSAVE（或SAVE）。
- ➥ 菜单栏：选择菜单栏中的"文件"→"保存"命令。
- ➥ 主菜单：单击程序图标，在弹出的主菜单中选择"保存"命令。
- ➥ 工具栏：单击标准工具栏中的"保存"按钮或单击快速访问工具栏中的"保存"按钮。
- ➥ 快捷键：Ctrl+S。

执行上述操作后，若文件已命名，则系统自动保存文件；若文件未命名（即为默认名Drawing1.dwg），则系统打开"图形另存为"对话框，用户可以重新命名并保存（在"保存于"下拉列表框中指定保存文件的路径，在"文件类型"下拉列表框中指定保存文件的类型），如图2-31所示。

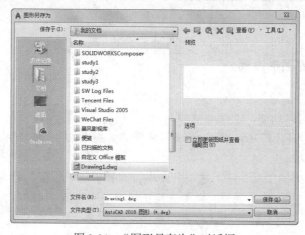

图2-31 "图形另存为"对话框

✍ 技巧

为了使低版本用户也能正常打开，可以保存成低版本文件类型。

AutoCAD每年一个版本，还好文件格式不是每年都变，而是差不多每 3 年一变。

扫一扫，看视频

动手学——自动保存设置

【操作步骤】

（1）在命令行中输入SAVEFILEPATH，按Enter键，设置所有自动保存文件的位置，如"D:\HU\"。

（2）在命令行中输入SAVEFILE，按Enter键，设置自动保存文件名。该系统变量存储的文件是只读文件，用户可以从中查询自动保存的文件名。

（3）在命令行中输入SAVETIME，按Enter键，指定在使用自动保存时多长时间保存一次图形，单位是"分"。

📢 **注意**

本例中输入 SAVEFILEPATH 命令后，若设置文件保存位置为"D:\HU\"，则在 D 盘下必须有 HU 文件夹，否则保存无效。

在没有相应的保存文件路径时，命令行提示与操作如下。

```
命令:SAVEFILEPATH
输入SAVEFILEPATH的新值，或输入 "." 表示无 <"C:\Documents and Settings\Administra-
tor\local settings\temp\">: d:\hu\（输入文件路径）
SAVEFILEPATH 无法设置为该值
*无效*
```

2.2.4　另存文件

已保存的图纸也可以另存为新的文件名。

【执行方式】

➥ 命令行：SAVEAS。

➥ 菜单栏：选择菜单栏中的"文件"→"另存为"命令。

➥ 主菜单：单击程序图标，在弹出的主菜单中选择"另存为"命令。

➥ 工具栏：单击快速访问工具栏中的"另存为"按钮。

执行上述操作后，打开"图形另存为"对话框，将文件重命名并保存。

2.2.5　打开文件

用户可以打开之前保存的文件继续编辑，也可以打开其他人保存的文件进行学习或借用图形。

【执行方式】

➥ 命令行：OPEN。

➥ 菜单栏：选择菜单栏中的"文件"→"打开"命令。

➥ 主菜单：单击程序图标，在弹出的主菜单中选择"打开"命令。

➥ 工具栏：单击标准工具栏中的"打开"按钮或单击快速访问工具栏中的"打开"按钮。

➥ 快捷键：Ctrl+O。

【操作步骤】

执行上述操作后，打开"选择文件"对话框，如图2-32所示。

✍ **技巧**

高版本 AutoCAD 可以打开低版本 DWG 文件，而低版本 AutoCAD 无法打开高版本 DWG 文件。

如果只是用于绘图，可以完全不理会版本，为文件命名后直接单击"保存"按钮即可。如果需要把图纸传给其他人，就需要根据对方使用的 AutoCAD 版本来选择保存的版本了。

【选项说明】

在"文件类型"下拉列表框中可选择".dwg"".dwt"".dxf"和".dws"文件格式。其中，".dws"文件是包含标准图层、标注样式、线型和文字样式的样板文件；".dxf"文件是用文本形式存储的图形文件，能够被其他程序读取，许多第三方应用软件都支持".dxf"格式。

图 2-32 "选择文件"对话框

2.2.6 退出

绘制完图形后，如不再继续绘制，可以直接退出软件。

【执行方式】

- ↘ 命令行：QUIT或EXIT。
- ↘ 菜单栏：选择菜单栏中的"文件"→"退出"命令。
- ↘ 主菜单：单击程序图标，在弹出的主菜单中选择"关闭"命令。
- ↘ 按钮：单击 AutoCAD 操作界面右上角的"关闭"按钮 ✕ 。

执行上述操作后，若用户对图形所做的修改尚未保存，则会打开如图2-33所示的提示对话框。单击"是"按钮，系统将保存文件，然后退出；单击"否"按钮，系统将不保存文件。若用户对图形所做的修改已经保存，则直接退出。

图 2-33 提示对话框

动手练——管理图形文件

源文件：源文件\第2章\管理图形文件.dwg

图形文件的管理包括文件的新建、打开、保存、加密、退出等。本练习要求熟练掌握DWG文件的命名保存、自动保存、加密及打开的方法。

📋 **思路点拨**

（1）启动 AutoCAD 2020，进入操作界面。
（2）打开一幅已经保存过的图形。
（3）进行自动保存设置。
（4）尝试在图形上绘制任意图线。
（5）将图形以新的名称保存。
（6）退出该图形。

2.3　基本输入操作

　　绘制图形的要点在于准和快，即图形尺寸绘制准确并节省绘图时间。本节主要介绍命令的不同操作方法，读者在后面章节中学习绘图命令时，应尽可能掌握多种方法，从中找出适合自己且快速的方法。

2.3.1　命令输入方式

　　AutoCAD 交互绘图必须输入必要的指令和参数。有多种 AutoCAD 命令输入方式可供选用。下面以绘制直线为例，介绍命令输入方式。

　　（1）在命令行中输入命令名。命令字符可不区分大小写，如命令LINE。执行时，在命令行提示中经常会出现命令选项。在命令行输入绘制直线命令LINE后，命令行提示与操作如下。

```
命令：LINE ✓
指定第一个点：（在绘图区指定一点或输入一个点的坐标）
指定下一点或 [ 放弃 (U)]:
```

　　命令行中不带括号的提示为默认选项（如上面的"指定下一点或"），因此可以直接输入直线的起点坐标或在绘图区指定一点；如果要选择其他选项，则应该首先输入该选项的标识字符，如在此输入"放弃"选项的标识字符U，然后按系统提示输入数据即可。在命令选项的后面有时还带有尖括号，尖括号内的数值为默认数值。

　　（2）在命令行中输入命令缩写字，如L（LINE）、C（CIRCLE）、A（ARC）、Z（ZOOM）、R（REDRAW）、M（MOVE）、CO（COPY）、PL（PLINE）、E（ERASE）等。

　　（3）选择"绘图"菜单栏中对应的命令，在命令行窗口中可以看到对应的命令说明及命令名。

　　（4）单击"绘图"工具栏中对应的按钮，在命令行窗口中也可以看到对应的命令说明及命令名。

　　（5）在绘图区打开快捷菜单。如果在前面刚使用过要输入的命令，可以在绘图区右击，打开快捷菜单，在"最近的输入"子菜单中选择需要的命令，如图2-34所示。"最近的输入"子菜单中存储了最近使用的命令，如果经常重复使用某个命令，这种方法就比较快捷。

　　（6）在命令行中直接回车。如果用户要重复使用上次使用的命令，可以直接在命令行中回车，系统立即重复执行上次使用的命令。这种方法适用于重复执行某个命令。

图 2-34　绘图区快捷菜单

2.3.2　命令的重复、撤销和重做

　　在绘图过程中经常会重复使用相同的命令或者用错命令，这时就要用到命令的重复和撤销操作了。

1. 命令的重复

按Enter键，可重复调用上一个命令，不管上一个命令是完成了还是被取消了。

2. 命令的撤销

在命令执行的任何时刻都可以取消或终止命令。

【执行方式】

- 命令行：UNDO。
- 菜单栏：选择菜单栏中的"编辑"→"放弃"命令。
- 工具栏：单击标准工具栏中的"放弃"按钮↩ ▾ 或单击快速访问工具栏中的"放弃"按钮 ↩ ▾ 。
- 快捷键：Esc。

3. 命令的重做

已被撤销的命令要恢复重做，可以恢复撤销的最后一个命令。

【执行方式】

- 命令行：REDO（快捷命令：RE）。
- 菜单栏：选择菜单栏中的"编辑"→"重做"命令。
- 工具栏：单击标准工具栏中的"重做"按钮⇨ ▾ 或单击快速访问工具栏中的"重做"按钮 ⇨ ▾ 。
- 快捷键：Ctrl+Y。

AutoCAD 2020可以一次执行多重放弃和重做操作。单击快速访问工具栏中的"放弃"按钮↩ ▾ 或"重做"按钮 ⇨ ▾ 右侧的下拉按钮，在弹出的菜单中可以选择要放弃或重做的操作，如图2-35所示。

图 2-35　多重放弃

2.4　显 示 图 形

要想恰当地显示图形，最常用的方法就是利用缩放和平移命令。使用这两个命令可以在绘图区放大或缩小图像显示，或者改变观察位置。

2.4.1　图形缩放

利用缩放命令可将图形放大或缩小显示，以便观察和绘制图形。该命令并不改变图形的实际位置和尺寸，只是变更视图的比例。

【执行方式】

- 命令行：ZOOM。
- 菜单栏：选择菜单栏中的"视图"→"缩放"→"实时"命令。
- 工具栏：单击标准工具栏中的"实时缩放"按钮 ±q 。
- 功能区：在"视图"选项卡中单击"导航"面板中的"实时"按钮 ±q ，如图2-36所示。

【操作步骤】

```
命令：ZOOM
指定窗口的角点，输入比例因子 (nX 或 nXP)，或者 [ 全部 (A)/ 中心 (C)/ 动态 (D)/ 范围 (E)/
上一个 (P)/比例 (S)/窗口 (W)/对象 (O)] <实时>：
```

【选项说明】

（1）输入比例因子：根据输入的比例因子，以当前的视图窗口为中心，将视图窗口显示的内容放大或缩小输入的比例倍数。nX是指根据当前视图指定比例；nXP是指定相对于图纸空间单位的比例。

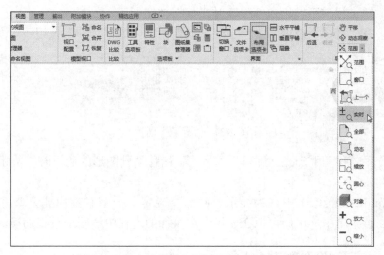

图2-36 单击"导航"面板中的"实时"按钮

（2）全部（A）：缩放以显示所有可见对象和视觉辅助工具。

（3）中心（C）：缩放以显示由中心点和比例值／高度所定义的视图。高度值较小时增加放大比例，高度值较小时减小放大比例。

（4）动态（D）：使用矩形视图框进行平移和缩放。视图框表示视图，可以更改它的大小，或在图形中移动。移动视图框或调整它的大小，将其中的视图平移或缩放，以充满整个视口。

（5）范围（E）：缩放以显示所有对象的最大范围。

（6）上一个（P）：缩放显示上一个视图。

（7）窗口（W）：缩放显示矩形窗口指定的区域。

（8）对象（O）：缩放以便尽可能大地显示一个或多个选定的对象并使其位于视图的中心。

（9）实时：交互缩放以更新视图的比例，光标将变为带有加号和减号的放大镜。

✎ **教你一招**

在绘图过程中大家都习惯于用滚轮来缩小和放大图纸，但在缩放图纸的时候经常会遇到这样的情况，即滚动滚轮，但是图纸无法继续放大或缩小。这时状态栏会提示"已无法进一步缩小"或"已无法进一步放大"，也就是说无法满足进一步缩放的要求。出现这种现象是为什么呢？

（1）AutoCAD 在打开并显示图纸的时候，首先读取文件中的图形数据，然后生成用于在屏幕上显示的数据，生成显示数据的过程在 AutoCAD 里叫作重生成（很多人应该对 RE 命令并不陌生）。

（2）当用滚轮放大或缩小图形到一定倍数的时候，AutoCAD 判断需要重新根据当前视图范围来生成显示数据，因此就会提示无法继续缩小或放大。直接输入 RE 命令，按 Enter 键，然后就可以继续缩放了。

（3）如果想显示全图，最好就不要用滚轮了，直接输入 ZOOM 命令，按 Enter 键，然后输入 E 或 A，再按 Enter 键即可，AutoCAD 在全图缩放时会根据情况自动进行重生成。

2.4.2 平移图形

利用平移命令，可通过单击和移动光标重新放置图形。

【执行方式】

➦ 命令行：PAN。

➦ 菜单栏：选择菜单栏中的"视图"→"平移"→"实时"命令。

➦ 工具栏：单击标准工具栏中的"实时平移"按钮🖐。

➦ 功能区：在"视图"选项卡中单击"导航"面板中的"平移"按钮🖐，如图2-37所示。

图2-37 "导航"面板

执行上述操作后，移动手形光标即可平移图形。当移动到图形的边沿时，光标会显示为一个三角形。

另外，在 AutoCAD 2020 中，为显示控制命令设置了一个右键快捷菜单，如图2-38所示。在该菜单中，用户可以在显示命令执行的过程中透明地进行切换。

2.4.3 实例——查看图形细节

图2-38 右键
快捷菜单

调用素材：初始文件\第2章\办公大楼立面图.dwg

本实例查看如图2-39所示的办公大楼立面图的细节。

【操作步骤】

（1）打开资源包中的"初始文件\第2章\办公大楼立面图.dwg"文件，如图2-39所示。

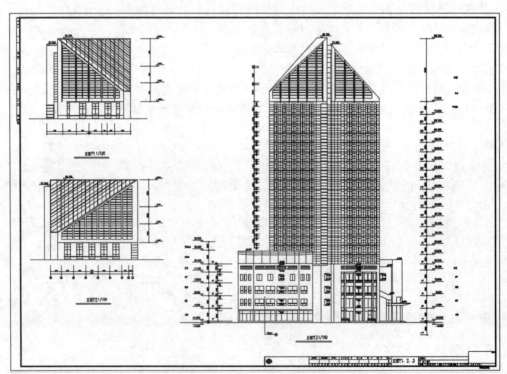

图2-39 办公大楼立面图

（2）在"视图"选项卡中单击"导航"面板中的"平移"按钮🖐️，用鼠标将图形向左拖动，如图2-40所示。

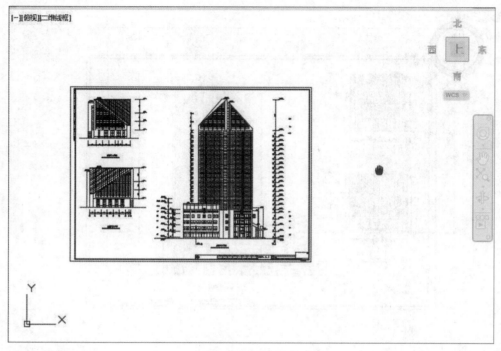

图2-40 平移图形

（3）右击鼠标，在弹出的快捷菜单中选择"缩放"命令，如图2-41所示。

当出现缩放标记时，向上拖动鼠标，将图形实时放大。在"视图"选项卡中单击"导航"面板中的"平移"按钮🖐️，将图形移动到中间位置，结果如图2-42所示。

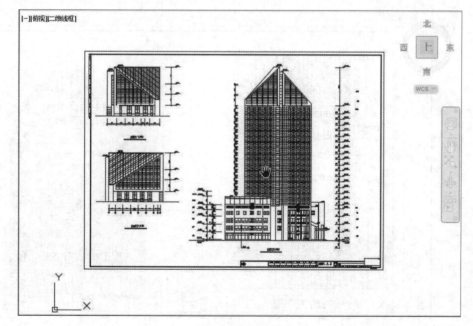

图2-41 快捷菜单　　　　　　　　　　　　　图2-42 实时放大

（4）在"视图"选项卡中单击"导航"面板中的"窗口"按钮，用鼠标拖出一个缩放窗口，如图2-43所示。单击确认，窗口缩放结果如图2-44所示。

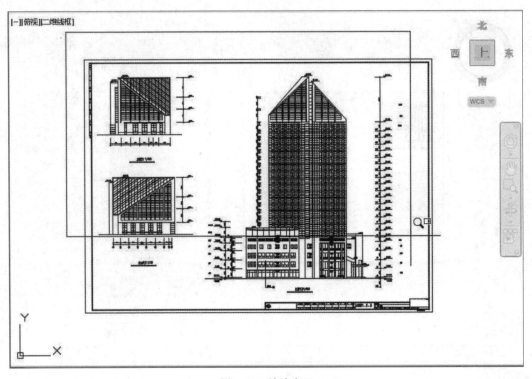

图 2-43　缩放窗口

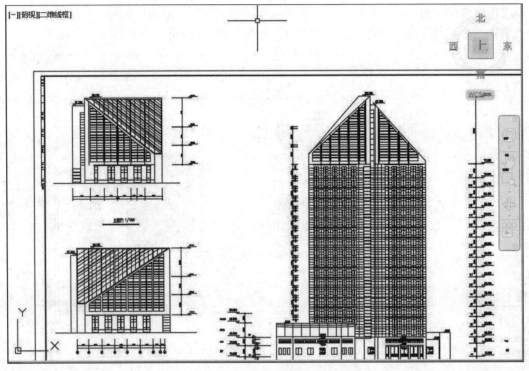

图 2-44　窗口缩放结果

（5）在"视图"选项卡中单击"导航"面板中的"圆心"按钮，在图形上查看大体位置并指定一个缩放中心点，如图2-45所示。在命令行提示下输入缩放比例2X，缩放结果如图2-46所示。

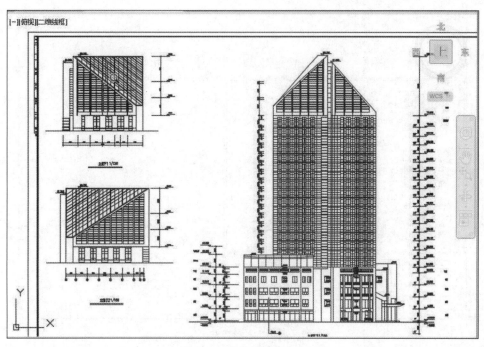

图 2-45　指定缩放中心点

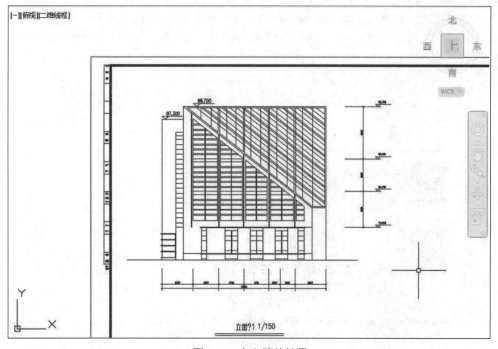

图 2-46　中心缩放结果

（6）在"视图"选项卡中单击"导航"面板中的"上一个"按钮，系统自动返回上一次缩放的图形窗口，即中心缩放前的图形窗口。

（7）在"视图"选项卡中单击"导航"面板中的"动态"按钮，这时图形平面上会出现一个中心有小叉的显示范围框，如图2-47所示。

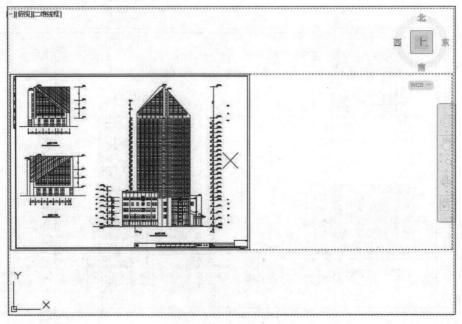

图 2-47　动态缩放范围窗口

（8）单击鼠标左键，会出现右边带箭头的缩放范围显示框，如图2-48所示。拖动鼠标，可以看出带箭头的范围框大小在变化，如图2-49所示。松开鼠标左键，范围框又变成带小叉的形式。可以再次按住鼠标左键平移显示框，如图2-50所示。按Enter键，则系统显示动态缩放后的图形，结果如图2-51所示。

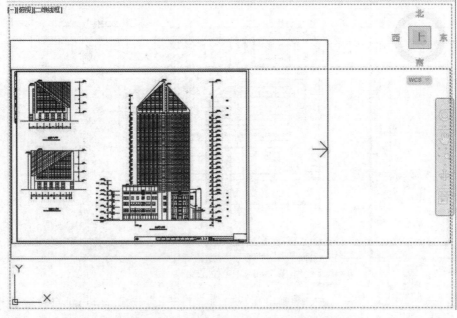

图 2-48　右边带箭头的缩放范围显示框

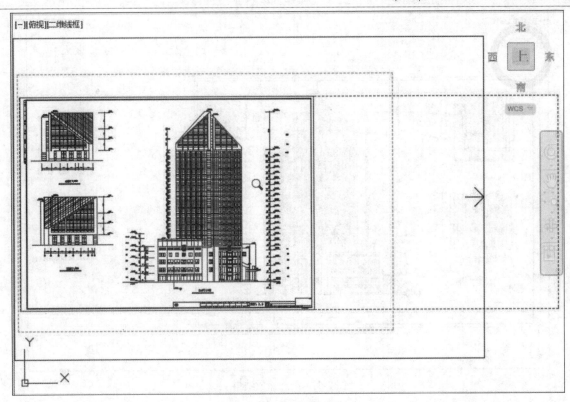

图 2-49 变化的范围框

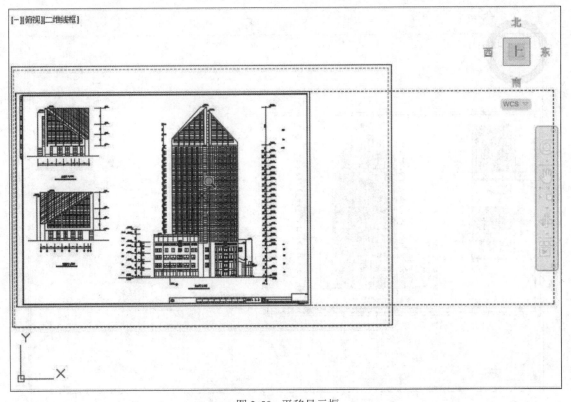

图 2-50 平移显示框

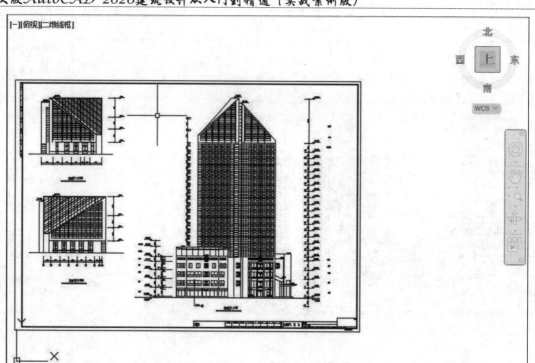

图 2-51　动态缩放结果

（9）在"视图"选项卡中单击"导航"面板中的"全部"按钮，系统将显示全部图形画面，最终结果如图2-52所示。

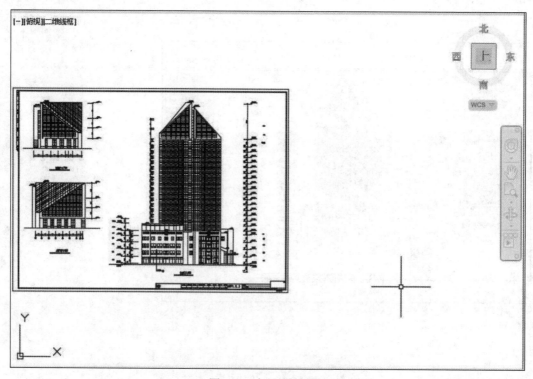

图 2-52　全部缩放图形

（10）在"视图"选项卡中单击"导航"面板中的"对象"按钮，并框选图2-53所示的范围，系统对所选对象进行缩放，最终结果如图2-54所示。

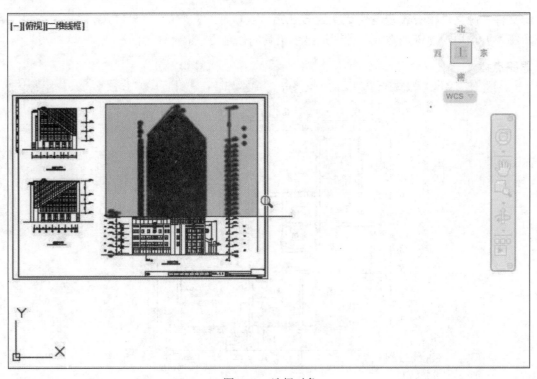

图 2-53　选择对象

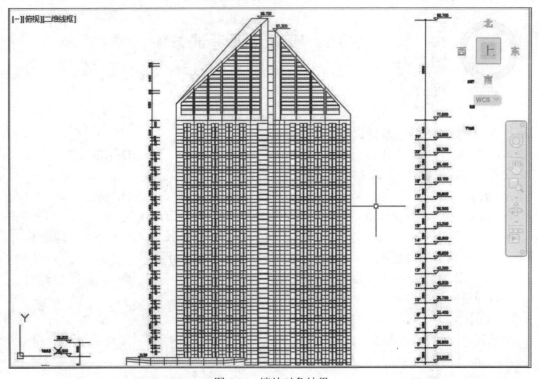

图 2-54　缩放对象结果

动手练——查看建筑图细节

源文件：源文件\第2章\查看建筑图细节.dwg
本练习要求用户熟练地掌握各种图形显示工具的使用方法。

思路点拨

利用平移工具和缩放工具移动和缩放如图 2-55 所示建筑图。

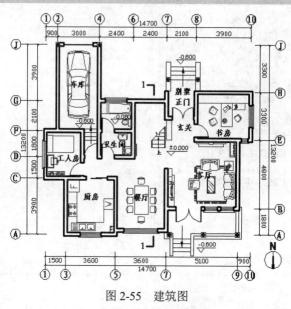

图 2-55　建筑图

2.5　模拟认证考试

1．下面不可以拖动的是（　　）。
    A．命令行　　　　　　B．工具栏　　　　　　C．工具选项板　　　　　D．菜单

2．打开和关闭命令行的快捷键是（　　）。
    A．F2　　　　　　　　B．Ctrl+F2　　　　　　C．Ctrl+ F9　　　　　　　D．Ctrl+ 9

3．文件有多种输出格式，下列不正确的输出格式是（　　）。
    A．dwfx　　　　　　　B．wmf　　　　　　　　C．bmp　　　　　　　　D．dgx

4．在AutoCAD中，若光标悬停在命令或控件上时，首先显示的提示是（　　）。
    A．下拉菜单　　　　　B．文本输入框　　　　C．基本工具提示　　　　D．补充工具提示

5．在"全屏显示"状态下，以下（　　）部分不显示在操作界面中。
    A．标题栏　　　　　　B．命令窗口　　　　　C．状态栏　　　　　　　D．功能区

6．重复使用刚执行的命令，按（　　）键。
    A．Ctrl　　　　　　　B．Alt　　　　　　　　C．Enter　　　　　　　　D．Shift

7．要恢复用U命令放弃的操作，应该用（　　）命令。
    A．redo（重做）　　　　　　　　　　　　B．redrawall（重画）
    C．regen（重生成）　　　　　　　　　　D．regenall（全部重生成）

8．在AutoCAD中，如何设置光标悬停在命令上时显示基本工具提示与显示扩展工具提示之间的延迟时间？（　　）

　　A．在"选项"对话框的"显示"选项卡中进行设置

　　B．在"选项"对话框的"文件"选项卡中进行设置

　　C．在"选项"对话框的"系统"选项卡中进行设置

　　D．在"选项"对话框的"用户系统配置"选项卡中进行设置

第3章　基本绘图设置

内容简介

本章将介绍二维绘图的基本设置知识，从中应了解图层、基本绘图参数的设置并熟练掌握，进而应用到图形绘制过程中。

内容要点

- 基本绘图参数
- 图层
- 综合演练——设置样板图绘图环境
- 模拟认证考试

案例效果

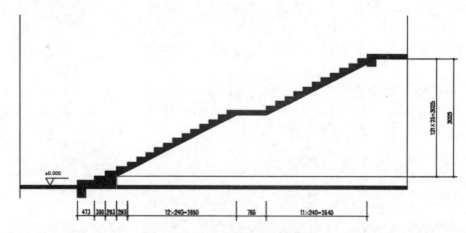

3.1　基本绘图参数

绘制一幅图形时，需要设置一些基本参数，如图形单位、图幅界限等，下面进行简要介绍。

3.1.1　设置图形单位

在AutoCAD中，对于任何图形而言，总有其大小、精度和所采用的单位。屏幕上显示的仅为屏幕单位，但屏幕单位应该对应一个真实的单位。不同的单位其显示格式也不同。

【执行方式】

- 命令行：DDUNITS（或 UNITS，快捷命令：UN）。
- 菜单栏：选择菜单栏中的"格式"→"单位"命令。

动手学——设置图形单位

【操作步骤】

（1）在命令行中输入快捷命令UN，打开"图形单位"对话框，如图3-1所示。

（2）在"长度"选项组中打开"类型"下拉列表框，从中选择"小数"，在"精度"下拉列表框中选择0.0000。

（3）在"角度"选项组中打开"类型"下拉列表框，从中选择"十进制度数"，在"精度"下拉列表框中选择0。

（4）其他采用默认设置，单击"确定"按钮，完成图形单位的设置。

【选项说明】

（1）"长度"与"角度"选项组：指定测量的长度与角度的当前单位及精度。

（2）"插入时的缩放单位"选项组：控制插入到当前图形中的块和图形的测量单位。如果块或图形创建时使用的单位与该选项指定的单位不同，则在插入这些块或图形时，将对其按比例进行缩放。插入比例是原块或图形使用的单位与目标图形使用的单位之比。如果插入块时不按指定单位缩放，则在其下拉列表框中选择"无单位"选项。

（3）"输出样例"选项组：显示用当前单位和角度设置的例子。

（4）"光源"选项组：控制当前图形中光度控制光源的强度的测量单位。为创建和使用光度控制光源，必须从下拉列表框中指定非"常规"的单位。如果"用于缩放插入内容的单位"设置为"无单位"，则将显示警告信息，通知用户渲染输出可能不正确。

（5）"方向"按钮：单击该按钮，在弹出的"方向控制"对话框中可进行方向控制设置，如图3-2所示。

图 3-1 "图形单位"对话框

图 3-2 "方向控制"对话框

3.1.2 设置图形界限

为了便于用户准确地绘制和输出图形，避免绘制的图形超出某个范围，AutoCAD 提供了绘图界限功能。绘图界限用于标明用户的工作区域和图纸的边界。

【执行方式】

➥ 命令行：LIMITS。

➥ 菜单栏：选择菜单栏中的"格式"→"图形界限"命令。

动手学——设置 A4 图形界限

【操作步骤】

在命令行中输入LIMITS，设置图形界限为297×210。命令行提示与操作如下。

```
命令：LIMITS↙
重新设置模型空间界限：
指定左下角点或 [开 (ON)/关 (OFF)] <0.0000,0.0000>：（输入图形边界左下角的坐标后按Enter键）
指定右上角点 <13.0000,90000>：297,210（输入图形边界右上角的坐标后按 Enter 键）
```

【选项说明】

（1）开（ON）：使图形界限有效。系统在图形界限以外拾取的点将视为无效。

（2）关（OFF）：使图形界限无效。用户可以在图形界限以外拾取点或实体。

图3-3 动态输入

（3）动态输入角点坐标：可以直接在绘图区的动态文本框中输入角点坐标，输入横坐标值后，按","键，接着输入纵坐标值，如图3-3所示；也可以按光标位置直接单击，确定角点位置。

技巧

在命令行中输入坐标时，应检查此时的输入法是否是英文输入状态。如果是中文输入法，例如输入"150，20"，则由于逗号","的原因，系统会认定该坐标输入无效。这时，只需将输入法改为英文重新输入即可。

动手练——设置绘图环境

源文件：源文件\第3章\设置绘图环境.dwg

在绘制图形之前，先设置绘图环境。

思路点拨

（1）设置图形单位。

（2）设置 A3 图形界限。

3.2 图 层

图层的概念类似投影片，将不同属性的对象分别放置在不同的投影片（图层）上。例如，将图形的主要线段、中心线、尺寸标注等分别绘制在不同的图层上，每个图层可设定不同的线型、线条颜色，然后把不同的图层堆栈在一起，便成为一张完整的视图。这样可使视图层次分明，方便图形对象的编辑与管理。一个完整的图形就是由它所包含的所有图层上的对象叠加在一起构成的，如图3-4所示。

墙壁

电器

家具

全部图层

图3-4 图层效果

3.2.1 图层的设置

在使用图层功能绘图之前，首先要对图层的各项特性进行设置，包括建立和命名图层、设置当前图层、设置图层的颜色和线型、图层是否关闭、图层是否冻结、图层是否锁定，以及删除图层等。

1. 利用"图层特性管理器"选项板设置图层

AutoCAD 2020 提供了详细、直观的"图层特性管理器"选项板，用户可以方便地对其中的各选项及其二级选项板进行设置，从而实现创建新图层、设置图层颜色及线型的各种操作。

【执行方式】

↳ 命令行：LAYER。

↳ 菜单栏：选择菜单栏中的"格式"→"图层"命令。

↳ 工具栏：单击"图层"工具栏中的"图层特性管理器"按钮。

↳ 功能区：在"默认"选项卡中单击"图层"面板中的"图层特性"按钮或在"视图"选项卡中单击"选项板"面板中的"图层特性"按钮。

【操作步骤】

执行上述操作后，打开如图3-5所示的"图层特性管理器"选项板。

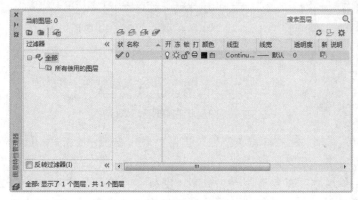

图 3-5 "图层特性管理器"选项板

【选项说明】

（1）"新建特性过滤器"按钮：单击该按钮，在弹出的"图层过滤器特性"对话框中可以基于一个或多个图层特性创建图层过滤器，如图3-6所示。

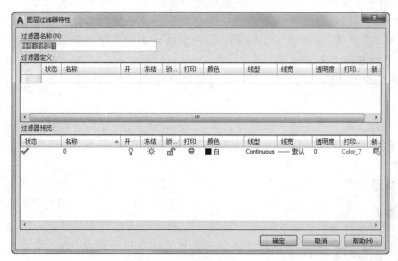

图3-6 "图层过滤器特性"对话框

（2）"新建组过滤器"按钮：单击该按钮，可以创建一个"组过滤器"，其中包含用户选定并添加到该过滤器的图层。

（3）"图层状态管理器"按钮 ：单击该按钮，打开"图层状态管理器"对话框，如图3-7所示。从中可以将图层的当前特性设置保存到命名图层状态中，以后可以再恢复这些设置。

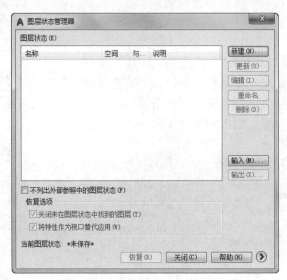

图3-7　"图层状态管理器"对话框

（4）"新建图层"按钮 ：单击该按钮，图层列表中出现一个新的图层名称"图层1"。用户可使用此名称，也可改名。要想同时创建多个图层，可选中一个图层名后输入多个名称，各名称之间以逗号分隔。图层的名称可以包含字母、数字、空格和特殊符号，AutoCAD 2020支持长达222个字符的图层名称。新的图层继承了创建新图层时所选中的已有图层的所有特性（颜色、线型、开／关状态等），如果新建图层时没有图层被选中，则新图层具有默认的设置。

（5）"在所有视口中都被冻结的新图层视口"按钮 ：单击该按钮，将创建新图层，然后在所有现有布局视口中将其冻结。可以在"模型"空间或"布局"空间上访问此按钮。

（6）"删除图层"按钮 ：在图层列表中选中某一图层，然后单击该按钮，则把该图层删除。

（7）"置为当前"按钮 ：在图层列表中选中某一图层，然后单击该按钮，则把该图层设置为当前图层，并在"当前图层"列中显示其名称。当前图层的名称存储在系统变量CLAYER中。另外，双击图层名，也可把其设置为当前图层。

（8）"搜索图层"文本框：输入字符时，按名称快速过滤图层列表。关闭图层特性管理器时并不保存此过滤器。

（9）过滤器列表：显示图形中的图层过滤器列表。单击《 和》按钮可展开或收拢过滤器列表。当"过滤器"列表处于收拢状态时，可使用位于图层特性管理器左下角的"展开或收拢弹出图层过滤器树"按钮 来显示过滤器列表。

（10）"反转过滤器"复选框：选中该复选框，则显示所有不满足选定图层特性过滤器中条件的图层。

（11）图层列表区：显示已有的图层及其特性。若要修改某一图层的某一特性，单击它所对应的图标即可。右击空白区域，利用弹出的快捷菜单可快速选中所有图层。列表区中各列的含义如下。

① 状态：指示项目的类型，有图层过滤器、正在使用的图层、空图层和当前图层4种。

② 名称：显示满足条件的图层名称。如果要对某一图层进行修改，首先要选中该图层的名称。

③ 状态转换图标：在"图层特性管理器"选项板的图层列表中有一行图标，单击这些图标，可以打开或关闭相应的状态。各图标功能说明如表3-1所示。

表3-1 图标功能

图 示	名 称	功 能 说 明
♀/ ♀	打开/关闭	将图层设定为打开或关闭状态，当呈现关闭状态时，该图层上的所有对象将隐藏不显示，只有处于打开状态的图层会在绘图区上显示或由打印机打印出来。因此，绘制复杂的视图时，先将不编辑的图层暂时关闭，可降低图形的复杂性。如图3-8（a）和图3-8（b）所示分别为尺寸标注图层打开和关闭的情形
☼ / ❀	解冻/冻结	将图层设定为解冻或冻结状态。当图层呈现冻结状态时，该图层上的对象均不会显示在绘图区上，也不能由打印机打印出来，而且不会执行重生成（REGEN）、缩放（EOOM）、平移（PAN）等命令。因此，若将视图中不编辑的图层暂时冻结，可加快绘图编辑的速度。而♀ / ♀（打开 / 关闭）功能只是将对象隐藏，因此并不会加快执行速度
🔓/ 🔒	解锁/锁定	将图层设定为解锁或锁定状态。被锁定的图层仍然显示在绘图区，但不能编辑、修改被锁定的对象，只能绘制新的图形，这样可防止重要的图形被修改
🖶/🖶	打印/不打印	设定该图层是否可以打印图形
🖳/🖳	新视口冻结/视口解冻	仅在当前布局视口中冻结选定的图层。如果图层在图形中已冻结或关闭，则无法在当前视口中解冻该图层

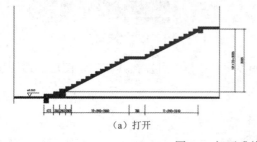
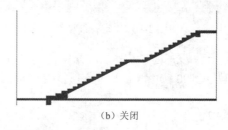

（a）打开　　　　　　　　　　　　　　（b）关闭

图3-8 打开或关闭尺寸标注图层

④ 颜色：显示和改变图层的颜色。如果要改变某一图层的颜色，单击其对应的颜色块，在弹出的"选择颜色"对话框中可以选择需要的颜色，如图3-9所示。

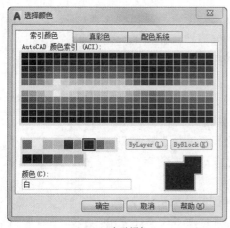
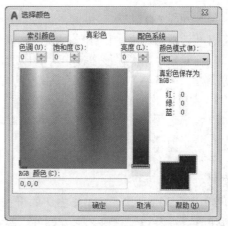

（a）索引颜色　　　　　　　　　　　　（b）真彩色

图3-9 "选择颜色"对话框

⑤ 线型：显示和修改图层的线型。如果要修改某一图层的线型，单击"线型"列下该图层的线型名称，在弹出的"选择线型"对话框中列出了当前可用的线型，可从中进行选择，如图3-10所示。

⑥ 线宽：显示和修改图层的线宽。如果要修改某一图层的线宽，单击"线宽"列下该图层的线宽，在弹出的"线宽"对话框中列出了AutoCAD设定的线宽，可从中进行选择，如图3-11所示。其中"旧的"提示行显示了前面赋予图层的线宽。当创建一个新图层时，采用默认线宽（其值为0.01in，即0.22mm），默认线宽的值由系统变量 LWDEFAULT设置；"新的"提示行显示了赋予图层的新线宽。

⑦ 打印样式：打印图形时各项属性的设置。

图 3-10　　"选择线型"对话框

图 3-11　　"线宽"对话框

⑧ 透明度：选择透明度。系统自动打开"透明度"对话框，可以在其中指定图层的透明度值，有效值从0到90。值越大，对象越显得透明。

技巧

> 合理利用图层，可以事半功倍。在开始绘制图形时，可预先设置一些基本图层，每个图层锁定自己的专门用途。这样只需绘制一份图形文件，就可以组合出许多需要的图纸；需要修改时也可针对各个图层进行。

2. 利用"特性"面板设置图层属性

利用 AutoCAD 2020 提供的"特性"面板，如图3-12所示，可以快速地查看和改变所选对象的图层、颜色、线型和线宽等特性。在绘图区中选择任何对象，都将在该面板中自动显示它所在的图层、颜色、线型、线宽等属性。"特性"面板各部分的功能介绍如下。

图 3-12　　"特性"面板

（1）对象颜色下拉列表框：单击右侧的下拉按钮，用户可从弹出的下拉列表框中选择一种颜色，使之成为当前颜色。如果选择"更多颜色"选项，在弹出的"选择颜色"对话框中可以选择其他颜色。修改当前颜色后，无论在哪个图层上绘图都采用这种颜色，但对各个图层的颜色设置没有影响。

（2）线型下拉列表框：单击右侧的下拉按钮，用户可从弹出的下拉列表框中选择一种线型，使之成为当前线型。修改当前线型后，无论在哪个图层上绘图都采用这种线型，但对各个图层的线型设置没有影响。

（3）线宽下拉列表框：单击右侧的下拉按钮，用户可从弹出的下拉列表框中选择一种线宽，使之成为当前线宽。修改当前线宽后，无论在哪个图层上绘图都采用这种线宽，但对其他图层的线宽设置没有影响。

（4）打印样式下拉列表框：单击右侧的下拉按钮，用户可从弹出的下拉列表框中选择一种打印样式，使之成为当前打印样式。

✎ 教你一招

图层的设置有哪些原则？

（1）在够用的基础上越少越好。不管是什么专业、什么阶段的图纸，图纸上所有的图元都可以按照一定的规律来组织整理。例如，建筑专业的平面图，就按照柱、墙、轴线、尺寸标注、一般汉字、门窗墙线、家具等来定义图层，然后在画图的时候，根据类别把该图元放到相应的图层中去。

（2）0层的使用。很多人喜欢在0层上画图，其实并不可取。因为0层是默认图层，而白色是0层的默认色，因此有时候屏幕看上去白花花一片，不建议在0层上画图，而是推荐用它来定义块。定义块时，先将所有图元均设置为0层，然后再定义块。这样在插入块时，插入的是哪个图层，块就是哪个图层。

（3）图层颜色的定义。图层颜色的定义要注意两点：一是不同的图层一般要使用不同的颜色；二是颜色的选择应该根据打印时线宽的粗细来决定。打印时，线型设置越宽的图层，颜色就应该选用越亮的。

3.2.2 颜色的设置

使用AutoCAD绘制的图形对象都具有一定的颜色。为了更清晰地表达绘制的图形，可把同一类的图形对象用相同的颜色绘制，而使不同类的对象具有不同的颜色，以示区分。这样就需要适当地对颜色进行设置。AutoCAD允许用户设置图层颜色、为新建的图形对象设置当前颜色，还可以改变已有图形对象的颜色。

【执行方式】
- ➥ 命令行：COLOR（快捷命令：COL）。
- ➥ 菜单栏：选择菜单栏中的"格式"→"颜色"命令。
- ➥ 功能区：在"默认"选项卡中打开"特性"面板中的对象颜色下拉列表框，从中选择"更多颜色"选项，如图3-13所示。

【操作步骤】

执行上述操作后，打开如图3-9所示的"选择颜色"对话框。

【选项说明】

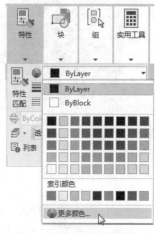

图3-13 对象颜色下拉列表框

1. "索引颜色"选项卡

选择此选项卡，可以在系统提供的222种颜色索引表中选择所需要的颜色，如图3-9（a）所示。

（1）"颜色索引"列表框：依次列出了222种索引色，在此列表框中选择所需要的颜色。

（2）"颜色"文本框：所选择的颜色编号显示在"颜色"文本框中，也可以直接在该文本框中输入自定义的编号来选择颜色。

（3）ByLayer和ByBlock按钮：单击这两个按钮，颜色分别按图层和图块设置。这两个按钮只有在设定了图层颜色和图块颜色后才可以使用。

2. "真彩色"选项卡

选择此选项卡，可以选择需要的任意颜色，如图3-9（b）所示。可以拖动调色板中的颜色指示光标和亮度滑块来选择颜色及其亮度，也可以通过"色调""饱和度"和"亮度"的调节按钮来选择需要的颜色。所选颜色的红、绿、蓝值显示在下面的"颜色"文本框中，也可以直接在该文本框中输入自定义的红、绿、蓝值来选择颜色。

在"颜色模式"下拉列表框中，可以选择需要的颜色模式默认的颜色模式为HSL模式，如图3-9（b）所示。RGB模式也是常用的一种颜色模式，如图3-14所示。

3. "配色系统"选项卡

选择此选项卡，可以从标准配色系统（如Pantone）中选择预定义的颜色，如图3-15所示。在"配色系统"下拉列表框中选择需要的配色系统，然后拖动右边的滑块来选择具体的颜色。所选颜色编号显示在下面的"颜色"文本框中，也可以直接在该文本框中输入自定义的编号来选择颜色。

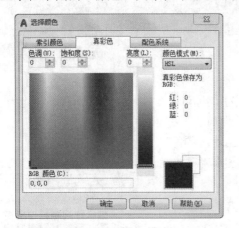

图 3-14　RGB 模式

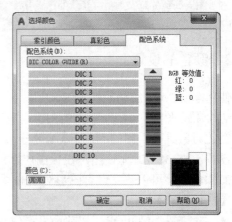

图 3-15　"配色系统"选项卡

3.2.3　线型的设置

国家标准GB/T 50104—2010对建筑图样中使用的各种图线名称、线型、线宽及在图样中的应用做了规定，如表3-2所示。其中常用的图线有4种，即粗实线、细实线、虚线、细点画线。图线分为粗、细两种，粗线的宽度 b 应按图样的大小和图形的复杂程度，在0.2～2mm之间选择；细线的宽度约为 $b/2$。

表 3-2　图线的线型及应用

图 线 名 称	线　　型	线　　宽	主 要 用 途
粗实线	———————	b	可见轮廓线，可见过渡线
细实线	———————	约 $b/2$	尺寸线、尺寸界线、剖面线、引出线、弯折线、牙底线、齿根线、辅助线等
细点画线	— — — — —	约 $b/2$	轴线、对称中心线、齿轮节线等
虚线	— — — — —	约 $b/2$	不可见轮廓线、不可见过渡线

续表

图线名称	线型	线宽	主要用途
波浪线	～～～	约 $b/2$	断裂处的边界线、剖视图与视图的分界线
双折线	～／＼／	约 $b/2$	断裂处的边界线
粗点画线	▬ ▬ ▬ ▬	b	有特殊要求的线或面的表示线
双点画线	— — — —	约 $b/2$	相邻辅助零件的轮廓线、极限位置的轮廓线、假想投影的轮廓线

1. 在"图层特性管理器"选项板中设置线型

在"默认"选项卡中单击"图层"面板中的"图层特性"按钮 ，打开"图层特性管理器"选项板，如图3-5所示。在图层列表的"线型"列下单击线型名称，打开"选择线型"对话框，如图3-10所示，其中主要选项的含义介绍如下。

（1）"已加载的线型"列表框：显示了在当前绘图中加载的线型，可供用户选用。

（2）"加载"按钮：单击该按钮，打开"加载或重载线型"对话框，用户可通过此对话框加载线型并把它添加到"线型"列中。不过要注意的是，加载的线型必须在线型库（LIN）文件中定义过。标准线型都保存在acad.lin文件中。

2. 直接设置线型

【执行方式】

➥ 命令行：LINETYPE。

➥ 功能区：在"默认"选项卡中打开"特性"面板中的"线型"下拉列表框，从中选择"其他"选项，如图3-16所示。

【操作步骤】

执行上述操作后，在弹出的"线型管理器"对话框中可以设置相应的线型，如图3-17所示。

图 3-16 "线型"下拉列表框

图 3-17 "线型管理器"对话框

3.2.4 线宽的设置

在国家标准 GB/T 50104—2010 中，对建筑图样中使用的各种图线的线宽做了规定，图线分为粗、细两种，粗线的宽度 b 应按图样的大小和图形的复杂程度，在0.2～2mm之间选择，细线的宽度约为 $b/2$。AutoCAD 提供了相应的工具帮助用户来设置线宽。

图3-18 "线宽"下拉列表框

1. 在"图层特性管理器"选项板中设置线型

按照3.2.1小节讲述的方法，打开"图层特性管理器"选项板，如图3-5所示。在"线宽"列下单击某一图层的线宽，在弹出的"线宽"对话框中列出了AutoCAD设定的线宽，用户可从中选取。

2. 直接设置线宽

【执行方式】

➘ 命令行：LINEWEIGHT。

➘ 菜单栏：选择菜单栏中的"格式"→"线宽"命令。

➘ 功能区：在"默认"选项卡中打开"特性"面板中的"线宽"下拉列表框，从中选择"线宽设置"选项，如图3-18所示。

【操作步骤】

执行上述操作后，打开"线宽"对话框。有关该对话框相关选项的含义前文已介绍，在此不再赘述。

✎ 教你一招

有时设置了线宽，但在图形中显示不出效果来。出现这种情况一般有两种原因。
（1）没有打开状态栏中的"显示线宽"按钮。
（2）线宽设置的宽度不够，AutoCAD只能显示出0.30mm以上的线宽，如果宽度低于0.30mm，就无法显示出线宽的效果。

动手练——设置绘制花朵的图层

源文件：源文件\第3章\设置绘制花朵的图层.dwg

📋 思路点拨

分别设置"花瓣""绿叶"和"花蕊"图层。
（1）"花瓣"图层，颜色为粉色，线宽为0.30mm，其余属性默认。
（2）"绿叶"图层，颜色为绿色，其余属性默认。
（3）"花蕊"图层，颜色为洋红，其余属性默认。

扫一扫，看视频

3.3 综合演练——设置样板图绘图环境

新建图形文件，设置图形单位与图形界限，然后新建图层并进行相应的设置，最后保存成".dwt"格式的样板图文件。

【操作步骤】

（1）新建文件。单击快速访问工具栏中的"新建"按钮□，新建空白文件。

（2）设置单位。选择菜单栏中的"格式"→"单位"命令，打开"图形单位"对话框，如图3-19所示。设置"长度"的"类型"为"小数"，"精度"为0；"角度"的"类型"为"十进制度数"，"精度"

图3-19 "图形单位"对话框

为0；系统默认逆时针方向为正；"用于缩放插入内容的单位"设置为"毫米"。

（3）设置图形界限。国标对图纸的幅面大小做了严格的规定，如表3-3所示。

表3-3　图幅国家标准

幅面代号	A0	A1	A2	A3	A4
长×宽（mm×mm）	1189×841	841×594	594×420	420×297	297×210

在这里，不妨按国标A3图纸幅面设置图形边界。A3图纸的幅面为420mm×297mm。

选择菜单栏中的"格式"→"图形界限"命令，设置图幅。命令行提示与操作如下。

```
命令：LIMITS
重新设置模型空间界限：
指定左下角点或 [开(ON)/关(OFF)] <0.0000,0.0000>:0,0
指定右上角点 <420.0000,297.0000>: 420,297
```

（4）新建图层并更改图层名称。在"默认"选项卡中单击"图层"面板中的"图层特性"按钮，打开"图层特性管理器"选项板，如图3-20所示。在该选项板中单击"新建图层"按钮，在图层列表框中出现一个默认名为"图层1"的新图层，如图3-21所示。用鼠标单击该图层名称，将其改为CEN，如图3-22所示。

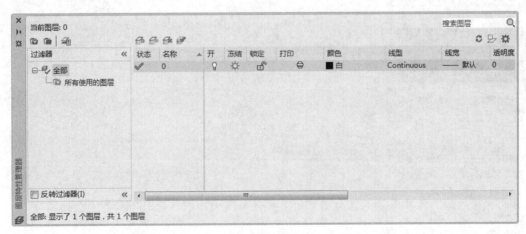

图3-20　"图层特性管理器"选项板

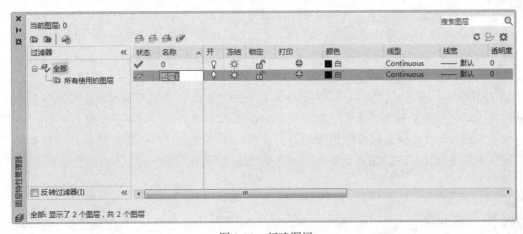

图3-21　新建图层

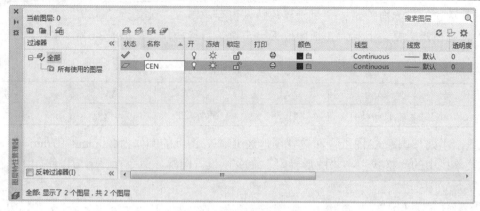

图 3-22　更改图层名称

（5）设置图层颜色。为了区分不同图层上的图线，增加图形不同部分的对比性，可以为不同的图层设置不同的颜色。单击刚建立的CEN图层"颜色"列下的颜色块，打开"选择颜色"对话框，如图3-23所示。在该对话框中选择黄色，单击"确定"按钮。此时在"图层特性管理器"选项板中可以发现CEN图层的颜色变成了黄色，如图3-24所示。

图 3-23　"选择颜色"对话框

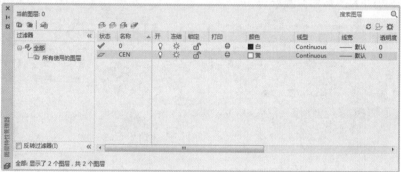

图 3-24　更改颜色

（6）设置线型。在常用的工程图纸中，通常要用到不同的线型，这是因为不同的线型表示不同的含义。在上述"图层特性管理器"选项板中单击CEN图层"线型"列下的线型名称，打开"选择线型"对话框，如图3-25所示。单击"加载"按钮，打开"加载或重载线型"对话框，如图3-26所示。在该对话框中选择CENTER线型，单击"确定"按钮。回到"选择线型"对话框后，可以看到在"已加载的线型"列表框中出现了CENTER线型，如图3-27所示。选择CENTER线型，单击"确定"按钮。此时在"图层特性管理器"选项板中就可以发现CEN图层的线型变成了CENTER线型，如图3-28所示。

（7）设置线宽。在工程图纸中，不同的线宽也表示不同的含义，因此也要对不同图层的线宽进行设置。在上述"图层特性管理器"选项板中单击CEN图层"线宽"列下的线宽，打开"线宽"对话框，如图3-29所示。在该对话框中选择适当的线宽，单击"确定"按钮。此时在"图层特性管理器"选项板中就可以发现CEN图层的线宽变成了0.15mm，如图3-30所示。

✍ 技巧

应尽量按照新国标相关规定，保持细线与粗线之间的比例大约为 1:2。

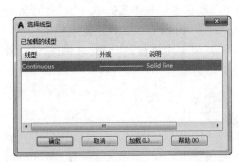

图 3-25 "选择线型"对话框

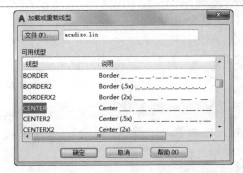

图 3-26 "加载或重载线型"对话框

图 3-27 加载线型

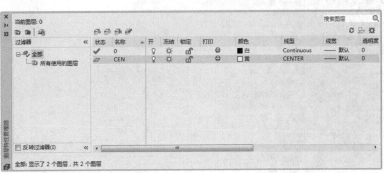

图 3-28 更改线型

图 3-29 "线宽"对话框

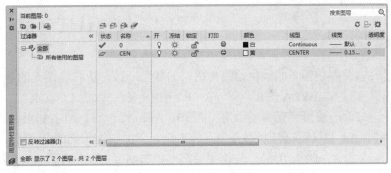

图 3-30 更改线宽

（8）以同样的方法建立不同图层名称的新图层，这些不同的图层可以分别存放不同的图线或图形的不同部分。最后完成设置的图层如图3-31所示。

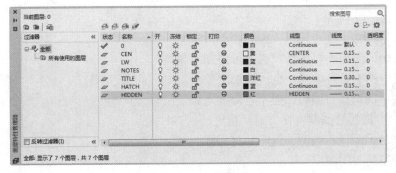

图 3-31 设置图层

（9）保存成样板图文件。单击快速访问工具栏中的"另存为"按钮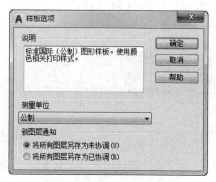，打开"图形另存为"对话框，如图3-32所示。在"文件类型"下拉列表框中选择"AutoCAD图形样板（*.dwt）"选项，在"文件名"文本框中输入"A3样板图"，单击"保存"按钮。在弹出的如图3-33所示的"样板选项"对话框中保持默认设置，单击"确定"按钮，完成文件的保存。

图 3-32　"图形另存为"对话框

图 3-33　"样板选项"对话框

3.4　模拟认证考试

1. 要使图元的颜色始终与图层的颜色一致，应将该图元的颜色设置为（　　）。
A．BYLAYER　　　　B．BYBLOCK　　　C．COLOR　　　　D．RED

2. 当前图形有 5 个图层，即 0、A1、A2、A3、A4。如果 A3 图层为当前图层，0、A1、A2、A3、A4 都处于打开状态且没有被冻结，下面说法正确的是（　　）。
A．除了 0 层外其他图层都可以冻结　　　B．除了 A3 图层外其他图层都可以冻结
C．可以同时冻结 5 个图层　　　　　　　D．一次只能冻结一个图层

3. 如果某图层的对象不能被编辑，但在屏幕上可见，且能捕捉该对象的特殊点和标注尺寸，该图层状态为（　　）。
A．冻结　　　　　　B．锁定　　　　　　C．隐藏　　　　　　D．块

4. 对某图层进行锁定后，则（　　）。
A．图层中的对象不可编辑，但可添加对象
B．图层中的对象不可编辑，也不可添加对象
C．图层中的对象可编辑，也可添加对象
D．图层中的对象可编辑，但不可添加对象

5. 不能通过"图层过滤器特性"对话框过滤的特性是（　　）。
A．图层名、颜色、线型、线宽和打印样式
B．打开还是关闭图层
C．锁定还是解锁图层

D. 图层是ByLayer还是ByBlock

6. 用（　　）命令可以设置图形界限。

   A. SCALE   B. EXTEND   C. LIMITS   D. LAYER

7. 在日常工作中贯彻办公和绘图标准时，下列（　　）方式最为有效。

   A. 应用典型的图形文件   B. 应用模板文件

   C. 重复利用已有的二维绘图文件   D. 在"启动"对话框中选取公制

8. 绘制图形时，需要一种前面没有用到过的线型，请给出解决步骤。

第4章 简单二维绘图命令

内容简介

本章将介绍相对较为简单的二维绘图基本知识，从中读者应了解直线类、圆类、点类、平面图形命令，快速进入绘图知识的殿堂。

内容要点

➔ 直线类命令
➔ 圆类命令
➔ 点类命令
➔ 平面图形命令
➔ 综合演练——烤箱
➔ 模拟认证考试

案例效果

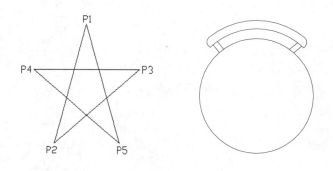

4.1 直线类命令

直线类命令主要包括"直线"和"构造线"，这是AutoCAD中最简单的绘图命令。

4.1.1 直线

无论多么复杂的图形，都是由点、直线、圆弧等按不同的粗细、间隔、颜色组合而成的。其中直线是AutoCAD绘图中最简单、最基本的一种图形单元。连续的直线可以组成折线，直线与圆弧又可以组成多段线。直线在机械制图中常用于表达物体棱边或平面的投影，在建筑制图中则常用于建筑平面投影。

【执行方式】

➔ 命令行：LINE（快捷命令：L）。

- 菜单栏：选择菜单栏中的"绘图"→"直线"命令。
- 工具栏：单击"绘图"工具栏中的"直线"按钮 。
- 功能区：在"默认"选项卡中单击"绘图"面板中的"直线"按钮 。

扫一扫，看视频

动手学——公园方桌

源文件：源文件\第4章\公园方桌.dwg
利用"直线"命令绘制如图4-1所示的公园方桌。

【操作步骤】
（1）单击状态栏中的"动态输入"按钮 ，关闭动态输入，单击"默认"选项卡"绘图"面板中的"直线"按钮 ，绘制连续线段。命令行提示与操作如下。

```
命令：_line
指定第一个点：0,0 ↙
指定下一点或 [放弃 (U)]：1200,0 ↙
指定下一点或 [退出(E)/放弃(U)]:1200,1200↙
指定下一点或 [关闭(C)/退出(X)/放弃 (U)]:0,1200 ↙
指定下一点或 [关闭(C)/退出(X)/放弃 (U)]：c ↙
```

绘制的图形如图4-2所示。
（2）单击"默认"选项卡"绘图"面板中的"直线"按钮 ，命令行提示与操作如下。

```
命令：_line
指定第一个点：20,20 ↙
指定下一点或 [ 放弃 (U)]:1180,20 ↙
指定下一点或 [退出(E)/放弃(U)]: 1180,1180↙
指定下一点或 [关闭(C)/退出(X)/放弃(U)]: 20 ,1180↙
指定下一点或 [关闭(C)/退出(X)/放弃(U)]: c↙
```

至此，一个简易的方桌绘制完成，如图4-3所示。

图4-1 公园方桌　　　图4-2 绘制连续线段　　　图4-3 简易方桌

📢 **注意**

（1）坐标值的逗号只能在英文状态下输入，否则会出现错误。
（2）有些命令同时存在命令行、菜单栏、工具栏和功能区 4 种执行方式。这时如果选择菜单栏、工具栏或功能区方式，命令行会显示该命令，并在前面加下划线。例如，通过菜单栏、工具栏或功能区方式执行"直线"命令时，命令行会显示" _line"。

【选项说明】
（1）若采用按Enter键响应"指定第一个点"提示，系统会把上次绘制图线的终点作为本次图线的起始点。若上次操作为绘制圆弧，按Enter键响应后将绘出通过圆弧终点并与该圆弧相切的直线段，该线段的长度为光标在绘图区指定的一点与切点之间的距离。

（2）在"指定下一点"提示下，用户可以指定多个端点，从而绘出多条直线段。但是，每一段直线都是一个独立的对象，可以进行单独的编辑操作。

（3）绘制两条以上直线段后，若采用输入选项C响应"指定下一点"提示，系统会自动连接起始点和最后一个端点，从而绘出封闭的图形。

（4）若采用输入选项U响应提示，则删除最近一次绘制的直线段。

（5）若设置为正交模式（单击状态栏中的"正交模式"按钮 ），只能绘制水平线段或垂直线段。

（6）若设置动态数据输入方式（单击状态栏中的"动态输入"按钮 ），则可以动态输入坐标或长度值，效果与非动态数据输入方式类似，如图4-4所示。除非特别需要，以后不再强调，而只按非动态数据输入方式输入相关数据。

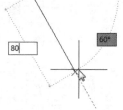

图4-4　动态输入

📝 **技巧**

（1）由直线组成的图形，每条线段都是独立的对象，可对每条直线段进行单独编辑。

（2）当结束"直线"命令后，再次执行"直线"命令，根据命令行提示，直接按 Enter 键，则以上次最后绘制的线段或圆弧的终点作为当前线段的起点。

（3）在命令行中输入三维点的坐标，则可以绘制三维直线段。

4.1.2　数据输入法

在AutoCAD 2020 中，点的坐标可以用直角坐标、极坐标、球面坐标和柱面坐标来表示。每一种坐标又分别具有两种输入方式，即绝对坐标和相对坐标。其中，直角坐标和极坐标最为常用，具体输入方法如下。

（1）直角坐标：用点的X、Y坐标值表示的坐标。

在命令行中输入点的坐标"15,18"，则表示输入了一个X、Y坐标值分别为15、18的点。此为绝对坐标输入方式，表示该点的坐标是相对于当前坐标原点的坐标值，如图4-5（a）所示，如果输入"@10,20"，则为相对坐标输入方式，表示该点的坐标是相对于前一点的坐标值，如图4-5（b）所示。

（2）极坐标：用长度和角度表示的坐标，只能用来表示二维点的坐标。

① 在绝对坐标输入方式下，表示为"长度< 角度"，如"25<50"。其中，长度表示该点到坐标原点的距离，角度表示该点到原点的连线与 X 轴正向的夹角，如图4-5（c）所示。

② 在相对坐标输入方式下，表示为"@ 长度 < 角度"，如"@25<45"。其中，长度为该点到前一点的距离，角度为该点至前一点的连线与 X 轴正向的夹角，如图4-5（d）所示。

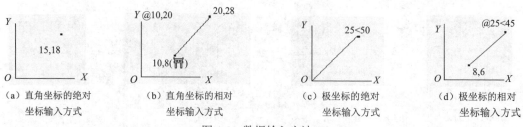

图4-5　数据输入方法

（3）动态数据输入。单击状态栏中的"动态输入"按钮 ，系统打开动态输入功能，可以在绘图区动态地输入某些参数。例如，绘制直线时，在光标附近会动态地显示"指定第一个点："，以及后面的坐标框。当前坐标框中显示的是目前光标所在的位置，可以输入数据，两个数据之间以逗号隔开，如图4-6所示。指定第一点后，系统动态显示直线的角度，同时要求输入线段长度值，如图4-7所示。其输入效果与"@ 长度 < 角度"方式相同。

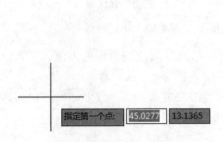

图4-6　动态输入坐标值

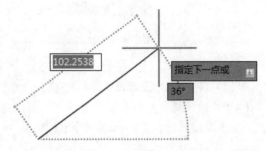

图4-7　动态输入长度值

（4）点的输入。在绘图过程中，经常需要输入点的位置。AutoCAD 提供了以下几种输入点的方式。

① 用键盘直接在命令行中输入点的坐标。

➤ 直角坐标有两种输入方式："X,Y"（点的绝对坐标值，如"100,50"）和"@X,Y"（相对于上一点的相对坐标值，如"@ 50,-30"）。

➤ 极坐标的输入方式："长度 < 角度"（其中，长度为点到坐标原点的距离，角度为原点至该点连线与 X 轴的正向夹角，如"20<45"）或"@ 长度 < 角度"（相对于上一点的相对极坐标，如"@ 50<-30"）。

② 用鼠标等定标设备移动光标，在绘图区单击直接取点。

③ 用目标捕捉方式捕捉绘图区已有图形的特殊点（如端点、中点、中心点、插入点、交点、切点、垂足点等）。

④ 直接输入距离。先拖动出直线以确定方向，然后用键盘输入距离，这样有利于准确控制对象的长度。

（5）距离值的输入。在AutoCAD命令中，有时需要提供高度、宽度、半径、长度等表示距离的值。AutoCAD 系统提供了两种输入距离值的方式：一种是用键盘在命令行中直接输入数值；另一种是在绘图区选择两点，以两点的距离值确定出所需数值。

动手学——五角星

源文件：源文件\第4章\五角星.dwg

本实例主要练习执行"直线"命令后，在动态输入功能下绘制五角星，如图4-8所示。

（1）系统默认打开动态输入，如果动态输入没有打开，单击状态栏中的"动态输入"按钮 ，打开动态输入。单击"默认"选项卡"绘图"面板中的"直线"按钮 ，在动态输入框中输入第一点坐标为（120,120），如图4-9所示。按Enter键确认P1点。

（2）拖动鼠标，然后在动态输入框中输入长度为80，按Tab键切换到角度输入框，输入角度为108°，如图4-10所示，按Enter键确认P2点。

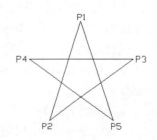

图4-8　五角星

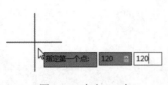

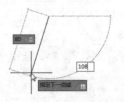

图4-9　确定P1点　　　　　　　　　　　　图4-10　确定P2点

（3）拖动鼠标，然后在动态输入框中输入长度为80，按Tab键切换到角度输入框，输入角度为36°，如图4-11所示，按Enter键确认P3点。

（4）拖动鼠标，然后在动态输入框中输入长度为100，按Tab键切换到角度输入框，输入角度为180°，如图4-12所示，按Enter键确认P4点。

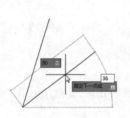

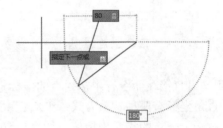

图4-11　确定P3点　　　　　　　　　　　　图4-12　确定P4点

（5）拖动鼠标，然后在动态输入框中输入长度为20，按Tab键切换到角度输入框，输入角度为36°，如图4-13所示，按Enter键确认P5点。

（6）拖动鼠标，直接捕捉P1点，如图4-14所示，也可以输入长度为80，按Tab键切换到角度输入框，输入角度为108°，则完成绘制。

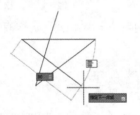

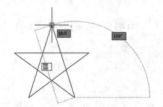

图4-13　确定P5　　　　　　　　　　　　图4-14　完成绘制

4.1.3　构造线

构造线就是无穷长度的直线，用于模拟手工作图中的辅助作图线。构造线用特殊的线型显示，在图形输出时可不予输出。作为辅助线绘制建筑图中的三视图是构造线的主要用途，其应用应保证三视图之间"主、俯视图长对正，主、左视图高平齐，俯、左视图宽相等"的对应关系。如图4-15所示为应用构造线作为辅助线绘制建筑图中的三视图的示例，其中细线为构造线，粗线为三视图轮廓线。

【执行方式】

➜　命令行：XLINE（快捷命令：XL）。

➜　菜单栏：选择菜单栏中的"绘图"→"构造线"命令。

➜　工具栏：单击"绘图"工具栏中的"构造线"按钮✔。

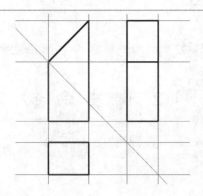

图 4-15　构造线辅助绘制三视图

➡　功能区：在"默认"选项卡中单击"绘图"面板中的"构造线"按钮 ✔。

【操作步骤】

命令：XLINE
指定点或 [水平 (H) / 垂直 (V) / 角度 (A) / 二等分 (B) / 偏移 (O)]：（给出根点 1）
指定通过点：（给定通过点 2，绘制一条双向无限长直线）
指定通过点：（继续给定点，继续绘制线，如图 4-16（a）所示，按 Enter 键结束）

【选项说明】

（1）指定点：用于绘制通过指定两点的构造线，如图4-16（a）所示。

（2）水平（H）：绘制通过指定点的水平构造线，如图4-16（b）所示。

（3）垂直（V）：绘制通过指定点的垂直构造线，如图4-16（c）所示。

（4）角度（A）：绘制沿指定方向或与指定直线之间的夹角为指定角度的构造线，如图4-16（d）所示。

（5）二等分（B）：绘制平分由指定 3 点所确定的角的构造线，如图4-16（e）所示。

（6）偏移（O）：绘制与指定直线平行的构造线，如图4-16（f）所示。

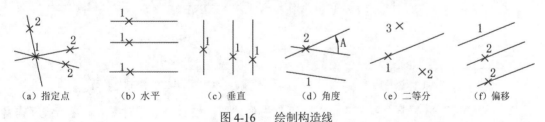

（a）指定点　　　（b）水平　　　（c）垂直　　　（d）角度　　　（e）二等分　　　（f）偏移

图 4-16　绘制构造线

动手练——绘制折叠门

源文件：源文件\第4章\绘制折叠门.dwg

利用"直线"命令绘制如图4-17所示的折叠门。

图 4-17　折叠门

📋 **思路点拨**

为了做到准确无误，要求通过输入坐标值指定直线的相关点，从而使读者灵活掌握直线的绘制方法。

4.2 圆 类 命 令

圆类命令主要包括"圆""圆弧""圆环""椭圆"及"椭圆弧"等。这几个命令是AutoCAD中最简单的曲线命令。

4.2.1 圆

圆是最简单的封闭曲线，也是绘制工程图时经常用到的图形单元。

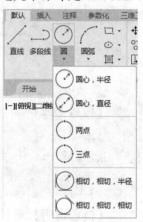

图4-18 "圆"下拉菜单

【执行方式】

➥ 命令行：CIRCLE（快捷命令：C）。

➥ 菜单栏：选择菜单栏中的"绘图"→"圆"命令。

➥ 工具栏：单击"绘图"工具栏中的"圆"按钮⊙。

➥ 功能区：在"默认"选项卡中单击"绘图"面板中的"圆"下拉按钮，在弹出的下拉菜单中选择一种创建方式，如图4-18所示。

动手学——擦背床

扫一扫，看视频

源文件：源文件\第4章\擦背床.dwg

本实例绘制擦背床，如图4-19所示。

【操作步骤】

（1）在"默认"选项卡中单击"绘图"面板中的"直线"按钮，选取适当尺寸，绘制矩形外轮廓，如图4-20所示。

图4-19 擦背床　　　　　　　图4-20 绘制外轮廓

（2）在"默认"选项卡中单击"绘图"面板中的"圆"按钮⊙，绘制圆。命令行提示与操作如下。

```
命令：_circle
指定圆的圆心或 [ 三点 (3P)/ 两点 (2P)/ 切点、切点、半径 (T)]：（然后在适当位置指定一点）
指定圆的半径或 [ 直径 (D)]：（然后用鼠标指定一点）
```

绘制结果如图4-19所示。

【选项说明】

（1）切点、切点、半径（T）：通过先指定两个相切对象，再给出半径的方法绘制圆。图4-21给出了以"切点，切点，半径"方式绘制圆的各种情形（加粗的圆为最后绘制的圆）。

(a)"切点，切点，半径"　　(b)"切点，切点，半径"　　(c)"切点，切点，半径"　　(d)"切点，切点，半径"
方式1　　　　　　　　　方式2　　　　　　　　　方式3　　　　　　　　　方式4

图 4-21　圆与另外两个对象相切

（2）选择菜单栏中的"绘图"→"圆"命令，其子菜单中比命令行多了一种"相切，相切，相切"的绘制方法，如图4-22所示。

4.2.2　圆弧

圆弧是圆的一部分。在工程造型中，圆弧的使用比圆更普遍。通常强调的"流线形"造型或圆润的造型实际上就是圆弧造型。

【执行方式】

➡ 命令行：ARC（快捷命令：A）。

➡ 菜单栏：选择菜单栏中的"绘图"→"圆弧"命令。

➡ 工具栏：单击"绘图"工具栏中的"圆弧"按钮 。

➡ 功能区：在"默认"选项卡中单击"绘图"面板中的"圆弧"下拉按钮，在弹出的下拉菜单中选择一种创建方式，如图4-23所示。

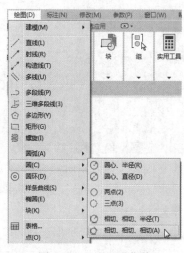

图 4-22　"圆"子菜单

动手学——椅子

源文件：源文件\第4章\椅子.dwg
本实例绘制椅子，如图4-24所示。

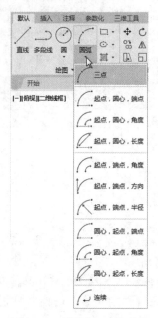

图 4-23　"圆弧"下拉菜单

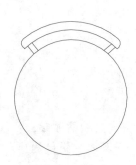

图 4-24　椅子

【操作步骤】

（1）在"默认"选项卡中单击"绘图"面板中的"圆"按钮⊙，绘制椅子主体。命令行提示与操作如下。

```
命令：_circle
指定圆的圆心或 [三点 (3P)/ 两点 (2P)/ 切点、切点、半径 (T)]:0,0
指定圆的半径或 [直径 (D)]: 200（结果如图4-25所示）
```

（2）在"默认"选项卡中单击"绘图"面板中的"圆弧"按钮／，绘制圆弧。命令行提示与操作如下。

```
命令：_arc
指定圆弧的起点或 [圆心 (C)]: C
指定圆弧的圆心：0,0
指定圆弧的起点：@250<45
指定圆弧的端点（按住 Ctrl 键以切换方向）或 [角度 (A)/ 弦长 (L)]:A
指定夹角（按住 Ctrl 键以切换方向）:90
```

同理，绘制另外一条半径为 300 的圆弧，结果如图4-26所示。

（3）在"默认"选项卡中单击"绘图"面板中的"直线"按钮／，连接圆弧。命令行提示与操作如下。

```
命令：LINE
指定第一点：150,200
指定下一点或 [放弃 (U)]: 120,160
```

同理，绘制坐标为 {(131.5,212.6)、(101.3,172.4)}、{(-150,200)、(-120,160)} 和 {(-131.5,212.6)、(-101.3,172.4)} 的 3 条直线，结果如图 4-27 所示。

（4）在"默认"选项卡中单击"绘图"面板中的"圆弧"按钮／，绘制圆弧。命令行提示与操作如下。

```
命令：_arc
指定圆弧的起点或 [圆心 (C)]: （打开对象捕捉，捕捉半径为 250 的圆弧的右端点）
指定圆弧的第二个点或 [圆心 (C)/ 端点 (E)]: e
指定圆弧的端点：（捕捉半径为 300 的圆弧的右端点）
指定圆弧的中心点（按住 Ctrl 键以切换方向）或 [角度 (A)/ 方向 (D)/ 半径 (R)]: r
指定圆弧的半径（按住 Ctrl 键以切换方向）: 45
```

同理，绘制左边的圆弧，结果如图4-24所示。

图 4-25 绘制圆

图 4-26 绘制圆弧

图 4-27 绘制直线

【选项说明】

（1）以命令行方式绘制圆弧时，可以根据系统提示选择不同的选项，具体功能与菜单栏中的"绘图"→"圆弧"子菜单中提供的11种方式相似。这11种方式绘制的圆弧分别如图4-28（a）～图4-28（k）所示。

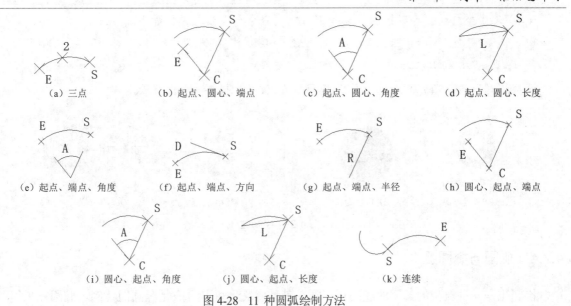

图 4-28　11 种圆弧绘制方法

（2）需要强调的是"连续"方式，绘制的圆弧与上一段圆弧相切。连续绘制圆弧段，只提供端点即可。

✍ **教你一招**

绘制圆弧时应注意什么？

绘制圆弧时，注意指定合适的端点或圆心，指定端点的时针方向也就是绘制圆弧的方向。例如，要绘制下半圆弧，则起始端点应在左侧，终止端点应在右侧，此时端点的时针方向为逆时针，即得到相应的逆时针圆弧。

4.2.3　圆环

圆环可以看作是两个同心圆，利用"圆环"命令可以快速完成同心圆的绘制。

【执行方式】

➥　命令行：DONUT（快捷命令：DO）。

➥　菜单栏：选择菜单栏中的"绘图"→"圆环"命令。

➥　功能区：在"默认"选项卡中单击"绘图"面板中的"圆环"按钮◎。

【操作步骤】

命令：DONUT
指定圆环的内径 <0.5000>：（指定圆环内径）
指定圆环的外径 <1.0000>：（指定圆环外径）
指定圆环的中心点或 < 退出 >：（指定圆环的中心点）
指定圆环的中心点或 < 退出 >：（继续指定圆环的中心点，则继续绘制相同内外径的圆环。用 Enter 键、空格键或右击结束命令，如图 4-29（a）所示）

【选项说明】

（1）若指定内外径不等，则画出填充圆环，如图4-29（a）所示。

（2）若指定内径为 0，则画出实心填充圆，如图4-29（b）所示。

（3）若指定内外径相等，则画出普通圆，如图4-29（c）所示。

（4）用命令 FILL 可以控制圆环是否填充，命令行提示与操作如下。

```
命令：FILL
输入模式 [ 开 (ON)/ 关 (OFF)] < 开 >：
```

选择"开"表示填充，选择"关"表示不填充，如图4-29（d）所示。

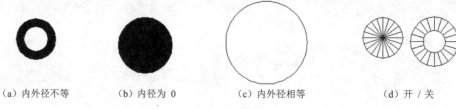

（a）内外径不等　　　（b）内径为 0　　　（c）内外径相等　　　（d）开 / 关

图 4-29　绘制圆环

4.2.4　椭圆与椭圆弧

椭圆也是一种典型的封闭曲线图形，圆在某种意义上可以看成是椭圆的特例。椭圆在工程图中的应用不多，只在某些特殊造型，如室内设计单元中的浴盆、桌子等造型或机械造型中的杆状结构的截面形状等图形中才会出现。

【执行方式】

- 命令行：ELLIPSE（快捷命令：EL）。
- 菜单栏：选择菜单栏中的"绘图"→"椭圆"或"椭圆弧"命令。
- 工具栏：单击"绘图"工具栏中的"椭圆"按钮◯或"椭圆弧"按钮⊙。
- 功能区：在"默认"选项卡中单击"绘图"面板中的"椭圆"下拉按钮，在弹出的菜单中选择椭圆的创建方式或"椭圆弧"命令，如图4-30所示。

扫一扫，看视频

动手学——马桶

源文件：源文件\第4章\马桶.dwg

本实例主要介绍椭圆弧的绘制方法。首先利用"椭圆弧"命令绘制马桶外沿，然后利用"直线"命令绘制马桶后沿和水箱，如图4-31所示。

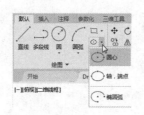
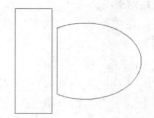

图 4-30　"椭圆"下拉菜单　　　　　　图 4-31　绘制马桶

【操作步骤】

（1）在"默认"选项卡中单击"绘图"面板中的"椭圆"下拉按钮，在弹出的下拉菜单中选择"椭圆弧"命令，绘制马桶外沿。命令行提示与操作如下。

```
命令：_ellipse
指定椭圆的轴端点或 [ 圆弧 (A)/ 中心点 (C)]：_a
```

指定椭圆弧的轴端点或 [中心点 (C)]：c
指定椭圆弧的中心点 ：（然后指定一点）
指定轴的端点 ：（然后指定一点）
指定另一条半轴长度或 [旋转 (R)]：（然后指定一点）
指定起点角度或 [参数 (P)]：（然后指定下面适当位置一点）
指定端点角度或 [参数 (P)/ 夹角 (I)]：（然后指定正上方适当位置一点）

绘制结果如图4-32所示。

（2）在"默认"选项卡中单击"绘图"面板中的"直线"按钮 / ，连接椭圆弧两个端点，绘制马桶后沿，结果如图4-33所示。

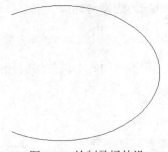

图 4-32 绘制马桶外沿   图 4-33 绘制马桶后沿

（3）在"默认"选项卡中单击"绘图"面板中的"直线"按钮 / ，选取适当的尺寸，在左边绘制一个矩形框作为水箱。最终结果如图4-31所示。

✍ 技巧

指定起点角度和端点角度的点时不要将两个点的顺序指定反了，因为系统默认的旋转方向是逆时针。如果指定反了，得出的结果可能和预期的刚好相反。

【选项说明】

（1）指定椭圆的轴端点：根据两个端点定义椭圆的第一条轴，第一条轴的角度确定了整个椭圆的角度。第一条轴既可定义椭圆的长轴，也可定义其短轴。椭圆按图4-34（a）所示的1—2—3—4的顺序绘制。

（2）圆弧（A）：用于创建一段椭圆弧，与"在'默认'选项卡中单击'绘图'面板中的'椭圆'下拉按钮，在弹出的下拉菜单中选择'椭圆弧'命令"功能相同。其中第一条轴的角度确定了椭圆弧的角度。第一条轴既可定义椭圆弧的长轴，也可定义其短轴。选择该选项，命令行继续提示与操作如下。

指定椭圆弧的轴端点或 [中心点 (C)]：（指定端点或输入C）
指定轴的另一个端点 ：（指定另一端点）
指定另一条半轴长度或 [旋转 (R)]：（指定另一条半轴长度或输入R）
指定起点角度或 [参数 (P)]：（指定起始角度或输入P）
指定端点角度或 [参数 (P)/ 夹角 (I)]：

其中各选项含义如下。

① 起点角度：指定椭圆弧端点的两种方式之一，光标与椭圆弧中心点连线的夹角为椭圆弧端点位置的角度，如图4-34（b）所示。

(a) 椭圆   (b) 椭圆弧

图 4-34　椭圆和椭圆弧

② 参数（P）：指定椭圆弧端点的另一种方式。该方式同样是指定椭圆弧端点的角度，但通过以下矢量参数方程式创建椭圆弧。

$$p(u)=c+a×\cos(u)+b×\sin(u)$$

式中：c是椭圆弧的中心点；a和b分别是椭圆弧的长轴和短轴；u为光标与椭圆弧中心点连线的夹角。

③ 夹角（I）：定义从起点角度开始的包含角度。

④ 中心点（C）：通过指定的中心点创建椭圆弧。

⑤ 旋转（R）：通过绕第一条轴旋转圆来创建椭圆弧。相当于将一个圆绕椭圆轴翻转一个角度后的投影视图。

✎ 技巧

> 椭圆命令生成的椭圆是以多段线还是以椭圆为实体，是由系统变量 PELLIPSE 决定的。

动手练——洗脸盆

源文件：源文件\第4章\洗脸盆.dwg

本练习绘制如图4-35所示的洗脸盆。

📋 思路点拨

图 4-35　洗脸盆

> （1）利用"直线"命令绘制水龙头。
> （2）利用"圆"命令绘制旋钮。
> （3）利用"椭圆弧"命令绘制洗脸盆部分内沿。
> （4）利用"圆弧"命令绘制洗脸盆内沿其他部分。

4.3　点类命令

点在 AutoCAD 中有多种不同的表示方式，可以根据需要进行设置，也可以设置等分点和测量点。

4.3.1　点

通常认为，点是最简单的图形单元。在工程图中，点通常用来标定某个特殊的坐标位置，或者作为某个绘制步骤的起点和基础。为了使点更突出、明显，AutoCAD 为点提供了各种样式，可以根据需要来选择。

【执行方式】

➘ 命令行：POINT（快捷命令：PO）。

➘ 菜单栏：选择菜单栏中的"绘图"→"点"命令。

➘ 工具栏：单击"绘图"工具栏中的"点"按钮 ⁝⁝ 。

➘ 功能区：在"默认"选项卡中单击"绘图"面板中的"多点"按钮 ⁝⁝ 。

【操作步骤】

```
命令：_point
当前点模式：PDMODE=0  PDSIZE=0.0000
指定点：（指定点所在的位置）
```

【选项说明】

（1）通过菜单栏方式操作时（如图4-36所示），"单点"命令表示只输入一个点，"多点"命令表示可输入多个点。

（2）可以单击状态栏中的"对象捕捉"按钮□，设置点捕捉模式，帮助用户选择点。

（3）点在图形中的显示样式共有 20 种。可通过 DDPTYPE 命令或选择菜单栏中的"格式"→"点样式"命令在打开的"点样式"对话框中进行设置，如图4-37所示。

图 4-36　"点"子菜单

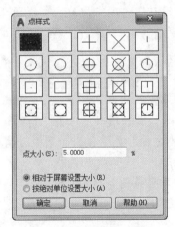

图 4-37　"点样式"对话框

4.3.2　定数等分

有时需要把某一线段或曲线按一定的份数进行等分。这一点在手工绘图中很难实现，但在 AutoCAD 中，可以通过相关命令轻松完成。

【执行方式】

➡ 命令行：DIVIDE（快捷命令：DIV）。

➡ 菜单栏：选择菜单栏中的"绘图"→"点"→"定数等分"命令。

➡ 功能区：在"默认"选项卡中单击"绘图"面板中的"定数等分"按钮 。

动手学——水晶吊灯

源文件：源文件\第4章\水晶吊灯.dwg

本实例绘制如图4-38所示的水晶吊灯。

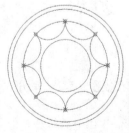

图 4-38　水晶吊灯

扫一扫，看视频

【操作步骤】

（1）在"默认"选项卡中单击"绘图"面板中的"圆"按钮⊙，分别绘制半径为1300mm、2200mm、2800mm和3000mm的同心圆，如图4-39所示。

（2）选择菜单栏中的"格式"→"点样式"命令，在弹出的"点样式"对话框中修改点的显示样式，如图4-40所示。

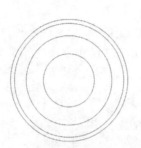

图4-39　绘制同心圆

图4-40　"点样式"对话框

（3）在"默认"选项卡中单击"绘图"面板中的"定数等分"按钮，选择半径为2200mm的圆，设置等分数目为8，结果如图4-41所示。命令行提示与操作如下。

```
命令：_divide
选择要定数等分的对象：半径为 2200mm 的圆
输入线段数目或 [ 块 (B)]：8
```

（4）在"默认"选项卡中单击"绘图"面板中的"圆弧"下拉按钮，在弹出的下拉菜单中选择"起点，端点，方向"命令，绘制圆弧。结果如图4-42所示。

【选项说明】

（1）等分数目范围为2～32767。

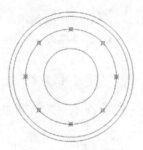

图4-41　点显示效果

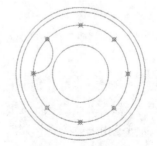

图4-42　绘制圆弧

（2）在等分点处，按当前点样式设置绘制等分点。

（3）在第二提示行选择"块（B）"选项时，表示在等分点处插入指定的块（块知识的具体讲解见后面章节）。

4.3.3　定距等分

和定数等分类似，有时需要把某一线段或曲线按给定的长度进行等分。在AutoCAD中，可以通过相关命令来完成。

【执行方式】

↳ 命令行：MEASURE（快捷命令：ME）。

↳ 菜单栏：选择菜单栏中的"绘图"→"点"→"定距等分"命令。

↳ 功能区：在"默认"选项卡中单击"绘图"面板中的"定距等分"按钮✦。

【操作步骤】

命令：MEASURE
选择要定距等分的对象：（选择要设置测量点的实体）
指定线段长度或 [块 (B)]：（指定分段长度）

【选项说明】

（1）设置的起点一般是指定线的绘制起点。

（2）在第二提示行选择"块（B）"选项时，表示在测量点处插入指定的块。

（3）在等分点处，按当前点样式设置绘制测量点。

（4）最后一个测量段的长度不一定等于指定分段长度。

✍ 教你一招

定数等分和定距等分有什么区别？

定数等分是将某一线段按段数平均分段；定距等分是将某一线段按距离分段。例如，一条 112mm 的直线，定数等分时，如果该线段被平均分成 10 段，每一条线段的长度都是相等的，即原来的 1/10；而定距等分时，如果设置定距等分的距离为 10mm，那么从端点开始，每 10mm 为一段，前 11 段的长度都为 10mm，最后一段的长度却不是 10mm，因为 112/10 不能整除，所以定距等分的线段并不是所有的线段都相等。

动手练——绘制地毯

图 4-43 地毯

源文件：源文件\第4章\地毯.dwg

绘制如图4-43所示的地毯。

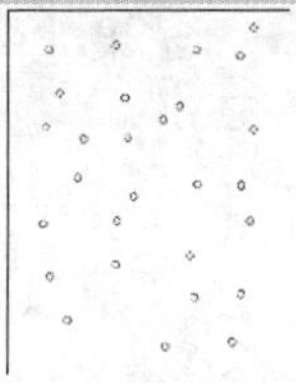

📋 思路点拨

（1）设置点样式。

（2）利用"直线"命令绘制地毯外形。

（3）利用"多点"命令绘制地毯装饰点。

4.4 平面图形命令

简单的平面图形命令包括"矩形"命令和"多边形"命令，下面分别介绍。

4.4.1 矩形

矩形是最简单的封闭直线图形，在机械制图中常用来表达平行投影平面的面，在建筑制图中常用来表达墙体平面。

【执行方式】

↳ 命令行：RECTANG（快捷命令：REC）。

扫一扫，看视频

> 菜单栏：选择菜单栏中的"绘图"→"矩形"命令。
> 工具栏：单击"绘图"工具栏中的"矩形"按钮□。
> 功能区：在"默认"选项卡中单击"绘图"面板中的"矩形"按钮□。

动手学——平顶灯

源文件：源文件\第4章\平顶灯.dwg
利用"矩形"命令绘制如图4-44所示的平顶灯。
【操作步骤】
（1）在"默认"选项卡中单击"绘图"面板中的"矩形"按钮□，以坐标原点为角点，绘制60×60的正方形。命令行提示与操作如下。

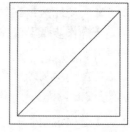
图 4-44 平顶灯

```
命令：_rectang
指定第一个角点或 [ 倒角 (C)/ 标高 (E)/ 圆角 (F)/ 厚度 (T)/ 宽度 (W)]：0,0
指定另一个角点或 [ 面积 (A)/ 尺寸 (D)/ 旋转 (R)]：60,60
```

结果如图4-45所示。
（2）在"默认"选项卡中单击"绘图"面板中的"矩形"按钮□，绘制52×52的正方形。命令行提示与操作如下。

```
命令：_rectang
指定第一个角点或 [ 倒角 (C)/ 标高 (E)/ 圆角 (F)/ 厚度 (T)/ 宽度 (W)]：4,4
指定另一个角点或 [ 面积 (A)/ 尺寸 (D)/ 旋转 (R)]：@52,52
```

结果如图4-46所示。

图 4-45 绘制 60×60 矩形

图 4-46 绘制 52×52 矩形

✍ **技巧**

这里的正方形可以用"多边形"命令来绘制，第二个正方形也可以在第一个正方形的基础上利用"偏移"命令来绘制。

（3）在"默认"选项卡中单击"绘图"面板中的"直线"按钮／，绘制内部矩形的对角线。结果如图4-44所示。
【选项说明】
（1）第一个角点：通过指定两个角点确定矩形，如图4-47（a）所示。
（2）倒角（C）：指定倒角距离，绘制带倒角的矩形，如图4-47（b）所示。每一个角点的逆时针和顺时针方向的倒角可以相同，也可以不同。其中第一个倒角距离是指角点逆时针方向倒角距离，第二个倒角距离是指角点顺时针方向倒角距离。
（3）标高（E）：指定矩形标高（Z坐标），即把矩形放置在标高为 Z 并与 XOY 坐标面平行的平面上，并作为后续矩形的标高值。

（4）圆角（F）：指定圆角半径，绘制带圆角的矩形，如图4-47（c）所示。

（5）厚度（T）：主要用在三维中，输入厚度后画出的矩形是立体的，如图4-47（d）所示。

（6）宽度（W）：指定线宽，如图4-47（e）所示。

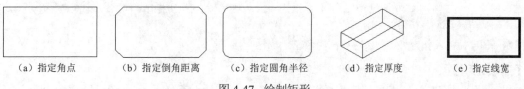

| （a）指定角点 | （b）指定倒角距离 | （c）指定圆角半径 | （d）指定厚度 | （e）指定线宽 |

图4-47　绘制矩形

（7）面积（A）：指定面积和长或宽创建矩形。选择该选项，命令行提示与操作如下。

```
输入以当前单位计算的矩形面积 <20.0000>：（输入面积值）
计算矩形标注时依据 [ 长度 (L)/ 宽度 (W)] < 长度 >：（按 Enter 键或输入"W"）
输入矩形长度 <4.0000>：（指定长度或宽度）
```

指定长度或宽度后，系统自动计算另一个维度，绘制出矩形。如果矩形被倒角或圆角，则长度或面积计算中也会考虑此设置，如图4-48所示。

（8）尺寸（D）：使用长和宽创建矩形，第二个指定点将矩形定位在与第一个角点相关的 4 个位置之一。

（9）旋转（R）：使所绘制的矩形旋转一定的角度。选择该选项，命令行提示与操作如下。

```
指定旋转角度或 [ 拾取点 (P)] <45>：（指定角度）
指定另一个角点或 [ 面积 (A)/ 尺寸 (D)/ 旋转 (R)]：（指定另一个角点或选择其他选项）
```

指定旋转角度后，系统按指定角度创建矩形，如图4-49所示。

（a）倒角距离：（1,1）　（b）圆角半径：1.0
面积：20　长度：6　　面积：20　长度：6

图 4-48　利用"面积（A）"绘制矩形　　　图 4-49　旋转矩形

4.4.2　多边形

正多边形是相对复杂的一种平面图形。人类曾经为准确地找到手工绘制正多边形的方法而长期求索。伟大数学家高斯将发现正十七边形的绘制方法作为毕生的荣誉，因此他的墓碑被设计成正十七边形。现在利用 AutoCAD 可以轻松地绘制任意边数的正多边形。

【执行方式】

➡ 命令行：POLYGON（快捷命令：POL）。

➡ 菜单栏：选择菜单栏中的"绘图"→"多边形"命令。

➡ 工具栏：单击"绘图"工具栏中的"多边形"按钮。

➡ 功能区：在"默认"选项卡中单击"绘图"面板中的"多边形"按钮。

【操作步骤】

命令：POLYGON
输入侧边数 <4>：（指定多边形的边数，默认值为 4）
指定正多边形的中心点或 [边（E）]：（指定中心点）
输入选项 [内接于圆（I）/ 外切于圆（C）] <I>：（指定是内接于圆或外切于圆，I 表示内接于圆，如图 4-50（a）所示；C 表示外切于圆，如图 4-50（b）所示）
指定圆的半径 ：（指定外切圆或内接圆的半径）

【选项说明】

如果选择"边（E）"选项，则只要指定多边形的一条边，系统就会按逆时针方向创建该正多边形，如图4-50（c）所示。

（a）内接于圆

（b）外切于圆

（c）选择"边（E）"选项

图 4-50　画正多边形

动手练——绘制卡通造型

源文件：源文件\第4章\卡通造型.dwg
绘制如图4-51所示的卡通造型。

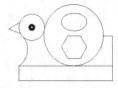

图 4-51　卡通造型

思路点拨

本练习涉及多种绘图命令，可使读者灵活掌握本章所讲各种图形的绘制方法。

4.5　综合演练——烤箱

源文件：源文件\第4章\烤箱.dwg
本实例主要通过"直线""圆"和"矩形"命令来绘制如图4-52所示的烤箱。

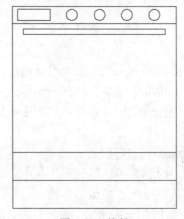

图 4-52　烤箱

【操作步骤】

（1）在"默认"选项卡中单击"绘图"面板中的"矩形"按钮 ▢ ，以坐标原点为角点，绘制 762×914 的矩形。命令行提示与操作如下。

```
命令：_rectang
指定第一个角点或 [倒角 (C)/标高 (E)/圆角 (F)/厚度 (T)/宽度 (W)]：0,0
指定另一个角点或 [面积 (A)/尺寸 (D)/旋转 (R)]：762,914
```

结果如图4-53所示。

（2）在"默认"选项卡中单击"绘图"面板中的"直线"按钮 ╱ ，在矩形内绘制 3 条直线。命令行提示与操作如下。

```
命令：LINE
指定第一个点：0,837
指定下一点或 [放弃 (U)]：762,837
指定下一点或 [放弃 (U)]：
命令：LINE
指定第一个点：0, 253
指定下一点或 [放弃 (U)]：762,253
指定下一点或 [放弃 (U)]：
命令：LINE
指定第一个点：0,126
指定下一点或 [放弃 (U)]：762,126
指定下一点或 [放弃 (U)]：
```

结果如图4-54所示。

图4-53 绘制矩形

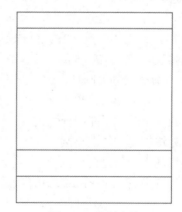

图4-54 绘制直线

（3）在"默认"选项卡中单击"绘图"面板中的"矩形"按钮 ▢ ，在上方绘制时间条。命令行提示与操作如下。

```
命令：_rectang
指定第一个角点或 [倒角 (C)/标高 (E)/圆角 (F)/厚度 (T)/宽度 (W)]：25,901
指定另一个角点或 [面积 (A)/尺寸 (D)/旋转 (R)]：177, 850
```

结果如图4-55所示。

（4）在"默认"选项卡中单击"绘图"面板中的"圆"按钮⊙，绘制 4 个圆心分别为（279,875）、（406,875）、（533,875）和（660,875），半径均为 25 的旋钮，如图4-56所示。

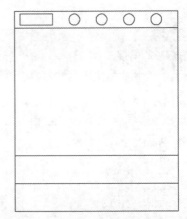

图 4-55 绘制矩形   图 4-56 绘制旋钮

（5）在"默认"选项卡中单击"绘图"面板中的"矩形"按钮▭，绘制第一个角点坐标为（50,812）、尺寸为 660×25 的矩形，完成烤箱的绘制，结果如图4-52所示。

4.6 模拟认证考试

1．已知一长度为 500 的直线，使用"定距等分"命令，若希望一次性绘制 7 个点对象，输入的线段长度不能是（   ）。

A．60   B．63   C．66   D．69

2．在绘制圆时，采用"两点（2P）"选项，两点之间的距离是（   ）。

A．最短弦长   B．周长   C．半径   D．直径

3．用"圆环"命令绘制的圆环，说法正确的是（   ）。

A．圆环是填充环或实体填充圆，即带有宽度的闭合多段线

B．圆环的两个圆是不能一样大的

C．圆环无法创建实体填充圆

D．圆环标注半径值是内环的值

4．按住（   ）键来切换所要绘制的圆弧方向。

A．Shift   B．Ctrl   C．F1   D．Alt

5．以同一点作为正五边形的中心，圆的半径为 50，分别用 I 和 C 方式画的正五边形的间距为（   ）。

A．15.32   B．9.55   C．7.43   D．12.76

6．坐标 (@100,80) 表示（   ）。

A．表示该点距原点X方向的位移为100，Y方向位移为80

B．表示该点相对原点的距离为100，该点与前一点连线与X轴的夹角为80°

C．表示该点相对前一点X方向的位移为100，Y方向位移为80

D．表示该点相对前一点的距离为100，该点与前一点连线与X轴的夹角为 80°

7．若图面已有一点 A（2,2），要得到另一点 B（4,4），以下坐标输入不正确的是（　　）。

  A．@4,4   B．@2,2   C．4,4   D．@2&lt45

8．绘制如图4-57所示的台阶三视图。

9．绘制如图4-58所示的连环圆。

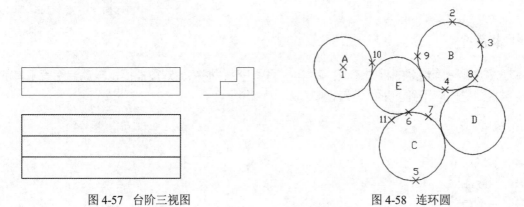

图 4-57　台阶三视图   图 4-58　连环圆

第5章 精确绘制图形

内容简介

本章将介绍精确绘图的相关知识，从中应了解正交、栅格、对象捕捉、自动追踪等工具的妙用并熟练掌握，进而应用到图形绘制过程中。

内容要点

- ↳ 精确定位工具
- ↳ 对象捕捉
- ↳ 自动追踪
- ↳ 动态输入
- ↳ 参数化设计
- ↳ 模拟认证考试

案例效果

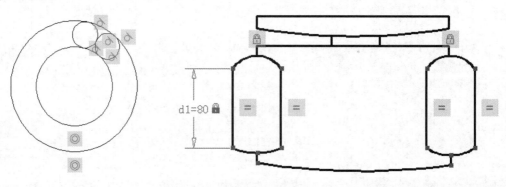

5.1 精确定位工具

精确定位工具是指能够快速、准确地定位某些特殊点（如端点、中点、圆心等）和特殊位置（如水平位置、垂直位置）的工具。

5.1.1 栅格显示

借助于栅格显示工具，可以使绘图区显示网格，类似于传统的坐标纸。本小节介绍控制栅格显示及设置栅格参数的方法。

【执行方式】

- ↳ 菜单栏：选择菜单栏中的"工具"→"绘图设置"命令。

➥ 状态栏：单击状态栏中的"栅格"按钮 ⊞（仅限于打开与关闭）。

➥ 快捷键：F7（仅限于打开与关闭）。

【操作步骤】

选择菜单栏中的"工具"→"绘图设置"命令，在弹出的"草图设置"对话框中选择"捕捉和栅格"选项卡，如图5-1所示。

图 5-1 "捕捉和栅格"选项卡

【选项说明】

（1）"启用栅格"复选框：用于控制是否显示栅格。

（2）"栅格样式"选项组：在二维中设定栅格样式。

① 二维模型空间：将二维模型空间的栅格样式设定为点栅格。

② 块编辑器：将块编辑器的栅格样式设定为点栅格。

③ 图纸/布局：将图纸和布局的栅格样式设定为点栅格。

（3）"栅格间距"选项组。

"栅格 X 轴间距"和"栅格 Y 轴间距"文本框用于设置栅格在水平与垂直方向的间距。如果"栅格 X 轴间距"和"栅格 Y 轴间距"被设置为 0，则 AutoCAD 系统会自动将捕捉的栅格间距应用于栅格，且其原点和角度总是与捕捉栅格的原点和角度相同。另外，还可以通过 GRID 命令在命令行设置栅格间距。

（4）"栅格行为"选项组。

① 自适应栅格：缩小时，限制栅格密度。如果选中"允许以小于栅格间距的间距再拆分"复选框，则在放大时，生成更多间距更小的栅格线。

② 显示超出界限的栅格：显示超出图形界限设定的栅格。

③ 遵循动态UCS（U）：更改栅格平面以跟随动态 UCS 的 XY 平面。

✍ 技巧

在"栅格间距"选项组的"栅格 X 轴间距"和"栅格 Y 轴间距"文本框中输入数值时，若在"栅格 X 轴间距"文本框中输入一个数值后按 Enter 键，系统将自动传送这个值给"栅格 Y 轴间距"，这样可减少工作量。

5.1.2 捕捉模式

为了准确地在绘图区捕捉点，AutoCAD 提供了捕捉工具。利用该工具，可以在绘图区生成一个隐含的栅格（捕捉栅格），这个栅格能够捕捉光标，约束光标只能落在栅格的某一个节点上，这样用户便能精确地捕捉和选择这个栅格上的点。本小节主要介绍捕捉栅格的参数设置方法。

【执行方式】

➥ 菜单栏：选择菜单栏中的"工具"→"绘图设置"命令。

➥ 状态栏：单击状态栏中的"捕捉模式"按钮（仅限于打开与关闭）。

➥ 快捷键：F9（仅限于打开与关闭）。

【操作步骤】

选择菜单栏中的"工具"→"绘图设置"命令，在弹出的"草图设置"对话框中选择"捕捉和栅格"选项卡，如图5-1所示。

【选项说明】

（1）"启用捕捉"复选框：控制捕捉功能的开关，与按 F9 键或单击状态栏中的"捕捉模式"按钮 功能相同。

（2）"捕捉间距"选项组：设置捕捉参数。其中，"捕捉 X 轴间距"与"捕捉 Y 轴间距"文本框用于确定捕捉栅格点在水平和垂直两个方向上的间距。

（3）"极轴间距"选项组：该选项组只有在选择 PolarSnap 捕捉类型时才可用。可在"极轴距离"文本框中输入距离值，也可在命令行中输入SNAP命令，设置捕捉的有关参数。

（4）"捕捉类型"选项组：确定捕捉类型和样式。AutoCAD 提供了两种捕捉栅格的方式："栅格捕捉"和PolarSnap。

① 栅格捕捉：是指按正交位置捕捉位置点。"栅格捕捉"又分为"矩形捕捉"和"等轴测捕捉"两种方式。在"矩形捕捉"方式下捕捉，栅格以标准的矩形显示；在"等轴测捕捉"方式下捕捉，栅格和光标十字线不再相互垂直，而是呈现绘制等轴测图时的特定角度，在绘制等轴测图时使用这种方式十分方便。

② PolarSnap：可以根据设置的任意极轴角捕捉位置点。

5.1.3 正交模式

在 AutoCAD 绘图过程中，经常需要绘制水平直线和垂直直线，但是用光标控制选择线段的端点时很难保证两个点严格处于水平方向或垂直方向，为此，AutoCAD 提供了正交功能。当启用正交模式时，画线或移动对象时只能沿水平方向或垂直方向移动光标，也只能绘制平行于坐标轴的正交线段。

【执行方式】

➥ 命令行：ORTHO。

➥ 状态栏：单击状态栏中的"正交模式"按钮 。

➥ 快捷键：F8。

【操作步骤】

```
命令：ORTHO ✓
输入模式 [ 开 (ON) / 关 (OFF)] < 开 >：（设置开或关）
```

✍ 技巧

"正交"模式必须依托于其他绘图工具，才能显示其功能效果。

5.2 对象捕捉

在利用 AutoCAD 绘图时经常要用到一些特殊点，如圆心、切点、线段或圆弧的端点、中点等。如果只利用光标在图形上选择，要准确地找到这些点是十分困难的。为此，AutoCAD 提供了一些识别这些点的工具，通过这些工具即可轻松地构造新几何体，精确地绘制图形，其结果比传统手工绘图更精确且更容易维护。在 AutoCAD 中，这种功能称为对象捕捉功能。

5.2.1 对象捕捉设置

在使用AutoCAD绘图之前，可以根据需要事先设置一些对象捕捉模式，绘图时系统就能自动捕捉这些特殊点，从而加快绘图速度，提高绘图质量。

【执行方式】

➥ 命令行：DDOSNAP。

➥ 菜单栏：选择菜单栏中的"工具"→"绘图设置"命令。

➥ 工具栏：单击"对象捕捉"工具栏中的"对象捕捉设置"按钮 ⋂。

➥ 状态栏：单击状态栏中的"二维对象捕捉"按钮 ▢（仅限于打开与关闭）。

➥ 快捷键：F3（仅限于打开与关闭）。

➥ 快捷菜单：按住 Shift 键右击，在弹出的快捷菜单中选择"对象捕捉设置"命令。

【操作步骤】

命令：DDOSNAP ✓

执行上述命令后，打开"草图设置"对话框，在"对象捕捉"选项卡中可以对对象捕捉模式进行设置，如图5-2所示。

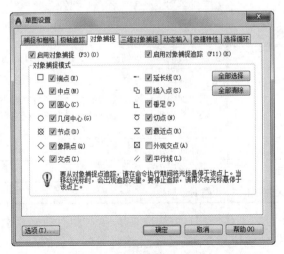

图5-2 "对象捕捉"选项卡

【选项说明】

（1）"启用对象捕捉"复选框：选中该复选框，在"对象捕捉模式"选项组中，被选中的捕捉模式处于激活状态。

（2）"启用对象捕捉追踪"复选框：用于打开或关闭自动追踪功能。

（3）"对象捕捉模式"选项组：该选项组中列出了多种捕捉模式，选中某一复选框，就代表相应的捕捉模式处于激活状态。单击"全部清除"按钮，则所有模式均被清除；单击"全部选择"按钮，则所有模式均被选中。

（4）"选项"按钮：单击该按钮，在弹出的"选项"对话框的"绘图"选项卡中可决定捕捉模式的各项设置。

5.2.2 特殊位置点捕捉

在使用AutoCAD绘图时，有时需要指定一些特殊位置的点，如圆心、端点、中点、平行线上的点等，可以通过对象捕捉功能来捕捉这些点，如表5-1所示。

表5-1 特殊位置点捕捉

捕 捉 模 式	快 捷 命 令	功 能
临时追踪点	TT	建立临时追踪点
两点之间的中点	M2P	捕捉两个独立点之间的中点
自	FRO	与其他捕捉方式配合使用，建立一个临时参考点作为指定后继点的基点
中点	MID	用来捕捉对象（如线段或圆弧等）的中点
圆心	CEN	用来捕捉圆或圆弧的圆心
节点	NOD	捕捉用 POINT 或 DIVIDE 等命令生成的点
象限点	QUA	用来捕捉距光标最近的圆或圆弧上可见部分的象限点，即圆周上 0°、90°、180°、270°位置上的点
交点	INT	用来捕捉对象（如线、圆弧或圆等）的交点
延长线	EXT	用来捕捉对象延长路径上的点
插入点	INS	用于捕捉块、形、文字、属性或属性定义等对象的插入点
垂足	PER	在线段、圆、圆弧或其延长线上捕捉一个点，与最后生成的点形成连线，与该线段、圆或圆弧正交
切点	TAN	最后生成的一个点到选中的圆或圆弧上引切线，切线与圆或圆弧的交点
最近点	NEA	用于捕捉离拾取点最近的线段、圆、圆弧等对象上的点
外观交点	APP	用来捕捉两个对象在视图平面上的交点。若两个对象没有直接相交，则系统自动计算其延长后的交点；若两个对象在空间上为异面直线，则系统计算其投影方向上的交点
平行线	PAR	用于捕捉与指定对象平行方向上的点
无	NON	关闭对象捕捉模式
对象捕捉设置	DDOSNAP	设置对象捕捉

AutoCAD 提供了命令行、工具栏和右键快捷菜单 3 种执行特殊点对象捕捉的方法。

在使用特殊位置点捕捉的快捷命令前，必须先选择绘制对象的命令或工具，再在命令行中输入其快捷命令。

1. 命令行方式

绘图时，当命令行提示输入一点时，输入相应特殊位置点的命令，然后根据提示操作即可。

2. 工具栏方式

使用图5-3所示的"对象捕捉"工具栏可以方便地实现捕捉点的目的。当命令行提示输入一点时，单击"对象捕捉"工具栏中相应的按钮（将鼠标指针放在某一按钮上时，会显示出其功能提示），然后根据提示操作即可。

3. 快捷菜单方式

快捷菜单可通过按住 Shift 键右击来激活。该菜单中列出了AutoCAD 提供的对象捕捉模式，如图5-4所示。操作方法与工具栏相似，只要在命令行提示输入一点时，在快捷菜单中选择相应的命令，然后按提示操作即可。

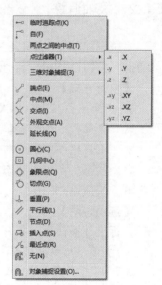

图 5-3 "对象捕捉"工具栏　　　　　图 5-4 对象捕捉快捷菜单

5.3 自 动 追 踪

自动追踪是指按指定角度或与其他对象建立特定关系来绘制对象。利用自动追踪功能，可以对齐路径，有助于以精确的位置和角度创建对象。自动追踪包括 "对象捕捉追踪"和"极轴追踪"两种方式。"对象捕捉追踪"是指以捕捉到的特殊位置点为基点，按指定的极轴角或极轴角的倍数对齐要指定点的路径；"极轴追踪"是指按指定的极轴角或极轴角的倍数对齐要指定点的路径。

5.3.1 对象捕捉追踪

"对象捕捉追踪"必须配合"对象捕捉"功能一起使用，即使状态栏中的"对象捕捉"按钮□和"对象捕捉追踪"按钮∠均处于打开状态。

【执行方式】

- ➥ 命令行：DDOSNAP。
- ➥ 菜单栏：选择菜单栏中的"工具"→"绘图设置"命令。
- ➥ 工具栏：单击"对象捕捉"工具栏中的"对象捕捉设置"按钮⬛。
- ➥ 状态栏：单击状态栏中的"对象捕捉"按钮⬛和"对象捕捉追踪"按钮∠或单击"极轴追踪"右侧的下拉按钮，在弹出的菜单中选择"正在追踪设置"命令，如图5-5所示。
- ➥ 快捷键：F11。

图5-5 下拉菜单

【操作步骤】

按照上面的执行方式进行操作，或者在状态栏中的"对象捕捉""对象捕捉追踪"按钮上右击，在弹出的快捷菜单中选择"设置"命令，在弹出的"草图设置"对话框中选择"对象捕捉"选项卡，选中"启用对象捕捉追踪"复选框，即完成对象捕捉追踪设置。

5.3.2 极轴追踪

"极轴追踪"必须配合"对象捕捉"功能一起使用，即使状态栏中的"极轴追踪"按钮⟳和"对象捕捉"按钮⬛均处于打开状态。

【执行方式】

- ➥ 命令行：DDOSNAP。
- ➥ 菜单栏：选择菜单栏中的"工具"→"绘图设置"命令。
- ➥ 工具栏：单击"对象捕捉"工具栏中的"对象捕捉设置"按钮⬛。
- ➥ 状态栏：单击状态栏中的"对象捕捉"按钮⬛和"极轴追踪"按钮⟳。
- ➥ 快捷键：F10。

【选项说明】

执行上述操作后，打开"草图设置"对话框，"极轴追踪"选项卡中各选项功能如下。

（1）"启用极轴追踪"复选框：选中该复选框，即启用极轴追踪功能。

（2）"极轴角设置"选项组：设置极轴角的值。可以在"增量角"下拉列表框中选择一种角度值；也可以选中"附加角"复选框，单击"新建"按钮设置任意附加角。系统在进行极轴追踪时，同时追踪增量角和附加角，可以设置多个附加角。

（3）"对象捕捉追踪设置"和"极轴角测量"选项组：按界面提示设置相应的单选按钮，利用自动追踪可以完成三视图绘制。

5.4 动 态 输 入

利用动态输入功能可实现在绘图平面直接动态输入绘制对象的各种参数，使绘图变得直观、简洁。

【执行方式】

- ➥ 命令行：DSETTINGS。
- ➥ 菜单栏：选择菜单栏中的"工具"→"绘图设置"命令。
- ➥ 工具栏：单击"对象捕捉"工具栏中的"对象捕捉设置"按钮⬛。

➥ 状态栏：单击状态栏中的"动态输入"按钮（只限于打开与关闭）。

➥ 快捷键：F12（只限于打开与关闭）。

【操作步骤】

执行上述操作或者在"动态输入"按钮上右击，在弹出的快捷菜单中选择"动态输入设置"命令，打开如图5-6所示的"草图设置"对话框，在"动态输入"选项卡中进行相应的设置。

图 5-6 "动态输入"选项卡

5.5 参数化设计

通过约束能够精确地控制草图中的对象。草图约束有两种类型：几何约束和尺寸约束。

➥ 几何约束：用于指定草图对象的几何特性（如要求某一直线具有固定长度），或是两个或更多，草图对象之间的关系类型（如要求两条直线垂直或平行，或是几个圆弧具有相同的半径）。在绘图区中，用户可以通过"参数化"选项卡"几何"面板中的"全部显示""全部隐藏"或"显示／隐藏"按钮来显示有关信息，并显示代表这些约束的直观标记，如图5-7所示的水平标记、竖直标记 ∥ 和共线标记 ↘。

➥ 尺寸约束：用于指定草图对象的大小（如直线的长度、圆弧的半径等），或是两个对象之间的关系（如两点之间的距离）。如图5-8所示为带有尺寸约束的图形示例。

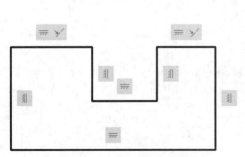

图 5-7 "几何约束"示意图

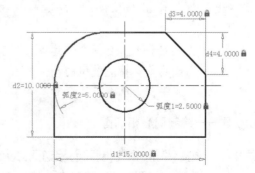

图 5-8 "尺寸约束"示意图

5.5.1 几何约束

利用几何约束工具可以指定草图对象必须遵守的条件，或是草图对象之间必须维持的关系。其功能面板（位于"二维草图与注释"工作空间下"参数化"选项卡中的"几何"面板）及工具栏如图5-9所示，其中主要选项的功能如表5-2所示。

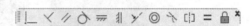

图5-9 "几何"面板及工具栏

表5-2 几何约束选项的功能

约束模式	功 能
重合	约束两个点使其重合，或约束一个点使其位于曲线（或曲线的延长线）上。可以使对象上的约束点与某个对象重合，也可以使其与另一对象上的约束点重合
共线	使两条或多条直线段沿同一直线方向共线
同心	将两个圆弧、圆或椭圆约束到同一个中心点，结果与将重合约束应用于曲线的中心点所产生的效果相同
固定	将几何约束应用于一对对象时，选择对象的顺序及选择每个对象的点可能会影响对象彼此间的放置方式
平行	使选定的直线位于彼此平行的位置，平行约束在两个对象之间应用
垂直	使选定的直线位于彼此垂直的位置，垂直约束在两个对象之间应用
水平	使直线或点位于与当前坐标系 X 轴平行的位置，默认选择类型为对象
竖直	使直线或点位于与当前坐标系 Y 轴平行的位置
相切	将两条曲线约束为保持彼此相切或其延长线保持彼此相切，相切约束在两个对象之间应用
平滑	将样条曲线约束为连续，并与其他样条曲线、直线、圆弧或多段线保持连续性
对称	使选定对象受对称约束，相对于选定直线对称
相等	将选定圆弧和圆的尺寸重新调整为半径相同，或将选定直线的尺寸重新调整为长度相同

在绘图过程中可指定二维对象或对象上点之间的几何约束。在编辑受约束的几何图形时，将保留约束，因此通过使用几何约束，可以使图形符合设计要求。

在用 AutoCAD 绘图时，可以控制约束栏的显示。利用"约束设置"对话框可控制约束栏中显示或隐藏的几何约束类型。如要单独或全部显示或隐藏几何约束和约束栏，可执行以下操作。

（1）显示（或隐藏）所有的几何约束。

（2）显示（或隐藏）指定类型的几何约束。

（3）显示（或隐藏）所有与选定对象相关的几何约束。

动手学——绘制同心相切圆

源文件：源文件\第5章\绘制同心相切圆.dwg

本实例绘制同心相切圆，如图5-10所示。

扫一扫，看视频

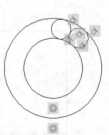

图 5-10 同心相切圆

【操作步骤】

（1）在"默认"选项卡中单击"绘图"面板中的"圆"按钮☉，以适当半径绘制 4 个圆，结果如图5-11所示。

（2）在"参数化"选项卡中单击"几何"面板中的"相切"按钮 ♂，使两圆相切。命令行提示与操作如下。

```
命令： _GeomConstraint
输入约束类型 [ 水平(H)/ 竖直(V)/ 垂直(P)/ 平行(PA)/ 相切(T)/ 平滑(SM)/ 重合(C)/ 同心(CON)/
共线 (COL)/ 对称 (S)/ 相等 (E)/ 固定 (F)] < 重合 >:t
选择第一个对象 :（使用光标指针选择圆 1）
选择第二个对象 :（使用光标指针选择圆 2）
```

（3）系统自动将圆 2 向右移动与圆 1 相切，结果如图5-12所示。

（4）在"参数化"选项卡中单击"几何"面板中的"同心"按钮◎，使其中两圆同心。命令行提示与操作如下。

```
命令： _GeomConstraint
输入约束类型 [ 水平(H)/ 竖直(V)/ 垂直(P)/ 平行(PA)/ 相切(T)/ 平滑(SM)/ 重合(C)/ 同心(CON)/
共线 (COL)/ 对称 (S)/ 相等 (E)/ 固定 (F)] < 相切 >:con
选择第一个对象 :（选择圆 1）
选择第二个对象 :（选择圆 3）
```

系统自动建立同心的几何关系，如图5-13所示。

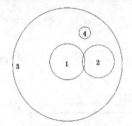 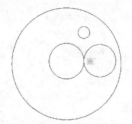 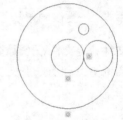

图 5-11 绘制圆 　　　图 5-12 建立相切几何关系 　　　图 5-13 建立同心几何关系

（5）在"参数化"选项卡中单击"几何"面板中的"相切"按钮 ♂，使圆 3 与圆 2 建立相切几何约束，如图5-14所示。

（6）在"参数化"选项卡中单击"几何"面板中的"相切"按钮 ♂，使圆 1 与圆 4 建立相切几何约束，如图5-15所示。

（7）在"参数化"选项卡中单击"几何"面板中的"相切"按钮 ♂，使圆 4 与圆 2 建立相切几何约束，如图5-16所示。

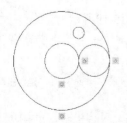 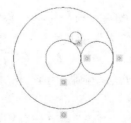 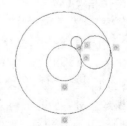

图 5-14 圆 3 与圆 2 建立相切 　　　图 5-15 圆 1 与圆 4 建立相切 　　　图 5-16 圆 4 与圆 2 建立相切
　　　几何关系 　　　　　　　　　几何关系 　　　　　　　　　几何关系

（8）在"参数化"选项卡中单击"几何"面板中的"相切"按钮◯，使圆 3 与圆 4 建立相切几何约束，最终结果如图5-10所示。

5.5.2　尺寸约束

建立尺寸约束可以限制图形几何对象的大小。与在草图上标注尺寸相似，同样设置尺寸标注线，与此同时也会建立相应的表达式。不同的是，建立尺寸约束后，可以在后续的编辑工作中实现尺寸的参数化驱动。

在生成尺寸约束时，用户可以选择草图曲线、边、基准平面或基准轴上的点，以生成水平、竖直、平行、垂直和角度尺寸。

生成尺寸约束时，系统会生成一个表达式，其名称和值显示在一个文本框中。用户可以在其中编辑该表达式的名称和值，如图5-17所示。

生成尺寸约束时，只要选中了几何体，其尺寸及其延伸线和箭头就会全部显示出来。将尺寸拖动到位，然后单击，就完成了尺寸约束的添加。完成尺寸约束后，还可以随时更改尺寸约束。只需在绘图区选中该值并双击，即可使用生成过程中所采用的方式编辑其名称、值或位置。

在用 AutoCAD 绘图时，通过"约束设置"对话框中的"标注"选项卡可控制显示标注约束时的系统配置，标注约束控制设计的大小和比例。尺寸约束的具体内容如下。

（1）对象之间或对象上点之间的距离。

（2）对象之间或对象上点之间的角度。

动手学——更改椅子扶手长度

扫一扫，看视频

源文件：源文件\第5章\更改椅子扶手长度.dwg
本实例更改椅子扶手长度，如图5-18所示。

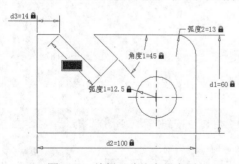

图 5-17　编辑尺寸约束示意图

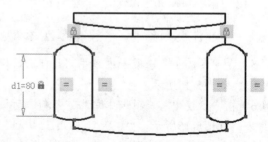

图 5-18　更改椅子扶手长度

【操作步骤】

（1）打开资源包中的"源文件\第5章\更改椅子扶手长度"文件，如图5-19所示。

（2）在"参数化"选项卡中单击"几何"面板中的"固定"按钮🔒，使椅子扶手上部两圆弧均建立固定的几何约束。

（3）在"参数化"选项卡中单击"几何"面板中的"相等"按钮＝，使最左端竖直线与右端各条竖直线建立相等的几何约束。

（4）设置自动约束。在菜单栏中选择"参数"→"约束设置"命令，打开"约束设置"对话框。选择"自动约束"选项卡，选择"重合"约束，取消其余约束方式，如图5-20所示。

图 5-19 椅子

图 5-20 "自动约束"设置

（5）在"参数化"选项卡中单击"几何"面板中的"自动约束"按钮，然后选择全部图形，使图形中所有交点建立重合约束。

（6）在"参数化"选项卡中单击"标注"面板中的"竖直"按钮，更改竖直尺寸。命令行提示与操作如下。

```
命令：_DcVertical
当前设置：约束形式 = 动态
指定第一个约束点或 [ 对象 (O)] < 对象 >：（单击最左端直线上端）
指定第二个约束点 ：（单击最左端直线下端）
指定尺寸线位置 ：（在合适位置单击鼠标左键）
标注文字 = 100（输入长度 80）
```

系统自动将长度 100 调整为 80，最终结果如图5-18所示。

5.6 模拟认证考试

1．采用极轴追踪时，打开"草图设置"对话框，在"极轴追踪"选项卡的"极轴角设置"选项组中，将增量角设置为 30°，附加角设置为 10°，则不会显示极轴对齐的是（ ）。

A．10   B．30   C．40   D．60

2．当捕捉设定的间距与栅格所设定的间距不同时，（ ）。

A．捕捉仍然只按栅格进行

B．捕捉时按照捕捉间距进行

C．捕捉既按栅格，又按捕捉间距进行

D．无法设置

3．执行对象捕捉时，如果在一个指定的位置上包含多个对象符合捕捉条件，则按（ ）键可以在不同对象间切换。

A．Ctrl   B．Tab   C．Alt   D．Shift

4．下列关于被固定约束圆心的圆说法错误的是（ ）。

A．可以移动圆   B．可以放大圆

C．可以偏移圆   D．可以复制圆

5．几何约束设置不包括（   ）。

     A．垂直   B．平行   C．相交   D．对称

6．下列不是自动约束类型的是（   ）。

     A．共线约束   B．固定约束   C．同心约束   D．水平约束

7．绘制如图5-21所示图形。

图 5-21   绘制图形

第6章　复杂二维绘图命令

内容简介

本章将循序渐进地介绍相对较为复杂的二维绘图命令和编辑功能，从中应熟练掌握运用 AutoCAD 2020 绘制二维几何元素（包括多段线、样条曲线及多线等）的方法，同时利用相应的编辑功能修正图形。

内容要点

- ↳ 多段线
- ↳ 样条曲线
- ↳ 多线
- ↳ 对象编辑
- ↳ 图案填充
- ↳ 综合演练——布纹沙发
- ↳ 模拟认证考试

案例效果

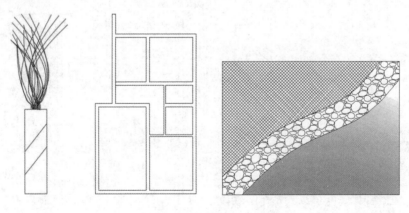

6.1　多　段　线

多段线是作为单个对象创建的相互连接的线段组合图形。该组合线段作为一个整体，可以由直线段、圆弧段或两者的组合线段组成，并且可以是任意开放或封闭的图形。

6.1.1　绘制多段线

多段线由直线段或圆弧连接组成，作为单一对象使用。可以绘制直线箭头和弧形箭头。

【执行方式】

➡ 命令行：PLINE（快捷命令：PL）。

➡ 菜单栏：选择菜单栏中的"绘图"→"多段线"命令。

➡ 工具栏：单击"绘图"工具栏中的"多段线"按钮⌐⌐。

➡ 功能区：在"默认"选项卡中单击"绘图"面板中的"多段线"按钮⌐⌐。

动手学——浴缸

源文件：源文件\第6章\浴缸.dwg
利用"多段线"命令绘制如图6-1所示的浴缸。

图6-1 浴缸

【操作步骤】

（1）在"默认"选项卡中单击"绘图"面板中的"多段线"按钮⌐⌐，绘制外沿线。命令行提示与操作如下。

```
命令 : _pline
指定起点 : 200,100
当前线宽为 0.0000
指定下一点或 [ 圆弧 (A)/ 半宽 (H)/ 长度 (L)/ 放弃 (U)/ 宽度 (W)]: 500,100
指定下一点或 [ 圆弧 (A)/ 闭合 (C)/ 半宽 (H)/ 长度 (L)/ 放弃 (U)/ 宽度 (W)]: h
指定起点半宽 <0.0000>: 0
指定端点半宽 <0.0000>: 2
指定下一点或 [ 圆弧 (A)/ 闭合 (C)/ 半宽 (H)/ 长度 (L)/ 放弃 (U)/ 宽度 (W)]: a
指定圆弧的端点( 按住 Ctrl 键以切换方向) 或[ 角度 (A)/ 圆心 (CE)/ 闭合 (CL)/ 方向 (D)/ 半宽 (H)/
直线 (L)/ 半径 (R)/ 第二个点 (S)/ 放弃 (U)/ 宽度 (W)]: a
指定夹角 : 90
指定圆弧的端点 ( 按住 Ctrl 键以切换方向 ) 或 [ 圆心 (CE)/ 半径 (R)]: ce
指定圆弧的圆心 : 500,250
指定圆弧的端点( 按住 Ctrl 键以切换方向) 或[ 角度 (A)/ 圆心 (CE)/ 闭合 (CL)/ 方向 (D)/ 半宽 (H)/
直线 (L)/ 半径 (R)/ 第二个点 (S)/ 放弃 (U)/ 宽度 (W)]: h
指定起点半宽 <2.0000>: 2
指定端点半宽 <2.0000>: 0
指定圆弧的端点( 按住 Ctrl 键以切换方向) 或[ 角度 (A)/ 圆心 (CE)/ 闭合 (CL)/ 方向 (D)/ 半宽 (H)/
直线 (L)/ 半径 (R)/ 第二个点 (S)/ 放弃 (U)/ 宽度 (W)]: d
指定圆弧的起点切向 : (将光标指向适当方向)
指定圆弧的端点 ( 按住 Ctrl 键以切换方向 ): 500,400
指定圆弧的端点( 按住 Ctrl 键以切换方向) 或[ 角度 (A)/ 圆心 (CE)/ 闭合 (CL)/ 方向 (D)/ 半宽 (H)/
直线 (L)/ 半径 (R)/ 第二个点 (S)/ 放弃 (U)/ 宽度 (W)]: l
指定下一点或 [ 圆弧 (A)/ 闭合 (C)/ 半宽 (H)/ 长度 (L)/ 放弃 (U)/ 宽度 (W)]: 200,400
指定下一点或 [ 圆弧 (A)/ 闭合 (C)/ 半宽 (H)/ 长度 (L)/ 放弃 (U)/ 宽度 (W)]: h
指定起点半宽 <0.0000>: 0
指定端点半宽 <0.0000>: 2
指定下一点或 [ 圆弧 (A)/ 闭合 (C)/ 半宽 (H)/ 长度 (L)/ 放弃 (U)/ 宽度 (W)]: a
指定圆弧的端点( 按住 Ctrl 键以切换方向) 或[ 角度 (A)/ 圆心 (CE)/ 闭合 (CL)/ 方向 (D)/ 半宽 (H)/
直线 (L)/ 半径 (R)/ 第二个点 (S)/ 放弃 (U)/ 宽度 (W)]: ce
指定圆弧的圆心 : 200,250
指定圆弧的端点 ( 按住 Ctrl 键以切换方向 ) 或 [ 角度 (A)/ 长度 (L)]: a
```

指定夹角：90

指定圆弧的端点（按住 Ctrl 键以切换方向）或 [角度 (A) / 圆心 (CE) / 闭合 (CL) / 方向 (D) / 半宽 (H) / 直线 (L) / 半径 (R) / 第二个点 (S) / 放弃 (U) / 宽度 (W)]：h

指定起点半宽 <2.0000>：2

指定端点半宽 <2.0000>：0

指定圆弧的端点（按住Ctrl 键以切换方向）或 [角度(A) / 圆心(CE) / 闭合(CL) / 方向(D) / 半宽(H) / 直线 (L) / 半径 (R) / 第二个点 (S) / 放弃 (u) / 宽度 (W) :CL

（2）在"默认"选项卡中单击"绘图"面板中的"椭圆"按钮◯，绘制缸底。结果如图6-1所示。

【选项说明】

（1）圆弧（A）：绘制圆弧的方法与"圆弧"命令相似，命令行提示与操作如下。

指定圆弧的端点（按住Ctrl 键以切换方向）或 [角度(A) / 圆心(CE) / 闭合（CL) / 方向(D) / 半宽 (H) / 直线 (L) / 半径 (R) / 第二个点 (S) / 放弃 (U) / 宽度 (W)]：

（2）半宽（H）：指定从宽线段的中心到一条边的宽度。

（3）长度（L）：按照与上一线段相同的角度方向创建指定长度的线段。如果上一线段是圆弧，将新建与该圆弧段相切的直线段。

（4）宽度（W）：指定下一线段的宽度。

（5）放弃（U）：删除最近添加的线段。

✎ 教你一招

定义多段线的半宽和宽度时，注意以下事项。

（1）起点宽度将成为默认的端点宽度。

（2）端点宽度在再次修改宽度之前将作为所有后续线段的统一宽度。

（3）宽线段的起点和端点位于线段的中心。

（4）典型情况下，相邻多段线线段的交点将倒角，但在圆弧段互不相切，有非常尖锐的角或者使用点画线线型的情况下将不倒角。

6.1.2 编辑多段线

通过编辑多段线，可以合并二维多段线、将线条和圆弧转换为二维多段线，以及将多段线转换为近似 B 样条曲线。

【执行方式】

➥ 命令行：PEDIT（快捷命令：PE）。

➥ 菜单栏：选择菜单栏中的"修改"→"对象"→"多段线"命令。

➥ 工具栏：单击"修改 Ⅱ"工具栏中的"编辑多段线"按钮。

➥ 快捷菜单：选择要编辑的多段线，右击，在弹出的快捷菜单中选择"多段线"→"编辑多段线"命令。

➥ 功能区：在"默认"选项卡中单击"修改"面板中的"编辑多段线"按钮。

【操作步骤】

命令：PEDIT

选择多段线或 [多条 (M)]：

输入选项 [闭合 (C) / 合并 (J) / 宽度 (W) / 编辑顶点 (E) / 拟合 (F) / 样条曲线 (S) / 非曲线化 (D) / 线型生成 (L) / 反转 (R) / 放弃 (U)]：j

选择对象 :
选择对象 :
输入选项 [闭合(C)/ 合并 (J)/ 宽度 (W)/ 编辑顶点 (E)/ 拟合 (F)/ 样条曲线 (S)/ 非曲线化 (D)/ 线型生成 (L)/ 反转 (R)/ 放弃 (U)]:

【选项说明】

（1）合并（J）：以选中的多段线为主体，合并其他直线段、圆弧或多段线，使其成为一条多段线。能合并的条件是各段线的端点首尾相连，如图6-2所示。

（2）宽度（W）：修改整条多段线的线宽，使其具有同一线宽，如图6-3所示。

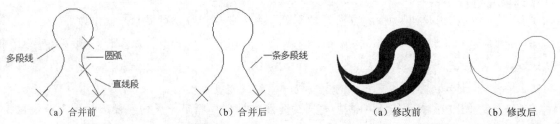

图 6-2　合并多段线　　　　　　　　　　　　　图 6-3　修改整条多段线的线宽

（3）编辑顶点（E）：选择该选项后，在多段线起点处将出现一个斜的十字叉"×"（当前顶点的标记），并在命令行出现后续操作的提示。

[下一个 (N)/ 上一个 (P)/ 打断 (B)/ 插入 (I)/ 移动 (M)/ 重生成 (R)/ 拉直 (S)/ 切向 (T)/宽度 (W)/退出 (X)] <N>:

这些选项允许用户进行移动、插入顶点和修改任意两点间的线宽等操作。

（4）拟合（F）：从指定的多段线生成由光滑圆弧连接而成的圆弧拟合曲线，该曲线经过多段线的各顶点，如图6-4所示。

（5）样条曲线（S）：以指定的多段线的各顶点作为控制点生成 B 样条曲线，如图6-5所示。

图 6-4　生成圆弧拟合曲线　　　　　　　　　　图 6-5　生成 B 样条曲线

（6）非曲线化（D）：用直线代替指定的多段线中的圆弧。对于选择"拟合（F）"选项或"样条曲线（S）"选项后生成的圆弧拟合曲线或样条曲线，删去其生成曲线时新插入的顶点，则恢复成由直线段组成的多段线，如图6-6所示。

（7）线型生成（L）：当多段线的线型为点画线时，控制多段线的线型生成方式开关。选择此选项，命令行提示与操作如下。

输入多段线线型生成选项 [开 (ON)/ 关 (OFF)] < 关 >:

选择 ON 时，将在每个顶点处允许以短画线开始或结束生成线型；选择 OFF 时，将在每个顶点处允许以长画线开始或结束生成线型。线型生成不能用于包含带变宽的线段的多段线。如图6-7所示为控制多段线的线型效果。

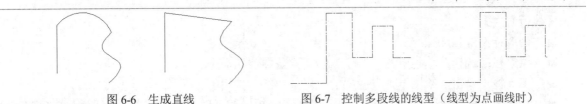

图 6-6 生成直线　　　　图 6-7 控制多段线的线型（线型为点画线时）

 教你一招

直线、构造线、多段线的区别如下。

（1）直线：有起点和端点的线。直线每一段都是分开的，画完以后不是一个整体，在选取时需要一根一根地选取。

（2）构造线：没有起点和端点的无限长的线。作为辅助线时和 PS 中的辅助线差不多。

（3）多段线：由多条线段组成一个整体的线段（可以是闭合的，也可以是非闭合的；可以是同一粗细，也可以是粗细结合的）。如想选中该线段中的一部分，必须先将其分解。同样，多条线段在一起也可以组合成多段线。

注意

多段线是一条完整的线，折弯的地方是一体的，不像直线，线与线端点相连。另外，多段线可以改变线宽，使端点和尾点的粗细不一。多段线还可以绘制圆弧，这是直线绝对不可能做到的。另外，对于偏移操作，直线和多段线的偏移对象也不相同，直线是偏移单线，多段线是偏移图形。

动手练——绘制圈椅

源文件：源文件\第6章\绘制圈椅.dwg

绘制如图6-8所示的圈椅。

图 6-8　圈椅

思路点拨

（1）利用"多段线"命令绘制外部轮廓。

（2）利用"圆弧"命令绘制内圈。

（3）利用"编辑多段线"命令合并多段线。

（4）利用"圆弧"命令绘制椅垫。

（5）利用"直线"命令绘制底部。

6.2 样 条 曲 线

AutoCAD 中有一种特殊的样条曲线，即非一致有理 B 样条（NURBS）曲线。NURBS 曲线在控制点之间产生一条光滑的样条曲线，如图6-9所示。

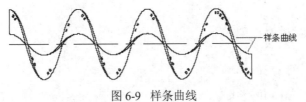

图 6-9　样条曲线

6.2.1　绘制样条曲线

样条曲线可用于创建形状不规则的曲线，如为地理信息系统（GIS）应用或汽车设计绘制轮廓线。

【执行方式】

➥ 命令行：SPLINE。

➥ 菜单栏：选择菜单栏中的"绘图"→"样条曲线"命令。

➥ 工具栏：单击"绘图"工具栏中的"样条曲线"按钮 ∿。

➥ 功能区：在"默认"选项卡中单击"绘图"面板中的"样条曲线拟合"按钮 ∿ 或"样条曲线控制点"按钮∿。

扫一扫，看视频

动手学——装饰瓶

源文件：源文件\第6章\装饰瓶.dwg
本实例绘制的装饰瓶如图6-10所示。

【操作步骤】

（1）在"默认"选项卡中单击"绘图"面板中的"矩形"按钮 ⬜，绘制139×514的矩形作为瓶子的外轮廓。

（2）在"默认"选项卡中单击"绘图"面板中的"直线"按钮 ／，绘制瓶子上的装饰线，如图6-11所示。

（3）在"默认"选项卡中单击"绘图"面板中的"样条曲线拟合"按钮∿，绘制装饰瓶中的植物。命令行提示与操作如下。

```
命令：_SPLINE
当前设置：方式 = 拟合 节点 = 弦
指定第一个点或 [ 方式 (M) / 节点 (K) / 对象 (O)]：_M
输入样条曲线创建方式 [ 拟合 (F) / 控制点 (CV)] < 拟合 >：_FIT
当前设置：方式 = 拟合 节点 = 弦
指定第一个点或 [ 方式 (M) / 节点 (K) / 对象 (O)]：在瓶口适当位置指定第一点
输入下一点或 [ 起点切向 (T) / 公差 (L)]：指定第二点
输入下一点或 [ 端点相切 (T) / 公差 (L) / 放弃 (U)]：指定第三点
输入下一点或 [ 端点相切 (T) / 公差 (L) / 放弃 (U) / 闭合 (C)]：指定第四点
输入下一点或 [ 端点相切 (T) / 公差 (L) / 放弃 (U) / 闭合 (C)]：依次指定其他点
```

采用相同的方法绘制装饰瓶中的所有植物，如图 6-10 所示。

图 6-10　装饰瓶

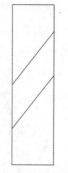

图 6-11　绘制瓶子

✍ 技巧

在命令前加一下划线表示采用菜单栏或工具栏方式执行命令，与命令行方式效果相同。

【选项说明】

（1）第一个点：指定样条曲线的第一个点，或者第一个拟合点，或者第一个控制点。

（2）方式（M）：控制使用拟合点还是使用控制点来创建样条曲线。

① 拟合（F）：通过指定样条曲线必须经过的拟合点来创建 3 阶 B 样条曲线。

② 控制点（CV）：通过指定控制点来创建样条曲线。使用此方法可以创建 1 阶（线性）、2 阶（二次）、3 阶（三次）直到最高为 10 阶的样条曲线。通过移动控制点可调整样条曲线的形状。

（3）节点（K）：用来确定样条曲线中连续拟合点之间的零部件曲线如何过渡。

（4）对象（O）：将二维或三维的二次或三次样条曲线的拟合多段线转换为等价的样条曲线，然后（根据 DelOBJ 系统变量的设置）删除该拟合多段线。

6.2.2　编辑样条曲线

编辑样条曲线，主要是修改样条曲线的参数或将样条曲线拟合多段线转换为样条曲线。

【执行方式】

- 命令行：SPLINEDIT。
- 菜单栏：选择菜单栏中的"修改"→"对象"→"样条曲线"命令。
- 快捷菜单：选中要编辑的样条曲线，右击，在弹出的快捷菜单中选择"样条曲线"子菜单中的命令进行编辑。
- 工具栏：单击"修改 II"工具栏中的"编辑样条曲线"按钮。
- 功能区：在"默认"选项卡中单击"修改"面板中的"编辑样条曲线"按钮。

【操作步骤】

```
命令：SPLINEDIT ✓
选择样条曲线：（选择要编辑的样条曲线。若选择的样条曲线是用 SPLINE 命令创建的，其拟合点以夹点的颜色显示出来；若选择的样条曲线是用 PLINE 命令创建的，其控制点以夹点的颜色显示出来）
输入选项 [ 闭合 (C) / 合并 (J) / 拟合数据 (F) / 编辑顶点 (E) / 转换为多段线 (P) / 反转 (R) / 放弃 (U) /退出 (X)] < 退出 >：
```

【选项说明】

（1）闭合（C）：决定样条曲线是开放的还是闭合的。开放的样条曲线有两个端点，而闭合的样条曲线则形成一个环。

（2）合并（J）：将选定的样条曲线与其他样条曲线、直线、多段线和圆弧在重合端点处合并，形成一个较大的样条曲线。

（3）拟合数据（F）：编辑近似数据。选择该选项后，创建该样条曲线时指定的各点将以小方格的形式显示出来。

（4）转换为多段线（P）：将样条曲线转换为多段线。精度值决定结果多段线与源样条曲线拟合的精确程度，有效值为介于 0 ～ 99 之间的任意整数。

（5）反转（R）：反转样条曲线的方向。该项操作主要用于应用程序。

✎ 技巧

选中已画好的样条曲线，曲线上会显示若干夹点。绘制时单击几个点就有几个夹点；用鼠标单击某个夹点并拖动，可以改变曲线形状。可以更改"拟合公差"数值来改变曲线通过点的精确程度，数值为"0"时精度最高。

（6）编辑顶点（E）：选择该选项后，在样条曲线中会出现多个控制点，并在命令行中进行后续操作提示。

> 输入顶点编辑选项【添加（A）删除（D）/ 提高阶数（E）/ 移动（M）/ 权值（W）/ 退出（X）】< 退出 >：

动手练——雨伞

源文件：源文件\第6章\雨伞.dwg
绘制如图6-12所示的雨伞。

图 6-12　雨伞

📋 **思路点拨**

（1）利用"圆弧"命令绘制伞的外框。
（2）利用"样条曲线"命令绘制伞的底边。
（3）利用"圆弧"命令绘制伞面辐条。
（4）利用"多段线"命令绘制伞顶和伞把。

6.3　多　　线

多线是一种复合线，由连续的直线段复合组成。多线的一个突出优点是能够提高绘图效率，保证图线之间的统一性。多线一般用于电子线路、建筑墙体的绘制等。

6.3.1　定义多线样式

在绘制多线之前，可对多线的数量和每条单线的偏移距离、颜色、线型和背景填充等特性进行设置。

扫一扫，看视频

【执行方式】

➥　命令行：MLSTYLE。
➥　菜单栏：选择菜单栏中的"格式"→"多线样式"命令。

动手学——定义住宅墙体样式

源文件：源文件\第6章\定义住宅墙体样式.dwg
本实例绘制如图6-13所示的住宅墙体。

【操作步骤】

（1）在"默认"选项卡中单击"绘图"面板中的"构造线"按钮，绘制一条水平构造线和一条竖直构造线，组成"十"字辅助线，如图6-14所示。继续绘制辅助线，命令行提示与操作如下。

图 6-13　住宅墙体

```
命令：_xline
指定点或 [ 水平 (H)/ 垂直 (V)/ 角度 (A)/ 二等分 (B)/ 偏移 (O)]：O
指定偏移距离或 [ 通过 (T)]< 通过 >：1200
选择直线对象：选择竖直构造线
指定向哪侧偏移：指定右侧一点
```

采用相同的方法将偏移得到的竖直构造线依次向右偏移 2400、1200 和 2100，如图6-15所示。采用同样的方法绘制水平构造线，依次向下偏移 1500、3300、1500、2100 和 3900。绘制完成的住宅墙体辅助线网格如图6-16所示。

（2）定义 240 墙多线样式。选择菜单栏中的"格式"→"多线样式"命令，打开如图6-17所示的"多线样式"对话框。单击"新建"按钮，打开如图6-18所示的"创建新的多线样式"对话框。在该对话框的"新样式名"文本框中输入"240 墙"，单击"继续"按钮。

（3）打开"新建多线样式：240 墙"对话框，按图6-19所示进行多线样式设置。单击"确定"按钮，返回到"多线样式"对话框。单击"置为当前"按钮，将 240 墙样式置为当前。单击"确定"按钮，完成 240 墙的设置。

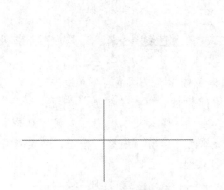

图 6-14 "十"字辅助线

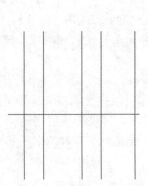

图 6-15 偏移竖直构造线

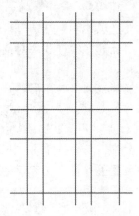

图 6-16 住宅墙体辅助线网格

图 6-17 "多线样式"对话框

图 6-18 "创建新的多线样式"对话框

图 6-19 设置多线样式

技巧

> 在建筑平面图中，墙体用双线表示，一般采用轴线定位的方式，以轴线为中心，具有很强的对称关系。因此绘制墙线通常有以下3种方法。
> （1）使用"偏移"命令直接偏移轴线，将轴线向两侧偏移一定距离，得到双线，然后将所得双线转移至墙线图层。
> （2）使用"多线"命令直接绘制墙线。
> （3）当墙体要求填充成实体颜色时，也可以采用"多段线"命令直接绘制，将线宽设置为墙厚即可。
> 笔者推荐选用第二种方法，即采用"多线"命令绘制墙线。

【选项说明】

"新建多线样式"对话框中的选项说明如下。

（1）"封口"选项组：可以设置多线起点和端点的特性，包括以直线、外弧，还是内弧封口及封口线段或圆弧的角度。

（2）"填充"选项组：在"填充颜色"下拉列表框中选择多线填充的颜色。

（3）"图元"选项组：在此选项组中设置组成多线的元素的特性。单击"添加"按钮，为多线添加元素；反之，单击"删除"按钮，可以为多线删除元素。在"偏移"文本框中可以设置选中元素的位置偏移值。在"颜色"下拉列表框中可为选中元素选择颜色。单击"线型"按钮，可为选中元素设置线型。

6.3.2　绘制多线

多线的绘制方法和直线的绘制方法相似，不同的是，多线由两条线型相同的平行线组成。绘制的每一条多线都是一个完整的整体，不能对其进行偏移、倒角、延伸和修剪等编辑操作，只能用"分解"命令将其分解成多条直线后再编辑。

【执行方式】

➥ 命令行：MLINE。

➥ 菜单栏：选择菜单栏中的"绘图"→"多线"命令。

扫一扫，看视频

动手学——绘制住宅墙体

调用素材：源文件\第6章\定义住宅墙体样式.dwg

源文件：源文件\第6章\绘制住宅墙体.dwg

本实例绘制如图6-20所示的住宅墙体。

【操作步骤】

（1）打开资源包中的"源文件\第6章\定义住宅墙体样式.dwg"文件。

（2）选择菜单栏中的"绘图"→"多线"命令，绘制 240 墙体。命令行提示与操作如下。

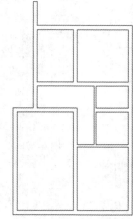

图6-20　住宅墙体

```
命令：_mline
当前设置：对正 = 无, 比例 = 1.00, 样式 = 240 墙
指定起点或 [ 对正 (J)/ 比例 (S)/ 样式 (ST)]: s
输入多线比例 <1.00>:
当前设置：对正 = 无, 比例 = 1.00, 样式 = 240 墙
指定起点或 [ 对正 (J)/ 比例 (S)/ 样式 (ST)]: J
```

输入对正类型 [上 (T)/ 无 (Z)/ 下 (B)] < 无 >：Z
当前设置：对正 = 无，比例 = 1.00，样式 = 240 墙
指定起点或 [对正 (J)/ 比例 (S)/ 样式 (ST)]：在绘制的辅助线交点上指定一点
指定下一点：在绘制的辅助线交点上指定下一点

结果如图6-21所示。采用相同的方法根据辅助线网格绘制其余的240 墙线，结果如图6-22所示。

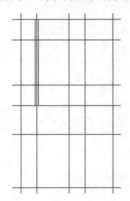

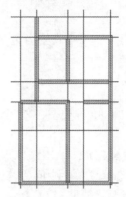

图6-21 绘制 240 墙线 1　　　　　　　　　图 6-22 绘制所有的 240 墙线

（3）定义 120 墙多线样式。选择菜单栏中的"格式"→"多线样式"命令，打开"多线样式"对话框。单击"新建"按钮，打开"创建新的多线样式"对话框，在"新样式名"文本框中输入"120 墙"，单击"继续"按钮。打开"新建多线样式:120墙"对话框，按图6-23所示进行多线样式设置。单击"确定"按钮，返回到"多线样式"对话框。单击"置为当前"按钮，将 120 墙样式置为当前。单击"确定"按钮，完成 120 墙的设置。

（4）选择菜单栏中的"绘图"→"多线"命令，根据辅助线网格绘制 120 的墙体，结果如图6-24所示。命令行提示与操作如下。

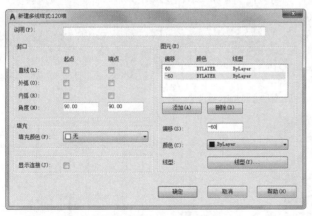

图6-23 设置多线样式　　　　　　　　　图 6-24 绘制 120 的墙体

命令：_mline
当前设置：对正 = 无，比例 = 1.00，样式 = 240 墙
指定起点或 [对正 (J)/ 比例 (S)/ 样式 (ST)]：st
输入多线样式名或 [?]：120 墙
当前设置：对正 = 无，比例 = 1.00，样式 = 120 墙
指定起点或 [对正 (J)/ 比例 (S)/ 样式 (ST)]：
指定下一点：

指定下一点或 [放弃 (U)]:

【选项说明】

（1）对正（J）：用于指定绘制多线的基准。共有"上""无"和"下"3 种对正类型。其中，"上"表示以多线上侧的线为基准，以此类推。

（2）比例（S）：选择该选项，要求用户设置平行线的间距。输入值为 0 时，平行线重合；值为负时，多线的排列倒置。

（3）样式（ST）：用于设置当前使用的多线样式。

6.3.3 编辑多线

AutoCAD 提供了 4 种类型、12 个多线编辑工具。

【执行方式】

➥ 命令行：MLEDIT。

➥ 菜单栏：选择菜单栏中的"修改"→"对象"→"多线"命令。

动手学——编辑住宅墙体

调用素材：源文件\第6章\绘制住宅墙体.dwg
源文件：源文件\第6章\编辑住宅墙体.dwg
本实例绘制如图6-25所示的住宅墙体。

【操作步骤】

（1）打开资源包中的"源文件\第6章\绘制住宅墙体.dwg"文件。

（2）编辑多线。选择菜单栏中的"修改"→"对象"→"多线"命令，打开"多线编辑工具"对话框，如图6-26所示。选择"T 形打开"选项，命令行提示与操作如下。

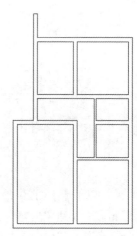

图 6-25　住宅墙体

```
命令： _mledit
选择第一条多线 ：选择多线
选择第二条多线 ：选择多线
选择第一条多线或 [ 放弃 (U)]:选择多线
```

采用同样的方法继续进行多线编辑，如图6-27所示。

图 6-26　"多线编辑工具"对话框

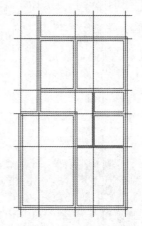

图 6-27　T 形打开

然后在"多线编辑工具"对话框中选择"角点结合"选项,对墙线进行编辑,并删除辅助线。

（3）在"默认"选项卡中单击"绘图"面板中的"直线"按钮 ╱，将端口处封闭，最后结果如图 6-25 所示。

【选项说明】

在"多线编辑工具"对话框中，第一列工具用于处理十字交叉的多线，第二列工具用于处理T 形相交的多线，第三列工具用于处理角点连接和顶点，第四列工具用于处理多线的剪切或接合。

动手练——绘制建筑墙体

源文件：源文件\第6章\建筑墙体.dwg
本练习绘制如图6-28所示的建筑墙体。

 思路点拨

利用"多线样式""多线""多线编辑"命令绘制建筑墙体。

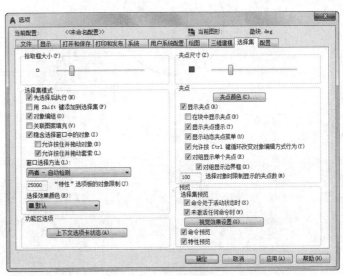

图 6-28 建筑墙体

6.4 对 象 编 辑

用户可以对图形对象本身的某些特性进行编辑，从而方便图形的绘制。

6.4.1 夹点功能

AutoCAD 在图形对象上定义了一些特殊点，称之为夹点，如图6-29所示。利用夹点可以快速、灵活地控制对象。要使用夹点功能编辑对象，必须先打开夹点功能。

（1）选择菜单栏中的"工具"→"选项"命令，在弹出的"选项"对话框中选择"选择集"选项卡，如图6-30所示。在"夹点"选项组中选中"显示夹点"复选框。在该选项卡中还可以设置代表夹点的小方格的尺寸和颜色。

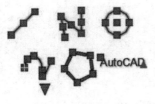

图 6-29 显示夹点

图 6-30 "选择集"选项卡

（2）也可以通过 GRIPS 系统变量来控制是否打开夹点功能，1 代表打开，0 代表关闭。

（3）打开夹点功能后，应该在编辑对象之前先选择对象。

夹点表示对象的控制位置。使用夹点编辑对象，要选择一个夹点作为基点，称之为基准夹点。

（4）选择一种编辑操作：镜像、移动、旋转、拉伸和缩放。可以用空格键、Enter 键或快捷键循环选择这些功能，如图6-31所示。

6.4.2 特性匹配

利用特性匹配功能可以方便、快捷地修改目标对象的属性，使之与源对象的属性进行匹配，保持一致。

【执行方式】

↳ 命令行：MATCHPROP。

↳ 菜单栏：选择菜单栏中的"修改"→"特性匹配"命令。

↳ 工具栏：单击"标准"工具栏中的"特性匹配"按钮 。

↳ 功能区：在"默认"选项卡中单击"特性"面板中的"特性匹配"按钮 。

图 6-31　选择编辑操作

扫一扫，看视频

动手学——修改图形特性

调用素材：源文件\第6章\修改图形特性初始文件.dwg

源文件：源文件\第6章\修改图形特性.dwg

【操作步骤】

（1）打开资源包中的"源文件\第6章\修改图形特性初始文件.dwg"文件，如图6-32所示。

图 6-32　初始文件

（2）在"默认"选项卡中单击"特性"面板中的"特性匹配"按钮 ，将矩形的线型修改为粗实线。命令行提示与操作如下。

```
命令：'_matchprop
选择源对象：选取圆
当前活动设置：颜色 图层 线型 线型比例 线宽 透明度 厚度 打印样式 标注 文字 图案填充 多段线视口
表格材质 多重引线中心对象
选择目标对象或 [设置(S)]：鼠标变成画笔，选取矩形，如图6-33所示。
```

结果如图6-34所示。

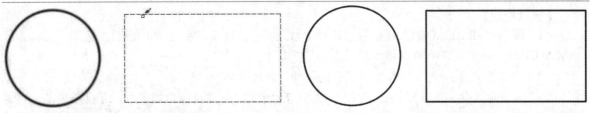

图 6-33 选取目标对象   图 6-34 完成矩形特性的修改

【选项说明】

（1）目标对象：指定要将源对象的特性复制到其上的对象。

（2）设置（S）：选择此选项，打开如图6-35所示"特性设置"对话框，可以控制要将哪些对象特性复制到目标对象。默认情况下，选定所有对象特性进行复制。

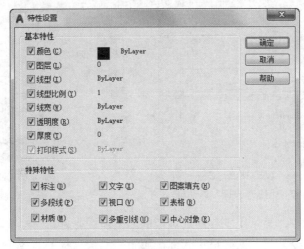

图 6-35 "特性设置"对话框

6.4.3 修改对象属性

利用"特性"选项板可以方便地设置或修改对象的各种属性。

【执行方式】

- 命令行：DDMODIFY 或 PROPERTIES。
- 菜单栏：选择菜单栏中的"修改"→"特性"命令或选择菜单栏中的"工具"→"选项板"→"特性"命令。
- 工具栏：单击"标准"工具栏中的"特性"按钮。
- 快捷键：Ctrl+1。
- 功能区：在"视图"选项卡中单击"选项板"面板中的"特性"按钮。

【操作步骤】

在 AutoCAD 中打开"特性"选项板，如图6-36所示。利用它可以方便地设置或修改对象的各种属性。

不同的对象属性种类和值不同，修改属性值，对象改变为新的属性。

图 6-36 "特性"选项板

【选项说明】

（1）切换 PICKADD 系统变量的值：单击此按钮，打开或关闭 PICKADD 系统变量。打开 PICKADD 时，每个选定对象都将添加到当前选择集中。

（2）选择对象：使用任意选择方法选择所需对象。

（3）快速选择：单击此按钮，打开如图6-37所示的"快速选择"对话框，可以创建基于过滤条件的选择集。

（4）快捷菜单：在"特性"选项板的标题栏中右击，打开如图6-38所示的快捷菜单。

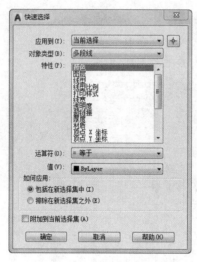

图 6-37　"快速选择"对话框

图 6-38　快捷菜单

① 移动：选择此命令，显示用于移动选项板的四向箭头光标，移动光标即可移动选项板。

② 大小：选择此命令，显示四向箭头光标，用于拖动选项板的边或角点使其变大或变小。

③ 关闭：选择此命令关闭选项板。

④ 允许固定：切换固定或定位选项板。如果选定了此选项，拖动窗口时可以固定该窗口。固定窗口附着到应用程序窗口的边上，并导致重新调整绘图区的大小。

⑤ 锚点居左/锚点居右：将选项板固定到绘图区右侧或左侧。

⑥ 自动隐藏：选择此命令，当光标移动到浮动选项板上时，该选项板将展开；当光标离开该选项板时，将隐藏"特性"对话框。

⑦ 透明度：选择此命令，打开如图6-39所示的"透明度"对话框，从中可以调整选项板的透明度。

动手练——绘制花朵

源文件：源文件\第6章\花朵.dwg

本练习绘制如图6-40所示的花朵。

 思路点拨

（1）利用"圆"命令绘制花蕊。

（2）利用"多边形"和"圆弧"命令绘制花瓣。

（3）利用"多段线"命令绘制枝叶。

（4）修改花瓣和枝叶的颜色。

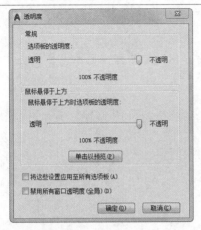

图 6-39 "透明度"对话框

图 6-40 花朵

6.5 图案填充

为了标示某一区域的材质或用料,常对其填充一定的图案。图形中的填充图案表明了对象的材料特性,增加了图形的可读性。此外,还可以创建渐变色填充,增强图形的演示效果。

6.5.1 基本概念

下面通过对图案边界、孤岛、填充方式的讲解,让读者了解图案填充的概念。

1. 图案边界

在进行图案填充时,首先要确定填充图案的边界。定义边界的对象只能是直线、双向射线、单向射线、多段线、样条曲线、圆弧、圆、椭圆、椭圆弧、面域等对象或用这些对象定义的块,而且作为边界的对象在当前图层上必须全部可见。

2. 孤岛

在进行图案填充时,把位于总填充区域内的封闭区称为孤岛,如图6-41所示。在使用BHATCH命令填充时,AutoCAD 系统允许用户以拾取点的方式确定填充边界,即在希望填充的区域内任意拾取一点,系统会自动确定出填充边界,同时也确定该边界内的岛。如果用户以选择对象的方式确定填充边界,则必须确切地选取这些岛。有关知识将在 6.5.2 小节中介绍。

3. 填充方式

在进行图案填充时,需要控制填充的范围。AutoCAD 系统为用户提供了以下 3 种填充方式,以实现对填充范围的控制。

(1)普通方式:该方式从边界开始,由每条填充线或每个填充符号的两端向里填充,遇到内部对象与之相交时,填充线或符号断开,直到遇到下一次相交时再继续填充,如图6-42(a)所示。采用这种填充方式时,要避免剖面线或符号与内部对象的相交次数为奇数。该方式为系统内部的默认方式。

（2）最外层方式：该方式从边界向里填充，只要在边界内部与对象相交，剖面符号就会断开，而不再继续填充，如图6-42（b）所示。

（3）忽略方式：该方式忽略边界内的对象，所有内部结构都被剖面符号覆盖，如图6-42（c）所示。

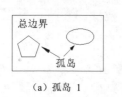

（a）孤岛 1

（b）孤岛 2

图6-41　孤岛

（a）普通方式　　（b）最外层方式　　（c）忽略方式

图6-42　填充方式

6.5.2　图案填充的操作

图案用来区分工程部件或用来表现组成对象的材质。可以使用预定义的图案、纯色或渐变色来填充现有对象或封闭区域，也可以创建新的图案填充对象。

【执行方式】

➥　命令行：BHATCH（快捷命令：H）。

➥　菜单栏：选择菜单栏中的"绘图"→"图案填充"命令。

➥　工具栏：单击"绘图"工具栏中的"图案填充"按钮▨。

➥　功能区：在"默认"选项卡中单击"绘图"面板中的"图案填充"按钮▨。

扫一扫,看视频

动手学——花园一角

源文件：源文件\第6章\花园一角.dwg

本实例绘制如图6-43所示的花园一角。

【操作步骤】

（1）在"默认"选项卡中单击"绘图"面板中的"矩形"按钮▭和"样条曲线拟合"按钮∿，绘制花园外形（由 1 个 728×472 的矩形和 2 条样条曲线组成），如图6-44所示。

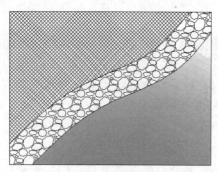

图6-43　花园一角

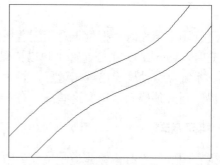

图6-44　花园外形图

（2）在"默认"选项卡中单击"绘图"面板中的"图案填充"按钮▨，打开"图案填充创建"选项卡。单击"图案填充图案"按钮，在弹出的下拉列表框中选择GRAVEL图案，如图6-45所示。

（3）单击"拾取点"按钮▣，在绘图区两条样条曲线组成的小路中拾取一点，按Enter 键完成鹅卵石小路的绘制，如图6-46所示。

图 6-45 "图案填充创建"选项卡

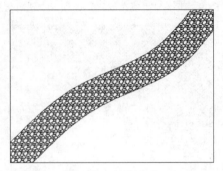

图 6-46 填充小路

（4）从图6-46中可以看出，填充图案过于细密，需要对其进行编辑修改。选中填充图案，打开"图案填充创建"选项卡，将图案填充比例改为3，如图6-47所示。按 Enter 键，修改后的填充图案如图6-48所示。

图 6-47 "图案填充创建"选项卡

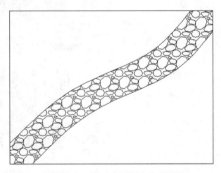

图 6-48 修改后的填充图案

（5）在"默认"选项卡中单击"绘图"面板中的"图案填充"按钮，打开"图案填充创建"选项卡，设置图案填充类型为"用户定义"、图案填充角度为45°、图案填充比例为10，在"特性"下拉列表框中选择交叉线，如图6-49所示。单击"拾取点"按钮，在绘制的图形左上方拾取一点，按 Enter 键完成图案填充，如图6-50所示。

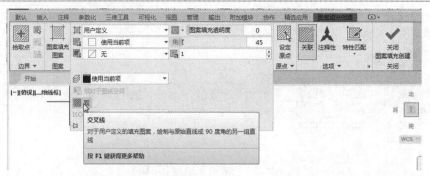

图6-49　在"图案填充创建"选项卡中进行设置

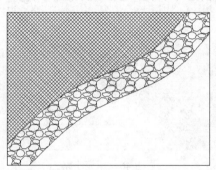

图6-50　填充草坪

（6）在"默认"选项卡中单击"绘图"面板中的"图案填充"按钮 ，打开"图案填充创建"选项卡。单击"选项"面板右下角的扩展按钮 ，在弹出的菜单中选择"图案填充设置"命令，如图6-51所示。在弹出的"图案填充和渐变色"对话框中选择"渐变色"选项卡，选中"单色"单选按钮，如图6-52所示。单击"单色"颜色框右侧的 按钮，打开"选择颜色"对话框，选择如图6-53所示的绿色。单击"确定"按钮，返回"图案填充和渐变色"对话框，此时可以看到颜色变化方式如图6-54所示。单击"添加：拾取点"按钮 ，在绘制的图形右下方拾取一点，按 Enter 键，完成池塘的绘制。最终绘制结果如图6-43所示。

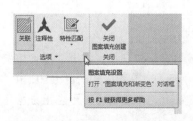

图6-51　选择"图案填充设置"命令

图6-52　"渐变色"选项卡

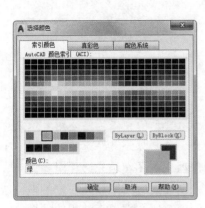

图 6-53 "选择颜色"对话框

图 6-54 选择颜色变化方式

【选项说明】

1. "边界"面板

（1）拾取点█：通过选择由一个或多个对象形成的封闭区域内的点确定图案填充边界，如图6-55所示。指定内部点时，可以随时在绘图区中右击以显示包含多个选项的快捷菜单。

（a）选择一点　　　　　（b）填充区域　　　　　（c）填充结果

图 6-55 "拾取点"功能

（2）选择边界对象█：指定基于选定对象的图案填充边界。使用该选项时，不会自动检测内部对象，必须选择选定边界内的对象，以按照当孤岛检测样式填充这些对象，如图6-56所示。

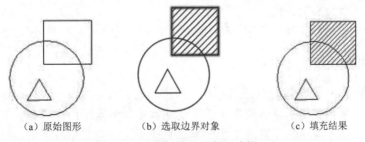

（a）原始图形　　　　　（b）选取边界对象　　　　　（c）填充结果

图 6-56 "选择边界对象"功能

（3）删除边界对象█：从边界定义中删除之前添加的任何对象，如图6-57所示。

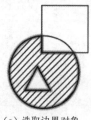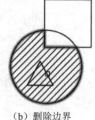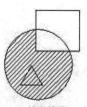

（a）选取边界对象　　　　（b）删除边界　　　　　（c）填充结果

图6-57　"删除边界对象"功能

（4）重新创建边界▥：围绕选定的图案填充创建多段线或面域，并使其与图案填充对象相关联（可选）。

（5）显示边界对象▦：选择图案填充对象的边界后，使用显示的夹点可修改图案填充边界。

（6）保留边界对象▥：指定如何处理图案填充边界对象，包括以下几个选项。

① 不保留边界（仅在图案填充创建期间可用）：不创建独立的图案填充边界对象。

② 保留边界—多段线（仅在图案填充创建期间可用）：创建封闭图案填充对象的多段线。

③ 保留边界—面域（仅在图案填充创建期间可用）：创建封闭图案填充对象的面域。

（7）选择新边界集▦：指定对象的有限集（称为边界集），以便通过创建图案填充时的拾取点进行计算。

2. "图案"面板

显示所有预定义和自定义图案的预览图像。

3. "特性"面板

（1）图案填充类型：指定是使用纯色、渐变色、图案，还是用户定义的填充。

（2）图案填充颜色：替代实体填充和填充图案的当前颜色。

（3）背景色：指定填充图案背景的颜色。

（4）图案填充透明度：设定新图案填充或填充的透明度，替代当前对象的透明度。

（5）图案填充角度：指定图案填充或填充的角度。

（6）图案填充比例：放大或缩小预定义或自定义填充图案。

（7）相对图纸空间（仅在布局中可用）：相对于图纸空间单位缩放填充图案。使用此选项，很容易做到以适合布局的比例显示填充图案。

（8）双向（仅当"图案填充类型"设定为"用户定义"时可用）：将绘制第二组直线，与原始直线成90°角，从而构成交叉线。

（9）ISO 笔宽（仅对于预定义的 ISO 图案可用）：基于选定的笔宽缩放 ISO 图案。

4. "原点"面板

（1）设定原点▨：直接指定新的图案填充原点。

（2）左下▦：将图案填充原点设定在图案填充边界矩形范围的左下角。

（3）右下▦：将图案填充原点设定在图案填充边界矩形范围的右下角。

（4）左上▦：将图案填充原点设定在图案填充边界矩形范围的左上角。

（5）右上▦：将图案填充原点设定在图案填充边界矩形范围的右上角。

（6）中心▣：将图案填充原点设定在图案填充边界矩形范围的中心。

（7）使用当前原点▣：将图案填充原点设定在 HPORIGIN 系统变量中存储的默认位置。

（8）存储为默认原点▣：将新图案填充原点的值存储在 HPORIGIN 系统变量中。

5. "选项" 面板

（1）关联▦：指定图案填充为关联图案填充。关联的图案填充在用户修改其边界对象时将会更新。

（2）注释性▲：指定图案填充为注释性。此特性会自动完成缩放注释过程，从而使注释能够以正确的大小在图纸上打印或显示。

（3）特性匹配。

① 使用当前原点▣：使用选定图案填充对象（除图案填充原点外）设定图案填充的特性。

② 使用源图案填充的原点▣：使用选定图案填充对象（包括图案填充原点）设定图案填充的特性。

（4）允许的间隙：设定将对象用作图案填充边界时可以忽略的最大间隙。默认值为 0，此值指定对象必须封闭区域而没有间隙。

（5）独立的图案填充：控制当指定了几个单独的闭合边界时，是创建单个图案填充对象，还是创建多个图案填充对象。

（6）孤岛检测。

① 普通孤岛检测▣：从外部边界向内填充。如果遇到内部孤岛，填充将关闭，直到遇到孤岛中的另一个孤岛。

② 外部孤岛检测▣：从外部边界向内填充。此选项仅填充指定的区域，不会影响内部孤岛。

③ 忽略孤岛检测▣：忽略所有内部的对象，填充图案时将通过这些对象。

④ 无孤岛检测▣：关闭以使用传统孤岛检测方法。

（7）绘图次序：为图案填充和边界指定绘图次序。选项包括"不更改""后置""前置""置于边界之后"和"置于边界之前"。

6.5.3　渐变色的操作

在绘图过程中，有些图形在填充时需要用到一种或多种颜色，尤其在绘制装潢、美工等图纸时，这就要用到渐变色图案填充功能。利用该功能可以对封闭区域进行适当的渐变色填充，从而形成比较好的颜色修饰效果。

【执行方式】

➥　命令行：GRADIENT。

➥　菜单栏：选择菜单栏中的"绘图"→"渐变色"命令。

➥　工具栏：单击"绘图"工具栏中的"渐变色"按钮▣。

➥　功能区：在"默认"选项卡中单击"绘图"面板中的"渐变色"按钮▣。

【操作步骤】

执行上述命令后，打开如图6-58所示的"图案填充创建"选项卡，其中各项含义与图案填充类似，这里不再赘述。

图 6-58 "图案填充创建"选项卡

6.5.4 编辑填充的图案

编辑填充的图案是指修改现有的图案填充对象，但不能修改边界。

【执行方式】

- 命令行：HATCHEDIT（快捷命令：HE）。
- 菜单栏：选择菜单栏中的"修改"→"对象"→"图案填充"命令。
- 工具栏：单击"修改 Ⅱ"工具栏中的"编辑图案填充"按钮 。
- 功能区：在"默认"选项卡中单击"修改"面板中的"编辑图案填充"按钮 。
- 快捷菜单：选中填充的图案并右击，在弹出的快捷菜单中选择"图案填充编辑"命令。
- 快捷方法：直接选择填充的图案，打开"图案填充编辑器"选项卡，如图6-59所示。

图 6-59 "图案填充编辑器"选项卡

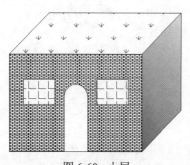

图 6-60 小屋

动手练——绘制小屋

源文件：源文件\第6章\小屋.dwg
本练习绘制如图6-60所示的小屋。

📋 **思路点拨**

（1）利用"矩形"和"直线"命令绘制房屋外框。

（2）利用"矩形"命令绘制窗户。

（3）利用"多段线"命令绘制门。

（4）利用"图案填充"命令进行填充。

6.6 综合演练——布纹沙发

源文件：源文件\第6章\布纹沙发.dwg
本实例主要通过"直线""圆弧""多段线""样条曲线"和"图案填充"命令来绘制布纹沙发，如图6-61所示。

【操作步骤】

（1）在"默认"选项卡中单击"图层"面板中的"图层特性"按钮 ，在弹出的"图层特性管理器"选项板中新建以下两个图层。

① 第一个图层命名为"轮廓"，颜色为洋红色，其余属性默认。

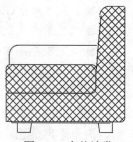

图6-61 布纹沙发

② 第二个图层命名为"材料图案"，颜色为 8，其余属性默认。

（2）将"轮廓线"图层设置为当前图层。在"默认"选项卡中单击"绘图"面板中的"直线"按钮／和"样条曲线拟合"按钮，绘制沙发轮廓，如图6-62所示。

（3）在"默认"选项卡中单击"绘图"面板中的"多段线"按钮，绘制沙发垫，如图6-63所示。

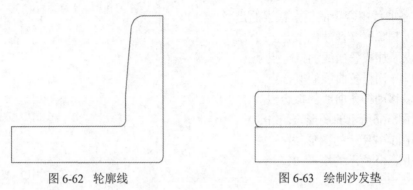

图 6-62　轮廓线　　　　　　　　　　　图 6-63　绘制沙发垫

（4）在"默认"选项卡中单击"绘图"面板中的"直线"按钮／和"圆弧"按钮，绘制沙发扶手，如图6-64所示。

（5）在"默认"选项卡中单击"绘图"面板中的"多段线"按钮，绘制沙发腿，如图6-65所示。

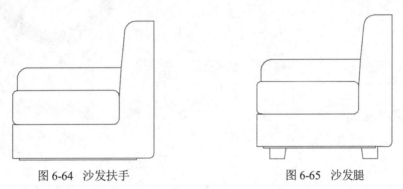

图 6-64　沙发扶手　　　　　　　　　　图 6-65　沙发腿

（6）将"材料图案"图层设置为当前图层。在"默认"选项卡中单击"绘图"面板中的"图案填充"按钮，打开"图案填充创建"选项卡。单击"图案填充图案"按钮，在弹出的下拉列表框中选择 NET 为填充图案，设置角度为 45°，比例为 10，填充沙发图形，结果如图6-61所示。

6.7　模拟认证考试

1. 若需要编辑已知多段线，使用"多段线"命令中的（　　　　）选项可以创建宽度不等的对象。

　　A. 样条 (S)　　　　B. 锥形 (T)　　　　C. 宽度 (W)　　　　D. 编辑顶点 (E)

2. 执行"样条曲线拟合"命令后，某选项用来输入曲线的偏差值。值越大，曲线越远离指定的点；值越小，曲线离指定的点越近。该选项是（　　　　）。

　　A. 闭合　　　　B. 端点切向　　　　C. 公差　　　　D. 起点切向

3. 无法用多段线直接绘制的是（　　　）。

    A. 直线段   B. 弧线段

    C. 样条曲线   D. 直线段和弧线段的组合段

4. 设置多线样式时，下列不属于多线封口的是（　　　）。

    A. 直线   B. 多段线   C. 内弧   D. 外弧

5. 关于样条曲线拟合点的说法错误的是（　　　）。

    A. 可以删除样条曲线的拟合点

    B. 可以添加样条曲线的拟合点

    C. 可以阵列样条曲线的拟合点

    D. 可以移动样条曲线的拟合点

6. 绘制如图6-66所示的图形 1。

7. 绘制如图6-67所示的图形 2。

8. 绘制如图6-68所示的图形 3。

图 6-66　图形 1

图 6-67　图形 2

图 6-68　图形 3

第7章 简单编辑命令

内容简介

二维图形的编辑操作配合绘图命令的使用，可以进一步完成复杂图形对象的绘制工作，并可使用户合理安排和组织图形，保证绘图准确、减少重复，因此对编辑命令的熟练掌握和应用有助于提高设计和绘图的效率。

内容要点

- ↳ 选择对象
- ↳ 复制类命令
- ↳ 改变位置类命令
- ↳ 综合演练——吧台
- ↳ 模拟认证考试

案例效果

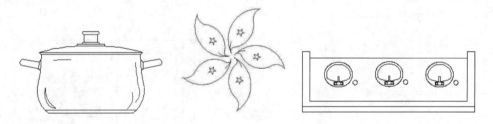

7.1 选 择 对 象

选择对象是进行编辑的前提。AutoCAD 提供了多种对象选择方法，如点取方法、用选择窗口选择对象、用选择线选择对象、用对话框选择对象和用套索选择工具选择对象等。

AutoCAD 2020 提供了以下两种编辑图形的途径。

（1）先执行编辑命令，然后选择要编辑的对象。

（2）先选择要编辑的对象，然后执行编辑命令。

这两种途径的执行效果是相同的，但选择对象是进行编辑的前提。AutoCAD 2020 可以编辑单个的选择对象，也可以把选择的多个对象组成整体，如选择集和对象组，进行整体编辑与修改。

7.1.1 构造选择集

选择集可以仅由一个图形对象构成，也可以是一个复杂的对象组，如位于某一特定图层上具有某种特定颜色的一组对象。选择集的构造可以在调用编辑命令之前或之后进行。

AutoCAD 提供了以下几种方法构造选择集。

➥ 先选择一个编辑命令，然后选择对象，按 Enter 键结束操作。

➥ 使用 SELECT 命令。

➥ 用点取设备选择对象，然后调用编辑命令。

➥ 定义对象组。

无论使用哪种方法，AutoCAD 都将提示用户选择对象，并且光标的形状由十字光标变为拾取框。下面结合 SELECT 命令说明选择对象的方法。

【操作步骤】

SELECT 命令可以单独使用，也可以在执行其他编辑命令时自动调用。命令行提示与操作如下。

命令：SELECT

选择对象：（等待用户以某种方式选择对象作为回答。AutoCAD 2020 提供了多种选择方式，可以输入"?"查看这些选择方式）

需要点或窗口 (W)/ 上一个 (L)/ 窗交 (C)/ 框 (BOX)/ 全部 (ALL)/ 栏选 (F)/ 圈围 (WP)/ 圈交 (CP)/ 编组 (G)/ 添加 (A)/ 删除 (R)/ 多个 (M)/ 前一个 (P)/ 放弃 (U)/ 自动 (AU)/ 单个 (SI)/ 子对象 (SU)/ 对象 (O)

【选项说明】

（1）点：该项表示直接通过点取的方式选择对象。用鼠标或键盘移动拾取框，使其框住要选取的对象，然后单击，就会选中该对象并以高亮显示。

（2）窗口（W）：使用由两个对角顶点确定的矩形窗口选取位于其范围内部的所有图形，与边界相交的对象不会被选中。在指定对角顶点时应该按照从左向右的顺序，如图7-1所示。

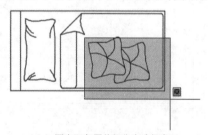 

（a）图中深色覆盖部分为选择窗口　　　　　　（b）选择后的图形

图 7-1　"窗口"对象选择方式

（3）上一个（L）：在"选择对象："提示下输入L后，按 Enter 键，系统会自动选取最后绘出的一个对象。

（4）窗交（C）：该方式与上述"窗口"方式类似，区别在于它不但选中矩形窗口内部的对象，也选中与矩形窗口边界相交的对象，如图7-2所示。

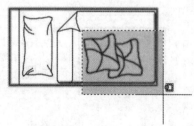 

（a）图中深色覆盖部分为选择窗口　　　　　　（b）选择后的图形

图 7-2　"窗交"对象选择方式

（5）框（BOX）：使用时，系统根据用户在屏幕上给出的两个对角点的位置而自动引用"窗口"或"窗交"方式。若从左向右指定对角点，则为"窗口"方式；反之，则为"窗交"方式。

（6）全部（ALL）：选取图面上的所有对象。

（7）栏选（F）：用户临时绘制一些直线，这些直线不必构成封闭图形，凡是与这些直线相交的对象均被选中，如图7-3所示。

（a）图中虚线为选择栏　　　　　　　　　　　　　　（b）选择后的图形

图7-3　"栏选"对象选择方式

（8）圈围（WP）：使用一个不规则的多边形来选择对象。根据提示，用户依次输入构成多边形的所有顶点的坐标，然后按 Enter 键结束操作，系统将自动连接第一个顶点到最后一个顶点的各个顶点，形成封闭的多边形。凡是被多边形围住的对象均被选中（不包括边界），如图7-4所示。

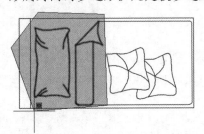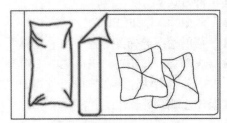

（a）图中十字线所拉出深色多边形为选择窗口　　　　　　　　（b）选择后的图形

图7-4　"圈围"对象选择方式

（9）圈交（CP）：类似于"圈围"方式，在"选择对象："提示后输入CP，后续操作与"圈围"方式相同，区别在于与多边形边界相交的对象也被选中。

（10）编组（G）：使用预先定义的对象组作为选择集。事先将若干个对象组成对象组，用组名引用。

（11）添加（A）：添加下一个对象到选择集。也可用于从移走模式（Remove）到选择模式的切换。

（12）删除（R）：按住 Shift 键选择对象，可以从当前选择集中移走该对象。对象由高亮显示状态变为正常显示状态。

（13）多个（M）：指定多个点，不高亮显示对象。这种方法可以加快在复杂图形上的选择对象过程。若两个对象交叉，两次指定交叉点，则可以选中这两个对象。

（14）前一个（P）：用关键字 P 回应"选择对象："的提示，则把上次编辑命令中最后一次构造的选择集或最后一次使用 SELECT（DDSELECT）命令预置的选择集作为当前选择集。这种方法适用于对同一选择集进行多种编辑操作的情况。

（15）放弃（U）：用于取消加入选择集的对象。

（16）自动（AU）：选择结果视用户在屏幕上的选择操作而定。如果选中单个对象，则该对象为自动选择的结果；如果选择点落在对象内部或外部的空白处，系统会提示"指定对角点"，此时系统会采取一种窗口的选择方式。对象被选中后，变为虚线形式，并以高亮显示。

（17）单个（SI）：选择指定的第一个对象或对象集，而不继续提示进行下一步的选择。

（18）子对象（SU）：用户可以逐个选择原始形状，这些形状是复合实体的一部分或三维实体上的顶点、边和面。可以选择这些子对象的其中之一，也可以创建多个子对象的选择集。选择集可以包含多种类型的子对象。

（19）对象（O）：结束选择子对象的功能，使用户可以使用对象选择方法。

✍ 技巧

若矩形框从左向右定义，即第一个选择的对角点为左侧的对角点，矩形框内部的对象被选中，框外部及与矩形框边界相交的对象不会被选中。若矩形框从右向左定义，矩形框内部及与矩形框边界相交的对象都会被选中。

7.1.2 快速选择

有时需要选择具有某些共同属性的对象来构造选择集，如选择具有相同颜色、线型或线宽的对象。当然可以使用前面介绍的方法来选择这些对象，但如果要选择的对象数量较多且分布在较复杂的图形中，会导致很大的工作量。此时可以再用快速选择功能来解决。

【执行方式】

➥ 命令行：QSELECT。

➥ 菜单栏：选择菜单栏中的"工具"→"快速选择"命令。

➥ 快捷菜单：在右键快捷菜单中选择"快速选择"命令（如图7-5所示）或在"特性"选项板中单击"快速选择"按钮（如图7-6所示）。

【操作步骤】

执行上述操作后，打开如图7-7所示的"快速选择"对话框。利用该对话框可以根据用户指定的过滤标准快速创建选择集。

图 7-5 选择"快速选择"命令

图 7-6 "特性"选项板

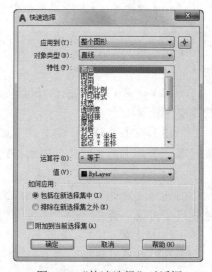

图 7-7 "快速选择"对话框

7.1.3 构造对象组

对象组与选择集并没有本质的区别。当我们把若干个对象定义为选择集并想让它们在以后的操作中始终作为一个整体时，为了简洁，可以给这个选择集命名并保存起来。这个命名了的对象选择集就是对象组，它的名字称为组名。

如果对象组可以被选择（位于锁定图层上的对象组不能被选择），那么可以通过组名引用该对象组，并且一旦组中任何一个对象被选中，那么组中的全部对象成员都被选中。该命令的调用方法为：在命令行中输入GROUP命令。

执行上述命令后，打开"对象编组"对话框。利用该对话框可以查看或修改存在的对象组的属性，也可以创建新的对象组。

7.2 复制类命令

本节详细介绍 AutoCAD 2020 的复制类命令，利用这些命令可以方便地编辑图形。

7.2.1 "复制"命令

使用"复制"命令可以按指定的角度和方向创建对象副本。AutoCAD 中的复制默认是多重复制，也就是选定图形并指定基点后，可以通过定位不同的目标点复制出多份来。

【执行方式】

- ↳ 命令行：COPY。
- ↳ 菜单栏：选择菜单栏中的"修改"→"复制"命令。
- ↳ 工具栏：单击"修改"工具栏中的"复制"按钮 ⅏。
- ↳ 功能区：在"默认"选项卡中单击"修改"面板中的"复制"按钮 ⅏ 。
- ↳ 快捷菜单：选择要复制的对象，在绘图区右击，在弹出的快捷菜单中选择"复制选择"命令。

动手学——绘制洗手间

源文件：源文件\第7章\洗手间.dwg
本实例绘制如图7-8所示的洗手间。

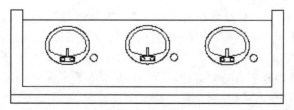

图 7-8 洗手间

【操作步骤】

（1）绘制洗手台结构。运用前面学到的"直线"和"矩形"命令绘制洗手台，如图7-9所示。

图7-9 绘制洗手台

（2）绘制一个洗脸盆或打开资源包中的"源文件\第7章\洗脸盆.dwg"文件，如图7-10所示。

图7-10 绘制洗脸盆

（3）复制脸盆。在"默认"选项卡中单击"修改"面板中的"复制"按钮 😣，复制洗脸盆。命令行提示与操作如下。

```
命令：copy
选择对象：（把洗脸盆全部框选）
选择对象：
当前设置：复制模式 = 多个
指定基点或 [ 位移 (D) / 模式 (O) ] < 位移 >：（在洗脸盆位置任意指定一点）
指定第二个点或 [ 阵列 (A) ]：（指定第二个洗脸盆的位置）
指定第二个点或 [ 阵列 (A) / 退出 (E) / 放弃 (U) ]<退出>：（指定第三个洗脸盆的位置）
指定第二个点或 [ 阵列 (A) / 退出 (E) / 放弃 (U) ]<退出>：
```

结果如图7-8所示。

【选项说明】

（1）指定基点：指定一个坐标点后，AutoCAD 2020 把该点作为复制对象的基点。

指定第二个点后，系统将根据这两点确定的位移矢量把选择的对象复制到第二点处。如果此时直接按 Enter 键，即选择默认的"用第一点作位移"，则第一个点被当作相对于 X、Y、Z 的位移。例如，如果指定基点为（2,3）并在下一个提示下按 Enter 键，则该对象从它当前的位置开始，在X方向上移动 2 个单位，在Y方向上移动 3 个单位。一次复制完成后，可以不断指定新的第二点，从而实现多重复制。

（2）位移（D）：直接输入位移值，表示以选择对象时的拾取点为基准，以拾取点坐标为移动方向，纵横比移动指定位移值后所确定的点为基点。例如，选择对象时的拾取点坐标为（2,3），输入位移值5，则表示以（2,3）点为基准，沿纵横比为 3:2 的方向移动 5 个单位所确定的点为基点。

（3）模式（O）：控制是否自动重复该命令。确定复制模式是单个还是多个。

（4）阵列（A）：指定在线性阵列中排列的副本数量。

7.2.2 "镜像"命令

"镜像"命令用于把选择的对象以一条镜像线为对称轴进行镜像处理。镜像操作完成后，可以保留原对象，也可以将其删除。

【执行方式】

❯ 命令行：MIRROR。

❯ 菜单栏：选择菜单栏中的"修改"→"镜像"命令。

❯ 工具栏：单击"修改"工具栏中的"镜像"按钮◢◣。

❯ 功能区：在"默认"选项卡中单击"修改"面板中的"镜像"按钮◢◣ 。

动手学——绘制锅

扫一扫，看视频

源文件：源文件\第7章\锅.dwg

本实例绘制如图7-11所示的锅。

【操作步骤】

（1）在"默认"选项卡中单击"图层"面板中的"图层特性"
按钮 ，在弹出的"图层特性管理器"选项栏中新建以下两个图层。

图7-11 锅

① 1图层，颜色为绿色，其余属性默认。

② 2图层，颜色为黑色，其余属性默认。

（2）将图层2设置为当前图层，在"默认"选项卡中单击"绘图"面板中的"多段线"按钮灬，
绘制锅轮廓线。命令行提示与操作如下。

```
命令：_pline
指定起点：0,0
当前线宽为 0.0000
指定下一点或 [ 圆弧 (A)／半宽 (H)／长度 (L)／放弃 (U)／宽度 (W)]：157.5,0
指定下一点或 [ 圆弧 (A)／闭合 (C)／半宽 (H)／长度 (L)／放弃 (U)／宽度 (W)]：a
指定圆弧的端点( 按住 Ctrl 键以切换方向) 或[ 角度(A)／圆心(CE)／闭合(CL)／方向(D)／半宽(H)／
直线 (L)／半径 (R)／第二个点 (S)／放弃 (U)／宽度 (W)]：s
指定圆弧上的第二个点：196.4,49.2
指定圆弧的端点：201.5,94.4
指定圆弧的端点( 按住 Ctrl 键以切换方向) 或 [ 角度(A)／圆心(CE)／闭合(CL)／方向(D)／半宽(H)／
直线 (L)／半径 (R)／第二个点 (S)／放弃 (U)／宽度 (W)]：s
指定圆弧上的第二个点：191,155.6
指定圆弧的端点：187.5,217.5
指定圆弧的端点( 按住 Ctrl 键以切换方向) 或[ 角度(A)／圆心(CE)／闭合(CL)／方向(D)／半宽(H)／
直线 (L)／半径 (R)／第二个点 (S)／放弃 (U)／宽度 (W)]：s
指定圆弧上的第二个点：192.3,220.2
指定圆弧的端点：195,225
指定圆弧的端点( 按住 Ctrl 键以切换方向) 或[ 角度(A)／圆心(CE)／闭合(CL)／方向(D)／半宽(H)／
直线 (L)／半径 (R)／第二个点 (S)／放弃 (U)／宽度 (W)]：l
指定下一点或 [ 圆弧 (A)／闭合 (C)／半宽 (H)／长度 (L)／放弃 (U)／宽度 (W)]：0,225
指定下一点或 [ 圆弧 (A)／闭合 (C)／半宽 (H)／长度 (L)／放弃 (U)／宽度 (W)]：
```

（3）在"默认"选项卡中单击"绘图"面板中的"直线"按钮╱，绘制坐标为 {(0,10.5),
(172.5,10.5)}、{(0,217.5),(187.5,217.5)} 的两条直线。绘制结果如图7-12所示。

（4）在"默认"选项卡中单击"绘图"面板中的"多段线"按钮灬，绘制扶手。命令行提示
与操作如下。

```
命令：_pline
指定起点：188,194.6
当前线宽为 0.0000
指定下一点或 [ 圆弧 (A)／半宽 (H)／长度 (L)／放弃 (U)／宽度 (W) ]：a
指定圆弧的端点( 按住 Ctrl 键以切换方向) 或[ 角度 (A)／圆心 (CE)／方向 (D)／半宽 (H)／直线 (L)／
半径 (R)／第二个点 (S)／放弃 (U)／宽度 (W) ]：s
指定圆弧上的第二个点：193.6,192.7
指定圆弧的端点：196.7,187.7
指定圆弧的端点( 按住 Ctrl 键以切换方向) 或[ 角度(A)／圆心 (CE)／闭合(CL)／方向(D)／半宽(H)／
直线 (L)／半径 (R)／第二个点 (S)／放弃 (U)／宽度 (W) ]：l
指定下一点或 [ 圆弧 (A)／闭合 (C)／半宽 (H)／长度 (L)／放弃 (U)／宽度 (W) ]：197.9,165
指定下一点或 [ 圆弧 (A)／闭合 (C)／半宽 (H)／长度 (L)／放弃 (U)／宽度 (W) ]：a
指定圆弧的端点( 按住 Ctrl 键以切换方向) 或[ 角度(A)／圆心 (CE)／闭合(CL)／方向(D)／半宽(H)／
直线 (L)／半径 (R)／第二个点 (S)／放弃 (U)／宽度 (W) ]：s
指定圆弧上的第二个点：195.4,160.5
指定圆弧的端点：190.8,158
指定圆弧的端点( 按住 Ctrl 键以切换方向) 或[ 角度(A)／圆心 (CE)／闭合(CL)／方向(D)／半宽(H)／
直线 (L)／半径 (R)／第二个点 (S)／放弃 (U)／宽度 (W) ]：
命令：PLINE
指定起点：196.7,187.7
当前线宽为 0.0000
指定下一个点或 [ 圆弧 (A)／半宽 (H)／长度 (L)／放弃 (U)／宽度 (W) ]：259.2,197.7
指定下一点或 [ 圆弧 (A)／闭合 (C)／半宽 (H)／长度 (L)／放弃 (U)／宽度 (W) ]：a
指定圆弧的端点( 按住 Ctrl 键以切换方向) 或[ 角度(A)／圆心 (CE)／闭合(CL)／方向(D)／半宽(H)／
直线 (L)／半径 (R)／第二个点 (S)／放弃 (U)／宽度 (W) ]：s
指定圆弧上的第二个点：267.3,187.9
指定圆弧的端点：263.8,176.7
指定圆弧的端点( 按住 Ctrl 键以切换方向) 或[ 角度(A)／圆心 (CE)／闭合(CL)／方向(D)／半宽(H)／
直线 (L)／半径 (R)／第二个点 (S)／放弃 (U)／宽度 (W) ]：l
指定下一点或 [ 圆弧 (A)／闭合 (C)／半宽 (H)／长度 (L)／放弃 (U)／宽度 (W) ]：197.9,165
指定下一点或 [ 圆弧 (A)／闭合 (C)／半宽 (H)／长度 (L)／放弃 (U)／宽度 (W) ]：
```

绘制结果如图7-13所示。

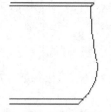

图 7-12　绘制轮廓线

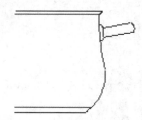

图 7-13　绘制扶手

（5）在"默认"选项卡中单击"绘图"面板中的"圆弧"按钮，以（195,225）为起点，以第二点（124.5,241.3）、（52.5,247.5）为端点绘制圆弧。

（6）在"默认"选项卡中单击"绘图"面板中的"矩形"按钮，分别以 {(52.5,247.5)，(-52.5,255)} 和 {(31.4,255)，(@-62.8,6)} 为角点绘制矩形。

（7）在"默认"选项卡中单击"绘图"面板中的"多段线"按钮 ，绘制锅盖把弧线。命令行提示与操作如下。

```
命令：_pline
指定起点：26.3,261
当前线宽为 0.0000
指定下一个点或 [圆弧 (A) / 半宽 (H) / 长度 (L) / 放弃 (U) / 宽度 (W)]：@0,30
指定下一点或 [圆弧 (A) / 闭合 (C) / 半宽 (H) / 长度 (L) / 放弃 (U) / 宽度 (W)]：a
指定圆弧的端点（按住 Ctrl 键以切换方向）或[角度(A) / 圆心(CE) / 闭合(CL) / 方向(D) / 半宽(H) /
直线 (L) / 半径 (R) / 第二个点 (S) 放弃 (U) / 宽度 (W)]：s
指定圆弧上的第二个点：31.5,296.3
指定圆弧的端点：26.3,301.5
指定圆弧的端点（按住 Ctrl 键以切换方向）或[角度(A) / 圆心(CE) / 闭合(CL) / 方向(D) / 半宽(H) /
直线 (L) / 半径 (R) / 第二个点 (S) 放弃 (U) / 宽度 (W)]：l
指定下一点或 [圆弧 (A) / 闭合 (C) / 半宽 (H) / 长度 (L) / 放弃 (U) / 宽度 (W)]：0,301.5
指定下一点或 [圆弧 (A) / 闭合 (C) / 半宽 (H) / 长度 (L) / 放弃 (U) / 宽度 (W)]：
```

（8）在"默认"选项卡中单击"绘图"面板中的"直线"按钮 ，绘制坐标点为 {(25.3,291)，(0,291)} 的直线。绘制结果如图7-14所示。

（9）在"默认"选项卡中单击"修改"面板中的"镜像"按钮 ，将整个对象以端点坐标为（0,0）和（0,10）的线段为对称线进行镜像处理。命令行提示与操作如下。

```
命令：_mirror
选择对象：（选择整个对象）
指定镜像线的第一点：0,0（输入第一点坐标）
指定镜像线的第二点：0,10（输入第二点坐标）
要删除源对象吗？[是 (Y) / 否 (N)] < 否 >：（不删除原对象）
```

绘制结果如图7-15所示。

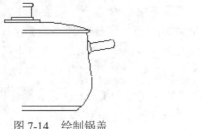

图 7-14 绘制锅盖

图 7-15 锅具

（10）在"默认"选项卡中单击"绘图"面板中的"圆弧"按钮 ，绘制锅面上的装饰，结果如图7-11所示。

7.2.3 "偏移"命令

"偏移"命令用于偏移对象，即保持所选择的对象的形状，在不同的位置以不同的尺寸新建一个对象。

【执行方式】

↘ 命令行：OFFSET。

- 菜单栏：选择菜单栏中的"修改"→"偏移"命令。
- 工具栏：单击"修改"工具栏中的"偏移"按钮⊆。
- 功能区：在"默认"选项卡中单击"修改"面板中的"偏移"按钮⊆。

动手学——石栏杆

源文件：源文件\第7章\石栏杆.dwg
本实例绘制如图7-16所示的石栏杆。

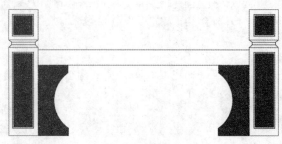

图7-16　石栏杆

【操作步骤】

（1）在"默认"选项卡中单击"图层"面板中的"图层特性"按钮，在弹出的"图层特性管理器"选项板中新建以下 4 个图层。

① 1图层，颜色为红色，其余属性默认。
② 2图层，颜色为绿色，其余属性默认。
③ 3图层，颜色为蓝色，其余属性默认。
④ 4图层，颜色为黑色，其余属性默认。

（2）绘制矩形。将图层1设为当前图层，在"默认"选项卡中单击"绘图"面板中的"矩形"按钮口，分别以 {(0,0)，(119,349)} 和 {(0,379)，(119,500)} 为角点绘制两个矩形。

（3）将图层2设置为当前图层，在"默认"选项卡中单击"绘图"面板中的"矩形"按钮口，分别以 {(15,30)，(100,330)} 和 {(15,394)，(100,480)} 为角点绘制两个矩形。

（4）将图层3设置为当前图层，在"默认"选项卡中单击"绘图"面板中的"矩形"按钮口，绘制角点为 {(12,360)，(107,370)} 的矩形，如图7-17所示。

（5）在"默认"选项卡中单击"修改"面板中的"偏移"按钮 ⊆，选择在图层2中绘制的两个矩形，设置偏移距离为 5，偏移方向为矩形内侧。命令行提示与操作如下。

```
命令：_offset
当前设置：删除源 = 否 图层 = 源 OFFSETGAPTYPE=0
指定偏移距离或 [ 通过 (T)/ 删除 (E)/ 图层 (L)] < 通过 >： 5
选择要偏移的对象，或 [ 退出 (E)/ 放弃 (U)] < 退出 >：（图层"2"中绘制的两个矩形）
指定要偏移的那一侧上的点，或 [ 退出 (E)/ 多个 (M)/ 放弃 (U)] < 退出 >：（矩形内侧）
选择要偏移的对象，或 [ 退出 (E)/ 放弃 (U)] < 退出 >：
```

偏移结果如图7-18所示。

（6）绘制直线。在"默认"选项卡中单击"绘图"面板中的"直线"按钮／，绘制一条直线，两端点坐标分别为 {(0,349)，(12,360)}。以同样的方法绘制另外 3 条直线，两端点坐标分别为 {(119,349)，(107,360)}、{(0,379)，(12,370)}、{(119,379)，(107,370)}。绘制结果如图7-19所示。

（7）绘制多段线。将图层1设置为当前图层，在"默认"选项卡中单击"绘图"面板中的"多段线"按钮 ，命令行提示与操作如下。

```
命令：_pline
指定起点：119,0
当前线宽为 0.0000
指定下一个或 [圆弧 (A)/ 半宽 (H)/ 长度 (L)/ 放弃 (U)/ 宽度 (W)]：245,0
指定下一点或 [圆弧 (A)/ 闭合 (C)/ 半宽 (H)/ 长度 (L)/ 放弃 (U)/ 宽度 (W)]：@0,30
指定下一点或 [圆弧 (A)/ 闭合 (C)/ 半宽 (H)/ 长度 (L)/ 放弃 (U)/ 宽度 (W)]：a
指定圆弧的端点或 [角度 (A)/ 圆心 (CE)/ 闭合 (CL)/ 方向 (D)/ 半宽 (H)/ 直线 (L)/ 半径 (R)/ 第二个点 (S)/ 放弃 (U)/ 宽度 (W)]：ce
指定圆弧的圆心：318,140
指定圆弧的端点或 [角度 (A)/ 长度 (L)]：a
指定包含角：-112
指定圆弧的端点或 [角度 (A)/ 圆心 (CE)/ 闭合 (CL)/ 方向 (D)/ 半宽 (H)/ 直线 (L)/ 半径 (R)/ 第二个点 (S)/ 放弃 (U)/ 宽度 (W)]：l
指定下一点或 [圆弧 (A)/ 闭合 (C)/ 半宽 (H)/ 长度 (L)/ 放弃 (U)/ 宽度 (W)]：@0,30
指定下一点或 [圆弧 (A)/ 闭合 (C)/ 半宽 (H)/ 长度 (L)/ 放弃 (U)/ 宽度 (W)]：
```

绘制结果如图7-20所示。

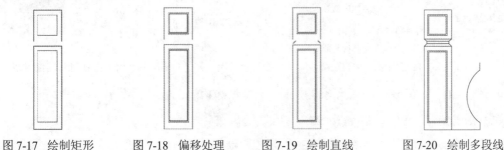

图7-17 绘制矩形　　　图7-18 偏移处理　　　图7-19 绘制直线　　　图7-20 绘制多段线

（8）在"默认"选项卡中单击"绘图"面板中的"直线"按钮 ，绘制两条直线，两端点坐标分别为 {(119,279)，(550,279)}、{(119,340)，(550,340)}。绘制结果如图7-21所示。

（9）将图层4设置为当前图层；在"默认"选项卡中单击"绘图"面板中的"图案填充"按钮 ，打开"图案填充创建"选项卡；单击"图案填充图案"按钮，在弹出的下拉列表框中选择填充材料为 AR-SAND，设置填充比例为 1；填充如图7-22所示区域。

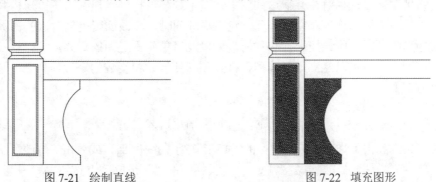

图7-21 绘制直线　　　　　　　　图7-22 填充图形

（10）在"默认"选项卡中单击"修改"面板中的"镜像"按钮 ，将左侧石栏杆进行镜像。命令行提示与操作如下。

```
命令：_mirror
选择对象：all
选择对象：
指定镜像线的第一点：550,0
指定镜像线的第二点：550,10
是否删除源对象？[是(Y)/否(N)] <N>:
```

绘制结果如图7-16所示。

【选项说明】

（1）指定偏移距离：输入一个距离值，或按Enter键，使用当前的距离值，系统把该距离值作为偏移距离，如图7-23所示。

（2）通过（T）：指定偏移对象的通过点。选择该选项后，命令行提示与操作如下。

```
选择要偏移的对象，或[退出(E)/放弃(U)] <退出>:（选择要偏移的对象，按Enter键结束操作）
指定通过点或[退出(E)/多个(M)/放弃(U)] <退出>:（指定偏移对象的一个通过点）
```

操作完毕，系统根据指定的通过点绘出偏移对象，如图7-24所示。

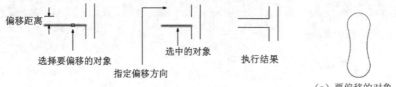

图7-23　指定偏移对象的距离　　　　图7-24　指定偏移对象的通过点

（3）删除（E）：偏移后，将源对象删除。选择该选项后，命令行提示与操作如下。

```
要在偏移后删除源对象吗？[是(Y)/否(N)] <否>:
```

（4）图层（L）：确定将偏移对象创建在当前图层上，还是在源对象所在的图层上。选择该选项后，命令行提示与操作如下。

```
输入偏移对象的图层选项[当前(C)/源(S)] <源>:
```

7.2.4　"阵列"命令

阵列是指多次重复选择对象并把这些副本按矩形或环形排列。把副本按矩形排列称为建立矩形阵列，把副本按环形排列称为建立极阵列。建立极阵列时，应该控制复制对象的次数和对象是否被旋转；建立矩形阵列时，应该控制行和列的数量以及对象副本之间的距离。

使用"阵列"命令可以建立矩形阵列、极阵列（环形）和旋转的矩形阵列。

【执行方式】

➤ 命令行：ARRAY。

➤ 菜单栏：选择菜单栏中的"修改"→"阵列"命令。

➤ 工具栏：单击"修改"工具栏中的"矩形阵列"按钮，或单击"修改"工具栏中的"路径阵列"按钮，或单击"修改"工具栏中的"环形阵列"按钮。

➤ 功能区：在"默认"选项卡中单击"修改"面板中的"矩形阵列"按钮/"路径阵列"按钮/"环形阵列"按钮，如图7-25所示。

扫一扫，看视频

动手学——绘制紫荆花

源文件：源文件\第7章\紫荆花.dwg

本实例绘制的紫荆花如图7-26所示。

图7-25　"阵列"下拉列表　　　　　　　　　图7-26　紫荆花

【操作步骤】

（1）在"默认"选项卡中单击"绘图"面板中的"多段线"按钮及"圆弧"按钮，绘制花瓣外框，如图7-27所示。

（2）在"默认"选项卡中单击"绘图"面板中的"多边形"按钮及"直线"按钮，在花瓣外框内绘制一个五边形，并连接五边形的各个顶点，如图7-28所示。

（3）在"默认"选项卡中单击"修改"面板中的"删除"按钮及"修剪"按钮（"修剪"命令在以后章节会详细讲述），将五边形删除并修剪得到五角星。命令行提示与操作如下。

```
命令：_erase
选择对象：（选择五边形，并按 Enter 键删除五边形）
命令：_trim
当前设置：投影 =UCS，边 = 无
选择剪切边…
选择对象或 < 全部选择 >：
选择要修剪的对象，或按住 Shift 键选择要延伸的对象，或 [ 栏选（F）/ 窗交（C）/ 投影（P）/ 边
(E)/删除（R）/ 放弃（U)]：（选择多余直线）
…
```

结果如图7-29所示。

图7-27　花瓣外框　　　　图7-28　绘制五边形和连线　　　　图7-29　绘制花瓣

（4）在"默认"选项卡中单击"修改"面板中的"环形阵列"按钮，将花瓣进行环形阵列。命令行提示与操作如下。

```
命令：_arraypolar
选择对象：（选择上面绘制的图形）
类 型 = 极轴　关 联 = 是
指定阵列的中心点或 [ 基点（B）/ 旋转轴（A)]：（指定阵列的中心点）
选择夹点以编辑阵列或 [ 关联（AS）/ 基点（B）/ 项目（I）/ 项目间角度（A）/ 填充角度（F）/ 行（ROW）/
```

层 (L)／旋转项目 (ROT)／退出 (X)] ＜退出＞：I

输入阵列中的项目数或 [表达式（E）]＜4＞：5 ✓

选择夹点以编辑阵列或 [关联 (AS)／基点 (B)／项目 (I)／项目间角度 (A)／填充角度 (F)／行 (ROW)／
层 (L)／旋转项目 (ROT)／退出 (X)] ＜退出＞：F

指定填充角度（+= 逆时针、-= 顺时针）或 [表达式（EX）]＜,360＞：✓（填充角度为 360°）

选择夹点以编辑阵列或 [关联 (AS)／基点 (B)／项目 (I)／项目间角度 (A)／填充角度 (F)／行 (ROW)／
层 (L)／旋转项目 (ROT)／退出 (X)] ＜退出＞：

最终绘制的紫荆花图案如图7-26所示。

【选项说明】

（1）矩形（R）（命令行：ARRAYRECT）：将选定对象的副本分布到行数、列数和层数的任意组合。通过夹点，调整阵列间距、列数、行数和层数；也可以分别选择各选项输入数值。

（2）极轴（PO）：在绕中心点或旋转轴的环形阵列中均匀分布对象副本。选择该选项后，命令行提示与操作如下。

指定阵列的中心点或 [基点 (B)／旋转轴 (A)]：（选择中心点、基点或旋转轴）

选择夹点以编辑阵列或 [关联 (AS)／基点 (B)／项目 (I)／项目间角度 (A)／填充角度 (F)／行 (ROW)／层 (L)／旋转项目 (ROT)／退出 (X)] ＜退出＞：（通过夹点，调整角度、填充角度；也可以分别选择各选项输入数值）

（3）路径（PA）（命令行：ARRAYPATH）：沿路径或部分路径均匀分布选定对象的副本。选择该选项后，命令行提示与操作如下。

选择路径曲线 ：（选择一条曲线作为阵列路径）

选择夹点以编辑阵列或 [关联 (AS)／方法 (M)／基点 (B)／切向 (T)／项目 (I)／行 (R)／层 (L)／对齐项目 (A)／Z 方向 (Z)／退出 (X)]

＜退出＞：（通过夹点，调整阵列行数和层数；也可以分别选择各选项输入数值）

动手练——绘制会议桌

源文件：源文件\第7章\会议桌.dwg
本练习绘制如图7-30所示的会议桌。

 思路点拨

图 7-30　会议桌

（1）利用"直线"和"圆弧"命令绘制桌子。
（2）利用"直线""圆弧""椭圆弧"命令绘制一把椅子。
（3）利用"环形阵列"命令阵列椅子。

7.3　改变位置类命令

这一类编辑命令的功能是按照指定要求改变当前图形或图形中某部分的位置，主要包括"移动""旋转"和"缩放"等命令。

7.3.1　"移动"命令

"移动"命令用于移动对象，即对象的重定位。可以在指定方向上按指定距离移动对象，对象的位置发生了改变，但其方向和大小不变。

【执行方式】

➥ 命令行：MOVE。

➥ 菜单栏：选择菜单栏中的"修改"→"移动"命令。

➥ 快捷菜单：选择要移动的对象，在绘图区右击，在弹出的快捷菜单中选择"移动"命令。

➥ 工具栏：单击"修改"工具栏中的"移动"按钮✛。

➥ 功能区：在"默认"选项卡中单击"修改"面板中的"移动"按钮✛。

【操作步骤】

命令：MOVE
选择对象：（选择对象）
指定基点或 [位移 (D)] < 位移 >：（指定基点或移至点）
指定第二个点或 < 使用第一个点作为位移 >：

【选项说明】

（1）如果在"指定第二个点或<使用第一个点作为位移>："提示下不输入内容而按 Enter 键，则第一次输入的值为相对坐标（@X,Y），选择的对象从它当前的位置以第一次输入的坐标为位移量而移动。

（2）可以使用夹点进行移动。当对所操作的对象选取基点后，按空格键以切换到"移动"模式。

7.3.2 "旋转"命令

"旋转"命令用于在保持原形状不变的情况下以一定点为中心，以一定角度为旋转角度，旋转得到图形。

【执行方式】

➥ 命令行：ROTATE。

➥ 菜单栏：选择菜单栏中的"修改"→"旋转"命令。

➥ 快捷菜单：选择要旋转的对象，在绘图区右击，在弹出的快捷菜单中选择"旋转"命令。

➥ 工具栏：单击"修改"工具栏中的"旋转"按钮↻。

➥ 功能区：在"默认"选项卡中单击"修改"面板中的"旋转"按钮↻。

动手学——绘制计算机显示器

源文件：源文件\第7章\绘制计算机显示器.dwg
本实例绘制如图7-31所示的计算机显示器。

【操作步骤】

（1）在"默认"选项卡中单击"图层"面板中的"图层特性"按钮，在弹出的"图层特性管理器"选项板中新建以下两个图层。

① 1图层，颜色为红色，其余属性默认。

② 2图层，颜色为绿色，其余属性默认。

（2）将图层 1 设置为当前图层，在"默认"选项卡中单击"绘图"面板中的"矩形"按钮▭，绘制角点为 {(0,16)，(450,130)} 的矩形，如图7-32所示。

（3）在"默认"选项卡中单击"绘图"面板中的"多段线"按钮⟿，绘制计算机外框。命令行提示与操作如下。

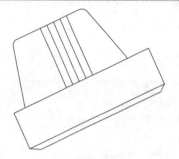

图 7-31　计算机显示器　　　　　　　　　　图 7-32　绘制矩形

```
命令：_pline
指定起点：0,16
当前线宽为 0.0000
指定下一点或 [ 圆弧 (A)/ 半宽 (H)/ 长度 (L)/ 放弃 (U)/ 宽度 (W)]：30,0
指定下一点或 [ 圆弧 (A)/ 闭合 (C)/ 半宽 (H)/ 长度 (L)/ 放弃 (U)/ 宽度 (W)]：430,0
指定下一点或 [ 圆弧 (A)/ 闭合 (C)/ 半宽 (H)/ 长度 (L)/ 放弃 (U)/ 宽度 (W)]：450,16
指定下一点或 [ 圆弧 (A)/ 闭合 (C)/ 半宽 (H)/ 长度 (L)/ 放弃 (U)/ 宽度 (W)]：
命令：pline
指定起点：37,130
当前线宽为 0.0000
指定下一点或 [ 圆弧 (A)/ 半宽 (H)/ 长度 (L)/ 放弃 (U)/ 宽度 (W)]：80,308
指定下一点或 [ 圆弧 (A)/ 闭合 (C)/ 半宽 (H)/ 长度 (L)/ 放弃 (U)/ 宽度 (W)]：a
指定圆弧的端点（按住 Ctrl 键以切换方向）或 [ 角度(A)/ 圆心(CE)/ 闭合(CL)/ 方向(D)/ 半宽(H)/
直线 (L)/ 半径 (R)/ 第二个点 (S)/ 放弃 (U)/ 宽度 (W)]：101,320
指定圆弧的端点或 [ 角度 (A)/ 圆心 (CE)/ 闭合 (CL)/ 方向 (D)/ 半宽 (H)/ 直线 (L)/ 半径
(R)/ 第二个点 (S)/ 放弃 (U)/ 宽度 (W)]：l
指定下一点或 [ 圆弧 (A)/ 闭合 (C)/ 半宽 (H)/ 长度 (L)/ 放弃 (U)/ 宽度 (W)]：306,320
指定下一点或 [ 圆弧 (A)/ 闭合 (C)/ 半宽 (H)/ 长度 (L)/ 放弃 (U)/ 宽度 (W)]：a
指定圆弧的端点（按住 Ctrl 键以切换方向）或 [ 角度(A)/ 圆心(CE)/ 闭合(CL)/ 方向(D)/ 半宽(H)/
直线 (L)/ 半径 (R)/ 第二个点 (S)/ 放弃 (U)/ 宽度 (W)]：326,308
指定圆弧的端点（按住 Ctrl 键以切换方向）或 [ 角度(A)/ 圆心(CE)/ 闭合(CL)/ 方向(D)/ 半宽(H)/
直线 (L)/ 半径 (R)/ 第二个点 (S)/ 放弃 (U)/ 宽度 (W)]：l
指定下一点或 [ 圆弧 (A)/ 闭合 (C)/ 半宽 (H)/ 长度 (L)/ 放弃 (U)/ 宽度 (W)]：380,130
指定下一点或 [ 圆弧 (A)/ 闭合 (C)/ 半宽 (H)/ 长度 (L)/ 放弃 (U)/ 宽度 (W)]：
```

绘制结果如图7-33所示。

（4）将图层 2 设置为当前图层，在"默认"选项卡中单击"绘图"面板中的"直线"按钮 ，绘制坐标点为 {(176,130)，(176,320)} 的直线，如图7-34所示。

（5）在"默认"选项卡中单击"修改"面板中的"矩形阵列"按钮 ，阵列对象为步骤（4）中绘制的直线，设置行数为 1，列数为 5，列间距为 22。命令行提示与操作如下。

```
命令：_arrayrect
选择对象：（选择直线）
选择对象：（按 Enter 键结束选择）
类 型 = 矩形　关 联 = 是
选择夹点以编辑阵列或 [ 关联(AS)/ 基点(B)/ 计数(COU)/ 间距(S)/ 列数(COL)/ 行数(R)/ 层数
(L)/ 退出 (X)] < 退出 >：R
```

142

输入行数或 ［表达式 (E)］<3>: 1 （指定行数）
指定行数之间的距离或 ［总计 (T) / 表达式 (E)］ <1527.2344>:
指定行数之间的标高增量或 ［表达式 (E)］ <0>:
选择夹点以编辑阵列或 ［关联(AS) / 基点(B) / 计数(COU) / 间距(S) / 列数(COL) / 行数(R) / 层数(L) / 退出 (X)］< 退出 >: COL
输入列数或 ［表达式 (E)］<4>: 5 （指定列数）
指定列数之间的距离或 ［总计 (T) / 表达式 (E)］ <2245.3173>: 22 （指定列间距）
选择夹点以编辑阵列或 ［关联(AS) / 基点(B) / 计数(COU) / 间距(S) / 列数(COL) / 行数(R) / 层数(L) / 退出 (X)］< 退出 >:

阵列结果如图7-35所示。

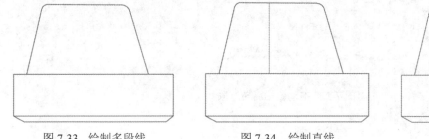

图 7-33　绘制多段线　　　　图 7-34　绘制直线　　　　图 7-35　阵列

（6）在"默认"选项卡中单击"修改"面板中的"旋转"按钮 ↻，旋转绘制的计算机。命令行提示与操作如下。

命令：_rotate
UCS 当前的正角方向：ANGDIR=逆时针 ANGBASE=0
选择对象：（选择绘制好的计算机）
选择对象：
指定基点：0,0
指定旋转角度，或 ［复制(C)/参照(R)］ <0>: 25

绘制结果如图7-31所示。

【选项说明】

（1）复制（C）：选择该选项，旋转对象的同时，保留原对象，如图7-36所示。

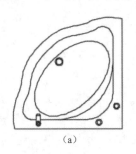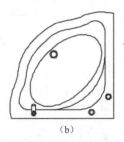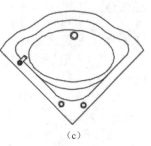

　　　（a）　　　　　　　　　（b）　　　　　　　　　（c）

图 7-36　复制旋转

（2）参照（R）：采用参照方式旋转对象时，命令行提示与操作如下。

指定参照角 <0>:（指定要参考的角度，默认值为 0）
指定新角度或 ［点 (P)］ <0>:（输入旋转后的角度值）

操作完毕，对象被旋转至指定的角度位置。

✍ **技巧**

可以用拖动鼠标的方法旋转对象。选择对象并指定基点后，从基点到当前光标位置会出现一条连线，鼠标选择的对象会动态地随着该连线与水平方向的夹角的变化而旋转，最后按 Enter 键确认旋转操作，如图 7-37 所示。

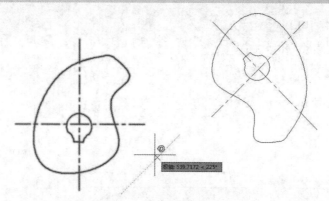

图 7-37 拖动鼠标旋转对象

7.3.3 "缩放"命令

"缩放"命令用于将已有图形对象以基点为参照进行等比例缩放。它可以调整对象的大小，使其在一个方向上按照要求增大或缩小一定的比例。

【执行方式】

➥ 命令行：SCALE。
➥ 菜单栏：选择菜单栏中的"修改"→"缩放"命令。
➥ 快捷菜单：选择要缩放的对象，在绘图区右击，在弹出的快捷菜单中选择"缩放"命令。
➥ 工具栏：单击"修改"工具栏中的"缩放"按钮 。
➥ 功能区：在"默认"选项卡中单击"修改"面板中的"缩放"按钮 。

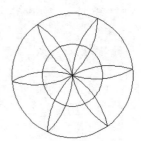

图 7-38 装饰盘

动手学——装饰盘

扫一扫，看视频

源文件：源文件\第7章\装饰盘.dwg

本实例绘制如图7-38所示的装饰盘。

【操作步骤】

（1）在"默认"选项卡中单击"绘图"面板中的"圆"按钮 ，指定圆心为（100,100）、半径为200，绘制盘外轮廓线，如图7-39所示。

（2）在"默认"选项卡中单击"绘图"面板中的"圆弧"按钮 ，命令行提示与操作如下。

```
命令：_arc
指定圆弧的起点或 [圆心 (C)]：（选取圆中心点）
指定圆弧的第二个点或 [圆心 (C)/端点 (E)]：（圆内一点）
指定圆弧的端点 ：（圆边）
```

绘制结果如图7-40所示。

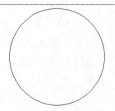

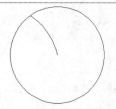

图 7-39　绘制圆形　　　　　　　　　图 7-40　绘制花瓣线

（3）在"默认"选项卡中单击"修改"面板中的"镜像"按钮⚠，将圆弧线进行镜像。命令行提示与操作如下。

```
命令：_mirror
选择对象：（选择图 7-40 中的圆弧线）
选择对象：
指定镜像线的第一点：（指定圆弧的一个端点）
指定镜像线的第二点：（指定圆弧的另一个端点）
要删除源对象吗？[是(Y)/否(N)]<否>：
```

镜像结果如图7-41所示。

（4）在"默认"选项卡中单击"修改"面板中的"环形阵列"按钮⚙，选择花瓣为阵列对象，以圆心为阵列中心点，阵列花瓣，如图7-42所示。

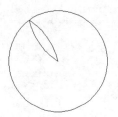

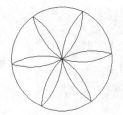

图 7-41　镜像花瓣线　　　　　　　　图 7-42　阵列花瓣

（5）在"默认"选项卡中单击"修改"面板中的"缩放"按钮🔲，缩放一个圆作为装饰盘内装饰圆。命令行提示与操作如下。

```
命令：SCALE
选择对象：（选择圆）
选择对象：
指定基点：（指定圆心）
指定比例因子或[复制(C)/参照(R)]<1.0000>：C
指定比例因子或[复制(C)/参照(R)]<1.0000>：0.5
```

绘制完成如图7-38所示。

【选项说明】

（1）指定比例因子：选择对象并指定基点后，从基点到当前光标位置会出现一条连线，连线的长度即为比例因子。鼠标选择的对象会动态地随着该连线长度的变化而缩放，按 Enter 键确认缩放操作。

（2）参照（R）：采用参考方式缩放对象时，命令行提示与操作如下。

```
指定参照长度<1>：（指定参考长度值）
指定新的长度或[点(P)]<1.0000>：（指定新长度值）
```

若新长度值大于参考长度值，则放大对象；否则，缩小对象。操作完毕，系统以指定的基点按指定的比例因子缩放对象。如果选择"点（P）"选项，则指定两点来定义新的长度。

（3）复制（C）：选择该选项时，可以复制缩放对象，即缩放对象时保留原对象，如图7-43所示。

动手练——绘制接待台

源文件：源文件\第7章\接待台.dwg
本练习绘制如图7-44所示的接待台。

 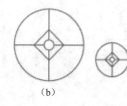 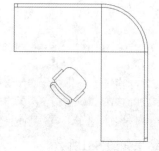

　（a）　　　　　　　　　（b）

图7-43　复制缩放　　　　　　　　　　图7-44　接待台

📋 **思路点拨**

（1）利用"直线""圆弧"和"样条曲线"命令绘制办公椅。
（2）利用"矩形"命令绘制桌面。
（3）利用"镜像"命令镜像桌面。
（4）利用"圆弧"命令绘制连接桌面。
（5）利用"旋转"命令旋转办公椅。

7.4　综合演练——吧台

源文件：源文件\第7章\吧台.dwg
　首先，利用"直线"和"镜像"命令绘制吧台轮廓，然后利用"直线"命令绘制门，再利用"圆""多段线""矩形阵列"命令绘制椅子。绘制结果如图7-45所示。

【操作步骤】
（1）绘制吧台。
①　在"默认"选项卡中单击"绘图"面板中的"直线"按钮╱，绘制直线。命令行提示与操作如下。

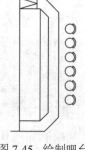

图7-45　绘制吧台

```
命令：_line
指定第一点：4243,-251
指定下一点或 [放弃(U)]：5131,-251
指定下一点或 [放弃(U)]：5494,110
指定下一点或 [闭合(C)/放弃(U)]：5494,1436
指定下一点或 [闭合(C)/放弃(U)]：
```

以同样的方法,用"直线"命令(LINE)绘制另外 3 条线段或连续线段,端点坐标分别为{(4474,
−251),(4474,1436)}、{(4474,18),(5014,18),(5224,222),(5224,1436)}、{(5019,18),(5014,1436)}。
绘制结果如图7-46所示。

② 在"默认"选项卡中单击"修改"面板中的"镜像"按钮 ⚐ ,将图形进行镜像处理。命令行
提示与操作如下。

```
命令 : _mirror
选择对象 : all (选取全部的图形)
选择对象 :
指定镜像线的第一点 : 0,1436
指定镜像线的第二点 : 10,1436
是否删除源对象? [ 是 (Y) / 否 (N) ] < 否 >:
```

镜像结果如图7-47所示。

③ 绘制门。在"默认"选项卡中单击"绘图"面板中的"直线"按钮╱,绘制一条线段,端点
坐标为{(4474,2854),(4929,2989),(4474,3123)}。继续使用"直线"命令绘制另外一条线段,端点坐
标为 {(4929,2854),(4929,3123)}。绘制结果如图7-48所示。

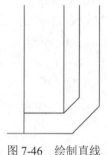　　　　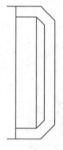　　　　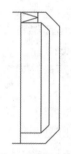

图 7-46 绘制直线　　　　图 7-47 镜像处理　　　　图 7-48 绘制门

(2)绘制座椅。

① 绘制圆。在"默认"选项卡中单击"绘图"面板中的"圆"按钮 ⊙ ,指定圆心为(5765,2297),
半径为 120,绘制圆。

② 在"默认"选项卡中单击"绘图"面板中的"多段线"按钮 ⌐ ,绘制多段线。命令行提示与
操作如下。

```
命令 : _pline✓
指定起点 : 5834,2199✓
当前线宽为 0.0000
指定下一个点或 [ 圆弧 (A) / 半宽 (H) / 长度 (L) / 放弃 (U) / 宽度 (W) ]: 5853,2171✓
指定下一点或 [ 圆弧 (A) / 闭合 (C) / 半宽 (H) / 长度 (L) / 放弃 (U) / 宽度 (W) ]: a
指定圆弧的端点或 [ 角度 (A) / 圆心 (CE) / 闭合 (CL) / 方向 (D) / 半宽 (H) / 直线 (L) / 半径
(R) / 第二个点 (S) / 放弃 (U) / 宽度 (W) ]: s
指定圆弧上的第二个点 : 5919,2299
指定圆弧的端点 : 5850,2426
指定圆弧的端点或 [ 角度 (A) / 圆心 (CE) / 闭合 (CL) / 方向 (D) / 半宽 (H) / 直线 (L) / 半径
(R) / 第二个点 (S) / 放弃 (U) / 宽度 (W) ]: l
指定下一点或 [ 圆弧 (A) / 闭合 (C) / 半宽 (H) / 长度 (L) / 放弃 (U) / 宽度 (W) ]: 5831,2397
指定下一点或 [ 圆弧 (A) / 闭合 (C) / 半宽 (H) / 长度 (L) / 放弃 (U) / 宽度 (W) ]:
```

绘制结果如图7-49所示。

③ 阵列处理。在"默认"选项卡中单击"修改"面板中的"矩形阵列"按钮品，阵列对象为上述绘制的座椅，设置行数为 6，列数为 1，行间距为 -360，阵列结果如图7-50所示。

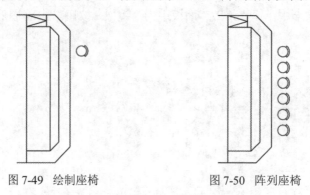

图 7-49　绘制座椅　　　　　　　图 7-50　阵列座椅

7.5　模拟认证考试

1．如要在选择集中去除对象，按住（　　）键可以进行去除对象的选择。

　　A．Space　　　　　B．Shift　　　　　C．Ctrl　　　　　D．Alt

2．执行"环形阵列"命令，在指定圆心后默认创建（　　）个图形。

　　A．4　　　　　　　B．6　　　　　　　C．8　　　　　　　D．10

3．将半径为 10、圆心为 (70,100) 的圆进行矩形阵列。阵列 3 行 2 列，行偏移距离 -30，列偏移距离 50，阵列角度 10°。阵列后第 2 列第 3 行圆的圆心坐标是（　　）。

　　A．X = 119.2404　　Y = 107.6824　　　　B．X = 124.4498　　Y = 79.1382

　　C．X = 129.6593　　Y = 49.5939　　　　 D．X = 80.4189　　Y = 40.9115

4．已有一个画好的圆，绘制一组同心圆可以用（　　）命令来实现。

　　A．STRETCH（伸展）　　　　　　　　B．OFFSET（偏移）

　　C．EXTEND（延伸）　　　　　　　　 D．MOVE（移动）

5．在对图形对象进行复制操作时，指定了基点坐标为（0,0），系统要求指定第二点时直接按 Enter 键结束，则复制出的图形所处位置是（　　）。

　　A．没有复制出新图形　　　　　　　　B．与原图形重合

　　C．图形基点坐标为（0,0）　　　　　　D．系统提示错误

6．在一张复杂图样中，要选择半径小于 10 的圆，如何快速、方便地选择？（　　）

　　A．通过选择过滤

　　B．执行"快速选择"命令，在弹出的对话框中设置"对象类型"为圆，"特性"为直径，
　　　　"运算符"为小于，"值"为 10，单击"确定"按钮

　　C．执行"快速选择"命令，在弹出的对话框中设置"对象类型"为圆，"特性"为半径，
　　　　"运算符"为小于，"值"为 10，单击"确定"按钮

　　D．执行"快速选择"命令，在弹出的对话框中设置"对象类型"为圆，"特性"为半径，
　　　　"运算符"为等于，"值"为 10，单击"确定"按钮

7．使用"偏移"命令时，下列说法正确的是（　　）。

    A. 偏移值可以小于 0，这是向反向偏移

    B. 可以框选对象以一次偏移多个对象

    C. 一次只能偏移一个对象

    D. 执行"偏移"命令时不能删除原对象

  8. 在进行移动操作时，给定了基点坐标为（190,70），系统要求给定第二点时输入"@"，按 Enter 键结束，那么图形对象移动量是（   ）。

    A. 到原点   B. 190,0   C. -190,70   D. 0,0

第8章 高级编辑命令

内容简介

二维图形的编辑操作，除了涉及第 7 章所讲的命令之外，还有"修剪""延伸""拉伸""拉长""圆角""倒角"及"打断"等命令。本章将逐一介绍这些编辑命令。

内容要点

- ➥ 改变图形特性
- ➥ 圆角和倒角
- ➥ 打断、合并和分解对象
- ➥ 综合演练——绘制转角沙发
- ➥ 模拟认证考试

案例效果

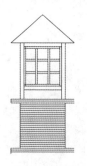 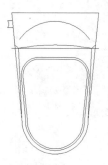

8.1 改变图形特性

运用"修剪""删除""延伸""拉伸"和"拉长"等编辑命令，可以在对指定图形对象进行编辑后，使其几何特性发生改变。

8.1.1 "修剪"命令

"修剪"命令用于将超出边界的多余部分修剪掉，与橡皮擦的功能相似。修剪操作可以修改直线、圆、圆弧、多段线、样条曲线、射线和填充图案。

【执行方式】

- ➥ 命令行：TRIM。
- ➥ 菜单栏：选择菜单栏中的"修改"→"修剪"命令。
- ➥ 工具栏：单击"修改"工具栏中的"修剪"按钮✂。

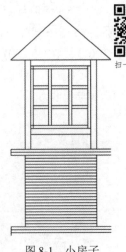

扫一扫，看视频

➡️ 功能区：在"默认"选项卡中单击"修改"面板中的"修剪"按钮✂️。

动手学——小房子

源文件：源文件\第8章\小房子.dwg
本实例绘制如图8-1所示的小房子。

【操作步骤】

（1）在"默认"选项卡中单击"图层"面板中的"图层特性"按钮🗂️，在弹出的"图层特性管理器"选项板中新建以下两个图层。

① 1图层，颜色为红色，其余属性默认。

② 2图层，颜色为黑色，其余属性默认。

（2）将图层 2 设置为当前图层，在"默认"选项卡中单击"绘图"面板中的"矩形"按钮▭，分别以 {(70,360)，(@10,210)} 和 {(70,360)，(@210,10)} 为角点绘制 2 个矩形。绘制结果如图8-2所示。

图8-1 小房子

（3）在"默认"选项卡中单击"修改"面板中的"矩形阵列"按钮▦，选择上述绘制的 2 个矩形分别进行阵列，设置竖向的矩形列数为 4，行数为 1，列偏移为 65；横向的矩形行数为 4，列数为 1，行偏移为 65。

（4）在"默认"选项卡中单击"修改"面板中的"修剪"按钮✂️，将阵列后的图形进行修剪。命令行提示与操作如下。

```
命令：_trim
当前设置：投影 =UCS，边 = 无
选择剪切边 …
选择对象或 < 全部选择 >：(选择刚刚阵列好的图形)
选择对象：
选择要修剪的对象，或按住 Shift 键选择要延伸的对象，或 [ 栏选 (F)/ 窗交 (C)/ 投影 (P)/ 边 (E)/
删除 (R)/ 放弃 (U)]：
选择要修剪的对象，或按住 Shift 键选择要延伸的对象，或 [ 栏选 (F)/ 窗交 (C)/ 投影 (P)/ 边 (E)/
删除 (R)/ 放弃 (U)]：
```

结果如图8-3所示。

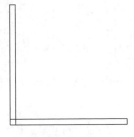

图8-2 绘制矩形

图8-3 修剪处理

✍️ 技巧

修剪边界对象支持常规的各种选择技巧，如点选、框选，而且可以不断地累积选择。当然，最简单的选择方式是当提示选择修剪边界时直接按空格键或 Enter 键，此时所有图形都将作为修剪对象，这样就可以修剪图中的任意对象。将所有对象作为修剪对象操作非常简单，省略了选择修剪边界的操作，因此大多数设计人员都已经习惯于这样操作。但建议具体情况具体对待，不要什么情况都用这种方式。

（5）将图层1设置为当前图层，在"默认"选项卡中单击"绘图"面板中的"矩形"按钮口，绘制 5 个矩形，端点坐标分别为{(0,0)，(@345,30)}、{(0,290),(@345,-20)}、{(50,590),(@20,-300)}、{(275,290),(@20,300)}、{(70,360),(@205,-20)}。绘制结果如图 8-4 所示。

（6）在"默认"选项卡中单击"绘图"面板中的"直线"按钮／，绘制小房子外轮廓。命令行提示与操作如下。

```
命令 : _line
指定第一个点 : 0,10
指定下一点或 [ 放弃 (U)]: @345,0
指定下一点或 [ 放弃 (U)]:
命令 : _line
指定第一个点 : 0,20
指定下一点或 [ 放弃 (U)]: @345,0
指定下一点或 [ 放弃 (U)]:
命令 : _line
指定第一个点 : 0,280
指定下一点或 [ 放弃 (U)]: @345,0
指定下一点或 [ 放弃 (U)]:
命令 : _line
指定第一个点 : 50,30
指定下一点或 [ 放弃 (U)]: @0,240
指定下一点或 [ 放弃 (U)]:
命令 : _line
指定第一个点 : 295,30
指定下一点或 [ 放弃 (U)]: @0,240
指定下一点或 [ 放弃 (U)]:
命令 : _line
指定第一个点 : 70,565
指定下一点或 [ 放弃 (U)]: @205,0
指定下一点或 [ 放弃 (U)]: * 取消 *
命令 : _line
指定第一个点 : 0,590
指定下一点或 [ 放弃 (U)]: @345,0
指定下一点或 [ 放弃 (U)]: @-175,150
指定下一点或 [ 闭合 (C)/ 放弃 (U)]: c
```

（7）将图层2设置为当前图层，在"默认"选项卡中单击"绘图"面板中的"直线"按钮／，绘制直线。命令行提示与操作如下。

```
命令 : _line
指定第一个点 : 50,40
指定下一点或 [ 放弃 (U)]: @245,0
指定下一点或 [ 放弃 (U)]:
```

绘制结果如图 8-5 所示。

（8）在"默认"选项卡中单击"修改"面板中的"矩形阵列"按钮品，选择上述绘制的直线进行阵列，设置行数为 23，列数为 1，行间距为 10，绘制结果如图8-1所示。

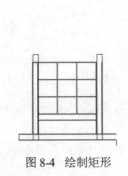

图 8-4　绘制矩形

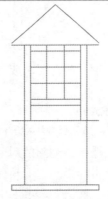

图 8-5　绘制直线

【选项说明】

（1）按Shift 键：在选择对象时，如果按住Shift 键，系统会自动将"修剪"命令转换成"延伸"命令。

（2）边（E）：选择该选项时，可以选择对象的修剪方式，即延伸和不延伸。

① 延伸（E）：延伸边界进行修剪。在此方式下，如果剪切边没有与要修剪的对象相交，系统会延伸剪切边直至与要修剪的对象相交，然后再修剪，如图8-6所示。

（a）选择剪切边　　　（b）选择要修剪的对象　　　（c）修剪结果

图 8-6　延伸方式修剪对象

② 不延伸（N）：不延伸边界修剪对象，即只修剪与剪切边相交的对象。

（3）栏选（F）：选择该选项时，系统以栏选的方式选择被修剪对象，如图8-7所示。

（a）选定剪切边　　　（b）使用栏选方式选定要修剪的对象　　　（c）结果

图 8-7　以栏选方式选择被修剪对象

（4）窗交（C）：选择该选项时，系统以窗交的方式选择被修剪对象，如图8-8所示。

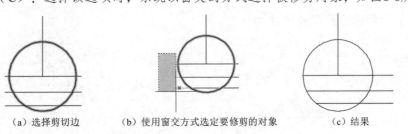

（a）选择剪切边　　　（b）使用窗交方式选定要修剪的对象　　　（c）结果

图 8-8　以窗交方式选择被修剪对象

8.1.2 "删除"命令

如果所绘制的图形不符合要求或绘错了，可以使用"删除"命令（ERASE）把它删除。

【执行方式】

➜ 命令行：ERASE。

➜ 菜单栏：选择菜单栏中的"修改"→"删除"命令。

➜ 快捷菜单：选择要删除的对象，在绘图区右击，在弹出的快捷菜单中选择"删除"命令。

➜ 工具栏：单击"修改"工具栏中的"删除"按钮 ✎ 。

➜ 功能区：在"默认"选项卡中单击"修改"面板中的"删除"按钮 ✎ 。

【操作步骤】

可以先选择对象，然后调用"删除"命令；也可以先调用"删除"命令，然后再选择对象。选择对象时，可以使用前面介绍的各种对象选择方法。

当选择多个对象时，多个对象都会被删除；若选择的对象属于某个对象组，则该对象组的所有对象都会被删除。

8.1.3 "延伸"命令

"延伸"命令用于延伸一个对象，直至另一个对象的边界线，如图8-9所示。

（a）选择边界 （b）选择要延伸的对象 （c）执行结果

图8-9 延伸对象

【执行方式】

➜ 命令行：EXTEND。

➜ 菜单栏：选择菜单栏中的"修改"→"延伸"命令。

➜ 工具栏：单击"修改"工具栏中的"延伸"按钮 ➡ 。

➜ 功能区：在"默认"选项卡中单击"修改"面板中的"延伸"按钮 ➡ 。

动手学——绘制梳妆凳

扫一扫，看视频

源文件：源文件\第8章\梳妆凳.dwg
本实例绘制如图8-10所示的梳妆凳。

图8-10 梳妆凳

【操作步骤】

（1）在"默认"选项卡中单击"绘图"面板中的"直线"按钮 ∕ 和"圆弧"按钮 ⌒ ，绘制梳妆凳的初步轮廓，如图8-11所示。

（2）在"默认"选项卡中单击"修改"面板中的"偏移"按钮 ⊆ ，将绘制的圆弧向内偏移一定距离，如图8-12所示。

图 8-11 初步图形

图 8-12 偏移处理

（3）在"默认"选项卡中单击"修改"面板中的"延伸"按钮➔，将偏移后的圆弧进行延伸。命令行提示与操作如下。

```
命令：_extend
当前设置：投影 =UCS，边 = 无
选择边界的边 …
选择对象或 < 全部选择 >：（选择左右两条斜直线）
选择对象：（按 Enter 键）
选择要延伸的对象，或按住 Shift 键选择要修剪的对象，或 [ 栏选 (F) / 窗交 (C) / 投影 (P) / 边 (E) /
放弃 (U) ]：（选择偏移的圆弧左端）
选择要延伸的对象，或按住 Shift 键选择要修剪的对象，或 [ 栏选 (F) / 窗交 (C) / 投影 (P) / 边 (E) /
放弃 (U) ]：（选择偏移的圆弧右端）
选择要延伸的对象，或按住 Shift 键选择要修剪的对象，或 [ 栏选 (F) / 窗交 (C) / 投影 (P) / 边 (E) /
放弃 (U) ]：（按 Enter 键）
```

结果如图8-13所示。

（4）在"默认"选项卡中单击"修改"面板中的"圆角"按钮⌒（将在后文中详细讲述），以适当的半径对上面两个角进行圆角处理。命令行提示与操作如下。

```
命令：_fillet
当前设置：模式 = 修剪，半径 = 0.0000
选择第一个对象或 [ 放弃 (U) / 多段线 (P) / 半径 (R) / 修剪 (T) / 多个 (M) ]：r
指定圆角半径 <0.0000>：17
选择第一个对象或 [ 放弃 (U) / 多段线 (P) / 半径 (R) / 修剪 (T) / 多个 (M) ]：m
选择第一个对象或 [ 放弃 (U) / 多段线 (P) / 半径 (R) / 修剪 (T) / 多个 (M) ]：（选择需要进行圆角处
理的一边）
选择第二个对象，或按住 Shift 键选择对象以应用角点或 [ 半径 (R) ]：（选择需要进行圆角处理的另一边）
选择第一个对象或 [ 放弃 (U) / 多段线 (P) / 半径 (R) / 修剪 (T) / 多个 (M) ]：
选择第二个对象，或按住 Shift 键选择对象以应用角点或 [ 半径 (R) ]：
选择第一个对象或 [ 放弃 (U) / 多段线 (P) / 半径 (R) / 修剪 (T) / 多个 (M) ]：
```

圆角结果如图8-14所示。

图 8-13 延伸处理

图 8-14 圆角处理

【选项说明】

（1）系统规定可以用作边界对象的有直线段、射线、双向无限长线、圆弧、圆、椭圆、二维和三维多段线、样条曲线、文本、浮动的视口和区域。如果选择二维多段线作为边界对象，系统会忽略其宽度而把对象延伸至多段线的中心线上。如果要延伸的对象是适配样条多段线，则延伸后会在多段线的控制框上增加新节点。如果要延伸的对象是锥形的多段线，系统会修正延伸端的宽度，使多段线从起始端平滑地延伸至新的终止端。如果延伸操作导致新终止端的宽度为负值，则取宽度值为 0，如图8-15所示。

（a）选择边界对象　　　（b）选择要延伸的多段线　　　（c）延伸后的结果

图8-15　延伸对象

（2）选择对象时，如果按住 Shift 键，系统会自动将"延伸"命令转换成"修剪"命令。

8.1.4　"拉伸"命令

"拉伸"命令用于拖拉所选对象，使其形状发生改变。拉伸对象时，应指定拉伸的基点和移至点。利用一些辅助工具如捕捉、夹点功能及相对坐标等，可以提高拉伸的精度。

【执行方式】

- ➢　命令行：STRETCH。
- ➢　菜单栏：选择菜单栏中的"修改"→"拉伸"命令。
- ➢　工具栏：单击"修改"工具栏中的"拉伸"按钮◨。
- ➢　功能区：在"默认"选项卡中单击"修改"面板中的"拉伸"按钮◨。

扫一扫，看视频

动手学——绘制箍筋

源文件：源文件\第8章\箍筋.dwg

本实例绘制如图8-16所示的箍筋。

图8-16　箍筋

【操作步骤】

（1）在"默认"选项卡中单击"绘图"面板中的"矩形"按钮▢，绘制适当大小的矩形，如图8-17所示。

（2）在状态栏中的"二维对象捕捉"按钮▢上右击，在弹出的快捷菜单中选择"对象捕捉设置"命令,如图8-18所示。打开"草图设置"对话框,如图8-19所示。选中"启用对象捕捉"复选框,单击"全部选择"按钮,选择所有的对象捕捉模式。选择"极轴追踪"选项卡,选中"启用极轴追踪"复选框,将"增量角"设置成默认的 45°,如图8-20所示。

图 8-17　绘制矩形　　　　　　　　　　　　图 8-18　右键快捷菜单

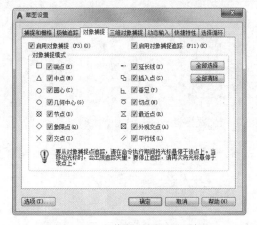

图 8-19　"草图设置"对话框　　　　　　　图 8-20　"极轴追踪"选项卡

（3）在"默认"选项卡中单击"绘图"面板中的"直线"按钮/,捕捉矩形左边靠上一点为线段起点,如图8-21所示;利用极轴追踪功能,在 315° 极轴追踪线上适当指定一点为线段终点,如图8-22所示;绘制一条线段,如图 8-23 所示。

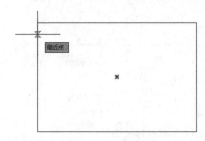

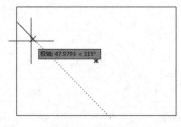

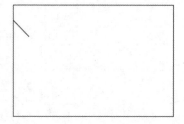

图 8-21　捕捉起点　　　　图 8-22　指定终点　　　　图 8-23　绘制线段

（4）在"默认"选项卡中单击"修改"面板中的"镜像"按钮⚐,选择刚绘制的线段为对象,捕捉矩形左上角为对称线起点,在 315° 极轴追踪线上适当指定一点为对称线终点(如图8-24所示),进行镜像操作,如图8-25所示。

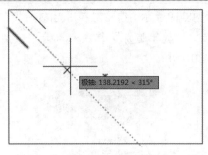

图 8-24　指定对称线

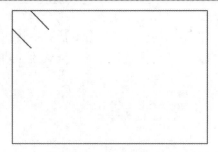

图 8-25　镜像

（5）在"默认"选项卡中单击"修改"面板中的"复制"按钮 ，将刚绘制的图形向右下方适当位置复制，结果如图8-26所示。

（6）在"默认"选项卡中单击"修改"面板中的"拉伸"按钮 ，对第一个矩形进行拉伸处理。命令行提示与操作如下。

命令：_stretch
以交叉窗口或交叉多边形选择要拉伸的对象 …
选择对象：
指定第一个角点：（在第一个矩形左上方适当位置指定一点）
指定对角点：（在右下方适当位置指定一点，注意不要包含第二个矩形任何图线，如图8-27所示）
选择对象：（完成对象选择，选中的对象高亮显示，如图8-28所示）
指定基点或 ［位移（D）］＜位移＞：（适当指定一点）
指定第二个点或 ＜使用第一个点作为位移＞：（水平向右适当位置指定一点，如图8-29所示）

结果如图8-16所示。

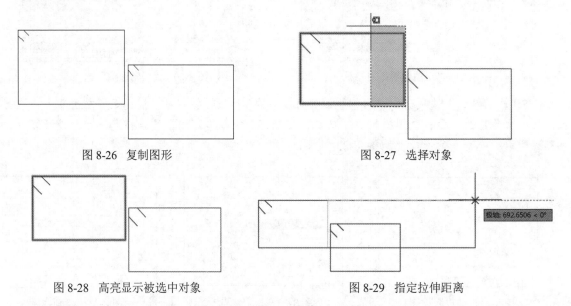

图 8-26　复制图形

图 8-27　选择对象

图 8-28　高亮显示被选中对象

图 8-29　指定拉伸距离

【选项说明】

（1）必须采用"窗交（C）"方式选择拉伸对象。

（2）拉伸所选对象时，指定第一个点后，若指定第二个点，系统将根据这两点决定矢量拉伸对象。若直接按 Enter 键，系统会把第一个点作为 X 轴和 Y 轴的分量值。

8.1.5 "拉长"命令

使用"拉长"命令,可以更改对象的长度和圆弧的包含角。

【执行方式】

➥ 命令行:LENGTHEN。

➥ 菜单栏:选择菜单栏中的"修改"→"拉长"命令。

➥ 功能区:在"默认"选项卡中单击"修改"面板中的"拉长"按钮 ╱ 。

【操作步骤】

命令:LENGTHEN
选择要测量的对象或 [增量 (DE) / 百分比 (P) / 总计 (T) / 动态 (DY)] <增量(DE)>:(选定对象)
当前长度:30.5001(给出选定对象的长度;如果选择圆弧,则还将给出圆弧的包含角)
选择要测量的对象或 [增量(DE) / 百分比(P) / 总计(T) / 动态(DY)] <增量(DE)>:DE (选择拉长或缩短的方式,如选择"增量 (DE)"方式)
输入长度增量或 [角度 (A)] <0.0000>:10 (输入长度增量数值。如果选择圆弧段,则可输入"A"给定角度增量)
选择要修改的对象或 [放弃 (U)]:(选定要修改的对象,进行拉长操作)
选择要修改的对象或 [放弃 (U)]:(继续选择,按 Enter 键结束命令)

【选项说明】

(1)增量(DE):用指定增加量的方法来改变对象的长度或角度。

(2)百分比(P):用指定要修改对象的长度占总长度的百分比的方法来改变圆弧或直线段的长度。

(3)总计(T):用指定新的总长度或总角度值的方法来改变对象的长度或角度。

(4)动态(DY):在该模式下,可以使用拖拉鼠标的方法来动态地改变对象的长度或角度。

✎ 教你一招

拉伸和拉长的区别。

拉伸和拉长都可以改变对象的大小,所不同的是拉伸可以一次框选多个对象,不仅改变对象的大小,同时改变对象的形状;而拉长只改变对象的长度,且不受边界的局限。可以拉长的对象包括直线、弧线和样条曲线等。

动手练——绘制落地灯

源文件:源文件\第8章\落地灯.dwg
绘制如图8-30所示的落地灯。

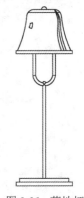

📋 思路点拨

(1)利用"矩形"和"镜像"命令绘制轮廓线。

(2)利用"直线""圆弧"和"偏移"命令绘制灯柱结合点。

(3)利用"修剪"命令剪切出层次关系。

(4)利用"直线""圆弧""样条曲线"和"镜像"命令绘制灯罩。

(5)利用"样条曲线"命令绘制装饰线。

图 8-30 落地灯

8.2 圆角和倒角

在绘图过程中，经常要进行圆角和倒角操作。在使用"圆角"和"倒角"命令时，要先设置圆角半径、倒角距离，否则命令执行后，很可能看不到任何效果。

8.2.1 "圆角"命令

圆角是指用指定半径决定的一段平滑的圆弧连接两个对象。系统规定可以用圆角连接一对直线段、非圆弧的多段线（可以在任何时刻圆角连接非圆弧多段线的每个节点）、样条曲线、双向无限长线、射线、圆、圆弧和椭圆。

【执行方式】
- 命令行：FILLET。
- 菜单栏：选择菜单栏中的"修改"→"圆角"命令。
- 工具栏：单击"修改"工具栏中的"圆角"按钮 。
- 功能区：在"默认"选项卡中单击"修改"面板中的"圆角"按钮 。

扫一扫，看视频

动手学——坐便器

源文件：源文件\第8章\坐便器.dwg
本实例绘制如图8-31所示的坐便器。

图 8-31 坐便器

【操作步骤】
（1）在"默认"选项卡中单击"绘图"面板中的"直线"按钮 ，绘制一条长度为 50 的水平直线。重复"直线"命令，打开状态栏中的"二维对象捕捉"开关，捕捉水平直线的中点（此时水平直线的中点会出现一个绿色的小三角提示）。以水平直线中点为起点绘制一条垂直的直线，并移动到合适的位置，作为绘图的辅助线，如图8-32所示。

（2）在"默认"选项卡中单击"绘图"面板中的"直线"按钮 ，单击水平直线的左端点，输入坐标点（@6,-60），绘制一条直线，如图8-33所示。

（3）在"默认"选项卡中单击"修改"面板中的"镜像"按钮 ，以垂直直线的两个端点为镜像点，将刚绘制的斜向直线镜像到另外一侧，如图8-34所示。

图 8-32 绘制辅助线　　　图 8-33 绘制直线　　　图 8-34 镜像图形

（4）在"默认"选项卡中单击"绘图"面板中的"圆弧"按钮⌒，以左侧斜线下端的端点为起点（如图8-35所示），以垂直辅助线上的一点为第二点，以右侧斜线下端的端点为终点，绘制弧线，如图8-36所示。

（5）选择水平直线，然后在"默认"选项卡中单击"修改"面板中的"复制"按钮⬚，选择其与垂直直线的交点为基点，输入坐标点（@0,-20），进行复制；再次复制水平直线，输入坐标点（@0,-25），结果如图8-37所示。

 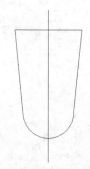 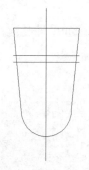

图8-35 指定弧线起点　　　　图8-36 绘制弧线　　　　图8-37 增加辅助线

（6）在"默认"选项卡中单击"修改"面板中的"偏移"按钮⬚，将右侧斜向直线向左偏移2，如图8-38所示。重复"偏移"命令，将圆弧和左侧斜向直线偏移到内侧，如图8-39所示。

（7）在"默认"选项卡中单击"绘图"面板中的"直线"按钮∕，将中间的水平线与内侧斜线的交点和外侧斜线的下端点连接起来，如图8-40所示。

（8）在"默认"选项卡中单击"修改"面板中的"圆角"按钮∕，指定圆角半径均为10，进行圆角处理。命令行提示与操作如下。

```
命令：_fillet
当前设置：模式 = 修剪，半径 = 0.0000
选择第一个对象或 [ 放弃 (U) / 多段线 (P) / 半径 (R) / 修剪 (T) / 多个 (M)]:
选择第二个对象，或按住 Shift 键选择对象以应用角点或 [ 半径 (R)]: r
指定圆角半径 <0.0000>: 10
选择第二个对象，或按住 Shift 键选择对象以应用角点或 [ 半径 (R)]:
```

（9）在"默认"选项卡中单击"修改"面板中的"偏移"按钮⬚，将椭圆部分向内侧偏移 1，如图8-41所示。

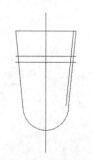 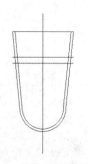 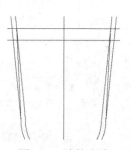 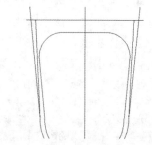

图8-38 偏移直线　　图8-39 偏移其他图形　　图8-40 连接直线　　图8-41 偏移内侧椭圆

（10）在上侧添加弧线和斜向直线，再在左侧添加冲水按钮，即完成了坐便器的绘制，最终效果如图8-31所示。

【选项说明】

（1）多段线（P）：在一条二维多段线的两段直线段的节点处插入圆滑的弧。选择多段线后，系统会根据指定的圆弧半径把多段线各顶点用圆滑的弧连接起来。

（2）修剪（T）：决定在圆角连接两条边时，是否修剪这两条边，如图8-42所示。

（3）多个（M）：可以同时对多个对象进行圆角编辑，而不必重新启用命令。

（4）按住 Shift 键并选择两条直线，可以快速创建零距离倒角或零半径圆角。

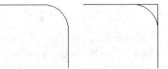

(a) 修剪方式　　(b) 不修剪方式

图8-42　圆角连接

✎ **教你一招**

几种情况下的圆角如下。

（1）当两条线相交或不相连时，利用圆角进行修剪和延伸。

如果将圆角半径设置为 0，则不会创建圆弧，操作对象将被修剪或延伸直到它们相交。当两条线相交或不相连时，使用"圆角"命令可以自动进行修剪和延伸，比使用"修剪"和"延伸"命令更方便。

（2）对平行直线倒圆角。

不仅可以对相交或未连接的线倒圆角，平行的直线、构造线和射线同样可以倒圆角。对平行线进行倒圆角时，系统将忽略原来的圆角设置，自动调整圆角半径，生成一个半圆连接两条直线。这在绘制键槽或类似零件时比较方便。对平行线倒圆角时，第一个选定对象必须是直线或射线，不能是构造线，因为构造线没有端点，但是可以作为圆角的第二个对象。

（3）对多段线添加圆角或删除圆角。

如果想在多段线上适合圆角半径的每条线段的顶点处插入相同长度的圆角弧，可在倒圆角时使用"多段线（P）"选项；如果想删除多段线上的圆角和弧线，也可以使用"多段线（P）"选项，只需将圆角设置为 0，系统将删除该圆弧线段并延伸直线，直到它们相交。

8.2.2 "倒角"命令

倒角是指用斜线连接两个不平行的线型对象。可以用斜线连接直线段、双向无限长线、射线和多段线。

【执行方式】

➥ 命令行：CHAMFER。

➥ 菜单栏：选择菜单栏中的"修改"→"倒角"命令。

➥ 工具栏：选择"修改"工具栏中的"倒角"按钮 ⌐。

➥ 功能区：在"默认"选项卡中单击"修改"面板中的"倒角"按钮 ⌐。

【操作步骤】

```
命令：CHAMFER
（"不修剪"模式）当前倒角距离 1 = 0.0000，距离 2 = 0.0000
选择第一条直线或 [ 放弃（U）/ 多段线（P）/ 距离（D）/ 角度（A）/ 修剪（T）/ 方式（E）/ 多个
(M)]：选择第一条直线或其他选项
选择第二条直线或按住 Shift 键选择要应用角点或 [距离(D)/角度(A)/方法(M)]：选择第二条直线
```

【选项说明】

（1）距离（D）：指定倒角的两个斜线距离。斜线距离是指从被连接的对象与斜线的交点到被连接的两对象可能的交点之间的距离，如图8-43所示。这两个斜线距离可以相同，也可以不相同。

若二者均为 0，则系统不绘制连接的斜线，而是把两个对象延伸至相交，并修剪超出的部分。

（2）角度（A）：选择第一条直线的斜线距离和角度。采用这种方法斜线连接对象时，需要输入两个参数，即斜线与一个对象的斜线距离、斜线与该对象的夹角，如图8-44所示。

图 8-43 斜线距离　　　　　　　　　图 8-44 斜线距离与夹角

（3）多段线（P）：对多段线的各个交叉点进行倒角编辑。为了得到最好的连接效果，一般将斜线距离设置为相等的值。系统根据指定的斜线距离对多段线的每个交叉点都进行斜线连接，连接的斜线成为多段线新添加的构成部分，如图8-45所示。

（4）修剪（T）：与"圆角"命令（FILLET）相同，该选项决定连接对象后是否剪切原对象。

（5）方式（E）：决定采用"距离"方式还是"角度"方式来倒角。

（6）多个（M）：同时对多个对象进行倒角编辑。

动手练——绘制洗脸盆

源文件：源文件\第8章\洗脸盆.dwg

本练习绘制如图8-46所示的洗脸盆。

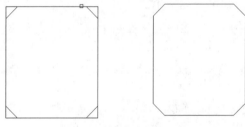

图 8-45 斜线连接多段线

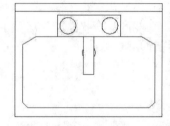

图 8-46 洗脸盆

思路点拨

（1）利用"直线"命令绘制初步轮廓。

（2）利用"圆"和"复制"命令绘制水笼头和出水口。

（3）利用"修剪"命令修剪出水口。

（4）利用"倒角"命令对水盆四角进行倒角处理。

8.3 打断、合并和分解对象

编辑命令除了前面学到的复制类命令、改变位置类命令、改变图形特性的命令以及"圆角"和"倒角"等命令之外，还有"打断""打断于点""合并"和"分解"命令。

8.3.1 "打断"命令

"打断"命令用于在两个点之间创建间隔，也就是在打断之处存在间隙。

【执行方式】

➥ 命令行：BREAK。

➥ 菜单栏：选择菜单栏中的"修改"→"打断"命令。

➥ 工具栏：单击"修改"工具栏中的"打断"按钮□。

➥ 功能区：在"默认"选项卡中单击"修改"面板中的"打断"按钮□。

【操作步骤】

```
命令：BREAK
选择对象：（选择要打断的对象）
指定第二个打断点或 [ 第一点（F）]：（指定第二个断开点或输入"F"）
```

【选项说明】

如果选择"第一点（F）"选项，系统将丢弃前面的第一个选择点，重新提示用户指定两个打断点。

8.3.2 "打断于点"命令

"打断于点"命令用于将对象在某一点处打断，打断之处没有间隙。有效的对象包括直线、圆弧等，但不能是圆、矩形和多边形等封闭的图形。此命令的功能与"打断"命令类似。

【执行方式】

➥ 命令行：BREAK。

➥ 工具栏：单击"修改"工具栏中的"打断于点"按钮□。

➥ 功能区：在"默认"选项卡中单击"修改"面板中的"打断于点"按钮□。

【操作步骤】

```
命令：_break
选择对象：（选择要打断的对象）
指定第二个打断点或 [ 第一点（F）]：_f（系统自动执行"第一点（F）"选项）
指定第一个打断点：（选择打断点）
指定第二个打断点：@（系统自动忽略此提示）
```

8.3.3 "合并"命令

使用"合并"命令，可以将直线、圆弧、椭圆弧和样条曲线等独立的对象合并为一个对象。

【执行方式】

➥ 命令行：JOIN。

➥ 菜单栏：选择菜单栏中的"修改"→"合并"命令。

➥ 工具栏：单击"修改"工具栏中的"合并"按钮➚。

➥ 功能区：在"默认"选项卡中单击"修改"面板中的"合并"按钮➚。

【操作步骤】

```
命令：JOIN
```

选择源对象或要一次合并的多个对象：（选择一个对象）
选择要合并的对象：（选择另一个对象）
选择要合并的对象：

8.3.4　"分解"命令

执行"分解"命令时，在选择一个对象后，该对象会被分解。此后系统将继续提示"选择对象"，即允许分解多个对象。

【执行方式】

➥ 命令行：EXPLODE。
➥ 菜单栏：选择菜单栏中的"修改"→"分解"命令。
➥ 工具栏：单击"修改"工具栏中的"分解"按钮 🗗 。
➥ 功能区：在"默认"选项卡中单击"修改"面板中的"分解"按钮 🗗 。

扫一扫，看视频

动手学——浴盆

源文件：源文件\第8章\浴盆.dwg
本实例绘制如图8-47所示的浴盆。

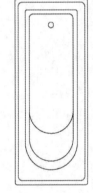

图8-47　浴盆

【操作步骤】

（1）在"默认"选项卡中单击"图层"面板中的"图层特性"按钮 🖼 ，在弹出的"图层特性管理器"选项板中，新建如下 2 个图层。

① 1图层，颜色为绿色，其余属性默认。
② 2图层，颜色为黑色，其余属性默认。

（2）将图层1设置为当前图层，在"默认"选项卡中单击"绘图"面板中的"矩形"按钮 ▭ ，绘制角点为 {(0,0)，(630,1530)} 的矩形。

（3）将图层2设置为当前图层，在"默认"选项卡中单击"绘图"面板中的"矩形"按钮 ▭ ，绘制角点为 {(27,27)，(606,1503)} 的矩形。以同样的方法，运用"矩形"命令绘制另外 2 个矩形，端点坐标分别为 {(90,340)，(540,1440)}、{(126,376)，(504,1406)}。绘制结果如图8-48所示。

（4）在"默认"选项卡中单击"绘图"面板中的"圆"按钮 ⊙ ，指定圆心为（315,1316），半径为 23，绘制一个圆，如图8-49所示。

（5）在"默认"选项卡中单击"修改"面板中的"分解"按钮 🗗 ，将周长最小的两个矩形进行分解处理。命令行提示与操作如下。

```
命令：_explode
选择对象：（选择周长最小的两个矩形）
选择对象：
```

🔊 **注意**

"分解"命令是将一个合成图形分解成多个组成图元。例如，一个矩形被分解之后会变成 4 条直线，而一条有宽度的直线分解之后会失去其宽度属性。

（6）在"默认"选项卡中单击"修改"面板中的"圆角"按钮 ⌒ ，按照图 8-50 所示的圆角半径将图形进行圆角处理。其中圆角对象 1 的两条直线的圆角半径为 225，圆角对象 2 的两条直线的圆角半径为 189。圆角处理之后的图形如图 8-51 所示。

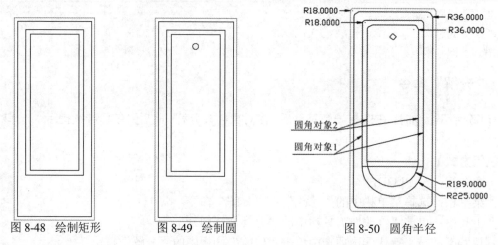

图 8-48　绘制矩形　　　　图 8-49　绘制圆　　　　　　图 8-50　圆角半径

（7）在"默认"选项卡中单击"修改"面板中的"删除"按钮，将两条直线删除，如图8-52所示。

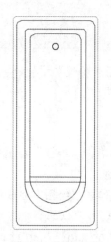　　　　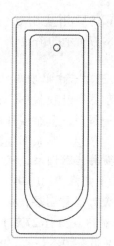

图 8-51　圆角处理　　　　　　　　图 8-52　删除图形

📢注意

> 绘图过程中，如果出现了绘制错误或者不太满意的图形，需要将其删除，可以单击快速访问工具栏中的"放弃"按钮，也可以在"默认"选项卡中单击"修改"面板中的"删除"按钮。
>
> 在命令行中输入："_erase;"，选择要删除的图形，继续右击就将图形删除了。"删除"命令可以一次删除一个或多个图形。如果删除错误，可以单击快速访问工具栏中的"放弃"按钮来补救。

（8）在"默认"选项卡中单击"修改"面板中的"复制"按钮，将里面圆弧线向上复制，复制距离为 230，最终效果如图8-47所示。

动手练——绘制梳妆台

源文件：源文件\第8章\梳妆台.dwg
本练习绘制如图8-53所示的梳妆台。

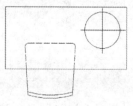

图 8-53　梳妆台

思路点拨

（1）利用"圆弧"与"直线"命令绘制梳妆凳的初步轮廓。
（2）利用"偏移"和"延伸"命令绘制靠背。
（3）利用"圆角"命令细化图形。
（4）利用"打断"命令完善图形。

8.4　综合演练——绘制转角沙发

扫一扫，看视频

源文件：源文件\第8章\转角沙发.dwg

本实例绘制的转角沙发如图8-54所示。由该图可知，转角沙发是由两个三人沙发和一个转角组成，可以通过"矩形""定数等分""分解""偏移""复制""旋转"以及"移动"命令进行绘制。

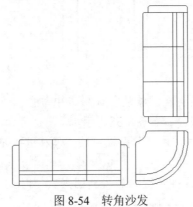

图 8-54　转角沙发

【操作步骤】

（1）在"默认"选项卡中单击"图层"面板中的"图层特性"按钮，在弹出的"图层特性管理器"选项板中新建 2 个图层：1图层，颜色设置为蓝色，其余属性默认；2图层，颜色设置为绿色，其余属性默认，如图8-55所示。

图 8-55　图层设置

（2）在"默认"选项卡中单击"绘图"面板中的"矩形"按钮，绘制适当尺寸的 3 个矩形，如图8-56所示。

（3）在"默认"选项卡中单击"修改"面板中的"分解"按钮 🗗，将 3 个矩形分解。

（4）在"默认"选项卡中单击"绘图"面板中的"定数等分"按钮 ⚡️，将中间矩形上部线段等分为 3 部分。命令行提示与操作如下。

```
命令：DIVIDE
选择要定数等分的对象：（选择中间矩形上部线段）
输入线段数目或 [ 块 (B)]:3
```

（5）将图层2设置为当前图层，在"默认"选项卡中单击"修改"面板中的"偏移"按钮 ⚏，将中间矩形下部线段向上偏移 3 次，取适当的偏移值。

（6）打开状态栏中的"二维对象捕捉"开关和"正交"开关，捕捉中间矩形上部线段的等分点，向下绘制 2 条线段，下端点为第一次偏移的线段上的垂足，结果如图8-57所示。

图 8-56 绘制矩形

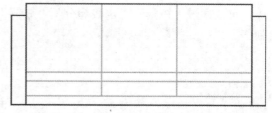

图 8-57 绘制 2 条线段

（7）将图层1设置为当前图层，在"默认"选项卡中单击"绘图"面板中的"直线"按钮 ✏️ 和"圆弧"按钮 ⌒，绘制沙发转角部分，如图8-58所示。

（8）在"默认"选项卡中单击"修改"面板中的"偏移"按钮 ⚏，将图8-58中下部圆弧向上偏移两次，取适当的偏移值。

（9）选择偏移后的圆弧，将这两条圆弧转换到图层2，如图8-59所示。

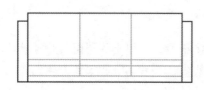

图 8-58 绘制沙发转角

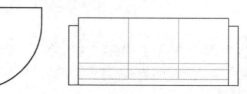

图 8-59 绘制多段线

（10）在"默认"选项卡中单击"修改"面板中的"圆角"按钮 ⌒，对图形进行圆角处理。命令行提示与操作如下。

```
命令：FILLET
当前设置 : 模式 = 修剪，半径 = 0.0000
选择第一个对象或 [ 放弃 (U)/ 多段线 (P)/ 半径 (R)/ 修剪 (T)/ 多个 (M)]:R
指定圆角半径 <0.0000>:（输入适当值）
选择第一个对象或 [ 放弃 (U)/ 多段线 (P)/ 半径 (R)/ 修剪 (T)/ 多个 (M)]:（选择第一个对象）
选择第二个对象，或按住 Shift 键选择对象以应用角点或 [ 半径 (R)]:（选择第二个对象）
```

对各个转角处倒圆角后的效果如图8-60所示。

（11）在"默认"选项卡中单击"修改"面板中的"复制"按钮 🗗，复制左边沙发到右上角，如图8-61所示。

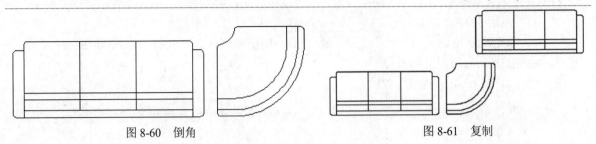

图 8-60　倒角　　　　　　　　　　　图 8-61　复制

（12）在"默认"选项卡中单击"修改"面板中的"旋转"按钮 C 和"移动"按钮 ✛，旋转并移动复制的沙发，最终效果如图8-54所示。

8.5　模拟认证考试

1．"拉伸"命令能够按指定的方向拉伸图形，此命令只能用（　　　）方式选择对象。
　　A．交叉窗口　　　　　　B．窗口　　　　　　C．点　　　　　　　　D．ALL
2．要剪切与剪切边延长线相交的圆，则需执行的操作为（　　　）。
　　A．剪切时按住 Shift 键　　　　　　　　B．剪切时按住 Alt 键
　　C．修改"边"参数为"延伸"　　　　　　D．剪切时按住 Ctrl 键
3．关于"分解"命令（Explode）的描述正确的是（　　　）。
　　A．对象分解后颜色、线型和线宽不会改变
　　B．图案分解后图案与边界的关联性仍然存在
　　C．多行文字分解后将变为单行文字
　　D．构造线分解后可得到两条射线
4．对一个对象倒圆角之后，有时候发现对象被修剪，有时候发现对象没有被修剪，究其原因是（　　　）。
　　A．修剪之后应当选择"删除"
　　B．"圆角"命令带有 T 选项，可以控制对象是否被修剪
　　C．应该先进行倒圆角再修剪
　　D．用户的误操作
5．在进行打断操作时，系统要求指定第二打断点，这时输入了"@"，然后按 Enter 键结束，其结果是（　　　）。
　　A．没有实现打断
　　B．在第一打断点处将对象一分为二，打断距离为 0
　　C．在第一打断点处将对象另一部分删除
　　D．系统要求指定第二打断点
6．分别绘制圆角半径为 20 的矩形和倒角距离为 20 的矩形，长均为 100，宽均为 80。它们的面积相比较（　　　）。
　　A．圆角矩形面积大　　　　　　　　B．倒角矩形面积大
　　C．一样大　　　　　　　　　　　　D．无法判断
7．对两条平行的直线倒圆角（Fillet），圆角半径设置为 20，其结果是（　　　）。

A．不能倒圆角   B．按半径 20 倒圆角

C．系统提示错误   D．倒出半圆，其直径等于直线间的距离

8．绘制如图8-62所示的图形 1。

9．绘制如图8-63所示的图形 2。

图 8-62　图形 1

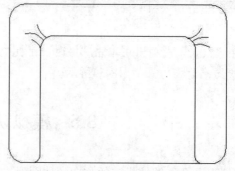

图 8-63　图形 2

第9章 文字与表格

内容简介

文字注释是图形中很重要的一部分内容。进行各种设计时，通常不仅要绘出图形，还要在其中标注一些文字，如技术要求、注释说明等，对图形对象加以解释。

此外，表格在 AutoCAD 绘图中也有大量的应用，如明细表、参数表标题栏和会签栏等。

本章将对 AutoCAD 绘图中的文字和表格进行详细的介绍。

内容要点

❯ 文字样式
❯ 文字标注
❯ 文本编辑
❯ 表格
❯ 综合演练——图签模板
❯ 模拟认证考试

案例效果

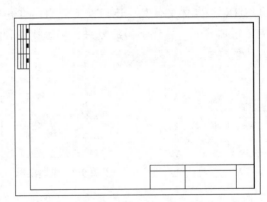

9.1 文字样式

所有 AutoCAD 图形中的文字都有与其相对应的文字样式。当输入文字时，AutoCAD 使用当前设置的文字样式。文字样式是用来控制文字基本形状的一组设置。

【执行方式】

❯ 命令行：STYLE（快捷命令：ST）或 DDSTYLE。
❯ 菜单栏：选择菜单栏中的"格式"→"文字样式"命令。
❯ 工具栏：单击"文字"工具栏中的"文字样式"按钮 **A**。

➡ 功能区：在"默认"选项卡中单击"注释"面板中的"文字样式"按钮。

【操作步骤】

执行上述操作后，打开"文字样式"对话框，如图9-1所示。

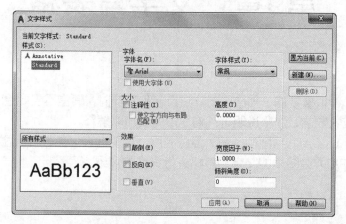

图9-1 "文字样式"对话框

【选项说明】

（1）"样式"列表框：列出所有已设定的文字样式名供用户选用，或对已有样式名进行相关操作。单击"新建"按钮，在弹出的"新建文字样式"对话框中可以为新建的文字样式输入名称，如图9-2所示。从"样式"列表框中选中要改名的文字样式并右击，在弹出的快捷菜单中选择"重命名"命令（如图9-3所示），可以为所选文字样式重新命名。

（2）"字体"选项组：用于确定文字样式采用的字体。文字的字体确定字符的形状。在AutoCAD中，除了其固有的 SHX 形字体文件外，还可以使用 TrueType 字体（如宋体、楷体、Italley 等）。一种字体可以设置不同的样式，呈现不同的效果，从而被多种文字样式使用。如图9-4所示就是同一种字体（宋体）的不同样式。

图9-2 "新建文字样式"对话框

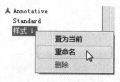

图9-3 快捷菜单

图9-4 同一字体的不同样式

（3）"大小"选项组：用于指定文字的高度，以及所定义的文字样式是否为注释性文字样式。其中，"高度"文本框用来设置文字的固定高度，AutoCAD 将按此高度标注文字。此时使用 TEXT命令输入文字，AutoCAD 将不再提示输入字高参数。而如果在此文本框中设置字高为 0，系统会在每一次输入文字时提示"指定高度："。因此，如果不想固定字高，就可以把"高度"文本框中的数值设置为 0。"注释性"复选框用于确定所定义的文字样式是否为注释性文字样式。

（4）"效果"选项组：用于确定文字样式的某些特征。

① "颠倒"复选框：选中该复选框，表示将文字倒置标注，如图9-5（a）所示。

② "反向"复选框：确定是否将文字反向标注，如图9-5（b）所示。

③ "垂直"复选框：确定文字是水平标注还是垂直标注。选中该复选框时为垂直标注，否则为水平标注，如图9-6所示。

ABCDEFGHIJKLMN

ABCDEFGHIJKLMN

a
b
c
d

ABCDEFGHIJKLMN

ABCDEFGHIJKLMN

$abcd$

（a）倒置标注　　　　　　（b）反向标注　　　　　　　（a）水平标注　　（b）垂直标注

图9-5　文字倒置标注与反向标注　　　　　　图9-6　文字水平标注与垂直标注

④ "宽度因子"文本框：设置宽度系数，确定文字字符的宽高比。当宽度因子为 1 时，表示将按字体文件中定义的宽高比标注文字。当宽度因子小于 1 时，字会变窄；反之变宽。如图9-4所示是在不同宽度因子下标注的文字。

⑤ "倾斜角度"文本框：用于确定文字的倾斜角度。角度为 0 时不倾斜，角度为正值时向右倾斜，角度为负值时向左倾斜，效果如图9-4所示。

（5）"应用"按钮：确认对文字样式的设置。当创建新的文字样式或对现有文字样式的某些特征进行修改后，都需要单击此按钮，系统才会确认所做的改动。

9.2　文　字　标　注

在绘制图形的过程中，文字传递了很多设计信息。它可能是一段很复杂的说明，也可能是一条简短的文字信息。当需要标注的文字信息不太长时，可以利用 TEXT 命令创建单行文字；当需要标注很长、很复杂的文字信息时，可以利用 MTEXT 命令创建多行文字。

9.2.1　单行文本标注

使用"单行文字"命令可以创建一行或多行文字。其中每行文字都是独立的对象，可对其进行移动、格式设置或其他修改。

【执行方式】

➲　命令行：TEXT。

➲　菜单栏：选择菜单栏中的"绘图"→"文字"→"单行文字"命令。

➲　工具栏：单击"文字"工具栏中的"单行文字"按钮A。

➲　功能区：在"默认"选项卡中单击"注释"面板中的"单行文字"按钮A，或者在"注释"选项卡中单击"文字"面板中的"单行文字"按钮A。

动手学——索引符号

源文件：源文件\第 9 章\索引符号.dwg
本实例绘制如图9-7所示的索引符号。

【操作步骤】

（1）在"默认"选项卡中单击"绘图"面板中的"圆"按钮⊙，在视图中适当位置绘制半径为25 的圆。

（2）在"默认"选项卡中单击"修改"面板中的"偏移"按钮⊆，将上一步绘制的圆向内偏移3。

（3）在"默认"选项卡中单击"绘图"面板中的"直线"按钮╱，连接圆的两个象限点，如图9-8所示。

扫一扫，看视频

图9-7　索引符号

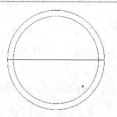

图9-8　绘制直线

（4）在"默认"选项卡中单击"绘图"面板中的"图案填充"按钮 ▨，打开"图案填充创建"选项卡。单击"图案填充图案"按钮，在弹出的下拉列表框中选择 SOLID 图案，如图9-9所示。单击"拾取点"按钮 ➕，拾取两圆之间的区域为填充区域，按 Enter 键完成图案填充，如图9-10所示。

图9-9　选择填充图案

（5）选择菜单栏中的"格式"→"文字样式"命令，打开"文字样式"对话框。在"字体名"下拉列表框中选择 Arial Black，其他采用默认设置，如图9-11所示。单击"应用"按钮和"关闭"按钮，完成字体样式的设置。

（6）在"默认"选项卡中单击"注释"面板中的"单行文字"按钮A，标注文字。命令行提示与操作如下。

```
命令：TEXT
当前文字样式："Standard"文字高度：  2.5000  注释性：否  对正：  左
指定文字的起点或[ 对正 (J)/ 样式 (S)]:
指定高度 <2.5000>:18
指定文字的旋转角度 <0>:
输入文字
```

结果如图9-7所示。

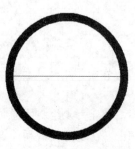

图9-10　进行同心圆填充

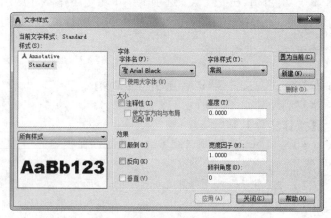

图9-11　"文字样式"对话框

✍ **技巧**

用 TEXT 命令创建文本时，在命令行中输入的文字将同时显示在绘图区；而且在创建过程中可以随时改变文字的位置，只要移动光标到新的位置单击，则当前行结束，随后输入的文字在新的位置出现，用这种方法可以把多行文字标注到绘图区的不同位置。

【选项说明】

（1）指定文字的起点：在此提示下直接在绘图区选择一点作为输入文字的起始点。执行上述操作后，即可在指定位置输入文字。输入后按 Enter 键将另起一行，可继续输入文字。待全部输入完后按两次 Enter 键，退出 TEXT 命令。可见，TEXT 命令也可创建多行文字，只是其中每一行都是一个独立的对象，不能对多行文字同时进行操作。

✍ **技巧**

只有当前文字样式中设置的字符高度为 0，在使用 TEXT 命令时，系统才会提示用户指定字符高度。

AutoCAD 允许将文本行倾斜排列，如图 9-12 所示为倾斜角度分别是 0°、45°和 −45°时的排列效果。在"指定文字的旋转角度 <0>"提示下输入文本行的倾斜角度或在绘图区拉出一条直线来指定倾斜角度。

（2）对正（J）：在"指定文字的起点或 [对正（J）/ 样式（S）]"提示下输入J，用来确定文字的对齐方式，对齐方式决定文本的哪部分与所选插入点对齐。执行此选项，命令行提示与操作如下。

输入选项 [左(L) / 居中(C) / 右(R) / 对齐(A) / 中间(M) / 布满(F) / 左上(TL) / 中上(TC) / 右上(TR) / 左中 (ML) / 正中 (MC) / 右中 (MR) / 左下 (BL) / 中下 (BC) / 右下 (BR)]：

在此提示下选择一个选项作为文字的对齐方式。当文字水平排列时，AutoCAD 为标注的文字定义了如图9-13所示的顶线、中线、基线和底线。各种对齐方式如图9-14所示（图中大写字母对应上述提示中的各命令）。

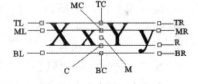

图 9-12　文本行倾斜排列的效果　图 9-13　文本行的底线、基线、中线和顶线　　图 9-14　文字的对齐方式

选择"对齐（A）"选项，命令行提示与操作如下。

指定文字基线的第一个端点：（指定文本行基线的起点位置）
指定文字基线的第二个端点：（指定文本行基线的终点位置）
输入文字：（输入一行文字后按 Enter 键）
输入文字：（继续输入文字或直接按 Enter 键结束命令）

输入的文字均匀地分布在指定的两点之间。如果两点间的连线不水平，则文本行倾斜放置，倾斜角度由两点间的连线与X轴的夹角确定。字高、字宽根据两点间的距离、字符的多少以及文字样式中设置的宽度因子自动确定。指定了两点之后，每行输入的字符越多，字宽和字高越小。

其他选项与"对齐（A）"类似，此处不再赘述。

实际绘图时，有时需要标注一些特殊字符，如直径符号、上划线或下划线、温度符号等。由于这些符号不能直接从键盘上输入，为此 AutoCAD 提供了一些控制码，以实现特殊标注的要求。常用的控制码及其功能如表9-1所示。

表 9-1　AutoCAD 常用控制码

控 制 码	标注的特殊字符	控 制 码	标注的特殊字符
%%O	上划线	\u+0278	电相位
%%U	下划线	\u+E101	流线
%%D	"度"符号（°）	\u+2261	标识
%%P	正负符号（±）	\u+E102	界碑线
%%C	直径符号（φ）	\u+2260	不相等（≠）
%%%	百分号（%）	\u+2126	欧姆（Ω）
\u+2248	约等于（≈）	\u+03A9	欧米加（Ω）
\u+2220	角度（∠）	\u+214A	低界线
\u+E100	边界线	\u+2082	下标 2
\u+2104	中心线	\u+00B2	上标 2
\u+0394	差值		

I want to go to Beijing.

图 9-15　文本行

其中，%%O 和 %%U 分别是上划线和下划线的开关，即当第一次出现此符号时开始画上划线或下划线，当第二次出现此符号时上划线或下划线将终止。例如，输入"I want to %%U go to Beijing%%U."，则得到如图9-15所示的文本行。

9.2.2　多行文字标注

可以将若干文字段落创建为单个多行文字对象。对于多行文字，可以使用文字编辑器对其外观、列和边界等进行格式化。

【执行方式】

- 命令行：MTEXT（快捷命令：T 或 MT）。
- 菜单栏：选择菜单栏中的"绘图"→"文字"→"多行文字"命令。
- 工具栏：单击"绘图"工具栏中的"多行文字"按钮 A 或单击"文字"工具栏中的"多行文字"按钮 A。
- 功能区：在"默认"选项卡中单击"注释"面板中的"多行文字"按钮 A 或在"注释"选项卡中单击"文字"面板中的"多行文字"按钮 A。

扫一扫，看视频

动手学——标注施工说明

源文件：源文件\第 9 章\施工说明.dwg
本实例绘制如图9-16所示的施工说明。

施工说明

1.冷水管采用镀锌管，管径均为DN15；热水管采用PPR管，管径均为DN15。
2.管道铺设在墙内（或地坪下）50米处。
3.施工时注意与土建的配合。

图 9-16　施工说明

【操作步骤】

（1）选择菜单栏中的"格式"→"文字样式"命令，弹出"文字样式"对话框。单击"新建"按钮，弹出"新建文字样式"对话框，在"样式化"文本框中输入"文字"，如图9-17所示。单击"确定"按钮，返回"文字样式"对话框，设置新样式参数。在"字体名"下拉列表框中选择"仿宋"，设置"宽度因子"为 1，"高度"为 240，其余参数默认，如图9-18所示。单击"置为当前"按钮，将新建文字样式置为当前。

（2）在"默认"选项卡中单击"注释"面板中的"多行文字"按钮 A，在空白处单击，指定第一角点，向右下角拖动出适当距离，单击指定第二点，打开"文字编辑器"选项卡，在水平标尺下的矩形框中输入施工说明，如图9-19所示。

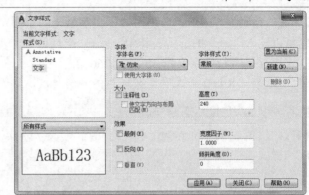

图 9-17 新建文字样式　　　　　　　　　　　图 9-18 设置"文字"样式

图 9-19 输入文字

（3）选中"施工说明"文字，在"文字高度"文本框中输入 300，结果如图9-16所示。

【选项说明】

1. 命令行选项

（1）指定第一角点：在绘图区中选择一点作为矩形框的一个角点。

（2）指定对角点：在绘图区中指定第二个点的位置，AutoCAD 以上述两点为对角点构成一个矩形区域，其宽度作为将来要标注的多行文字的宽度，第一个点作为第一行文字顶线的起点。响应后 AutoCAD 打开"文字编辑器"选项卡，可利用此选项卡输入多行文字并对其格式进行设置。关于该选项卡中各项的含义及功能，稍后再详细介绍。

（3）对正（J）：用于确定所标注文字的对齐方式。选择该选项，命令行提示与操作如下。

输入对正方式 [左上 (TL)／中上 (TC)／右上 (TR)／左中 (ML)／正中 (MC)／右中 (MR)／左下 (BL)／中下 (BC)／右下 (BR)] ＜左上 (TL)＞：

这些对齐方式与 TEXT 命令中的各对齐方式相同。选择一种对齐方式后按 Enter 键，系统回到上一级提示。

（4）行距（L）：用于确定多行文字的行间距。这里所说的行间距是指相邻两文本行基线之间的垂直距离。选择此选项，命令行提示与操作如下。

输入行距类型 [至少 (A)／精确 (E)] ＜至少 (A)＞：

在此提示下有"至少"和"精确"两种方式确定行间距。

① 在"至少"方式下，系统根据每行文字中最大的字符自动调整行间距。

② 在"精确"方式下，系统为多行文字赋予一个固定的行间距。可以直接输入一个确切的间距值，也可以输入"nx"的形式。其中 n 是一个具体数，表示行间距设置为单行文字高度的n 倍，而单行文字高度是本行文字字符高度的 1.66 倍。

（5）旋转（R）：用于确定文本行的倾斜角度。选择该选项，命令行提示与操作如下。

指定旋转角度 <0>：（输入倾斜角度）

输入角度值后按 Enter 键，系统返回到"指定对角点或 [高度（H）/ 对正（J）/ 行距（L）/ 旋转（R）/样式（S）/ 宽度（W）/ 栏（C）]:"提示。

（6）样式（S）：用于确定当前的文字样式。

（7）宽度（W）：用于指定多行文字的宽度。可在绘图区中选择一点，与前面确定的第一个角点组成一个矩形框，其宽度将作为多行文字的宽度；也可以输入一个数值，精确设置多行文字的宽度。

（8）栏（C）：根据栏宽、栏间距宽度和栏高组成矩形框。

2. "文字编辑器"选项卡

"文字编辑器"选项卡用来控制文字的显示特性。可以在输入文字前设置其相关特性，也可以修改已输入的文字特性。要修改已有文字显示特性，首先应选择要修改的文字。选择文字的方式有以下 3 种。

（1）将光标定位到文字开始处，按住鼠标左键，拖到文字末尾。

（2）双击某个文字，则该文字被选中。

（3）3 次单击鼠标，则选中全部内容。

下面介绍该选项卡中部分选项的功能。

（1）"文字高度"下拉列表框：用于确定文本的字符高度。可以直接输入新的字符高度，也可以从此下拉列表框中选择已设定过的高度值。

（2）"粗体"按钮**B**和"斜体"按钮*I*：用于设置加粗或斜体效果，但这两个按钮只对 TrueType 字体有效，如图9-20所示。

（3）"删除线"按钮**A**：用于在文字上添加水平删除线，如图9-20所示。

（4）"下划线"按钮**U**和"上划线"按钮**Ō**：用于设置或取消文字的上、下划线，如图9-20所示。

从入门到实践
从入门到实践
从入门到实践
从入门到实践
从入门到实践

图 9-20 文字样式

（5）"堆叠"按钮：用于层叠所选的文字，也就是创建分数形式。当文本中某处出现"/""^"或"#"3 种层叠符号之一时，选中需层叠的文字，才可层叠文本，二者缺一不可。层叠后，符号左边的文字作为分子，右边的文字作为分母。

AutoCAD 提供了 3 种分数形式。

- 如果选中"abcd/efgh"后单击该按钮，得到如图9-21（a）所示的分数形式。
- 如果选中"abcd^efgh"后单击该按钮，则得到如图9-21（b）所示的形式。此形式多用于标注极限偏差。
- 如果选中"abcd#efgh"后单击该按钮，则创建斜排的分数形式，如图9-21（c）所示。

abcd
efgh
（a）分数形式 1

abcd
efgh
（b）分数形式 2

abcd/efgh
（c）分数形式 3

图 9-21 文本层叠

如果选中已经层叠的文本对象后单击该按钮，则恢复到非层叠形式。

（6）"倾斜角度"（$0/$）微调框：用于设置文字的倾斜角度。

✎ 技巧

"倾斜角度"与"斜体"是两个不同的概念，前者可以设置任意倾斜角度，后者是在任意倾斜角度的基础上设置斜体效果，如图 9-22 所示。第一行倾斜角度为 0°，非斜体效果；第二行倾斜角度为 12°，非斜体效果；第三行倾斜角度为 12°，斜体效果。

（7）"符号"按钮@：用于输入各种符号。单击该按钮，在弹出的下拉列表框中可以选择所需符号输入到文本中，如图9-23所示。

（8）"字段"按钮📖：用于插入一些常用或预设字段。单击该按钮，在弹出的"字段"对话框中可以选择所需字段插入到标注文本中，如图9-24所示。

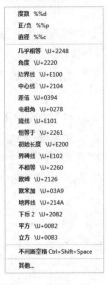

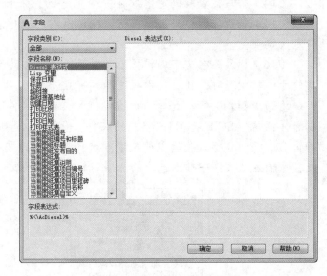

图 9-22 倾斜角度与 斜体效果　　　　图 9-23 "符号"下拉 列表框　　　　图 9-24 "字段"对话框

（9）"追踪"微调框a·b：用于增大或减小选定字符之间的距离。1.0 表示设置常规间距，设置大于 1.0 表示增大间距，设置小于 1.0 表示减小间距。

（10）"宽度因子"微调框 ◐：用于扩展或收缩选定字符。1.0 表示设置此字体中字母的常规宽度，可以增大该宽度或减小该宽度。

（11）"上标" X 按钮：将选定文字转换为上标，即在输入线的上方设置稍小的文字。

（12）"下标" X 按钮：将选定文字转换为下标，即在输入线的下方设置稍小的文字。

（13）"项目符号和编号"下拉列表框：其中列出了用于创建列表的多个选项。缩进列表以与第一个选定的段落对齐。如果清除复选标记，多行文字对象中的所有列表格式都将被删除，各项将被转换为纯文本。

➥ 关闭：如果选择该选项，将从应用了列表格式的选定文字中删除字母、数字和项目符号，但不更改缩进状态。

➥ 以数字标记：将带有句点的数字用于列表项的列表格式。

➥ 以字母标记：将带有句点的字母用于列表项的列表格式。如果列表项的数量多于字母表中含有的字母数，可以使用双字母继续排序。

- ➥ 以项目符号标记：将项目符号应用于列表项的列表格式。
- ➥ 起点：在列表格式中启动新的字母或数字序列。如果选定的项位于列表中间，则选定项下面未选中的项也将成为新列表的一部分。
- ➥ 继续：将选定的段落添加到上面最后一个列表，然后继续排序。如果选择了列表项而非段落，选定项下面未选中的项将继续排序。
- ➥ 允许自动项目符号和编号：在输入文字时自动应用列表格式。以下字符可以用作字母和数字后的标点但不能用作项目符号：句点（.）、逗号（,）、右括号（)）、右尖括号（>）、右方括号（]）和右花括号（}）。
- ➥ 允许项目符号和列表：如果选择该选项，列表格式将应用到外观类似列表的多行文字对象中的所有纯文本。

（14）拼写检查：确定输入时拼写检查处于打开还是关闭状态。

（15）编辑词典：单击该按钮，在弹出的词典对话框中可添加或删除在拼写检查过程中使用的自定义词典。

（16）标尺：在文字编辑器顶部显示标尺。拖动标尺末尾的箭头可更改文字对象的宽度。列模式处于活动状态时，还会显示高度和列夹点。

（17）输入文字：选择该选项，打开"选择文件"对话框，如图9-25所示。在该对话框中，可以选择任意 ASCII 或 RTF 格式的文件。输入的文字保留原始字符格式和样式特性，但可以在文字编辑器中编辑和格式化输入的文字。选择要输入的文本文件后，可以替换选定的文字或全部文字，或在已输入的文字中插入选定的文字。输入文字的文件必须小于 32KB。

图 9-25 "选择文件"对话框

✍ **教你一招**

单行文字和多行文字的区别如下。

在单行文字中，每个文字都是一个独立的对象。对于不需要多种字体或多行的内容，可以创建单行文字。对于标签来说，单行文字非常方便。

多行文字是一组文字。对于较长、较为复杂的内容，可以创建多行或段落文字。多行文字是由任意数目的文本行或段落组成的，布满指定的宽度，还可以沿垂直方向无限延伸。多行文字中，无论行数是多少，单个编辑任务中创建的每个段落集将构成单个对象，用户可对其进行移动、旋转、删除、复制、镜像或缩放操作。

单行文字和多行文字之间的相互转换：使用"分解"命令，可将多行文字分解成单行文字；选中单行文字，然后输入 text2mtext 命令，即可将单行文字转换为多行文字。

动手练——绘制内视符号

源文件：源文件\第9章\内视符号.dwg

本练习绘制如图9-26所示的内视符号。

图 9-26 内视符号

思路点拨

（1）利用"圆""多边形"和"直线"命令绘制内视符号的大体轮廓。

（2）利用"图案填充"命令，填充正四边形和圆之间的区域。

（3）设置文字样式。

（4）利用"多行文字"命令输入文字。

9.3 文 本 编 辑

利用 AutoCAD 2020 提供的"文字编辑器"选项卡，可以方便、直观地设置所需要的文字样式，或是对已有样式进行修改。

【执行方式】

➤ 命令行：TEXTEDIT。

➤ 菜单栏：选择菜单栏中的"修改"→"对象"→"文字"→"编辑"命令。

➤ 工具栏：单击"文字"工具栏中的"编辑"按钮 。

【操作步骤】

命令：TEXTEDIT ✓
当前设置：编辑模式 = Multiple
选择注释对象或 [放弃 (U) / 模式 (M)]：

【选项说明】

（1）选择注释对象：选取要编辑的单行文字、多行文字或标注对象。

要求选择想要修改的文本，同时光标变为拾取框。用拾取框选择对象时：

① 如果选择的文本是用 TEXT 命令创建的单行文字，则深显该文本，可对其进行修改。

② 如果选择的文本是用 MTEXT 命令创建的多行文字，选择对象后将打开"文字编辑器"选项卡和多行文字编辑器，可根据前面的介绍对各项设置或对内容进行修改。

（2）放弃（U）：放弃对文字对象的上一次更改。

（3）模式（M）：控制是否自动重复命令。选择此选项，命令行提示与操作如下。

输入文本编辑模式选项 [单个 (S)/ 多个 (M)] <Multiple>：

① 单个（S）：修改选定的文字对象一次，然后结束命令。

② 多个（M）：允许在命令持续时间内编辑多个文字对象。

9.4 表　　格

在以前的 AutoCAD 版本中，要绘制表格必须通过绘制图线或结合"偏移""复制"等编辑命令来完成，这样的操作过程烦琐而复杂，不利于提高绘图效率。自从 AutoCAD 2005 新增了"表格"功能，创建表格就变得非常容易了，用户可以直接插入设置好样式的表格。同时随着版本的不断升级，表格功能也在精益求精、日趋完善。

9.4.1　定义表格样式

和文字样式一样，所有 AutoCAD 图形中的表格都有与其相对应的表格样式。当插入表格对象时，系统使用当前设置的表格样式。表格样式是用来控制表格基本形状和间距的一组设置。模板文件 ACAD.DWT 和 ACADISO.DWT 中定义了名为 Standard 的默认表格样式。

【执行方式】

- 命令行：TABLESTYLE。
- 菜单栏：选择菜单栏中的"格式"→"表格样式"命令。
- 工具栏：单击"样式"工具栏中的"表格样式管理器"按钮🔲。
- 功能区：在"默认"选项卡中单击"注释"面板中的"表格样式"按钮🔲。

【操作步骤】

执行上述操作后，打开如图9-27所示的"表格样式"对话框。

【选项说明】

（1）"新建"按钮：单击该按钮，打开"创建新的表格样式"对话框，如图9-28所示。输入新的表格样式名后，单击"继续"按钮，在弹出的"修改表格样式：Standard 副本"对话框中可以定义新的表格样式，如图9-29所示。

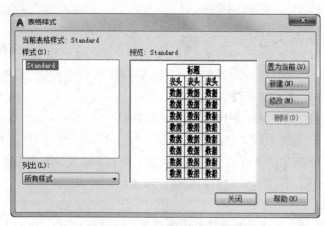

图 9-27　"表格样式"对话框　　　　　　　图 9-28　"创建新的表格样式"对话框

在该对话框的"单元样式"下拉列表框中有 3 个重要的选项，即"数据""表头"和"标题"，分别用于控制表格中数据、列标题和总标题的有关参数，如图9-30所示。

此外，该对话框中还有 3 个重要的选项卡，分别介绍如下。

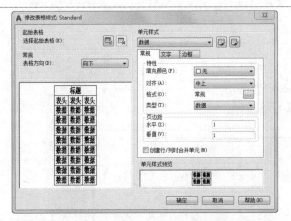

图 9-29 “修改表格样式：Standard 副本”对话框

标题		
表头	表头	表头
数据	数据	数据
数据	数据	数据
数据	数据	数据
数据	数据	数据
数据	数据	数据
数据	数据	数据

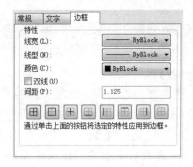

图 9-30 表格样式

①“常规”选项卡：用于控制数据栏与标题栏的上下位置关系，如图9-29所示。

②“文字”选项卡：用于设置文字属性。选择该选项卡，在“文字样式”下拉列表框中可以选择已定义的文字样式并应用于数据文字，也可以单击右侧的[...]按钮重新定义文字样式；“文字高度”“文字颜色”和“文字角度”各选项设定的相应参数格式可供用户选择，如图9-31所示。

③“边框”选项卡：用于设置表格的边框属性。下面的边框线按钮用于控制边框线的各种形式，如绘制所有边框线、只绘制外部边框线、只绘制内部边框线、无边框线、只绘制底部边框线等；“线宽”“线型”和“颜色”下拉列表框则用于控制边框线的线宽、线型和颜色；“间距”文本框用于控制单元格边界和内容之间的间距，如图9-32所示。

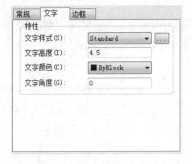

图 9-31 “文字”选项卡

图 9-32 “边框”选项卡

（2）“修改”按钮：用于对当前表格样式进行修改，方式与新建表格样式相同。

9.4.2 创建表格

在设置好表格样式后，用户可以利用 TABLE 命令创建表格。

【执行方式】

- 命令行：TABLE。
- 菜单栏：选择菜单栏中的“绘图”→“表格”命令。
- 工具栏：单击“绘图”工具栏中的“表格”按钮▦。
- 功能区：在“默认”选项卡中单击“注释”面板中的“表格”按钮▦或在“注释”选项卡中单击“表格”面板中的“表格”按钮▦。

扫一扫，看视频

动手学——建筑制图 A3 样板图

调用素材：源文件\第 9 章\建筑制图 A3 样板图.dwg
源文件：源文件\第 9 章\建筑制图 A3 样板图.dwg
本实例绘制如图9-33所示的建筑制图 A3 样板图。

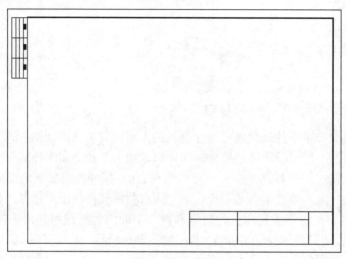

图 9-33　A3 样板图

提示

图形样板是指扩展名为 ".dwt" 的文件，也叫样板文件。它一般包含单位、图形界限、图层、文字样式、标注样式、线型等标准设置。当新建图形文件时，将样板文件载入，同时也就加载了相应的设置。

【操作步骤】

（1）新建文件。单击快速访问工具栏中的"新建"按钮 ，在弹出的"选择样板"对话框中单击"打开"按钮右侧的下拉按钮，在弹出的下拉列表框中选择"无样板公制"，新建空白文件。

（2）设置图层。在"默认"选项卡中单击"图层"面板中的"图层特性"按钮 ，在弹出的"图层特性管理器"选项板中新建以下两个图层。

① 图框层：颜色为白色，其余参数默认。
② 标题栏层：颜色为白色，其余参数默认。

（3）绘制图框。将"图框层"图层设定为当前图层。在"默认"选项卡中单击"绘图"面板中的"矩形"按钮 ，绘制角点坐标为（30,10）和（415,287）的矩形，如图9-34所示。

图 9-34　绘制矩形

注意

A3 图纸标准的幅面大小是 420×297，这里留出了带装订边的图框到纸面边界的距离。

（4）绘制标题栏。将"标题栏层"图层设定为当前图层。

① 标题栏示意图如图9-35所示。由于分隔线并不整齐，所以可以先绘制一个 9×4（每个单元格的尺寸是 0×10）的标准表格，然后在此基础上编辑或合并单元格以形成如图9-35所示的形式。

② 在"默认"选项卡中单击"注释"面板中的"表格样式"按钮 ，弹出"表格样式"对话框，如图9-36所示。

图 9-35 标题栏示意图

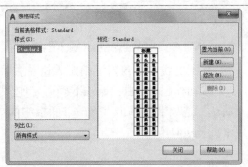

图 9-36 "表格样式"对话框

③ 单击"表格样式"对话框中的"修改"按钮，弹出"修改表格样式：Standard"对话框。在"单元样式"下拉列表框中选择"数据"选项，在下面的"文字"选项卡中将"文字高度"设置为6，如图9-37所示。选择"常规"选项卡，将"页边距"选项组中的"水平"和"垂直"都设置为1，如图9-38所示。

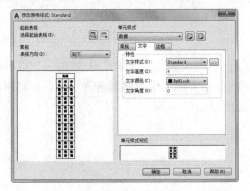

图 9-37 "修改表格样式：Standard"对话框

图 9-38 设置"常规"选项卡

④ 单击"确定"按钮，返回"表格样式"对话框，单击"关闭"按钮退出。

⑤ 在"默认"选项卡中单击"注释"面板中的"表格"按钮，弹出"插入表格"对话框。在"列和行设置"选项组中，将"列数"设置为 9，将"列宽"设置为 20，将"数据行数"设置为2（加上标题行和表头行共 4 行），将"行高"设置为 1 行（即为 10）；在"设置单元样式"选项组中，将"第一行单元样式""第二行单元样式"和"所有其他行单元样式"都设置为"数据"，如图9-39所示。

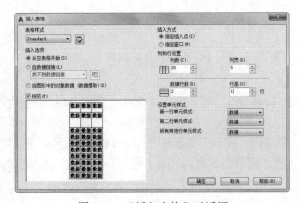

图 9-39 "插入表格"对话框

🔊 **注意**

表格的行高 = 文字高度+2×垂直页边距，此处设置为 8+2×1=10。

⑥ 在图框线右下角附近指定表格位置，系统生成表格，如图9-40所示。

⑦ 移动标题栏。由于无法准确确定刚生成的标题栏与图框的相对位置，因此需要移动标题栏。在"默认"选项卡中单击"修改"面板中的"移动"按钮✛，将刚绘制的表格准确放置在图框的右下角，如图9-41所示。

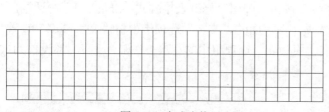

图9-40　生成表格

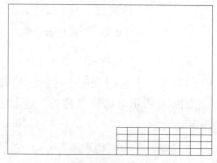

图9-41　移动表格

⑧ 选择 A 单元格，按住 Shift 键，同时选择 B 和 C 单元格，然后在"表格单元"选项卡中单击"合并单元格"按钮，在弹出的下拉菜单中选择"合并全部"命令将其合并，如图9-42所示。重复上述方法，对其他单元格进行合并，结果如图9-43所示。

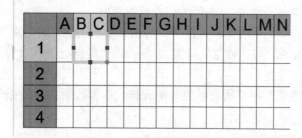

图9-42　合并单元格

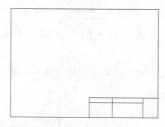

图9-43　完成标题栏单元格编辑

（5）绘制会签栏。会签栏具体大小和样式如图9-44所示。用户可以采取和标题栏相同的绘制方法来绘制会签栏。

① 在"修改表格样式：Standard"对话框的"文字"选项卡中，将"文字高度"设置为 4，如图9-45所示；选择"常规"选项卡，将"页边距"选项组中的"水平"和"垂直"都设置为 0.5。

② 在"默认"选项卡中单击"注释"面板中的"表格"按钮，弹出"插入表格"对话框。在"列和行设置"选项组中，将"列数"设置为 3，"列宽"设置为 25，"数据行数"设置为 2，"行高"设置为 1 行；在"设置单元样式"选项组中，将"第一行单元样式""第二行单元样式"和"所有其他行单元样式"都设置为"数据"，如图9-46所示。

图 9-44 会签栏示意图

图 9-45 修改表格样式

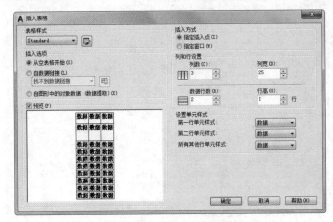

图 9-46 设置表格列和行

③ 在表格中输入文字，结果如图9-47所示。

（6）旋转和移动会签栏。

① 在"默认"选项卡中单击"修改"面板中的"旋转"按钮 C，旋转会签栏，结果如图9-48所示。

② 在"默认"选项卡中单击"修改"面板中的"移动"按钮 ✤，将会签栏移动到图框的左上角，结果如图9-49所示。

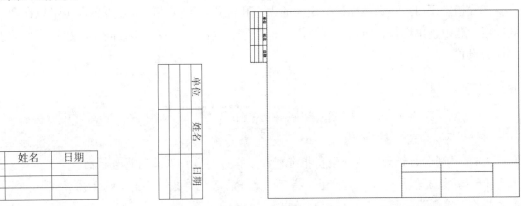

图 9-47 完成会签栏的绘制　　图 9-48 旋转会签栏　　　　图 9-49 移动会签栏

（7）在"默认"选项卡中单击"绘图"面板中的"矩形"按钮囗，在最外侧绘制一个 420×297
的外框，最终完成样板图的绘制，如图9-33所示。

（8）选择菜单栏中的"文件"→"另存为"命令，在弹出的"图形另存为"对话框中保存样板
图（将图形保存为 dwg 格式的文件即可），如图9-50所示。

【选项说明】

（1）"表格样式"选项组：可以在"表格样式"下拉列表框中选择一种表格样式，也可以通过
单击后面的囗按钮来新建或修改表格样式。

（2）"插入选项"选项组：指定插入表格的方式。

①"从空表格开始"单选按钮：创建可以手动填充数据的空表格。

图 9-50　"图形另存为"对话框

②"自数据链接"单选按钮：通过启动数据连接管理器来创建表格。

③"自图形中的对象数据（数据提取）"单选按钮：通过启动"数据提取"向导来创建表格。

（3）"插入方式"选项组。

①"指定插入点"单选按钮：指定表格左上角的位置。可以使用定点设备，也可以在命令行中
输入坐标值。如果表格样式将表格的方向设置为由下而上读取，则插入点位于表格的左下角。

②"指定窗口"单选按钮：指定表的大小和位置。可以使用定点设备，也可以在命令行中输入
坐标值。选中该单选按钮时，"列数""列宽"和"数据行数""行高"取决于窗口的大小以及列
和行的设置。

✍ **技巧**

在"插入方式"选项组中选中"指定窗口"单选按钮后，"列和行设置"的两个参数中只能指定一个，另外一个
由指定窗口的大小自动等分来确定。

（4）"列和行设置"选项组：指定列和数据行的数目以及列宽与行高。

（5）"设置单元样式"选项组：指定"第一行单元样式""第二行单元样式"和"所有其他行
单元样式"分别为标题、表头或者数据样式。

动手练——绘制 A2 图框

源文件：源文件\第 9 章\A2 图框.dwg
本练习绘制如图9-51所示的A2图框。

思路点拨

（1）设置单位和图形边界。
（2）设置文字样式。
（3）设置表格样式。
（4）绘制会签栏。
（5）标注文字。

图 9-51　A2 图框

9.5　综合演练——图签模板

扫一扫，看视频

源文件：源文件\第 9 章\图签模板.dwg
本实例绘制如图9-52所示的图签模板。

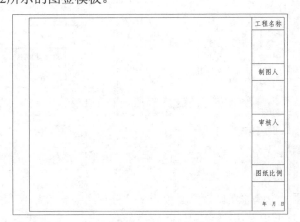

图 9-52　图签模板

【操作步骤】

（1）在"默认"选项卡中单击"图层"面板中的"图层特性"按钮，在弹出的"图层特性管理器"选项板中新建以下 6 个图层，如图9-53所示。

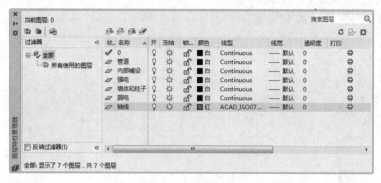

图9-53　新建图层

① "轴线"图层，颜色为红色，线型为 ACAD_ISO07W100，其他属性默认。

② "管道"图层，所有属性默认。

③ "内部铺设"图层，所有属性默认。

④ "强电"图层，所有属性默认。

⑤ "墙体和柱子"图层，所有属性默认。

⑥ "弱电"图层，所有属性默认。

（2）选择菜单栏中的"格式"→"文字样式"命令，弹出"文字样式"对话框，如图9-54所示。单击"新建"按钮，弹出"新建文字样式"对话框，如图9-55所示。在"样式名"文本框中输入"文字标注"，单击"确定"按钮，返回"文字样式"对话框。在"字体名"下拉列表框中选择"仿宋_GB2312"，设置"高度"为 500，其余参数默认，然后单击"置为当前"按钮，将新建文字样式置为当前。

图9-54　"文字样式"对话框

图9-55　"新建文字样式"对话框

（3）在"默认"选项卡中单击"绘图"面板中的"矩形"按钮，绘制一个 42000×29700 的矩形，如图9-56所示。

（4）在"默认"选项卡中单击"修改"面板中的"分解"按钮，将矩形分解成为 4 条直线。

（5）在"默认"选项卡中单击"修改"面板中的"偏移"按钮，将左边的直线偏移 2500，其他 3 条边偏移 500 个单位，偏移方向均向内，结果如图9-57所示。

图9-56 绘制矩形

图9-57 偏移处理

（6）在"默认"选项卡中单击"修改"面板中的"修剪"按钮，将图9-57修剪成图9-58所示。

（7）在"默认"选项卡中单击"绘图"面板中的"直线"按钮，绘制 8 条直线，两端点坐标分别为 {(36500,500)，(@0,28700)}、{(36500,4850)，(@5000,0)}、{(36500,7350)，(@5000, 0)}、{(36500,12350)，(@5000,0)}、{(36500,14850)，(@5000,0)}、{(36500,19850)，(@5000,0)}、{(36500, 22350)，(@5000,0)}、{(36500,27350)，(@5000,0)}。绘制结果如图9-59所示。

图9-58 修剪处理

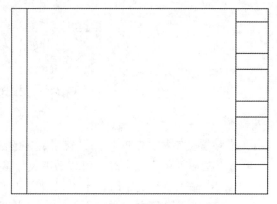

图9-59 绘制直线

（8）在"默认"选项卡中单击"注释"面板中的"多行文字"按钮A，命令行提示与操作如下。

```
命令：_mtext
当前文字样式："样式 1"   文字高度：500   注释性：否
指定第一角点：36500,29200
指定对角点或 [高度(H)/对正(J)/行距(L)/旋转(R)/样式(S)/宽度(W)/栏(C)]：h
指定高度 <500>：700
指定对角点或 [高度(H)/对正(J)/行距(L)/旋转(R)/样式(S)/宽度(W)/栏(C)]：j
输入对正方式 [左上(TL)/中上(TC)/右上(TR)/左中(ML)/正中(MC)/右中(MR)/左下(BL)/
中下(BC)/右下(BR)] <左上(TL)>：mc
指定对角点或 [高度(H)/对正(J)/行距(L)/旋转(R)/样式(S)/宽度(W)/栏(C)]：
41500,27350
```

在图9-60所示的文本框内输入"工程名称"。

重复上述命令，在图签中输入如图9-61所示的表头文字。

图 9-60　输入文字

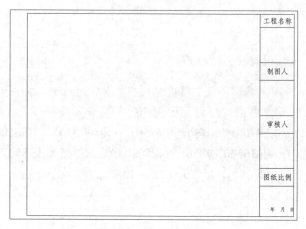

图 9-61　继续输入文字

9.6　模拟认证考试

1．在设置文字样式的时候，设置了文字的高度，其效果为（　　）。
   A．在输入单行文字时，可以改变文字高度
   B．在输入单行文字时，不可以改变文字高度
   C．在输入多行文字时，不能改变文字高度
   D．在输入单行文字或多行文字时，都能改变文字高度

2．输入多行文字时，其中的 %%C、%%D、%%P 分别表示（　　）。
   A．直径、度数、下划线　　　　　　　　B．直径、度数、正负
   C．度数、正负、直径　　　　　　　　　D．下划线、直径、度数

3．以下（　　）方式不能创建表格。
   A．从空表格开始　　　　　　　　　　　B．自数据链接
   C．自图形中的对象数据　　　　　　　　D．自文件中的数据链接

4．在正常输入汉字时却显示"？"，原因是（　　）。
   A．因为文字样式没有设定好　　　　　　B．输入错误
   C．堆叠字符　　　　　　　　　　　　　D．字高太高

5．按图9-62所示设置文字样式，则文字的宽度因子是（　　）。
   A．0　　　　　　　　B．0.5　　　　　　　　C．1　　　　　　　　D．无效值

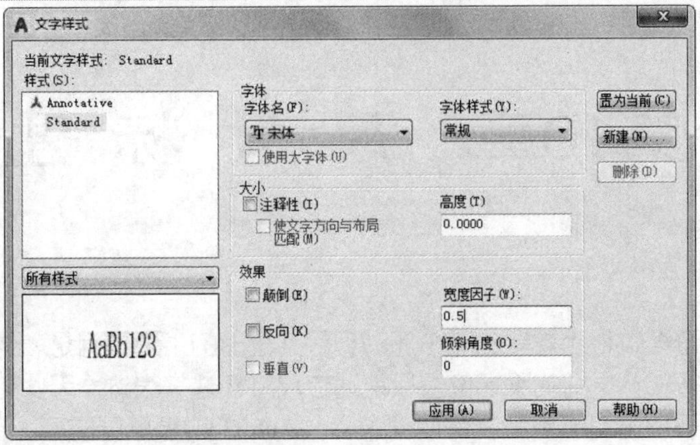

图 9-62　文字样式

6．利用 MTEXT 命令在如图9-63所示的居室平面图中标注文字。

7．绘制如图9-64所示的植物明细表。

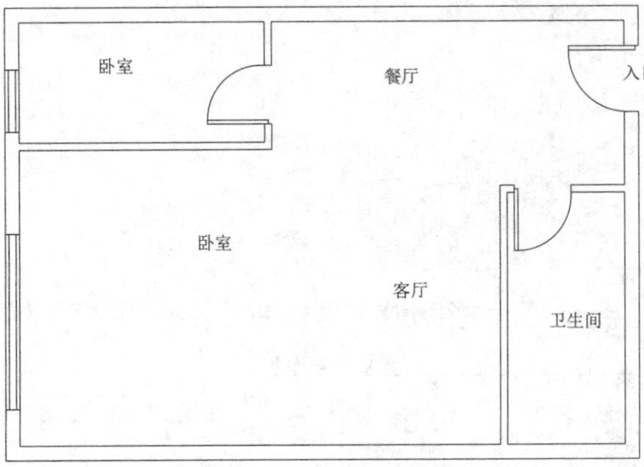

图 9-63　居室文字标注

苗木名称	数量	规格	苗木名称	数量	规格	苗木名称	数量	规格
落叶松	32	10cm	红叶	3	15cm	金叶女贞		20棵/m^2丛植H-500
银杏	44	15cm	法国梧桐	10	20cm	紫叶小染		20棵/m^2丛植H-500
元宝枫	5	6m（冠径）	油松	4	8cm	草坪		2~3个品种混播
樱花	3	10cm	三角枫	26	10cm			
合欢	8	12cm	睡莲	20				
玉兰	27	15cm						
龙爪槐	30	8cm						

图 9-64　植物明细表

第10章 尺 寸 标 注

内容简介

尺寸标注是绘图过程中相当重要的一个环节。因为图形的主要作用是表达物体的形状，而物体各部分的真实大小和各部分之间的确切位置只能通过尺寸标注来表达，因此如果没有正确的尺寸标注，绘制出的图样对于加工制造也就没有任何意义。AutoCAD提供了方便、精准的尺寸标注功能，本章将进行详细介绍。

内容要点

- ↳ 尺寸样式
- ↳ 标注尺寸
- ↳ 引线标注
- ↳ 综合演练——标注别墅平面图尺寸

案例效果

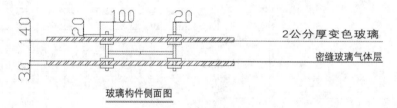

玻璃构件侧面图

10.1 尺 寸 样 式

组成尺寸标注的尺寸线、尺寸界线、尺寸文本和尺寸箭头可以采用多种形式。尺寸标注以什么形态出现，取决于当前所采用的尺寸标注样式。尺寸标注样式主要包括尺寸线、尺寸界线、尺寸箭头和中心标记的形式，以及尺寸文本的位置、特性等。在 AutoCAD 2020 中，用户可以利用"标注样式管理器"对话框方便、快捷地设置所需要的尺寸标注样式。

10.1.1 新建或修改尺寸样式

在进行尺寸标注前，先要创建尺寸标注的样式。如果用户不创建尺寸样式而直接进行标注，则系统采用名为 Standard 的默认样式。如果用户认为所用的标注样式某些设置不合适，也可以对其进行修改。

【执行方式】

- ↳ 命令行：DIMSTYLE（快捷命令 D）。

➥ 菜单栏：选择菜单栏中的"格式"→"标注样式"命令或"标注"→"标注样式"命令。

➥ 工具栏：单击"标注"工具栏中的"标注样式"按钮 ┗┛。

➥ 功能区：单击"默认"选项卡"注释"面板中的"标注样式"按钮 ┗┛。

【操作步骤】

执行上述操作后，打开"标注样式管理器"对话框，如图10-1所示。利用该对话框可方便、直观地定制和浏览尺寸标注样式，包括创建新的标注样式、修改已存在的标注样式、设置当前尺寸标注样式、样式重命名以及删除已有的标注样式等。

【选项说明】

（1）"置为当前"按钮：单击该按钮，把在"样式"列表框中选择的样式设置为当前标注样式。

（2）"新建"按钮：创建新的尺寸标注样式。单击该按钮，在弹出的"创建新标注样式"对话框中可创建一种新的尺寸标注样式，如图10-2所示。其中各项功能说明如下。

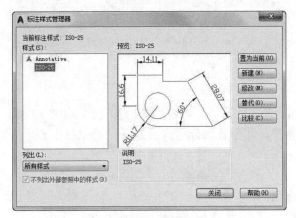

图 10-1 "标注样式管理器"对话框

图 10-2 "创建新标注样式"对话框

① "新样式名"文本框：为新的尺寸标注样式命名。

② "基础样式"下拉列表框：在该下拉列表框中选择一种已有的样式作为定义新样式的基础，即新的样式是在所选样式的基础上修改一些特性得到的。

③ "用于"下拉列表框：指定新样式应用的尺寸类型。如果新建样式应用于所有尺寸，在该下拉列表框中选择"所有标注"选项；如果新建样式只应用于特定的尺寸标注（如只在标注直径时使用此样式），则选择相应的尺寸类型。

④ "继续"按钮：各选项设置好以后，单击该按钮，在弹出的"新建标注样式:副本ISO-25"对话框中可对新标注样式的各项特性进行设置，如图10-3所示。该对话框中各部分的含义和功能将在后文介绍。

（3）"修改"按钮：修改已有的尺寸标注样式。单击该按钮，在弹出的"修改标注样式"对话框（其各选项与"新建标注样式"对话框完全相同）中，可以对已有标注样式进行修改。

（4）"替代"按钮：设置临时覆盖尺寸标注样式。单击该按钮，在弹出的"替代当前样式"对话框（其中各选项与"新建标注样式"对话框完全相同）中，用户可改变相关选项的设置，以覆盖原来的设置；但这种修改只对指定的尺寸标注起作用，而不影响当前其他尺寸变量的设置。

（5）"比较"按钮：比较两种尺寸标注样式在参数上的区别，或浏览一种尺寸标注样式的参数设置。单击该按钮，打开"比较标注样式"对话框，如图10-4所示。可以把比较结果复制到剪贴板上，然后再粘贴到其他的 Windows 应用软件中。

图 10-3 "新建标注样式:副本 ISO-25" 对话框

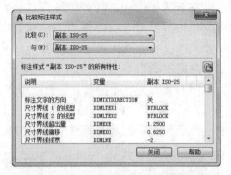

图 10-4 "比较标注样式" 对话框

10.1.2 线

在"新建标注样式:副本ISO-25"对话框中，第一个选项卡就是"线"选项卡，如图10-3所示。该选项卡用于设置尺寸线、尺寸界线的形式和特性，其中各项分别说明如下。

1. "尺寸线"选项组

该选项组用于设置尺寸线的特性，其中各选项的含义如下。

（1）"颜色""线型""线宽"下拉列表框：用于设置尺寸线的颜色、线型、线宽。

（2）"超出标记"微调框：当尺寸箭头设置为短斜线、短波浪线等或尺寸线上无箭头时，可利用此微调框设置尺寸线超出尺寸界线的距离。

（3）"基线间距"微调框：设置以基线方式标注尺寸时相邻两尺寸线之间的距离。

（4）"隐藏"复选框组：确定是否隐藏尺寸线及相应的箭头。选中"尺寸线 1"或"尺寸线2"复选框，表示隐藏第一段或第二段尺寸线。

2. "尺寸界线"选项组

该选项组用于确定尺寸界线的形式，其中各选项的含义如下。

（1）"颜色""线宽"下拉列表框：用于设置尺寸界线的颜色、线宽。

（2）"尺寸界线 1 的线型""尺寸界线 2 的线型"下拉列表框：用于设置第一条、第二条尺寸界线的线型（DIMLTEX1 系统变量）。

（3）"超出尺寸线"微调框：用于确定尺寸界线超出尺寸线的距离。

（4）"起点偏移量"微调框：用于确定尺寸界线的实际起始点相对于指定尺寸界线起始点的偏移量。

（5）"隐藏"复选框组：确定是否隐藏尺寸界线。

（6）"固定长度的尺寸界线"复选框：选中该复选框，系统以固定长度的尺寸界线标注尺寸；可以在其下面的"长度"文本框中输入长度值。

3. 尺寸样式显示框

在"新建标注样式"对话框的右上方有一个尺寸样式显示框，该显示框以样例的形式显示用户设置的尺寸样式。

10.1.3 符号和箭头

在"新建标注样式:副本ISO-25"对话框中，第二个选项卡是"符号和箭头"选项卡，如图10-5所示。该选项卡用于设置箭头、圆心标记、折弯标注、弧长符号和半径折弯标注、线性折弯标注的形式和特性，其中各项分别说明如下。

1. "箭头"选项组

该选项组用于设置尺寸箭头的形状。AutoCAD 提供了多种箭头形状，罗列在"第一个"和"第二个"下拉列表框中。另外，还允许采用用户自定义的箭头形状。两个尺寸箭头可以采用相同的形状，也可采用不同的形状。

（1）"第一个""第二个"下拉列表框：用于设置第一个、第二个尺寸箭头的形式。在这两个下拉列表框中，列出了各类箭头的形状即名称。一旦选择了第一个箭头的形状，第二个箭头则自动与其匹配；要想第二个箭头取不同的形状，可在"第二个"下拉列表框中设定。

如果在下拉列表框中选择了"用户箭头"选项，则打开如图10-6所示的"选择自定义箭头块"对话框。可以事先把自定义的箭头保存成一个图块，在该对话框中输入该图块名即可。

（2）"引线"下拉列表框：确定引线箭头的形状，与"第一个""第二个"设置类似。

（3）"箭头大小"微调框：用于设置尺寸箭头的大小。

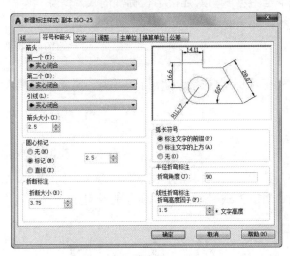

图 10-5 "符号和箭头"选项卡

图 10-6 "选择自定义箭头块"对话框

2. "圆心标记"选项组

该选项组用于设置半径标注、直径标注和中心标注中的中心标记和中心线形式。其中各项含义如下。

（1）"无"单选按钮：选中该单选按钮，既不产生中心标记，也不产生中心线。

（2）"标记"单选按钮：选中该单选按钮，中心标记为一个点记号。

（3）"直线"单选按钮：选中该单选按钮，中心标记采用中心线的形式。

（4）大小微调框：用于设置中心标记和中心线的大小和粗细。

3. "折断标注"选项组

该选项组用于控制折断标注的间距宽度。

4. "弧长符号"选项组

该选项组用于控制弧长标注中圆弧符号的显示，其中 3 个单选按钮的含义介绍如下。

（1）"标注文字的前缀"单选按钮：选中该单选按钮，将弧长符号放在标注文字的左侧，如图10-7（a）所示。

（2）"标注文字的上方"单选按钮：选中该单选按钮，将弧长符号放在标注文字的上方，如图10-7（b）所示。

（3）"无"单选按钮：选中该单选按钮，不显示弧长符号，如图10-7（c）所示。

（a）标注文字的前缀　　　（b）标注文字的上方　　　（c）无

图 10-7　弧长符号

5. "半径折弯标注"选项组

该选项组用于控制半径折弯（Z 字形）标注的显示。半径折弯标注通常在中心点位于页面外部时创建。在"折弯角度"文本框中可以输入连接半径标注的尺寸界线和尺寸线的横向直线角度，如图10-8所示。

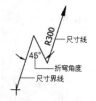

图 10-8　折弯角度

6. "线性折弯标注"选项组

该选项组用于控制线性折弯标注的显示。当标注不能精确表示实际尺寸时，常将折弯线添加到线性标注中。通常，实际尺寸比所需值小。

10.1.4　文字

在"新建标注样式:副本ISO-25"对话框中，第 3 个选项卡是"文字"选项卡，如图10-9所示。该选项卡用于设置尺寸文本的文字外观、位置、对齐方式等，其中各项分别说明如下。

1. "文字外观"选项组

（1）"文字样式"下拉列表框：用于选择当前尺寸文本采用的文字样式。

（2）"文字颜色"下拉列表框：用于设置尺寸文本的颜色。

（3）"填充颜色"下拉列表框：用于设置标注中文字背景的颜色。

（4）"文字高度"微调框：用于设置尺寸文本的字高。如果选用的文字样式中已设置了具体的字高（不是 0），则此处的设置无效；如果文字样式中设置的字高为 0，才以此处设置为准。

（5）"分数高度比例"微调框：用于确定尺寸文本的比例系数。

（6）"绘制文字边框"复选框：选中该复选框，AutoCAD 在尺寸文本的周围加上边框。

图 10-9　"文字"选项卡

2. "文字位置"选项组

（1）"垂直"下拉列表框：用于确定尺寸文本相对于尺寸线在垂直方向的对齐方式，如图10-10所示。

（a）上　　（b）下　　（c）居中　　（d）外部　　（e）JIS

图 10-10　尺寸文本在垂直方向的放置

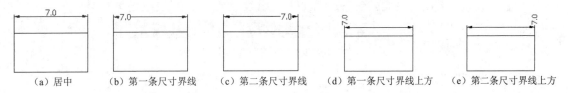

（a）居中　（b）第一条尺寸界线　（c）第二条尺寸界线　（d）第一条尺寸界线上方　（e）第二条尺寸界线上方

图 10-11　尺寸文本在水平方向的放置

（2）"水平"下拉列表框：用于确定尺寸文本相对于尺寸线和尺寸界线在水平方向的对齐方式。此下拉列表框提供了 5 种对齐方式，即居中、第一条尺寸界线、第二条尺寸界线、第一条尺寸界线上方、第二条尺寸界线上方，如图 10-11（a）～图 10-11（e）所示。

（3）"观察方向"下拉列表框：用于控制标注文字的观察方向（可用 DIMTXTDIRECTION 系统变量设置）。

（4）"从尺寸线偏移"微调框：当尺寸文本放在断开的尺寸线中间时，该微调框用来设置尺寸文本与尺寸线之间的距离。

3. "文字对齐"选项组

该选项组用于控制尺寸文本的排列方向。

（1）"水平"单选按钮：选中该单选按钮，尺寸文本沿水平方向放置。不论标注什么方向的尺寸，尺寸文本总保持水平。

（2）"与尺寸线对齐"单选按钮：选中该单选按钮，尺寸文本沿尺寸线方向放置。

（3）"ISO 标准"单选按钮：选中该单选按钮，当尺寸文本在尺寸界线之间时，沿尺寸线方向放置；在尺寸界线之外时，沿水平方向放置。

10.1.5　调整

在"新建标注样式"对话框中，第 4 个选项卡是"调整"选项卡，如图10-12所示。该选项卡根据两条尺寸界线之间的空间，设置将尺寸文本、箭头放置在两尺寸界线之间还是外面。如果空间允许，AutoCAD 总是把尺寸文本和箭头放置在尺寸界线之间；如果空间不够，则根据本选项卡的各项设置放置。该选项卡中的各项分别说明如下。

图 10-12　"调整"选项卡

1."调整选项"选项组

（1）"文字或箭头"单选按钮：选中该单选按钮，如果空间允许，把尺寸文本和箭头都放置在两尺寸界线之间；如果两尺寸界线之间只够放置尺寸文本，则把尺寸文本放置在尺寸界线之间，而把箭头放置在尺寸界线之外；如果只够放置箭头，则把箭头放在尺寸界线之间，把尺寸文本放在外面；如果两尺寸界线之间既放不下文本，也放不下箭头，则把二者均放在外面。

（2）"文字和箭头"单选按钮：选中该单选按钮，如果空间允许，把尺寸文本和箭头都放置在两尺寸界线之间；否则，把文本和箭头都放在尺寸界线外面。

其他选项含义类似，在此不再赘述。

2."文字位置"选项组

该选项组用于设置尺寸文本的位置，包括"尺寸线旁边""尺寸线上方，带引线"和"尺寸线上方，不带引线"，如图10-13所示。

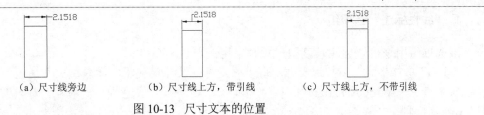

（a）尺寸线旁边 （b）尺寸线上方，带引线 （c）尺寸线上方，不带引线

图 10-13 尺寸文本的位置

3. "标注特征比例"选项组

（1）注释性：指定标注为注释性。注释性对象和样式用于控制注释对象在模型空间或布局中显示的尺寸和比例。

（2）"将标注缩放到布局"单选按钮：根据当前模型空间视口和图纸空间之间的比例确定比例因子。当在图纸空间而不是模型空间视口中工作时，或当 TILEMODE 被设置为 1 时，将使用默认的比例因子 1:0。

（3）"使用全局比例"单选按钮：确定尺寸的整体比例系数。其右侧的比例值微调框可以用来设置需要的比例。

4. "优化"选项组

该选项组用于设置附加的尺寸文本布置选项，包含以下两个选项。

（1）"手动放置文字"复选框：选中该复选框，标注尺寸时由用户确定尺寸文本的放置位置，忽略前面的对齐设置。

（2）"在尺寸界线之间绘制尺寸线"复选框：选中该复选框，不管尺寸文本在尺寸界线之间还是在外面，AutoCAD 均在两尺寸界线之间绘出一尺寸线；否则，当尺寸界线之间放不下尺寸文本而将其放在外面时，尺寸界线之间无尺寸线。

10.1.6 主单位

在"新建标注样式:副本ISO-25"对话框中，第 5 个选项卡是"主单位"选项卡，如图10-14所示。该选项卡用来设置尺寸标注的主单位和精度，以及为尺寸文本添加固定的前缀或后缀。该选项卡中的各项分别说明如下。

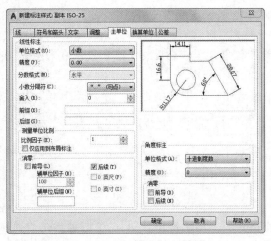

图 10-14 "主单位"选项卡

1. "线性标注" 选项组

该选项组用来设置标注长度型尺寸时采用的单位和精度。

（1）"单位格式"下拉列表框：用于确定标注尺寸时使用的单位制（角度型尺寸除外）。在该下拉列表框中，AutoCAD 2020 提供了"科学""小数""工程""建筑""分数"和"Windows桌面"6种单位制，可根据需要选择。

（2）"精度"下拉列表框：用于确定标注尺寸时的精度，也就是精确到小数点后几位。

✍ 技巧

精度设置一定要和用户的需求吻合，如果设置的精度过低，标注会出现误差。

（3）"分数格式"下拉列表框：用于设置分数的形式。AutoCAD 2020 提供了"水平""对角"和"非堆叠"3 种形式供用户选用。

（4）"小数分隔符"下拉列表框：用于确定十进制单位（Decimal）的分隔符。AutoCAD 2020 提供了句点（.）、逗点（,）和空格 3 种形式。系统默认的小数分隔符是逗点，所以每次标注尺寸时要注意把此处设置为句点。

（5）"舍入"微调框：用于设置除角度之外的尺寸测量圆整规则。可以在前面的文本框中输入一个值，也可以通过单击右侧的微调按钮进行设置。如果输入1，则所有测量值均为整数。

（6）"前缀"文本框：为尺寸标注设置固定前缀。可以输入文本，也可以利用控制符产生特殊字符；这些文本将被加在所有尺寸文本之前。

（7）"后缀"文本框：为尺寸标注设置固定后缀。

2. "测量单位比例" 选项组

该选项组用于确定 AutoCAD 自动测量尺寸时的比例因子。其中"比例因子"微调框用来设置除角度之外所有尺寸测量的比例因子。例如，用户确定比例因子为 2，AutoCAD 则把实际测量为 1 的尺寸标注为 2。如果选中"仅应用到布局标注"复选框，则设置的比例因子只适用于布局标注。

3. "消零" 选项组

该选项组用于设置是否省略标注尺寸时的 0。

（1）"前导"复选框：选中该复选框，省略尺寸值处于高位的 0。例如，0.50000 标注为 .50000。

（2）"后续"复选框：选中该复选框，省略尺寸值小数点后末尾的 0。例如，8.5000 标注为8.5，而 30.0000 标注为 30。

（3）"0 英尺（寸）"复选框：选中该复选框，采用"工程"和"建筑"单位制时，如果尺寸值小于 1 英尺（英寸）时，省略英尺（英寸）。例如，"0'-6 1/2"标注为"6 1/2"。

（4）"角度标注"选项组

该选项组用于设置标注角度时采用的角度单位。

10.1.7 换算单位

在"新建标注样式:副本ISO-25"对话框中，第 6 个选项卡是"换算单位"选项卡，如图10-15所示。该选项卡用于对替换单位进行设置，其中各项分别说明如下。

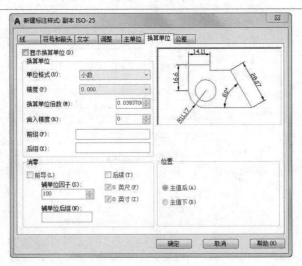

图 10-15 "换算单位"选项卡

1. "显示换算单位"复选框

选中该复选框,则替换单位的尺寸值也同时显示在尺寸文本上。

2. "换算单位"选项组

该选项组用于设置替换单位,其中各选项的含义如下。
(1)"单位格式"下拉列表框:用于选择替换单位采用的单位制。
(2)"精度"下拉列表框:用于设置替换单位的精度。
(3)"换算单位倍数"微调框:用于指定主单位和替换单位的转换因子。
(4)"舍入精度"微调框:用于设定替换单位的圆整规则。
(5)"前缀"文本框:用于设置替换单位文本的固定前缀。
(6)"后缀"文本框:用于设置替换单位文本的固定后缀。

3. "消零"选项组

(1)"辅单位因子"微调框:将辅单位的数量设置为一个单位。它用于在距离小于一个单位时以辅单位为单位计算标注距离。例如,如果后缀为 m 而辅单位后缀以 cm 显示,则输入100。
(2)"辅单位后缀"文本框:用于设置标注值辅单位中包含的后缀。可以输入文字或使用控制代码显示特殊符号。例如,输入cm可将 .96m 显示为 96cm。
其他选项含义与"主单位"选项卡中"消零"选项组含义类似,在此不再赘述。

4. "位置"选项组

该选项组用于设置替换单位尺寸标注的位置。

10.1.8 公差

在"新建标注样式:副本ISO-25"对话框中,最后一个选项卡是"公差"选项卡,如图10-16所示。该选项卡用于确定标注公差的方式,其中各选项分别说明如下。

图 10-16 "公差"选项卡

1. "公差格式"选项组

该选项组用于设置公差的标注格式。

（1）"方式"下拉列表框：用于设置公差的标注方式。AutoCAD 提供了 5 种标注公差的方式，分别是"无""对称""极限偏差""极限尺寸"和"基本尺寸"，其中"无"表示不标注公差，其余 4 种标注情况如图10-17所示。

（2）"精度"下拉列表框：用于确定公差标注的精度。

✍ 技巧

公差标注的精度设置一定要准确，否则标注出的公差值会出现错误。

（3）"上偏差""下偏差"微调框：用于设置尺寸的上、下偏差。

（4）"高度比例"微调框：用于设置公差文本的高度比例，即公差文本的高度与一般尺寸文本的高度之比。

✍ 技巧

国家标准规定，公差文本的高度是一般尺寸文本高度的 0.5 倍，设置时要注意。

（5）"垂直位置"下拉列表框：用于控制"对称"和"极限偏差"方式公差标注的文本对齐方式，如图10-18所示。

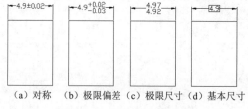

（a）对称 （b）极限偏差（c）极限尺寸（d）基本尺寸

图 10-17 公差的标注方式

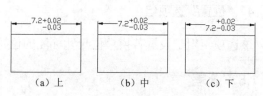

（a）上　　　　（b）中　　　　（c）下

图 10-18 公差文本的对齐方式

2."公差对齐"选项组

该选项组用于在堆叠时控制上偏差值和下偏差值的对齐。

（1）"对齐小数分隔符"单选按钮：选中该单选按钮，通过值的小数分隔符堆叠值。

（2）"对齐运算符"单选按钮：选中该单选按钮，通过值的运算符堆叠值。

3."消零"选项组

该选项组用于控制是否禁止输出前导 0、后续 0、0 英尺以及 0 英寸部分（可用 DIMTZIN 系统变量设置）。

4."换算单位公差"选项组

该选项组用于对形位公差标注的替换单位进行设置，各项的设置方法与上面相同。

10.2　标注尺寸

正确地进行尺寸标注是设计绘图工作中非常重要的一个环节。AutoCAD 2020 提供了方便、快捷的尺寸标注功能，可通过执行命令实现，也可利用菜单或工具按钮来实现。本节重点介绍如何对各种类型的尺寸进行标注。

10.2.1　线性标注

线性标注用于标注图形对象的线性距离或长度，包括水平标注、垂直标注和旋转标注3种类型。

【执行方式】

➥ 命令行：DIMLINEAR（快捷命令：DIMLIN）。

➥ 菜单栏：选择菜单栏中的"标注"→"线性"命令。

➥ 工具栏：单击"标注"工具栏中的"线性"按钮┠┤。

➥ 快捷键：D+L+I。

➥ 功能区：在"默认"选项卡中单击"注释"面板中的"线性标注"按钮┠┤。

动手学——玻璃构件侧视图

调用素材：初始文件\第 10 章\玻璃构件侧视图.dwg

源文件：源文件\第 10 章\玻璃构件侧视图.dwg

本实例标注如图10-19所示的玻璃构件侧视图。

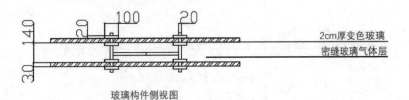

图 10-19　玻璃构件侧视图

【操作步骤】

（1）在"默认"选项卡中单击"绘图"面板中的"矩形"按钮▭，以坐标原点为角点绘制1400mm×30mm的矩形，如图10-20所示。

图 10-20　绘制矩形

（2）在"默认"选项卡中单击"绘图"面板中的"图案填充"按钮▨，打开"图案填充创建"选项卡，单击"图案填充图案"按钮，在弹出的下拉列表框中选择 ANSI31，设置比例为 4，如图10-21所示。填充结果如图10-22所示。

图 10-21　"图案填充创建"选项卡

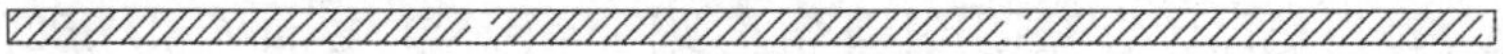

图 10-22　图案填充

（3）单击"默认"选项卡"绘图"面板中的"矩形"按钮▭，绘制玻璃连接件。命令行提示与操作如下。

```
命令：_rectang
指定第一个角点或 [倒角 (C) / 标高 (E) / 圆角 (F) / 厚度 (T) / 宽度 (W)]：400,-20
指定另一个角点或 [面积 (A) / 尺寸 (D) / 旋转 (R)]：500,0
命令：RECTANG
指定第一个角点或 [倒角 (C) / 标高 (E) / 圆角 (F) / 厚度 (T) / 宽度 (W)]：400,50
指定另一个角点或 [面积 (A) / 尺寸 (D) / 旋转 (R)]：500,30
命令：RECTANG
指定第一个角点或 [倒角 (C) / 标高 (E) / 圆角 (F) / 厚度 (T) / 宽度 (W)]：440,-40
指定另一个角点或 [面积 (A) / 尺寸 (D) / 旋转 (R)]：460,240
命令：RECTANG
指定第一个角点或 [倒角 (C) / 标高 (E) / 圆角 (F) / 厚度 (T) / 宽度 (W)]：460,80
指定另一个角点或 [面积 (A) / 尺寸 (D) / 旋转 (R)]：700,100
```

绘制结果如图10-23所示。

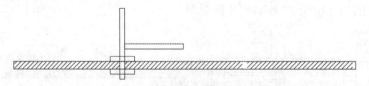

图 10-23　绘制玻璃连接件

（4）在"默认"选项卡中单击"修改"面板中的"修剪"按钮▸，将步骤（3）中绘制的连接件修剪成图10-24所示。

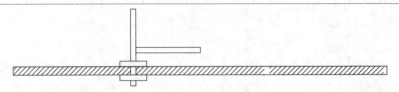

图 10-24 修剪图形

（5）在"默认"选项卡中单击"修改"面板中的"镜像"按钮△，将连接件进行镜像处理。命令行提示与操作如下。

```
命令：_mirror
选择对象：（选择步骤(3)、(4)中绘制的连接件）
选择对象：
指定镜像线的第一点：700,0
指定镜像线的第二点：700,10
是否删除源对象？[是(Y)/否(N)]<否>：
```

镜像结果如图10-25所示。

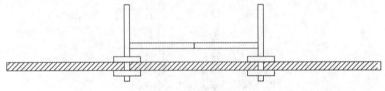

图 10-25 镜像处理

（6）在"默认"选项卡中单击"修改"面板中的"复制"按钮，向上移动 170 个单位复制图形，如图10-26所示。

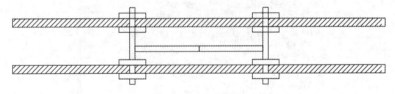

图 10-26 复制图形

（7）在"默认"选项卡中单击"修改"面板中的"修剪"按钮，将连接件与上方玻璃的连接处修剪成图10-27所示。

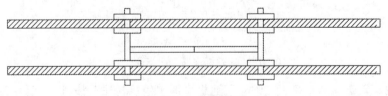

图 10-27 修剪图形

（8）选择菜单栏中的"格式"→"标注样式"命令，打开如图10-28所示的"标注样式管理器"对话框。单击"新建"按钮，打开"创建新标注样式"对话框，按图10-29所示进行设置。单击"继续"按钮，打开"新建标注样式：标注"对话框，按图10-30所示进行设置。

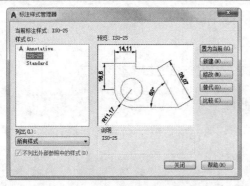

图 10-28 "标注样式管理器"对话框

图 10-29 "创建新标注样式"对话框

（a）"符号和箭头"选项卡

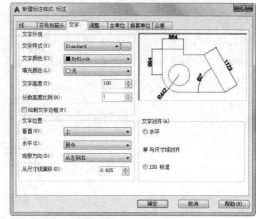

（b）"文字"选项卡

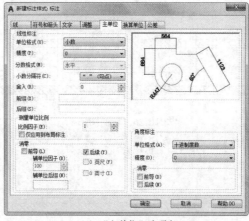

（c）"主单位"选项卡

图 10-30 "新建标注样式：标注"对话框

（9）在"默认"选项卡中单击"注释"面板中的"线性标注"按钮 ┣┫，标注尺寸为 20 的线性尺寸。命令行提示与操作如下。

```
命令：_dimlinear
指定第一个尺寸界线原点或 < 选择对象 >：
指定第二条尺寸界线原点：
```

创建了无关联的标注。

指定尺寸线位置或

[多行文字 (M)/文字 (T)/角度 (A)/水平 (H)/垂直 (V)/旋转 (R)]:

标注文字 = 20

采用相同的方法，标注其他线性尺寸，如图10-31所示。

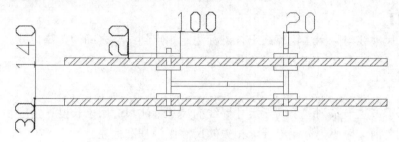

图 10-31　标注线性尺寸

（10）在命令行中输入QLEADER，设置文字高度为 70，进行文字标注。最终效果如图10-19所示。

【选项说明】

（1）指定尺寸线位置：用于确定尺寸线的位置。用户可移动鼠标选择合适的尺寸线位置，然后按 Enter 键或单击，AutoCAD 将自动测量被标注线段的长度并标注出相应的尺寸。

（2）多行文字（M）：用多行文字编辑器确定尺寸文本。

（3）文字（T）：用于在命令行提示下输入或编辑尺寸文本。选择该选项后，命令行提示与操作如下。

输入标注文字 < 默认值 >:

其中的"默认值"是 AutoCAD 自动测量得到的被标注线段的长度，直接按 Enter 键即可采用此长度值，也可输入其他数值代替默认值。当尺寸文本中包含默认值时，可使用尖括号"<>"表示默认值。

（4）角度（A）：用于确定尺寸文本的倾斜角度。

（5）水平（H）：水平标注尺寸，不论标注什么方向的线段，尺寸线总保持水平放置。

（6）垂直（V）：垂直标注尺寸，不论标注什么方向的线段，尺寸线总保持垂直放置。

（7）旋转（R）：输入尺寸线旋转的角度值，旋转标注尺寸。

10.2.2　对齐标注

对齐标注是指标注尺寸的尺寸线与两条尺寸界线起始点间的连线平行。

【执行方式】

➢ 命令行：DIMALIGNED（快捷命令：DAL）。

➢ 菜单栏：选择菜单栏中的"标注"→"对齐"命令。

➢ 工具栏：单击"标注"工具栏中的"对齐"按钮。

➢ 功能区：在"默认"选项卡中单击"注释"面板中的"对齐"按钮或在"注释"选项卡中单击"标注"面板中的"对齐"按钮。

【操作步骤】

命令：DIMALIGNED ✓
指定第一个尺寸界线原点或 < 选择对象 >：
指定第二条尺寸界线原点 ：
指定尺寸线位置或 [多行文字 (M) / 文字 (T) / 角度 (A)]：

【选项说明】

这种标注的尺寸线与所标注轮廓线平行，标注起始点到终点之间的距离尺寸。

10.2.3　基线标注

基线标注用于产生一系列基于同一尺寸界线的尺寸标注，适用于长度、角度和坐标标注。在使用基线标注方式之前，应该先标注出一个相关的尺寸作为基准标注。

【执行方式】

➥ 命令行：DIMBASELINE（快捷命令：DBA）。
➥ 菜单栏：选择菜单栏中的"标注"→"基线"命令。
➥ 工具栏：单击"标注"工具栏中的"基线"按钮 ⊟。
➥ 功能区：在"注释"选项卡中单击"标注"面板中的"基线"按钮 ⊟。

【操作步骤】

命令：DIMBASELINE ✓
指定第二个尺寸界线原点或 [选择 (S) / 放弃 (U)] < 选择 >：

【选项说明】

（1）指定第二条尺寸界线原点：直接确定另一个尺寸的第二条尺寸界线的起点，AutoCAD 以上次标注的尺寸为基准标注，标注出相应尺寸。

（2）选择（S）：在上述提示下直接按 Enter 键，命令行提示与操作如下。

选择基准标注 ：（选取作为基准的尺寸标注）

✍ 技巧

基线（或平行）和连续（或链）标注是一系列基于线性标注的连续标注，连续标注是指首尾相连的多个标注。在创建基线或连续标注之前，必须创建线性、对齐或角度标注。可从当前任务最近创建的标注中以增量方式创建基线标注。

10.2.4　连续标注

连续标注又称尺寸链标注，用于产生一系列连续的尺寸标注，后一个尺寸标注均把前一个标注的第二条尺寸界线作为它的第一条尺寸界线。这种标注方式适用于长度型尺寸、角度型尺寸和坐标标注。在使用连续标注方式之前，应该先标注出一个相关的尺寸。

【执行方式】

➥ 命令行：DIMCONTINUE（快捷命令：DCO）。
➥ 菜单栏：选择菜单栏中的"标注"→"连续"命令。
➥ 工具栏：单击"标注"工具栏中的"连续"按钮 ⊞。

➦ 功能区：在"注释"选项卡中单击"标注"面板中的"连续标注"按钮⊢⊬⊣。

【操作步骤】

命令：_dimcontinue
指定第二个尺寸界线原点或 [放弃 (U) / 选择 (S)] < 选择 >:

此提示下的各选项与基线标注中完全相同，此处不再赘述。

动手练——标注户型平面图尺寸

源文件：源文件\第10章\标注户型平面图尺寸.dwg
本练习标注如图10-32所示的户型平面图尺寸。

📝 思路点拨

（1）设置文字样式和标注样式。
（2）标注线性尺寸。
（3）标注连续尺寸。
（4）标注总尺寸。

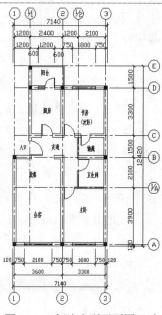

图 10-32 标注户型平面图尺寸

10.3 引线标注

利用 AutoCAD 提供的引线标注功能，不仅可以标注特定的尺寸，如圆角、倒角等，还可以实现在图中添加多行旁注、说明。在引线标注中，指引线可以是折线，也可以是曲线；指引线端部可以有箭头，也可以没有箭头。

10.3.1 一般引线标注

利用LEADER 命令可以创建灵活多样的引线标注形式。可根据需要把指引线设置为折线或曲线；指引线可带箭头，也可不带箭头；注释文本可以是多行文字，也可以是形位公差，或者从图形其他部位复制，还可以是一个图块。

【执行方式】
命令行：LEADER。

【操作步骤】

命令：LEADER
指定引线起点：（输入引线的起始点）
指定下一点：（输入引线的另一点）

【选项说明】

（1）指定下一点：直接输入一点，AutoCAD 根据前面的点画出折线作为指引线。

（2）注释（A）：输入注释文本，为默认项。在上面的提示下直接按 Enter 键，命令行提示与操作如下。

输入注释文字的第一行或 < 选项 >:

① 输入注释文字的第一行：在此提示下输入第一行文本后按Enter 键，可继续输入第二行文本。

如此反复执行，直到输入全部注释文本。然后在此提示下直接按 Enter 键，AutoCAD 会在指引线终端标注出所输入的多行文本，并结束 LEADER 命令。

② 直接按 Enter 键：如果在上面的提示下直接按 Enter 键，命令行提示与操作如下。

输入注释选项 [公差 (T)/ 副本 (C)/ 块 (B)/ 无 (N)/ 多行文字 (M)] < 多行文字 >:

选择一个注释选项，或直接按 Enter 键选择默认的"多行文字"选项。其中各选项的含义如下。

➥ 公差（T）：标注形位公差。
➥ 副本（C）：把已由 LEADER 命令创建的注释复制到当前指引线末端。

执行该选项，命令行提示与操作如下。

选择要复制的对象 :

在此提示下选取一个已创建的注释文本，则 AutoCAD 把它复制到当前指引线的末端。

➥ 块（B）：把已经定义好的图块插入到指引线的末端。

执行该选项，命令行提示与操作如下。

输入块名或 [?]:

在此提示下输入一个已定义好的图块名，AutoCAD 把该图块插入到指引线的末端；或者输入"？"列出当前已有图块，用户可从中选择。

➥ 无（N）：不进行注释，没有注释文本。
➥ 多行文字（M）：用多行文字编辑器标注注释文本并定制文本格式，为默认选项。

（3）格式（F）：确定指引线的形式。选择该选项，命令行提示与操作如下。

输入引线格式选项 [样条曲线 (S)/ 直线 (ST)/ 箭头 (A)/ 无 (N)] < 退出 >:
选择指引线形式，或直接按 Enter 键回到上一级提示

① 样条曲线（S）：设置指引线为样条曲线。
② 直线（ST）：设置指引线为折线。
③ 箭头（A）：在指引线的起始位置画箭头。
④ 无（N）：在指引线的起始位置不画箭头。
⑤ 退出：该选项为默认选项。选择该选项，退出"格式"选项，返回"指定下一点或 [注释 (A)/ 格式（F）/ 放弃（U）]< 注释 >:"提示，并且指引线形式按默认方式设置。

10.3.2 快速引线标注

利用 QLEADER 命令可快速生成指引线及注释，而且可以通过命令行优化对话框进行用户自定义，由此可以消除不必要的命令行提示，取得最高的工作效率。

【执行方式】
命令行：QLEADER。
【操作步骤】

命令 : QLEADER ✓
指定第一个引线点或 [设置 (S)] < 设置 >:

【选项说明】
（1）指定第一个引线点：在上面的提示下确定一点作为指引线的第一点，命令行提示与操作如下。

指定下一点 :（输入指引线的第二点）
指定下一点 :（输入指引线的第三点）

AutoCAD 提示用户输入的点的数目由"引线设置"对话框确定。输入完指引线的点后，命令行提示与操作如下。

指定文字宽度 <0.0000>:（输入多行文本的宽度）
输入注释文字的第一行 < 多行文字 (M)>:

此时，有两种命令输入选择，含义如下。

① 输入注释文字的第一行：在命令行输入第一行文本。

② 多行文字（M）：打开多行文字编辑器，输入并编辑多行文字。

直接按 Enter 键，结束 QLEADER 命令，并把多行文本标注在指引线的末端附近。

（2）设置（S）：直接按 Enter 键或输入S，在弹出的"引线设置"对话框中可以对引线标注进行设置。该对话框包含"注释""引线和箭头""附着"3 个选项卡，下面分别介绍。

① "注释"选项卡：用于设置引线标注中注释文本的类型、多行文字的格式并确定注释文本是否多次使用，如图 10-33 所示。

② "引线和箭头"选项卡：用于设置引线标注中指引线和箭头的形式，如图10-34所示。其中"点数"选项组用于设置执行 QLEADER 命令时 AutoCAD 提示用户输入点的数目。例如，设置点数为 3，执行 QLEADER 命令时当用户在提示下指定 3 个点后，AutoCAD 自动提示用户输入注释文本。注意，设置的点数要比用户希望的指引线的段数多 1。可利用微调框进行设置；如果选中

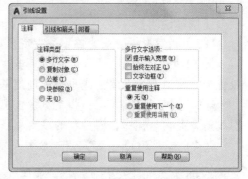

图 10-33 "注释"选项卡

"无限制"复选框，AutoCAD 会一直提示用户输入点直到连续按两次 Enter 键为止。"角度约束"选项组用于设置第一段和第二段指引线的角度约束。

③ "附着"选项卡：用于设置注释文本和指引线的相对位置，如图10-35所示。如果最后一段指引线指向右侧，系统自动把注释文本放在右侧；反之，放在左侧。利用该选项卡左侧和右侧的单选按钮分别设置位于左侧和右侧的注释文本与最后一段指引线的相对位置，二者可相同也可不同。

图 10-34 "引线和箭头"选项卡

图 10-35 "附着"选项卡

10.3.3 多重引线

多重引线可创建为箭头优先、引线基线优先或内容优先。

【执行方式】
- 命令行：MLEADER。
- 菜单栏：选择菜单栏中的"标注"→"多重引线"命令。
- 工具栏：单击"多重引线"工具栏中的"多重引线"按钮 。
- 功能区：在"默认"选项卡中单击"注释"面板中的"多重引线"按钮 。

【操作步骤】

命令：_mleader
指定引线箭头的位置或 [引线基线优先 (L)/内容优先 (C)/选项 (O)] <选项>：
指定引线箭头的位置：

【选项说明】

（1）指定引线箭头的位置：指定多重引线对象箭头的位置。

（2）引线基线优先（L）：指定多重引线对象的基线位置。如果先前绘制的多重引线对象是基线优先，则后续的多重引线也将先创建基线（除非另外指定）。

（3）内容优先（C）：指定与多重引线对象相关联的文字或图块的位置。如果先前绘制的多重引线对象是内容优先，则后续的多重引线对象也将先创建内容（除非另外指定）。

（4）选项（O）：指定用于放置多重引线对象的选项。输入O后，命令行提示与操作如下。

输入选项 [引线类型 (L)/ 引线基线 (A)/ 内容类型 (C)/ 最大节点数 (M)/ 第一个角度 (F)/ 第二个角度 (S)/ 退出选项 (X)] < 退出选项 >：

① 引线类型（L）：指定要使用的引线类型。
② 引线基线（A）：指定是否添加水平基线。如果输入"是"，将提示用户设置基线长度。
③ 内容类型（C）：指定要使用的内容类型。
④ 最大节点数（M）：指定新引线的最大节点数。
⑤ 第一个角度（F）：约束新引线中第一个点的角度。
⑥ 第二个角度（S）：约束新引线中第二个点的角度。
⑦ 退出选项（X）：返回到第一个 MLEADER 命令提示。

扫一扫，看视频

10.4 综合演练——标注别墅平面图尺寸

调用素材：源文件\第 10 章\别墅平面图.dwg
源文件：源文件\第 10 章\标注别墅平面图尺寸.dwg
本实例标注的别墅平面图尺寸如图10-36所示。

10.4.1 绘图准备

在标注别墅平面图尺寸之前，首先要绘制或打开源文件中的别墅平面图。

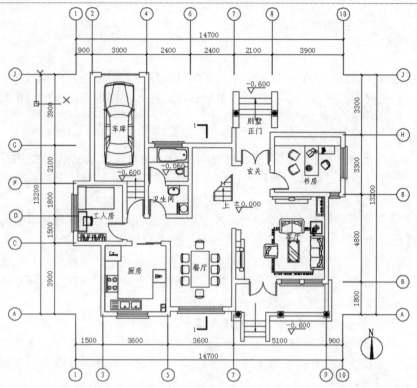

图 10-36　标注别墅平面图尺寸

【操作步骤】

（1）打开资源包中的"源文件\第10章\别墅平面图.dwg"文件，如图10-37所示。

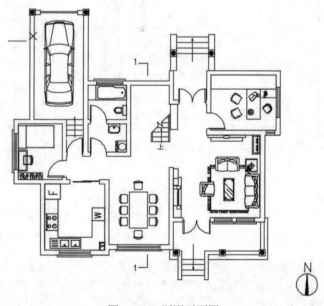

图 10-37　别墅平面图

（2）单击快速访问工具栏中的"另保存"按钮 ，将图形以"标注别墅平面图尺寸.dwg"文件名保存在指定的路径中。

10.4.2 轴线编号

在平面形状比较简单或对称的房屋中，平面图的轴线编号一般标注在图形的下方及左侧。对于比较复杂或不对称的房屋，图形上方和右侧也可以标注。在本实例中，由于平面形状不对称，因此需要在上、下、左、右 4 个方向均标注轴线编号。

【操作步骤】

（1）在"默认"选项卡中单击"图层"面板中的"图层特性"按钮，在弹出的"图层特性管理器"选项板中打开"标注"图层，使其保持可见；打开"轴线"图层；创建"轴线编号"图层，保持属性默认设置，并将其设置为当前图层。

（2）在"默认"选项卡中单击"绘图"面板中的"直线"按钮／，以轴线端点为绘制直线的起点，竖直向下绘制长为 3000mm 的短直线，完成第一条轴线延长线的绘制。

（3）在"默认"选项卡中单击"绘图"面板中的"圆"按钮，以已绘的轴线延长线端点作为圆心，绘制半径为 350mm 的圆。然后，在"默认"选项卡中单击"修改"面板中的"移动"按钮，向下移动所绘圆，移动距离为 350mm，如图10-38所示。

（4）重复上述步骤，完成其他轴线延长线及编号圆的绘制。

（5）在"默认"选项卡中单击"注释"面板中的"多行文字"按钮Ａ，设置文字样式为"宋体"，文字高度为 300；在每个轴线端点处的圆内输入相应的轴线编号，如图 10-39 所示。

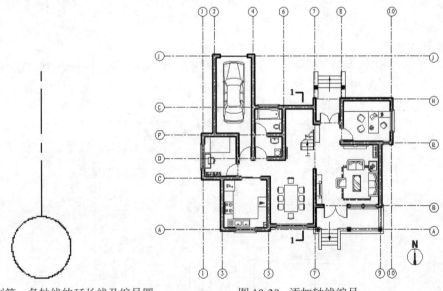

图 10-38　绘制第一条轴线的延长线及编号圆　　　　图 10-39　添加轴线编号

📢 注意

在平面图中，水平方向的轴线编号用阿拉伯数字从左向右依次编写；垂直方向的编号用大写英文字母自下而上顺次编写。需要注意的是，I、O 及 Z 3 个字母不得用作轴线编号，以免与数字 1、0 及 2 混淆。

如果相邻两条轴线间距较小而导致其编号出现重叠，可以通过"移动"命令将这两条轴线的编号分别向两侧移动少许距离。

10.4.3 平面标高

建筑物中的某一部分与所确定的标准基点的高度差称为该部位的标高,在图样中通常用标高符号结合数字来表示。建筑制图标准规定,标高符号应以直角等腰三角形表示,如图10-40所示。

【操作步骤】

(1)将"标注"图层设置为当前图层。

(2)在"默认"选项卡中单击"绘图"面板中的"矩形"按钮□,绘制边长为 350mm 的正方形。

(3)在"默认"选项卡中单击"修改"面板中的"旋转"按钮↺,将正方形旋转 45°;然后在"默认"选项卡中单击"绘图"面板中的"直线"按钮╱,连接正方形左右两个端点,绘制水平对角线。

(4)单击水平对角线,将十字光标移动其右端点处单击,将夹点激活(此时,夹点呈红色),然后向右移动鼠标,在命令行中输入600后按 Enter 键,完成绘制。在"默认"选项卡中单击"修改"面板中的"修剪"按钮✂,对多余线段进行修剪。

(5)在"默认"选项卡中单击"修改"面板中的"移动"按钮✥,将标高符号放置到平面图中需要标高的位置。

(6)在"默认"选项卡中单击"注释"面板中的"多行文字"按钮A,设置字体为"宋体",文字高度为 300,在标高符号的长直线上方添加具体的标注数值。

如图10-41所示为台阶处室外地面标高。

图 10-40 标高符号

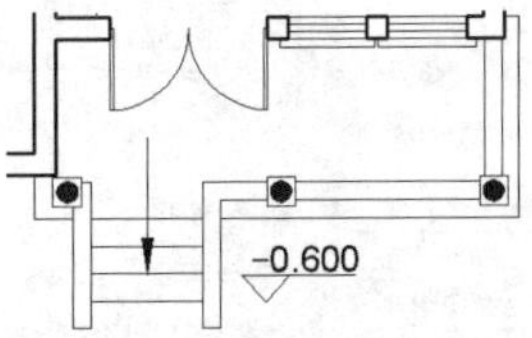

图 10-41 台阶处室外标高

🔊 **注意**

一般来说,在平面图上绘制的标高反映的是相对标高,而不是绝对标高。绝对标高指的是以我国山东省青岛市附近的黄海海平面作为零点面测定的高度尺寸。

通常情况下,室内标高要高于室外标高,主要使用房间标高要高于卫生间、阳台标高。在绘图中,常见的是将建筑首层室内地面的高度设为零点,标作 ±0.000;低于此高度的建筑部位标高值为负值,在标高数字前加"-"号;高于此高度的部位标高值为正值,标高数字前不加任何符号。

10.4.4 尺寸标注

本实例中采用的尺寸标注分两道,一道为各轴线之间的距离,另一道为平面总长度或总宽度。

【操作步骤】

(1)将"标注"图层设置为当前图层。选择菜单栏中的"格式"→"标注样式"命令,打开"标注样式管理器"对话框,如图10-42所示。单击"新建"按钮,打开"创建新标注样式"对话框,在"新样式名"文本框中输入"平面标注",如图10-43所示。

(2)单击"继续"按钮,打开"新建标注样式:平面标注"对话框,并进行以下设置。

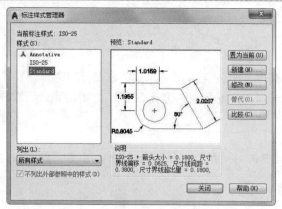

图 10-42　"标注样式管理器"对话框

图 10-43　"创建新标注样式"对话框

① 选择"线"选项卡，在"基线间距"微调框中输入200，在"超出尺寸线"微调框中输入200，在"起点偏移量"微调框中输入300，如图10-44所示。

② 选择"符号和箭头"选项卡，在"箭头"选项组的"第一个"和"第二个"下拉列表框中均选择"建筑标记"，在"引线"下拉列表框中选择"实心闭合"，在"箭头大小"微调框中输入250，如图10-45所示。

图 10-44　"线"选项卡

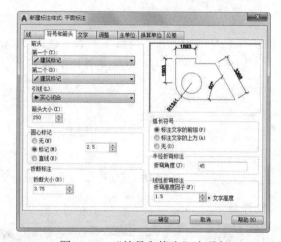

图 10-45　"符号和箭头"选项卡

③ 选择"文字"选项卡，在"文字外观"选项组的"文字高度"微调框中输入300，如图10-46所示。

④ 选择"主单位"选项卡，在"精度"下拉列表框中选择 0，其他选项默认，如图10-47所示。

⑤ 单击"确定"按钮，回到"标注样式管理器"对话框。在"样式"列表框中激活"平面标注"标注样式，单击"置为当前"按钮。单击"关闭"按钮，完成标注样式的设置。

（3）在"注释"选项卡中单击"标注"面板中的"线性"按钮 ┣┫ 和"连续"按钮 ┣┼┫ ，标注相邻两轴线之间的距离。

（4）在"注释"选项卡中单击"标注"面板中的"线性"按钮 ┣┫ ，在已绘制的尺寸标注的外侧，对建筑平面横向和纵向的总长度进行尺寸标注。

（5）完成尺寸标注后，在"默认"选项卡中单击"图层"面板中的"图层特性"按钮 ，在弹出的"图层特性管理器"选项板中关闭"轴线"图层，效果如图10-48所示。

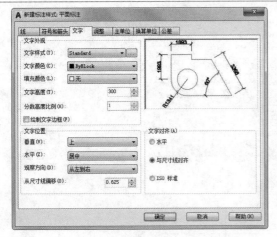

图 10-46 "文字"选项卡

图 10-47 "主单位"选项卡

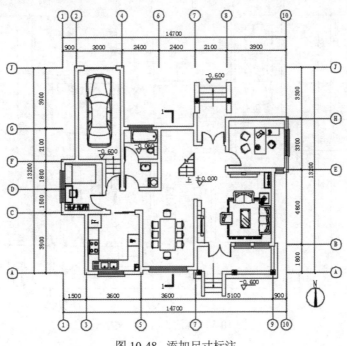

图 10-48 添加尺寸标注

10.4.5 文字标注

在平面图中，各房间的功能用途可以用文字进行标识。

【操作步骤】

（1）将"文字"图层设置为当前图层。在"默认"选项卡中单击"注释"面板中的"多行文字"按钮 **A**，在平面图中指定文字插入位置后，打开"文字编辑器"选项卡，如图10-49所示。在该选项卡中设置文字样式为 Standard，字体为"宋体"，文字高度为 300。

（2）在文字编辑器中输入文字"厨房"，并拖动"宽度控制"滑块来调整文本框的宽度，然后单击绘图区空白处任意位置，完成该处的文字标注。

文字标注结果如图10-50所示。

图 10-49 "文字编辑器"选项卡

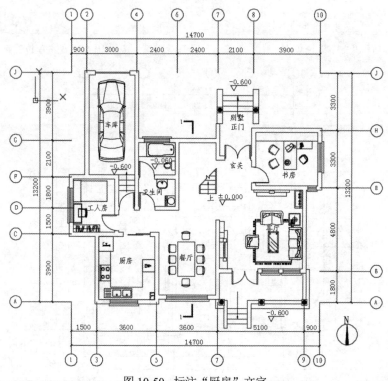

图 10-50 标注"厨房"文字

10.5 模拟认证考试

1. 如果选择的比例因子为 2，则长度为 50 的直线将被标注为（　　　）。

    A．100　　　　　　　　　　　　　　　　B．50

    C．25　　　　　　　　　　　　　　　　D．询问，然后由设计者指定

2. 图和已标注的尺寸同时放大 2 倍，其结果是（　　　）。

    A．尺寸值是原尺寸的 2 倍　　　　　　B．尺寸值不变，字高是原尺寸的 2 倍

    C．尺寸箭头是原尺寸的 2 倍　　　　　D．原尺寸不变

3. 将尺寸标注对象如尺寸线、尺寸界线、箭头和文字作为单一的对象，必须将下面（　　　）变量设置为 ON。

    A. DIMON   B. DIMASZ   C. DIMASO   D. DIMEXO

4. 不能作为多重引线线型的是：（   ）。

    A. 直线   B. 多段线   C. 样条曲线   D. 以上均可以

5. 新建一个标注样式，此标注样式的基准标注为（   ）。

    A. ISO-25   B. 当前标注样式

    C. 应用最多的标注样式   D. 命名最靠前的标注样式

6. 标注如图10-51所示的图形 1。

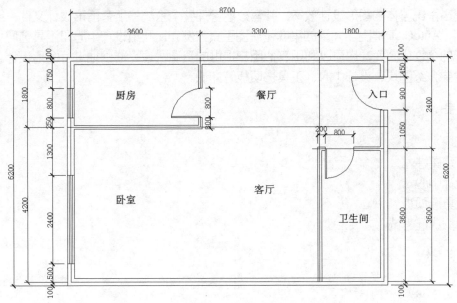

图 10-51　图形 1

7. 标注如图10-52所示的图形 2。

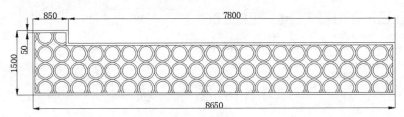

图 10-52　图形 2

第11章 辅助绘图工具

内容简介

为了提高系统整体的图形设计效率，并有效地管理整个系统的所有图形设计文件，经过不断的探索和完善，AutoCAD推出了大量的集成化绘图工具。例如，利用设计中心和工具选项板，用户可以建立自己的个性化图库，也可以利用其他用户提供的资源快速、准确地进行图形设计。

本章主要介绍图块、设计中心、工具选项板等知识。

内容要点

- 图块
- 图块属性
- 设计中心
- 工具选项板
- 模拟认证考试

案例效果

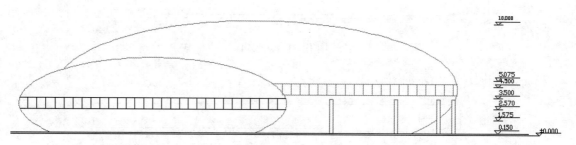

11.1 图　块

图块又称块，是由一组图形对象组成的集合。一组对象一旦被定义为图块，它们将成为一个整体，选中图块中任意一个图形对象即可选中构成该图块的所有对象。AutoCAD 把一个图块作为一个对象进行编辑、修改等操作。用户可根据绘图需要把图块插入到图中指定的位置，在插入时还可以指定不同的缩放比例和旋转角度。如果需要对组成图块的单个图形对象进行修改，可以利用"分解"命令把图块炸开，将其分解成若干个对象。图块还可以重新定义，一旦被重新定义，整个图中基于该块的对象都将随之改变。

11.1.1 定义图块

将图形创建为一个整体，使之形成图块，可以在作图时方便、快速地插入同样的图形。不过这个块只相对于当前图纸，其他图纸不能插入此块。

【执行方式】

➥ 命令行：BLOCK（快捷命令：B）。

➥ 菜单栏：选择菜单栏中的"绘图"→"块"→"创建"命令。

➥ 工具栏：单击"绘图"工具栏中的"创建块"按钮⊡。

➥ 功能区：在"默认"选项卡中单击"块"面板中的"创建"按钮⊡或在"插入"选项卡中单击"块定义"面板中的"创建块"按钮⊡。

动手学——指北针图块

源文件：源文件\第 11 章\指北针图块.dwg

本实例绘制一个指北针图块，如图11-1所示。其中运用二维绘图及编辑命令绘制指北针，利用"写块"命令将其定义为图块。

【操作步骤】

（1）在"默认"选项卡中单击"绘图"面板中的"圆"按钮⊙，绘制一个直径为 24 的圆。

（2）在"默认"选项卡中单击"绘图"面板中的"直线"按钮╱，绘制圆的竖直直径，如图11-2所示。

（3）在"默认"选项卡中单击"修改"面板中的"偏移"按钮⊆，使直径向左右两边各偏移1.5，如图11-3所示。

（4）在"默认"选项卡中单击"修改"面板中的"修剪"按钮▼，选取圆作为修剪边界，修剪偏移后的直线。

（5）在"默认"选项卡中单击"绘图"面板中的"直线"按钮╱，绘制直线，如图11-4所示。

图 11-1 指北针图块

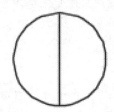
图 11-2 绘制竖直直线

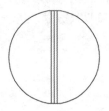
图 11-3 偏移直线

图 11-4 绘制直线

（6）在"默认"选项卡中单击"修改"面板中的"删除"按钮 ✍，删除多余直线。

（7）在"默认"选项卡中单击"绘图"面板中的"图案填充"按钮▨，打开"图案填充创建"选项卡，单击"图案填充图案"按钮，在弹出的下拉列表框中选择 SOLID 图案，选择指针作为图案填充对象进行填充，结果如图11-1所示。

（8）在"默认"选项卡中单击"块"面板中的"创建块"按钮⊡或输入 BLOCK 命令，打开"块定义"对话框，如图11-5所示。单击"拾取点"按钮⊡，拾取图11-1所示指北针的圆心，以圆心为基点；单击"选择对象"按钮⊹，拾取图11-1所示图形为对象；输入图块名称"指北针"，单击"确定"按钮，完成图块定义。

图 11-5 "块定义"对话框

【选项说明】

（1）"基点"选项组：确定图块的基点。默认值是（0，0，0），也可以在下面的 X、Y、Z 文本框中输入块的基点坐标值。单击"拾取点"按钮，系统临时切换到绘图区，在绘图区中选择一点后，返回"块定义"对话框中，把选择的点作为图块的放置基点。

（2）"对象"选项组：用于选择制作图块的对象，以及设置图块对象的相关属性。将图11-6（a）所示的正五边形定义为图块，选中"删除"单选按钮后的结果如图11-6（b）所示，选中"保留"单选按钮后的结果如图11-6（c）所示。

（3）"设置"选项组：指定从 AutoCAD 设计中心拖动图块时用于测量图块的单位，以及缩放、分解和超链接等设置。

（4）"在块编辑器中打开"复选框：选中该复选框，可以在块编辑器中定义动态块，后文将详细介绍。

（5）"方式"选项组：指定块的行为。其中，"注释性"复选框指定在图纸空间中块参照的方向与布局方向匹配；"按统一比例缩放"复选框指定是否阻止块参照不按统一比例缩放；"允许分解"复选框指定块参照是否可以被分解。

（a）将正五边形定义　　（b）选中"删除"单选　　（c）选中"保留"单选
　　　为图块　　　　　　　　　按钮后　　　　　　　　按钮后

图 11-6 设置图块对象

11.1.2 图块的存盘

利用 BLOCK 命令定义的图块保存在其所属的图形当中，该图块只能在该图形中插入，而不能插入到其他的图形中，但是有些图块在许多图形中要经常用到，这时可以用 WBLOCK 命令把图块以图形文件的形式（后缀为 .dwg）写入磁盘。图形文件可以在任意图形中用 INSERT 命令插入。

【执行方式】

↘ 命令行：WBLOCK（快捷命令：W）。

↘ 功能区：在"插入"选项卡中单击"块定义"面板中的"写块"按钮。

动手学——椅子图块

源文件：源文件\第11章\椅子图块.dwg

本实例绘制的椅子图块如图11-7所示。其中运用二维绘图及编辑命令绘制椅子，利用"写块"命令将其定义为图形文件。

【操作步骤】

（1）绘制椅子。

① 在"默认"选项卡中单击"绘图"面板中的"直线"按钮 ╱，过（120,0）→（@-120,0）→（@0,500）→（@120,0）→（@0,- 500）→（@500,0）→（@0,500）→（@-500,0）绘制轮廓线，结果如图11-8所示。

② 在"默认"选项卡中单击"绘图"面板中的"直线"按钮 ╱，过（10,10）→（@600,0）→（@0,480）→（@-600,0）→（c）绘制直线；在"默认"选项卡中单击"绘图"面板中的"直线"按钮 ╱，过（130,10）→（@0,480）绘制直线，结果如图11-9所示。

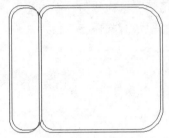
图 11-7　椅子图块

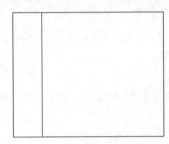
图 11-8　绘制轮廓线

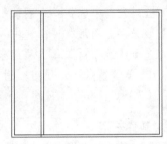
图 11-9　绘制直线

③ 在"默认"选项卡中单击"修改"面板中的"圆角"按钮 ╭，设置右上角与右下角圆角半径为 90，其余圆角半径为 50，进行圆角处理，结果如图11-10所示。

④ 在"默认"选项卡中单击"修改"面板中的"直线"按钮 ╱和"圆角"按钮 ╭，在适当位置绘制两条水平直线，并将剩余图形进行圆角处理（圆角半径为 50），修剪多余的线段，结果如图11-11所示。

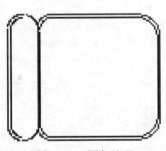
图 11-10　圆角处理

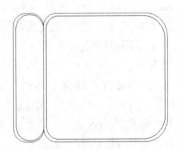
图 11-11　修剪图形

（2）保存图块。

在"插入"选项卡中单击"块定义"面板中的"写块"按钮 ⬛ 或输入 WBLOCK 命令，打开"写块"对话框，如图11-12所示。单击"拾取点"按钮 ⬛，拾取任意一点为基点；单击"选择对象"按钮 ✛，拾取图11-7所示图形为对象；输入图块名称"椅子"并指定路径，单击"确定"按钮，保存图块。

图 11-12 "写块"对话框

【选项说明】

（1）"源"选项组：确定要保存为图形文件的图块或图形对象。选中"块"单选按钮，在右侧的下拉列表框中选择一个图块，将其保存为图形文件；选中"整个图形"单选按钮，则把当前的整个图形保存为图形文件；选中"对象"单选按钮，则把不属于图块的图形对象保存为图形文件。对象的选择通过"对象"选项组来完成。

（2）"基点"选项组：用于选择图形。

（3）"目标"选项组：用于指定图形文件的名称、保存路径和插入单位。

✍ 教你一招

创建图块与写块的区别如下。

创建的图块是内部图块，在一个文件内定义的图块，可以在该文件内部自由作用。内部图块一旦被定义，它就和文件同时被存储和打开。写块是外部图块，将"块"以主文件的形式写入磁盘，其他图形文件也可以使用它。要注意这是外部图块和内部图块的一个重要区别。

11.1.3 图块的插入

在 AutoCAD 绘图过程中，可根据需要随时把已经定义好的图块或图形文件插入到当前图形的任意位置。在插入的同时，还可以改变图块的大小、旋转一定的角度或把图块炸开等。插入图块的方法有多种，本小节将逐一进行介绍。

【执行方式】

➥ 命令行：INSERT（快捷命令：I）。

➥ 菜单栏：选择菜单栏中的"插入"→"块"命令。

➥ 工具栏：单击"插入点"工具栏中的"插入块"按钮 或"绘图"工具栏中的"插入块"按钮 。

➥ 功能区：在"默认"选项卡中单击"块"面板中的"插入"下拉菜单或在"插入"选项卡中单击"块"面板中的"插入"下拉菜单，如图11-13所示。

图 11-13 "插入"下拉菜单

【操作步骤】

执行上述操作后，下拉菜单中选择"其他图形中的块…"，打开"块"选项板，如图 11-14 所示。利用该选项板设置插入点位置、插入比例及旋转角度可以指定要插入的图块及插入的位置。

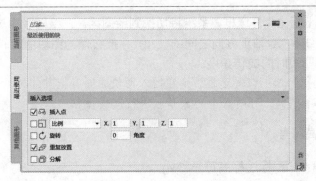

图 11-14 "块"选项板

【选项说明】

（1）"路径"选项组：指定块的路径。

（2）"插入点"选项组：指定插入点，插入图块时该点与图块的基点重合。可以在绘图区指定该点，也可以在下面的文本框中输入坐标值。

（3）"比例"选项组：确定插入图块时的缩放比例。图块被插入到当前图形中时，可以以任意比例放大或缩小。如图11-15（a）所示是被插入的图块，如图11-15（b）所示为按比例系数 1.5 插入该图块的结果，如图11-15（c）所示为按比例系数 0.5 插入该图块的结果。X轴方向和Y轴方向的比例系数也可以取不同的值，如插入的图块X轴方向的比例系数为 1，Y轴方向的比例系数为 1.5，如图11-15（d）所示。另外，比例系数还可以是一个负值，表示插入图块的镜像，其效果如图11-16 所示。

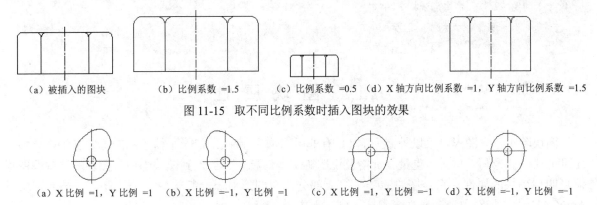

（a）被插入的图块　　　　（b）比例系数 =1.5　　　（c）比例系数 =0.5　（d）X 轴方向比例系数 =1，Y 轴方向比例系数 =1.5

图 11-15 取不同比例系数时插入图块的效果

（a）X 比例 =1，Y 比例 =1　（b）X 比例 =-1，Y 比例 =1　（c）X 比例 =1，Y 比例 =-1　（d）X 比例 =-1，Y 比例 =-1

图 11-16 比例系数取负值时插入图块的效果

（4）"旋转"选项组：指定插入图块时的旋转角度。图块被插入到当前图形中时，可以绕其基点旋转一定的角度，角度可以是正数（表示沿逆时针方向旋转），也可以是负数（表示沿顺时针方向旋转）。图块未旋转时如图11-17（a）所示，图块旋转 30° 后插入的效果如图11-17（b）所示，图块旋转 -30° 后插入的效果如图11-17（c）所示。

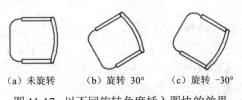

（a）未旋转　　（b）旋转 30°　　（c）旋转 -30°

图 11-17 以不同旋转角度插入图块的效果

227

如果选中"在屏幕上指定"复选框，系统将切换到绘图区。在绘图区中选择一点，AutoCAD 自动测量插入点与该点连线和 X 轴正方向之间的夹角，并把它作为图块的旋转角。也可以在"角度"文本框中直接输入插入图块时的旋转角度。

（5）"分解"复选框：选中该复选框，则在插入图块的同时把其炸开。此时插入到图形中的组成图块的对象不再是一个整体，可对每个对象单独进行编辑操作。

动手练——标注标高符号

源文件：源文件\第 11 章\标注标高符号.dwg

本练习标注如图11-18所示标高符号。

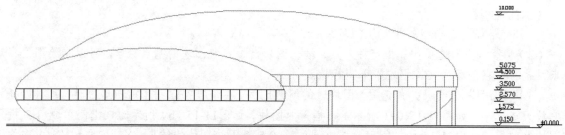

图 11-18　标注标高符号

思路点拨

（1）利用"直线"命令绘制标高符号。
（2）利用"写块"命令创建标高图块。
（3）利用"插入"→"块"命令插入标高图块。
（4）利用"多行文字"命令输入标高数值。

11.2　图块属性

图块除了包含图形对象以外，还可以具有非图形信息。例如，把一个椅子的图形定义为图块后，还可把椅子的号码、材料、重量、价格及说明等文本信息一并加入到图块当中。图块的这些非图形信息叫作图块的属性。它是图块的一个组成部分，与图形对象一起构成一个整体，在插入图块时AutoCAD 把图形对象连同属性一起插入到图形中。

11.2.1　定义图块属性

属性是将数据附着到图块上的标签或标记。属性中可能包含的数据包括零件编号、价格、注释和物主的名称等。

【执行方式】

- 命令行：ATTDEF（快捷命令：ATT）。
- 菜单栏：选择菜单栏中的"绘图"→"块"→"定义属性"命令。
- 功能区：在"默认"选项卡中单击"块"面板中的"定义属性"按钮 或在"插入"选项卡中单击"块定义"面板中的"定义属性"按钮。

动手学——定义轴号图块属性

源文件：源文件\第 11 章\定义轴号图块属性.dwg

【操作步骤】

（1）在"默认"选项卡中单击"绘图"面板中的"构造线"按钮 ，绘制一条水平构造线和一条竖直构造线，组成"十"字构造线，如图11-19所示。

（2）在"默认"选项卡中单击"修改"面板中的"偏移"按钮 ，将水平构造线连续向上偏移，偏移后相邻直线间的距离分别为 1200mm、3600mm、1800mm、2100mm、1900mm、1500mm、1100mm、1600mm 和 1200mm，得到水平方向的辅助线；将竖直构造线连续向右偏移，偏移后相邻直线间的距离分别为 900mm、1300mm、3600mm、600mm、900mm、3600mm、3300mm 和 600mm，得到竖直方向的辅助线。

（3）在"默认"选项卡中单击"修改"面板中的"修剪"按钮 ，修剪轴线，如图11-20所示。

图 11-19 绘制"十"字构造线

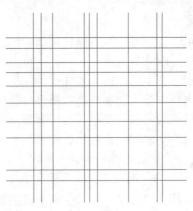

图 11-20 绘制轴线网

（4）在"默认"选项卡中单击"绘图"面板中的"圆"按钮 ，在适当位置绘制一个半径为900 的圆，如图11-21所示。

（5）在"默认"选项卡中单击"块"面板中的"定义属性"按钮 ，打开"属性定义"对话框，按图11-22所示进行设置后，单击"确定"按钮，在圆心位置输入一个图块的属性值。

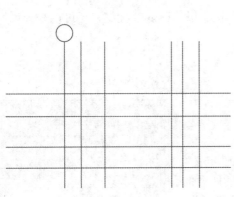

图 11-21 绘制圆

图 11-22 图块属性定义

【选项说明】

（1）"模式"选项组：用于确定属性的模式。

①"不可见"复选框：选中该复选框，属性处于不可见模式，即插入图块并输入属性值后，属性值在图中并不显示出来。

②"固定"复选框：选中该复选框，属性值为常量，即属性值在属性定义时给定，在插入图块时系统不再提示输入属性值。

③"验证"复选框：选中该复选框，当插入图块时，系统重新显示属性值提示用户验证该值是否正确。

④"预设"复选框：选中该复选框，当插入图块时，系统自动把事先设置好的默认值赋予属性，而不再提示输入属性值。

⑤"锁定位置"复选框：锁定图块参照中属性的位置。解锁后，属性可以相对于使用夹点编辑图块的其他部分移动，并且可以调整多行文字属性的大小。

⑥"多行"复选框：选中该复选框，可以指定属性值包含多行文字，可以指定属性的边界宽度。

（2）"属性"选项组：用于设置属性值。在每个文本框中，AutoCAD 允许输入不超过 256 个字符。

①"标记"文本框：输入属性标签。属性标签可由除空格和感叹号以外的所有字符组成，系统自动把小写字母改为大写字母。

②"提示"文本框：输入属性提示。属性提示是指插入图块时系统要求输入属性值的提示。如果不在此文本框中输入文字，则以属性标签作为提示。如果在"模式"选项组中选中"固定"复选框，即设置属性为常量，则不需要设置属性提示。

③"默认"文本框：设置默认的属性值。可把使用次数较多的属性值作为默认值，也可不设置默认值。

（3）"插入点"选项组：用于确定属性文本的位置。可以在插入时由用户在图形中确定属性文本的位置，也可在 X、Y、Z 文本框中直接输入属性文本的位置坐标。

（4）"文字设置"选项组：用于设置属性文本的对齐方式、文字样式、字高、文字高度和旋转角度等。

（5）"在上一个属性定义下对齐"复选框：选中该复选框表示把属性标签直接放在前一个属性的下面，而且该属性继承前一个属性的文字样式、文字高度、旋转角度等特性。

11.2.2 修改属性的定义

在定义图块之前，可以对属性的定义加以修改。不仅可以修改属性标签，还可以修改属性提示和属性默认值。

【执行方式】

➤ 命令行：DDEDIT。

➤ 菜单栏：选择菜单栏中的"修改"→"对象"→"文字"→"编辑"命令。

【操作步骤】

执行上述操作后，选择定义的图块，打开"编辑属性定义"对话框，如图11-23所示。在该对话框中列出了要修改的属性的"标记""提示"及"默认"，可在各文本框中对各项进行修改。

图11-23 "编辑属性定义"对话框

11.2.3 图块属性编辑

当属性被定义到图块中，甚至图块被插入到图形中之后，用户还可以对图块属性进行编辑。利用 ATTEDIT 命令不仅可以修改属性值，而且可以对属性的位置、文本等其他设置进行编辑。

【执行方式】
- 命令行：ATTEDIT（快捷命令：ATE）。
- 菜单栏：选择菜单栏中的"修改"→"对象"→"属性"→"单个"命令。
- 工具栏：单击"修改 II"工具栏中的"编辑属性"按钮 ☙。
- 功能区：在"默认"选项卡中单击"块"面板中的"编辑属性"按钮 ☙。

动手学——编辑轴号图块属性并标注

调用素材：源文件\第 11 章\定义轴号图块属性.dwg
源文件：源文件\第 11 章\编辑轴号图块属性并标注.dwg
本实例标注如图11-24所示的轴号。

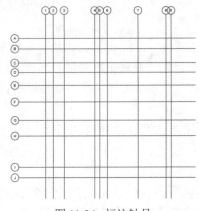

图 11-24 标注轴号

【操作步骤】

（1）在"默认"选项卡中单击"块"面板中的"创建块"按钮 ☐，打开"块定义"对话框，如图11-25所示。在"名称"文本框中输入"轴号"，指定圆心为基点；选择整个圆和刚才的"轴号"标记为对象，如图11-26所示。单击"确定"按钮，打开如图11-27所示的"编辑属性"对话框，设置轴号为"1"，单击"确定"按钮，轴号效果如图11-28所示。

图 11-25 "块定义"对话框

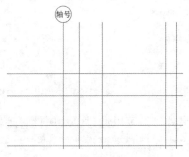

图 11-26 在圆心位置写入属性值

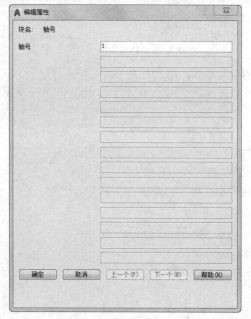

图 11-27 "编辑属性"对话框

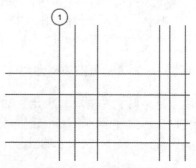

图 11-28 输入轴号

（2）在"默认"选项卡中单击"块"面板中"插入块"下拉菜单中的"最近使用的块"选项，打开如图11-29所示的"块"选项板，在"最近使用的块"选项中选择"轴号"图块，将轴号图块插入到轴线上。打开"编辑属性"对话框修改图块属性，结果如图11-24所示。

【选项说明】

"编辑属性"对话框中列出了所选图块中包含的前 8 个属性的值，用户可对这些属性值进行修改。如果该图块中还有其他的属性，可单击"上一个"按钮和"下一个"按钮对它们进行观察和修改。

当用户通过菜单栏或工具栏编辑属性时，系统打开"增强属性编辑器"对话框，如图11-30所示。在该对话框中不仅可以编辑属性值，还可以编辑属性的文字选项和图层、线型、颜色等特性值。

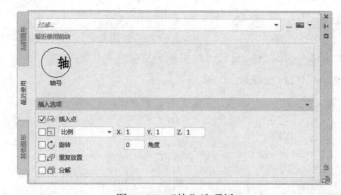

图 11-29 "块"选项板

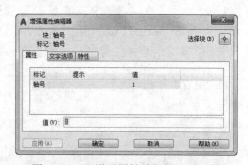

图 11-30 "增强属性编辑器"对话框

另外，还可以通过"块属性管理器"对话框来编辑属性。在"默认"选项卡中单击"块"面板中的"块属性管理器"按钮 🖳，打开"块属性管理器"对话框，如图11-31所示。单击"编辑"按钮，在弹出的"编辑属性"对话框中可以编辑属性，如图11-32所示。

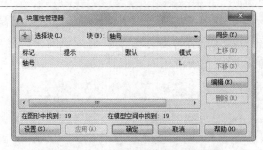

图 11-31 "块属性管理器"对话框   图 11-32 "编辑属性"对话框

动手练——标注带属性的标高符号

源文件：源文件\第 11 章\标注带属性的标高符号.dwg
本练习标注如图11-33所示标高符号。

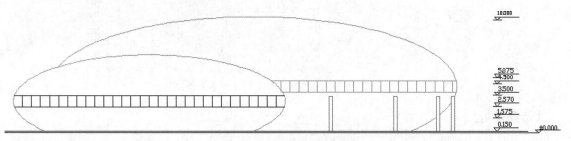

图 11-33 标注带属性标高符号

✎ **思路点拨**

（1）利用"直线"命令绘制标高符号。
（2）利用"定义属性"命令和"写块"命令创建标高图块。
（3）利用"插入"→"块"命令插入标高图块并输入属性值。

11.3 设 计 中 心

通过 AutoCAD 设计中心可以很容易地组织设计内容，并把它们拖动到自己的图形中。可以使用 AutoCAD 设计中心窗口的内容显示框来观察用 AutoCAD 设计中心资源管理器所浏览资源的细目。

【执行方式】
➥ 命令行：ADCENTER（快捷命令：ADC）。
➥ 菜单栏：选择菜单栏中的"工具"→"选项板"→"设计中心"命令。
➥ 工具栏：单击"标准"工具栏中的"设计中心"按钮▦。
➥ 功能区：在"视图"选项卡中单击"选项板"面板中的"设计中心"按钮▦。
➥ 快捷键：Ctrl+2。

【操作步骤】
执行上述操作后，打开 DESIGNCENTER（设计中心）选项板，如图11-34所示。第一次启动设计中心时，默认打开的选项卡为"文件夹"选项卡。在该选项卡中，左侧为 AutoCAD 设计中心的资源管理器——"文件夹列表"窗格；右侧为内容显示区，其中上方列表框为文件显示框，中间窗格为图形预览显示框，下方窗格为说明文本显示框。在资源管理器中显示了文件夹列表的树形结构；浏览资源的同时，在内容显示区将以大图标的形式显示所浏览资源的有关细目或内容。

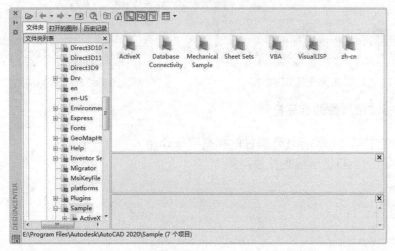

图 11-34　DESIGNCENTER（设计中心）选项板

【选项说明】

可以利用鼠标拖动边框的方法来改变 AutoCAD 设计中心资源管理器和内容显示区及 AutoCAD 绘图区的大小，但内容显示区的最小尺寸应能显示两列大图标。

如果要改变 AutoCAD 设计中心的位置，可以按住鼠标左键拖动，松开鼠标左键后，AutoCAD 设计中心便处于当前位置；到达新位置后，仍可用鼠标改变各窗格的大小。此外，还可以通过设计中心边框左上方的"自动隐藏"按钮来自动隐藏设计中心。

✍ **教你一招**

利用设计中心插入图块。

在利用 AutoCAD 绘制图形时，可以将图块插入到图形中。将一个图块插入到图形中时，块定义就被复制到图形数据库中。在一个图块被插入图形之后，如果原来的图块被修改，则插入到图形当中的图块也随之改变。

当其他命令正在执行时，不能插入图块到图形当中。例如，如果在插入块时，命令行正在执行一个命令，此时光标将变成一个带斜线的圆，提示操作无效。另外，一次只能插入一个图块。

AutoCAD 设计中心提供了两种插入图块的方法："利用鼠标指定比例和旋转方式"与"精确指定坐标、比例和旋转角度方式"。

1．利用鼠标指定比例和旋转方式插入图块

系统根据光标拉出的线段长度、角度确定比例与旋转角度。插入图块的步骤如下。

（1）从"文件夹列表"窗格或查找结果列表框中选择要插入的图块，按住鼠标左键，将其拖动到打开的图形中。松开鼠标左键，此时选择的对象被插入到当前被打开的图形当中。利用当前设置的捕捉方式，可以将所选对象插入到存在的任何图形当中。

（2）在绘图区单击指定一点作为插入点，移动鼠标，光标位置点与插入点之间距离为缩放比例，单击确定比例。采用同样的方法移动鼠标，光标指定位置和插入点的连线与水平线的夹角为旋转角度。被选择的对象就根据光标指定的比例和角度插入到图形当中。

2．精确指定坐标、比例和旋转角度方式插入图块

利用该方法可以设置插入图块的参数。插入图块的步骤如下。

（1）从"文件夹列表"窗格或查找结果列表框中选择要插入的对象，将其拖动到打开的图形中。

（2）右击，在弹出的快捷菜单中选择"比例""旋转"等命令，如图11-35所示。

（3）在相应的命令行提示下输入比例和旋转角度等数值，被选择的对象根据指定的参数插入到图形中。

图 11-35　快捷菜单

11.4　工具选项板

工具选项板提供了组织、共享和放置块及填充图案的有效方法。此外，它还可以包含由第三方开发人员提供的自定义工具。

11.4.1　打开工具选项板

可在工具选项板中整理块、图案填充和自定义工具。

【执行方式】

- 命令行：TOOLPALETTES（快捷命令：TP）。
- 菜单栏：选择菜单栏中的"工具"→"选项板"→"工具选项板"命令。
- 工具栏：单击"标准"工具栏中的"工具选项板窗口"按钮▦。
- 功能区：在"视图"选项卡中单击"选项板"面板中的"工具选项板"按钮▦。
- 快捷键：Ctrl+3。

【操作步骤】

执行上述操作后，系统自动打开工具选项板，如图11-36所示。

在工具选项板中，系统提供了一些常用图形选项卡，极大地方便了用户绘图。

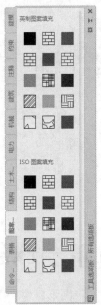

图 11-36　工具选项板

11.4.2　新建工具选项板

用户可以创建新的工具选项板，这样有利于个性化作图，也能够满足特殊作图需要。

【执行方式】

➤ 命令行：CUSTOMIZE。

➤ 菜单栏：选择菜单栏中的"工具"→"自定义"→"工具选项板"命令。

➤ 快捷菜单：在快捷菜单中选择"自定义"命令。

扫一扫，看视频

动手学——新建工具选项板

源文件：动画演示\第 11 章\新建工具选项板.avi

【操作步骤】

（1）选择菜单栏中的"工具"→"自定义"→"工具选项板"命令，打开"自定义"对话框，如图11-37所示。在"选项板"列表框中右击，在弹出的快捷菜单中选择"新建选项板"命令。

（2）此时在"选项板"列表框中出现一个"新建选项板"，可以为其命名。单击"确定"按钮后，工具选项板中就增加了一个新的选项卡，如图11-38所示。

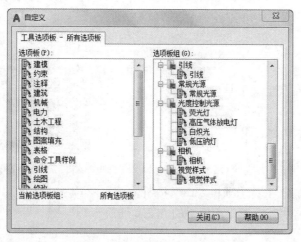

图 11-37　"自定义"对话框

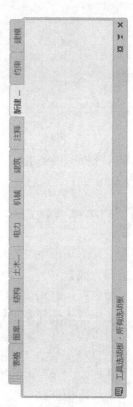

图 11-38　"新建"选项卡

11.4.3　向工具选项板中添加内容

将图形、块和图案填充从设计中心拖动到工具选项板中，即可向工具选项板中添加内容。

例如，在 DesignCenter 文件夹上右击，在弹出的快捷菜单中选择"创建块的工具选项板"命令（如图11-39所示），设计中心中存储的图元就出现在工具选项板中新建的 DesignCenter 选项卡中，如图11-40所示。这样就可以将设计中心与工具选项板结合起来，建立一个快捷、方便的工具选项板。将工具选项板中的图形拖动到另一个图形中时，图形将作为块插入。

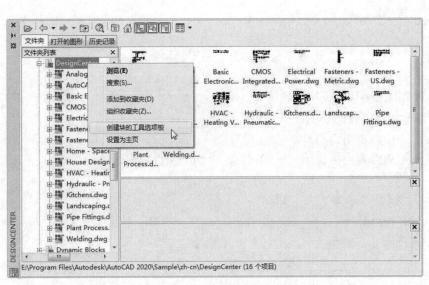

图 11-39　将存储的图元创建成 DESIGNCENTER 工具选项板　　　图 11-40　新创建的工具选项板

11.5　模拟认证考试

1. 下列哪些方法不能插入创建好的块？（　　　）

　A. 从 Windows 资源管理器中将图形文件图标拖放到 AutoCAD 绘图区插入块

　B. 从设计中心插入块

　C. 用粘贴命令 "pasteclip" 插入块

　D. 用插入命令 "insert" 插入块

2. 将不可见的属性修改为可见的命令是（　　　）。

　A. eattedit　　　　　　B. battman　　　　　C. attedit　　　　　　D. ddedit

3. 在 AutoCAD 中，下列（　　　）项中的两种操作均可以打开设计中心。

　A. Ctrl+3，ADC　　　　　　　　　　B. Ctrl+2，ADC

　C. Ctrl+3，AGC　　　　　　　　　　D. Ctrl+2，AGC

4. 在设计中心里，单击"收藏夹"按钮，则会（　　　）。

　A. 出现搜索界面　　　　　　　　　B. 定位到 home 文件夹

　C. 定位到 designcenter 文件夹　　　D. 定位到 autodesk 文件夹

5. "属性定义"对话框中"提示"文本框的作用是（　　　）。

　A. 提示输入属性值插入点　　　　　B. 提示输入新的属性值

　C. 提示输入属性值所在图层　　　　D. 提示输入新的属性值的字高

6. 图形无法通过设计中心更改的是（　　　）。

　A. 大小　　　　　　B. 名称　　　　　　C. 位置　　　　　D. 外观

7. 下列（   ）项不能用块属性管理器进行修改。

    A．属性文字如何显示

    B．属性的个数

    C．属性所在的图层和属性行的颜色、宽度及类型

    D．属性的可见性

8. 在"属性定义"对话框中，（   ）选项不设置，将无法定义块属性。

    A．固定   B．标记   C．提示   D．默认

9. 用 BLOCK 命令定义的内部图块，说法正确的是（   ）。

    A．只能在定义它的图形文件内自由调用

    B．只能在另一个图形文件内自由调用

    C．既能在定义它的图形文件内自由调用，又能在另一个图形文件内自由调用

    D．两者都不能用

10. 带属性的块经分解后，属性显示为（   ）。

    A．属性值   B．标记   C．提示   D．不显示

11. 绘制如图11-41所示的图形。

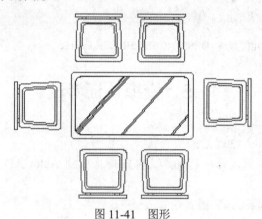

图 11-41　图形

2

一套完整的建筑施工图通常包括建筑总平面图、建筑平面图、建筑立面图、建筑剖面图和建筑详图。

建筑制图的程序是与建筑设计的程序相对应的。从整个设计过程来看，按照设计方案图、初设图、施工图的顺序来进行，后面阶段的图样在前一阶段的基础上进行深化、修改和完善。就每个阶段来看，一般遵循平面图、立面图、剖面图、详图的过程来绘制。

第 2 篇　建筑施工图篇

本篇结合大量实例讲述建筑施工图的绘制步骤、方法和技巧等，包括总平面图、平面图、立面图、剖面图和建筑详图等知识。

通过本篇的学习，读者将加深对 AutoCAD 功能的理解，并熟练掌握各种建筑设计工程图的绘制方法。

第12章 绘制建筑总平面图

内容简介

总平面图用来表达整个建筑基地的总体布局，反映了新建建筑物、构筑物的位置、朝向及与周边环境的关系等，是建筑设计中必不可少的要件。由于总平面图设计涉及的专业知识较多，内容繁杂，因而常为初学者所忽视或回避。本章将重点介绍使用 AutoCAD 2020 绘制建筑总平面图的一些常用操作方法；至于相关的设计知识，特别是场地设计的知识，读者可以参看有关书籍。

内容要点

➤ 总平面图绘制概述
➤ 绘制朝阳大楼总平面图
➤ 绘制幼儿园总平面图

案例效果

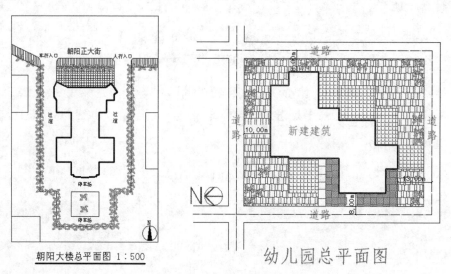

朝阳大楼总平面图 1:500　　　　幼儿园总平面图

12.1 总平面图绘制概述

在正式讲解总平面绘制之前，本节将简要介绍总平面图表达的内容和绘制总平面图的一般步骤。

12.1.1 总平面图内容概括

总平面专业设计成果包括设计说明书、设计图纸及根据合同规定制作的鸟瞰图、模型等。总平面图只是其中的图纸设计部分。在不同设计阶段，总平面图除了具备其基本功能外，表达设计意图的深度和倾向有所不同。

在方案设计阶段，总平面图重点体现新建建筑物的体量大小、形状及与周边道路、房屋、绿地、广场和红线之间的空间关系，同时传达室外空间设计效果。因此，方案图在具备必要的技术性的基础上，还强调艺术性的体现。就目前的情况来看，除了绘制 CAD 线条图，还需对线条图进行套色、渲染处理或制作鸟瞰图、模型等。总之，设计者总在不遗余力地展现自己设计方案的优点及魅力，以在竞争中胜出。

在初步设计阶段，进一步推敲总平面设计中涉及的各种因素和环节（如道路红线、建筑红线或用地边界线、建筑控制高度、容积率、建筑密度、绿地率、停车位数及总平面布局、周围环境、空间处理、交通组织、环境保护、文物保护、分期建设等），反复分析、论证方案的合理性、科学性和可实施性，进一步准确落实各种技术指标，深化竖向设计，为施工图设计做准备。

在施工图设计阶段，总平面专业成果包括图纸目录、设计说明、设计图纸、计算书。其中设计图纸包括总平面图、竖向布置图、土方图、管道综合图、景观布置图及详图等。总平面图是新建房屋定位、放线以及布置施工现场的依据，因此必须要详细、准确、清楚地表达。

12.1.2 总平面图中的图例说明

1. 建筑物图例

（1）新建的建筑物：采用粗实线来表示，如图12-1所示。当有需要时可以在右上角用点数或数字来表示建筑物的层数，如图12-2和图12-3所示。

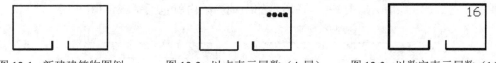

图 12-1 新建建筑物图例　　图 12-2 以点表示层数（4 层）　　图 12-3 以数字表示层数（16 层）

（2）旧有的建筑物：采用细实线来表示，如图12-4所示。同新建建筑物图例一样，也可以在右上角用点数或数字来表示建筑物的层数。

（3）计划扩建的预留地或建筑物：采用虚线来表示，如图12-5所示。

（4）拆除的建筑物：采用打上叉号的细实线来表示，如图12-6所示。

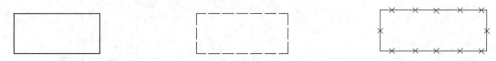

图 12-4 旧有建筑物图例　　图 12-5 计划扩建的预留地或建筑物图例　　图 12-6 拆除的建筑物图例

（5）坐标：如图12-7所示为测量坐标图例，如图12-8所示为施工坐标图例。注意两种不同坐标的表示方法。

图 12-7 测量坐标图例　　　　　图 12-8 施工坐标图例

（6）新建的道路：其图例如图12-9所示。其中，R8表示道路的转弯半径为 8m，30.10为路面中心的标高。

（7）旧有的道路：其图例如图12-10所示。

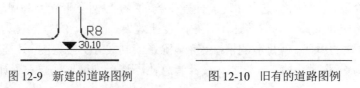

图 12-9　新建的道路图例　　　　　　　图 12-10　旧有的道路图例

（8）计划扩建的道路：其图例如图12-11所示。

（9）拆除的道路：其图例如图12-12所示。

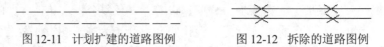

图 12-11　计划扩建的道路图例　　　　　图 12-12　拆除的道路图例

2. 用地范围

建筑师手中得到的地形图（或基地图）中一般都标明了本建设项目的用地范围。实际上，并不是所有用地范围内都可以布置建筑物。在这里，关于场地界限的几个概念及其关系需要明确，也就是常说的红线及退红线问题。

（1）建设用地边界线

建设用地边界线是指业主获得土地使用权的土地边界线，也称为地产线、征地线，如图12-13所示的 ABCD 范围。用地边界线范围（即用地界限）表明了地产权所属，是法律上权利和义务关系界定的范围。不过，并不是所有用地面积都可以用来开发建设，如果其中包括城市道路或其他公共设施，则要保证它们的正常使用。如图12-13所示的用地界限内就包括了城市道路。

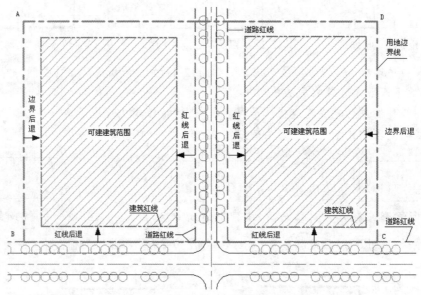

图 12-13　各用地控制线之间的关系

（2）道路红线

道路红线是指规划的城市道路路幅的边界线。也就是说，两条平行的道路红线之间为城市道路（包括居住区级道路）用地。建筑物及其附属设施的地下、地表部分如基础、地下室、台阶等不允许突出道路红线；地上部分主体结构不允许突入道路红线；在满足当地城市规划部门的要求下，允许窗罩、遮阳、雨篷等构件突入。具体规定详见《民用建筑设计通则》（GB 503512—2005）。

（3）建筑红线

建筑红线是指城市道路两侧控制沿街建筑物或构筑物（如外墙、台阶等）靠临街面的界线，又称建筑控制线。建筑控制线划定可建造建筑物的范围。由于城市规划要求，在用地边界线内需要由道路红线后退一定距离确定建筑控制线，这就叫作红线后退。如果考虑到在相邻建筑之间按规定留出防火间距、消防通道和日照间距的时候，也需要由用地边界线后退一定的距离，这叫作边界后退。在后退的范围内可以修建广场、停车场、绿化、道路等，但不可以修建建筑物。至于建筑突出物的相关规定，与道路红线相同。

在拿到基地图时，除了明确地物、地貌外，就是要搞清楚其中对用地范围的具体限定，为建筑设计做准备。

12.1.3 总平面图绘制步骤

一般情况下，在 AutoCAD 中绘制总平面图的步骤如下。

（1）地形图的处理：包括地形图的插入、描绘、整理、应用等。

（2）总平面布置：包括建筑物、道路、广场、停车场、绿地、场地出入口布置等内容。

（3）各种文字及标注：包括文字、尺寸、标高、坐标、图表、图例等内容。

（4）布图：包括插入图框、调整图面等。

扫一扫，看视频

12.2 绘制朝阳大楼总平面图

源文件：源文件\第 12 章\朝阳大楼总平面图.dwg

本实例的制作思路：首先绘制辅助线网；然后绘制总平面图的核心——新建建筑物，阐述新建建筑物与周围环境的关系；最后利用图案填充来表现周围的地面情况，再配以必要的文字说明。最终效果如图12-14所示。

12.2.1 绘制辅助线网

绘制总平面图时，通常要先绘制辅助线网。

【操作步骤】

（1）打开 AutoCAD 程序，系统自动建立新文件。在"默认"选项卡中单击"图层"面板中的"图层特性"按钮，在弹出的"图层特性管理器"选项板中单击"新建图层"按钮，新建图层"辅助线"，其特性采用默认设置。

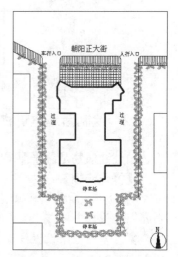

朝阳大楼总平面图 1：500

图 12-14 朝阳大楼总平面图

（2）将"辅助线"图层设置为当前图层。在"默认"选项卡中单击"绘图"面板中的"构造线"按钮 ，在正交模式下绘制如图12-15所示的一条竖直构造线和一条水平构造线，组成"十"字辅助线。命令行提示与操作如下。

```
命令：xline
指定点或 [水平 (H)/垂直 (V)/角度 (A)/二等分 (B)/偏移 (O)]：（在绘图区适当位置选择第一点）
```

指定通过点：（向右拖动鼠标，在绘图区选择第二点）
指定通过点：（接受默认选择的第一点）
指定通过点：（向下拖动鼠标，在绘图区选择第三点）

（3）在"默认"选项卡中单击"修改"面板中的"偏移"按钮⊂，将竖直构造线向右偏移8700mm。命令行提示与操作如下。

命令：offset
当前设置：删除源 = 否 图层 = 源 OFFSETGAPTYPE=0
指定偏移距离或 [通过 (T)/删除 (E)/图层 (L)] <通过>： 8700
选择要偏移的对象，或 [退出 (E)/放弃 (U)] <退出>：（选择竖直的构造线）
指定要偏移的那一侧上的点，或 [退出 (E)/多个 (M)/放弃 (U)] <退出>：（在竖直构造线右侧任意位置单击）
选择要偏移的对象，或 [退出 (E)/放弃 (U)] <退出>：

（4）在"默认"选项卡中单击"修改"面板中的"偏移"按钮⊂，将新偏移出的竖直构造线继续向右偏移 8400mm、8700mm 和 8700mm，将水平构造线连续向上偏移 7200mm、5100mm、7800mm、6000mm、6300mm、7800mm 和 7800mm，得到主要轴线网，如图12-16所示。

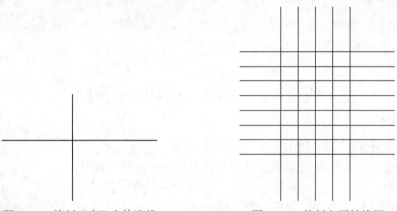

图 12-15　绘制"十"字构造线　　　　　图 12-16　绘制主要轴线网

12.2.2　绘制新建建筑物

新建建筑物是总平面图的核心。

【操作步骤】

（1）在"默认"选项卡中单击"图层"面板中的"图层特性"按钮，在弹出的"图层特性管理器"选项板中单击"新建图层"按钮，新建图层"新建建筑"；单击"线宽"选项，在弹出的"线宽"对话框中设置线宽为 0.30 mm；其他特性采用默认设置，然后将"新建建筑"图层设置为当前图层。

（2）在"默认"选项卡中单击"绘图"面板中的"直线"按钮，绘制如图12-17所示的新建建筑的外轮廓。命令行提示与操作如下。

命令：line
指定第一个点：（选取轴线左上角交点）
指定下一点或 [放弃 (U)]：（选取轴线右上角交点）
指定下一点或 [放弃 (U)]：

在"默认"选项卡中单击"绘图"面板中的"直线"按钮／，绘制剩余的直线。

（3）在"默认"选项卡中单击"绘图"面板中的"直线"按钮／，绘制直线，细化建筑的左上角部分。

（4）在"默认"选项卡中单击"修改"面板中的"修剪"按钮，修剪掉原来的部分，得到如图12-18所示细化了的左上角。命令行提示与操作如下。

```
命令：trim
当前设置：投影 =UCS，边 = 无
选择剪切边...
选择对象或 < 全部选择 >：（按住鼠标框选一定的修剪范围）
选择对象：
选择要修剪的对象，或按住 Shift键选择要延伸的对象，或
[ 栏选 (F)/ 窗交 (C)/ 投影 (P)/ 边 (E)/ 删除 (R)/ 放弃 (U)]：（选取要修剪的线条）
选择要修剪的对象，或按住 Shift 键选择要延伸的对象，或
[ 栏选 (F)/ 窗交 (C)/ 投影 (P)/ 边 (E)/ 删除 (R)/ 放弃 (U)]：（选取要修剪的线条）
选择要修剪的对象，或按住 Shift 键选择要延伸的对象，或
[ 栏选 (F)/ 窗交 (C)/ 投影 (P)/ 边 (E)/ 删除 (R)/ 放弃 (U)]：
```

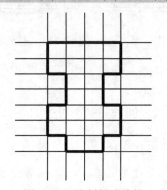
图 12-17 绘制新建建筑

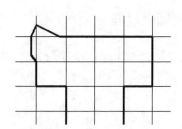
图 12-18 细化建筑的左上角

（5）在"默认"选项卡中单击"绘图"面板中的"直线"按钮／及"修改"面板中的"修剪"按钮，细化建筑的右上角上部，结果如图12-19所示。

（6）在"默认"选项卡中单击"绘图"面板中的"直线"按钮／及"修改"面板中的"修剪"按钮，细化建筑的右上角下部，结果如图12-20所示。

（7）在"默认"选项卡中单击"绘图"面板中的"直线"按钮／，在建筑的正下方出口绘制一个扁矩形，如图12-21所示。

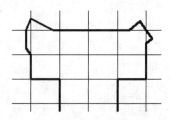
图 12-19 细化建筑的右上角上部

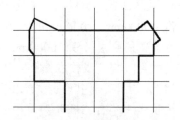
图 12-20 细化建筑的右上角下部

（8）在"默认"选项卡中单击"绘图"面板中的"圆弧"按钮 ，绘制如图12-22所示的圆弧。命令行提示与操作如下。

```
命令：arc
指定圆弧的起点或 [ 圆心 (C)]：c
指定圆弧的圆心：（选取一点作为圆心）
指定圆弧的起点：（选取一点作为起点）
指定圆弧的端点（按住 Ctrl 键以切换方向）或 [ 角度 (A)/ 弦长 (L)]：（选取一点作为端点）
```

（9）在"默认"选项卡中单击"修改"面板中的"修剪"按钮，修剪掉不需要的部分，这样大楼的轮廓就绘制好了，如图12-23所示。

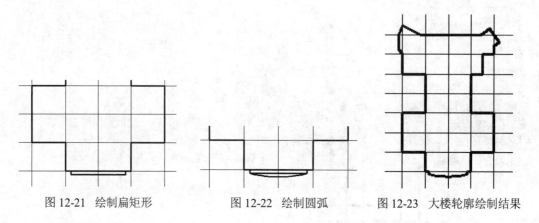

图 12-21　绘制扁矩形　　　　图 12-22　绘制圆弧　　　　图 12-23　大楼轮廓绘制结果

12.2.3　绘制辅助设施

绘制辅助设施是总平面图阐释新建建筑物与周围环境之间关系必不可少的环节。

【操作步骤】

（1）在"默认"选项卡中单击"图层"面板中的"图层特性"按钮，在弹出的"图层特性管理器"选项板中单击"新建图层"按钮，新建图层"辅助设施"，其一切特性采用默认设置，然后将"辅助设施"图层设置为当前图层。

（2）在"默认"选项卡中单击"绘图"面板中的"矩形"按钮，绘制一个矩形来标明总的作图范围，如图12-24所示。

📢 说明

矩形的大小以能绘制出周围的重要建筑物和重要的地形、地貌为佳。对于重要建筑物，需要更大范围的总平面图。

（3）在"默认"选项卡中单击"修改"面板中的"偏移"按钮，将最上边的水平构造线往上偏移 25000mm。在"默认"选项卡中单击"修改"面板中的"偏移"按钮，将最下边的水平构造线往下连续偏移 10000mm、20000mm。在"默认"选项卡中单击"修改"面板中的"偏移"按钮，将最左边的竖直构造线往左偏移 10000mm。在"默认"选项卡中单击"修改"面板中的"偏移"按钮，将最右边的竖直构造线往右偏移 10000mm。这样得到新的辅助线，如图12-25所示。

（4）在"默认"选项卡中单击"绘图"面板中的"直线"按钮，根据辅助线绘制围墙，然后在"默认"选项卡中单击"修改"面板中的"偏移"按钮，将围墙往里偏移 5000mm，结果如图12-26所示。

（5）在"默认"选项卡中单击"绘图"面板中的"直线"按钮，继续绘制围墙。在"默认"选项卡中单击"修改"面板中的"修剪"按钮进行修剪，结果如图12-27所示。

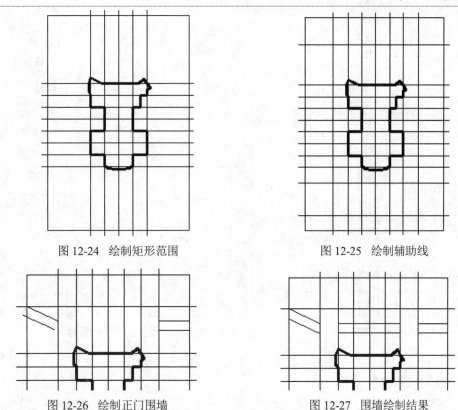

图 12-24 绘制矩形范围 图 12-25 绘制辅助线

图 12-26 绘制正门围墙 图 12-27 围墙绘制结果

（6）在"默认"选项卡中单击"修改"面板中的"圆角"按钮 ，绘制如图12-28所示的圆角。命令行提示与操作如下。

```
命令：fillet
当前设置：模式 = 修剪，半径 = 0.0000
选择第一个对象或 [放弃 (U)／ 多段线 (P)／ 半径 (R)／ 修剪 (T)／ 多个 (M)]：r
指定圆角半径 <0.0000>：2000
选择第一个对象或 [放弃 (U)／ 多段线 (P)／ 半径 (R)／ 修剪 (T)／ 多个 (M)]：（选取要进行圆角的一条边）
选择第二个对象，或按住 Shift 键选择对象以应用角点或 [半径 (R)]：（选取要进行圆角的另外一条边）
```

在"默认"选项卡中单击"修改"面板中的"圆角"按钮 ，将剩余的圆角绘制完成。

（7）在"默认"选项卡中单击"图层"面板中的"图层特性"按钮 ，在弹出的"图层特性管理器"选项板中单击"辅助线"图层前的"开／关图层"按钮 ，将"辅助线"图层关闭。

（8）在"默认"选项卡中单击"绘图"面板中的"直线"按钮 ，根据辅助线绘制道路；在"默认"选项卡中单击"修改"面板中的"修剪"按钮 ，进行修剪，结果如图12-29所示。

（9）在"默认"选项卡中单击"视图"面板中的"工具选项板"按钮 ，弹出如图12-30所示的工具选项板。在选项板空白处右击，在弹出的快捷菜单中选择"新建选项板"选项，建立名为 Home 的工具选项板。在"默认"选项卡中单击"视图"面板中的"设计中心"按钮 ，在弹出的 DESIGNCENTER（设计中心）选项板中找到相应的图例，选取并按住鼠标左键将它拖动到 Home 工具选项板中，关闭 DESIGNCENTER（设计中心）选项板。在 Home 工具选项板中选择"植物"图例，将其拖放到绘图区的空白处。

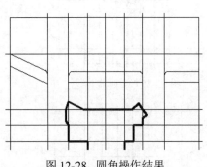

图 12-28　圆角操作结果

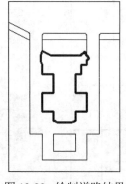

图 12-29　绘制道路结果

图 12-30　工具选项板

（10）在"默认"选项卡中单击"修改"面板中的"缩放"按钮□，把"植物"图例缩放到合适程度。命令行提示与操作如下。

```
命令：scale
选择对象：（选取"植物"图例）
选择对象：
指定基点：（选取图块中的一点）
指定比例因子或 [复制(C)/参照(R)]:5
```

（11）在"默认"选项卡中单击"修改"面板中的"复制"按钮❀，把"植物"图例复制到多个位置，完成植物的绘制和布置，结果如图12-31所示。

（12）在"默认"选项卡中单击"绘图"面板中的"直线"按钮╱，绘制一些矩形来表示周围的已有建筑物，如图12-32所示。

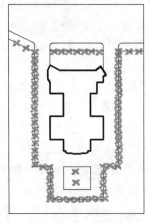

图 12-31　完成绿化后的结果

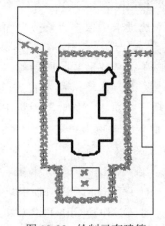

图 12-32　绘制已有建筑

📢 **注意**

由于总平面图的范围比较小，在其中可以只绘制部分已有建筑，这些建筑主要是对新建建筑起到位置参照与布局搭配的作用。

12.2.4 图案填充和文字说明

本实例中通过图案填充来绘制指北针和楼前广场，标注必要的文字对总平面图的各部分进行说明。

【操作步骤】

（1）在"默认"选项卡中单击"图层"面板中的"图层特性"按钮 🔲，在弹出的"图层特性管理器"选项板中单击"新建图层"按钮 🔲，新建图层"标注"，其一切特性采用默认设置；然后将该图层设置为当前图层。

（2）在"默认"选项卡中单击"绘图"面板中的"圆"按钮 ⊙，绘制一个圆。

（3）在"默认"选项卡中单击"绘图"面板中的"直线"按钮 ╱，绘制圆的竖直直径和另外一条弦，结果如图12-33所示。

（4）在"默认"选项卡中单击"修改"面板中的"镜像"按钮 ⚊，把圆的弦镜像，组成圆内的指针。

（5）在"默认"选项卡中单击"绘图"面板中的"图案填充"按钮 🔲，打开"图案填充创建"选项卡，单击"图案填充图案"按钮，在弹出的下拉列表框中选择 SOLID 图案；单击"拾取点"按钮 🔲，在图形中选取指针内部，按 Enter 键，把指针填充为黑色，这样得到指北针的图例，如图12-34所示。

（6）在"默认"选项卡中单击"绘图"面板中的"图案填充"按钮 🔲，把围墙填充为竖直线，把楼前广场填充为方格。图案填充结果如图12-35所示。

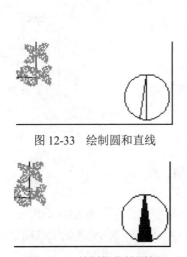

图 12-33 绘制圆和直线

图 12-34 绘制指北针图例

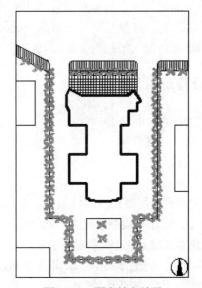

图 12-35 图案填充结果

📢 **注意**

指北针在总平面图中必不可少，它起到指示方向的作用。

（7）在"默认"选项卡中单击"注释"面板中的"多行文字"按钮**A**，在整个图形的正上方标注"朝阳正大街"，两个入口处分别标注"车行入口"和"人行入口"，在过道上标注"过道"，

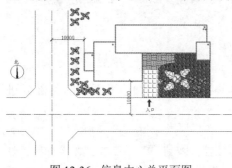

图12-36 信息中心总平面图

在停车场标注"停车场"，在指北针图例上方标注N指明北方，最后在图形的正下方标注"朝阳大楼总平面图 1:500"。在"默认"选项卡中单击"绘图"面板中的"直线"按钮／，在文字下方绘制一条线宽为 0.3 mm的直线，则得到总平面图的最终效果，如图12-14所示。

动手练——信息中心总平面图

源文件：源文件\第 12 章\信息中心总平面图.dwg

本练习绘制如图12-36所示的信息中心总平面图。

📋 思路点拨

（1）绘图前准备。
（2）绘制辅助线网。
（3）绘制建筑与辅助设施。
（4）填充图案与文字说明。
（5）标注尺寸。

扫一扫，看视频

12.3　绘制幼儿园总平面图

源文件：源文件\第 12 章\幼儿园总平面图.dwg

本实例的制作思路：采用简单的方法来绘制复杂的建筑，依次绘制新建建筑物轮廓和周围环境。充分利用总平面图只是作为相对位置说明的特点，不对新建建筑物进行细致的绘制，仅仅绘制其轮廓线。此外，利用图案填充来表现周围的地面情况。最终效果如图12-37所示。

12.3.1　设置绘图参数

在正式绘图前，有必要对线型、图层、标注样式等参数进行设置，以便提高绘图效率。

【操作步骤】

（1）设置线型 。

① 本实例需要加载点画线线型。选择菜单栏中的"格式"→"线型"命令，弹出"线型管理器"对话框。单击"加载"按钮，

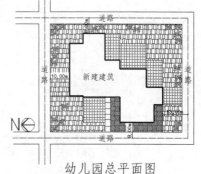

幼儿园总平面图

图12-37 幼儿园总平面图

弹出"加载或重载线型"对话框，如图12-38所示。在该对话框中列出了当前的线型库文件 acadiso.lin，以及该文件中定义的全部线型。在此选择 ACAD_ISO04W100 作为绘制建筑轴线用的点画线，单击"确定"按钮，即可加载该线型。

② 返回"线型管理器"对话框，选择刚刚加载的 ACAD_ISO04W100 线型，单击"显示细节"按钮，在"详细信息"选项组的"全局比例因子"文本框中输入150，使得该线型的显示满足1:1 比例绘图需要，单击"确定"按钮，如图12-39所示。

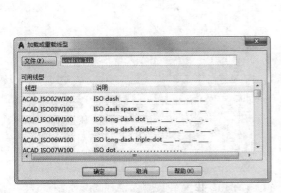

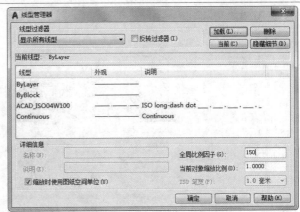

图 12-38　"加载或重载线型"对话框　　　　图 12-39　"线型管理器"对话框

（2）新建并设置图层。

① 单击"图层"工具栏中的"图层特性管理器"命令按钮，打开"图层特性管理器"选项板。

② 在该选项板中单击"新建图层"按钮，将生成一个名为"图层 1"的新图层，将其名称改为"轴线"。单击"颜色"选项，在弹出的"选择颜色"对话框中设置颜色为"红色"，单击"确定"按钮，返回到"图层特性管理器"选项板；单击"线型"选项，在弹出的"选择线型"对话框中选择 ACAD_ISO04W100，单击"确定"按钮，返回到"图层特性管理器"选项板；线宽为默认。

③ 同理新建图层"辅助线"，指定颜色为"洋红色"，线型、线宽为默认；新建图层"粗线"和"细线"，指定颜色为"白色"，线型为默认，"粗线"的线宽为 0.3mm，"细线"的线宽为默认；新建图层"文字""填充""标注"，指定颜色为"蓝色"，其他设置为默认。这样就完成了初步的图层设置，如图12-40所示。

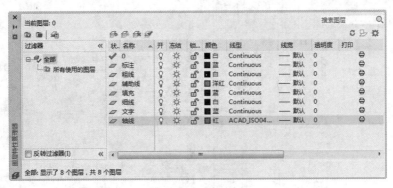

图 12-40　图层设置

（3）设置标注样式。

① 选取菜单栏中的"标注"→"标注样式"命令，弹出"标注样式管理器"对话框，如图12-41所示。

② 单击"新建"按钮，弹出"创建新标注样式"对话框，在"新样式名"文本框中输入"米单位标注"，如图12-42所示。

③ 单击"继续"按钮，在弹出的"新建标注样式：米单位标注"对话框中选择"线"选项卡，在"延伸线"选项组中设置"超出尺寸线"为 400。

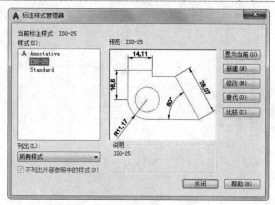

图 12-41 "标注样式管理器"对话框　　　　图 12-42 "创建新标注样式"对话框

④ 选择"符号和箭头"选项卡，在"箭头"选项组的"第一个"下拉列表框中选择" ∕建筑标记"，在"第二个"下拉列表框中选择" ∕建筑标记"，并设置"箭头大小"为 400，如图12-43所示。

⑤ 选择"文字"选项卡，单击"文字样式"后边的"浏览"按钮 ，在弹出的"文字样式"对话框中单击"新建"按钮，弹出"新建文字样式"对话框。在"样式名"文本中输入"米单位"，单击"确定"按钮，返回到"文字样式"对话框。在"字体名"下拉列表框中选择"黑体"，在"字体样式"下拉列表框中选择"常规"，设置"高度"为 2000，如图12-44所示，最后单击"应用"按钮，再单击"关闭"按钮，关闭"文字样式"对话框。返回到"新建标注样式：米单位标注"对话框，在"文字外观"选项组的"文字样式"下拉列表框中选择"米单位"；在"文字位置"选项组的"从尺寸线偏移"微调框中输入200，设置"垂直"为"上"，"水平"为"居中"，设置结果如图12-45所示。

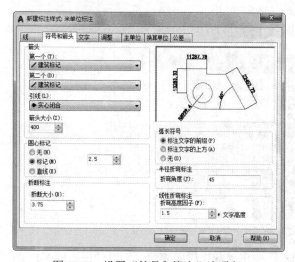

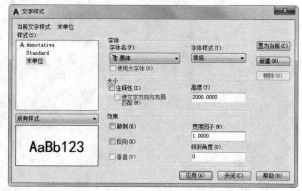

图 12-43 设置"符号和箭头"选项卡　　　　图 12-44 "文字样式"对话框

⑥ 选择"主单位"选项卡，在"线性标注"选项组中的"后缀"文本框中输入m，表明以米为单位进行标注；在"测量单位比例"选项组中的"比例因子"微调框中输入0.001，如图12-46所示。

⑦ 单击"确定"按钮，返回到"标注样式管理器"对话框，选择样式为"米单位标注"，单击"置为当前"按钮，最后单击"关闭"按钮，返回绘图区，完成标注样式的设置。

图 12-45 设置"文字"选项卡

图 12-46 设置"主单位"选项卡

12.3.2 绘制总平面图

在绘制总平面图时，首先绘制辅助线网，然后绘制总平面图的核心——新建建筑物，最后绘制辅助设施。

【操作步骤】

（1）绘制辅助线网。

① 将"辅助线"图层设置为当前图层。在"默认"选项卡中单击"绘图"面板中的"构造线"按钮 ∠"，在正交模式下绘制一条竖直构造线和一条水平构造线，组成"十"字辅助线，如图12-47所示。

② 在"默认"选项卡中单击"修改"面板中的"偏移"按钮 ⊆，将竖直构造线向右连续偏移13000mm、6900mm、11400mm、7800mm、13800mm、4200mm、4500mm、13000mm。在"默认"选项卡中单击"修改"面板中的"偏移"按钮 ⊆，将水平构造线向下连续偏移 8000mm、5100mm、8400mm、4500mm、9000mm、4500mm、600mm、3900mm、9000mm、8000mm，得到如图12-48所示的主要辅助线。

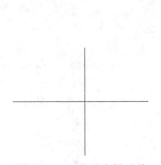

图 12-47 "十"字辅助线

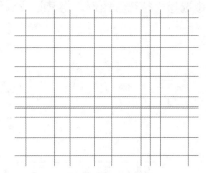

图 12-48 主要辅助线

③ 选取最外边一圈的辅助线，然后右击，在弹出的快捷菜单中选取"特性"选项，在弹出的"特性"选项板的"线型"下拉列表框中选择 ACAD_ISO04W100，单击"关闭"按钮 ×，得到如图12-49所示的轴线。

（2）绘制新建建筑物。

将"粗线"图层设置为当前图层。在"默认"选项卡中单击"绘图"面板中的"直线"按钮 ∕，根据轴线网绘制出新建建筑的主要轮廓，结果如图12-50所示。

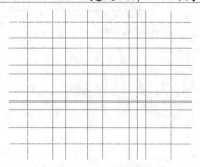

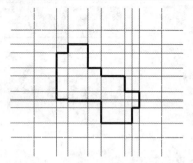

图12-49 轴线和辅助线　　　　　　图12-50 绘制建筑主要轮廓

（3）绘制道路。

① 将"细线"图层设置为当前图层。在"默认"选项卡中单击"修改"面板中的"偏移"按钮 ⋐，让所有轴线都往两边偏移 3000mm，得到道路的初步图。在"默认"选项卡中单击"修改"面板中的"修剪"按钮 ⅍，修剪掉道路多余的线条，使得道路整体连贯。

② 选择所有的道路线，然后右击，在弹出的快捷菜单中选择"特性"选项，在弹出的特性选项板中选择"图层"，把所选对象的图层改为"细线"，就能得到主要的道路，结果如图12-51所示。

③ 在"默认"选项卡中单击"图层"面板中的"图层特性"按钮 ⇪，弹出"图层特性管理器"选项板，单击"辅助线"图层前的"开／关图层"按钮 ♀，将"辅助线"图层关闭。

（4）布置绿化。

① 在"默认"选项卡中单击"视图"面板中的"工具选项板"按钮 ⊞，弹出如图12-52所示的工具选项板。在选项板的空白处右击，在弹出的快捷菜单中选择"新建选项板"命令，建立名为"办公室项目样例"的工具选项板。单击"标准"工具栏中的"设计中心"按钮 ⊞，在弹出的DESIGNCENTER（设计中心）选项板中找到相应的图例，选取并按住鼠标左键将其拖动到"办公室项目样例"工具选项板中。关闭 DESIGNCENTER（设计中心）选项板。在"办公室项目样例"工具选项板中选择"植物"图例，将其拖放到绘图区的空白处。

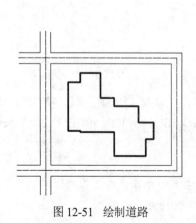

图12-51 绘制道路　　　　　　图12-52 工具选项版

② 在"默认"选项卡中单击"修改"面板中的"缩放"按钮 ⬚ , 把"植物"图例调整到合适大小, 效果对比如图12-53所示。

③ 在"默认"选项卡中单击"修改"面板中的"复制"按钮 ⬚ , 将"植物"图例复制到各个位置, 完成植物的绘制和布置, 结果如图12-54所示。

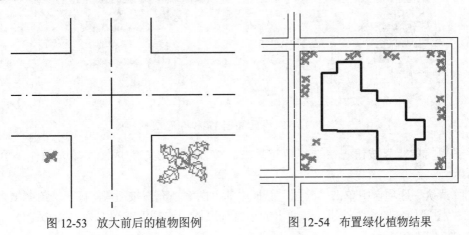

图 12-53　放大前后的植物图例　　　　图 12-54　布置绿化植物结果

12.3.3　尺寸和文字标注

正确地进行尺寸和文字标注是设计绘图工作中非常重要的一个环节。

【操作步骤】

（1）尺寸标注。

将"标注"图层设置为当前图层。在"默认"选项卡中单击"注释"面板中的"线性标注"按钮 ⬚ 进行尺寸标注。在总平面图中, 只需标注新建建筑到道路中心线的相对距离即可, 标注结果如图12-55所示。

（2）图案填充。

① 将"填充"图层设置为当前图层。在"默认"选项卡中单击"绘图"面板中的"直线"按钮 ⬚ , 绘制出铺地砖的主要范围轮廓, 绘制结果如图12-56所示。

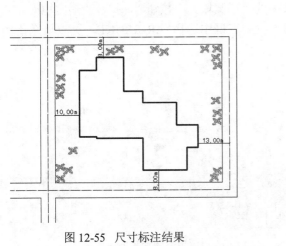

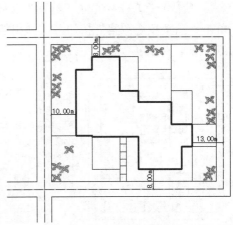

图 12-55　尺寸标注结果　　　　　　　图 12-56　绘制铺地砖范围

② 在"默认"选项卡中单击"绘图"面板中的"图案填充"按钮▨，打开"图案填充创建"选项卡，单击"图案填充图案"按钮，在弹出的下拉列表框中选择 ANGLE，更改填充比例为 200，如图12-57所示。

图 12-57　设置填充图案和填充比例

③ 单击"拾取点"按钮，选择填充区域后按 Enter 键，完成图案填充操作，填充结果如图12-58所示。

④ 在"默认"选项卡中单击"绘图"面板中的"图案填充"按钮▨，打开"图案填充创建"选项卡，单击"图案填充图案"按钮，在弹出的下拉列表框中选择填充图案为 AR-PARQ1，更改填充比例为 8，如图12-59所示。

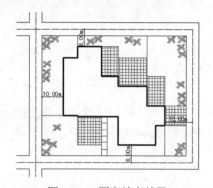

图 12-58　图案填充结果

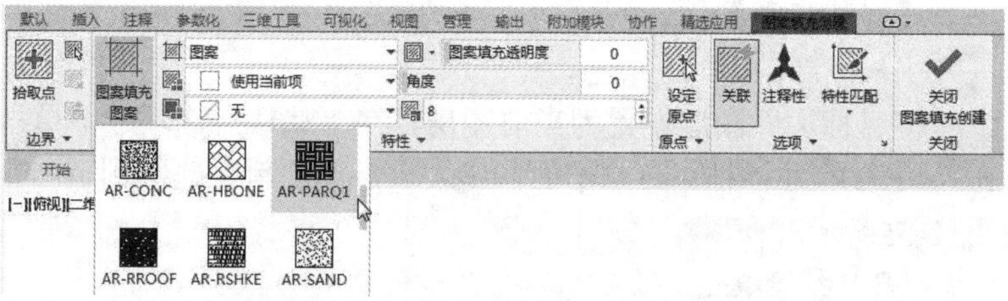

图 12-59　设置填充图案和填充比例

⑤ 单击"拾取点"按钮，选择填充区域后按 Enter 键，则填充结果如图12-60所示。

⑥ 在"默认"选项卡中单击"绘图"面板中的"图案填充"按钮▨，打开"图案填充创建"选项卡，单击"图案填充图案"按钮，在弹出的下拉列表框中选择 AR-RSHKE，更改填充比例为8，如图12-61所示。

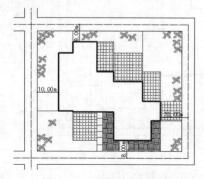

图 12-60　图案填充操作结果

图 12-61　设置填充图案和填充比例

⑦ 单击"拾取点"按钮 ⊞，选择填充区域后按 Enter 键，填充结果如图12-62所示。

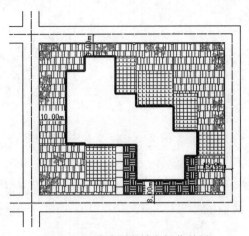

图 12-62 草地图案填充操作结果

（3）绘制指北针。

① 将"文字"图层设置为当前图层。在"默认"选项卡中单击"绘图"面板中的"圆"按钮 ⊙，在绘图区适当位置绘制一个半径为 2500mm 的圆。

② 在"默认"选项卡中单击"绘图"面板中的"直线"按钮 ╱，捕捉圆的象限点绘制箭头形状，结果如图12-63所示。

③ 在"默认"选项卡中单击"修改"面板中的"偏移"按钮 ⊜，把箭头两翼向内偏移 300mm。在"默认"选项卡中单击"修改"面板中的"偏移"按钮 ⊜，把箭杆向外各偏移 150mm。结果如图12-64所示。

④ 在"默认"选项卡中单击"修改"面板中的"修剪"按钮 ⊁，修剪掉多余的线条。在"默认"选项卡中单击"绘图"面板中的"直线"按钮 ╱，将图像补充完整，得到箭头，如图12-65所示。

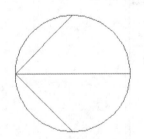

图 12-63 绘制圆和直线

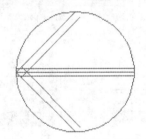

图 12-64 偏移操作结果

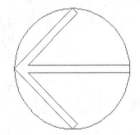

图 12-65 修剪操作结果

⑤ 在"默认"选项卡中单击"绘图"面板中的"直线"按钮 ╱，绘制字母N的形状线。在"默认"选项卡中单击"修改"面板中的"偏移"按钮 ⊜，把字母N的两边竖线向外各偏移150mm，中间的斜线向下偏移 150mm，结果如图12-66所示。

⑥ 在"默认"选项卡中单击"修改"面板中的"修剪"按钮 ⊁，修剪掉多余的线条。在"默认"选项卡中单击"绘图"面板中的"直线"按钮 ╱，将图像补充完整，得到字母N，如图12-67所示。

⑦ 在"默认"选项卡中单击"绘图"面板中的"图案填充"按钮 ▨，打开"图案填充创建"选项卡，单击"图案填充图案"按钮，在弹出的下拉列表框中选择 SOLID，将箭头和N填充。

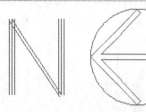

图 12-66 绘制 N 过程　　　　　　　　　　　图 12-67 绘制 N 结果

（4）文字说明。

在"默认"选项卡中单击"注释"面板中的"多行文字"按钮 A，在道路中央标出"道路"；在新建主要建筑中心标出"新建建筑"，注意字高为 3000，字体为仿宋-GB2312；在整个图形的正下方标明"幼儿园总平面图"，注意字高为 5000，字体为仿宋-GB2312。绘制最终结果如图12-37所示。

动手练——某住宅小区总平面图

源文件：源文件\第 12 章\某住宅小区总平面图.dwg
本练习绘制如图12-68所示的某住宅小区总平面图。

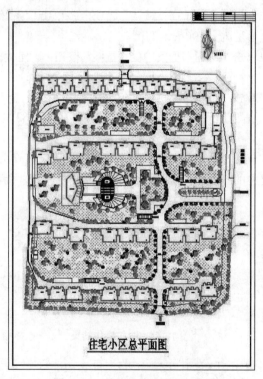

图 12-68 某住宅小区总平面图

思路点拨

（1）绘制场地及建筑造型。
（2）绘制小区道路等图形。
（3）标注文字和尺寸。
（4）绘制各种景观造型。
（5）绿化景观布局。

第13章 绘制建筑平面图

内容简介

建筑平面图（除屋顶平面图外）是指用假想的水平剖切面，在建筑各层窗台上方将整幢房屋剖开所得到的水平剖面图。建筑平面图是表达建筑物的基本图样之一，它主要反映建筑物的平面布局情况。

本章将讲述建筑平面图的基础理论和一些典型实例。通过本章的学习，读者可以掌握建筑平面图的绘制方法和技巧。

内容要点

- ▶ 建筑平面图绘制概述
- ▶ 康体中心平面图
- ▶ 商品房单元标准平面图

案例效果

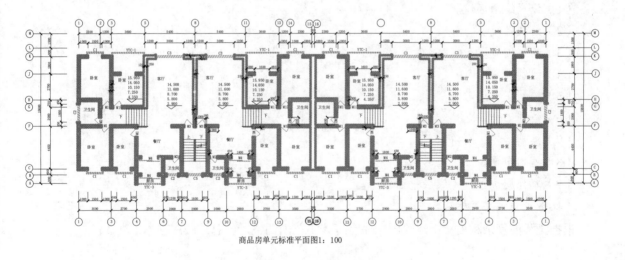

商品房单元标准平面图1：100

13.1 建筑平面图绘制概述

本节主要介绍建筑平面图包含的内容、类型及绘制平面图的一般步骤，为后面的实际操作做准备。

13.1.1 建筑平面图内容

建筑平面图是假想在门窗洞口之间用一水平剖切面将建筑物剖成两半，下半部分在水平面（H

面）上的正投影图。平面图中的主要图形包括剖切到的墙、柱、门窗、楼梯，以及看到的地面、台阶、楼梯等剖切面以下的构件轮廓。由此可见，从平面图中可以看到建筑的平面大小、形状、空间平面布局、内外交通及联系、建筑构配件大小及材料等内容。为了清晰、准确地表达这些内容，除了按制图知识和规范绘制建筑构配件平面图形外，还需要标注尺寸及文字说明、设置图面比例等。

13.1.2　建筑平面图类型

1. 根据剖切位置不同分类

根据剖切位置不同，建筑平面图可分为地下层平面图、底层平面图、X 层平面图、标准层平面图、屋顶平面图、夹层平面图等。

2. 按不同的设计阶段分类

按不同的设计阶段分为方案平面图、初设平面图和施工平面图。不同阶段图纸表达深度不一样。

13.1.3　绘制建筑平面图的一般步骤

绘制建筑平面图的一般步骤如下。
（1）设置绘图环境。
（2）绘制轴线。
（3）绘制墙线。
（4）绘制柱。
（5）绘制门窗。
（6）绘制阳台。
（7）绘制楼梯、台阶。
（8）室内布置。
（9）室外周边景观（底层平面图）。
（10）尺寸、文字标注。

根据工程的复杂程度，上述绘图顺序有可能小范围调整，但总体顺序基本不变。

13.2　康体中心平面图

扫一扫，看视频

源文件：源文件\第 13 章\康体中心平面图.dwg

19世纪 90 年代，一种以保健康体为主要目的的复合式休闲建筑形式——康体中心逐步在国内兴起，并快速发展。它很好地起到了引导都市人舒缓平日压力的作用，也营造了一种新的生活体验，成为都市新兴的文化景观，如图13-1所示。

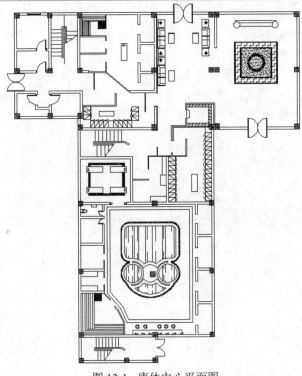

图 13-1 康体中心平面图

13.2.1 绘图准备

绘制图形之前首先建立图层，然后再利用"直线""偏移"命令在轴线图层上绘制轴线。

【操作步骤】

（1）新建文件，命名为"一层平面图"。打开"图层特性管理器"选项板，新建"轴线""墙线""陈设""地面""文字""标注"等图层，并按图13-2所示进行相应的设置。

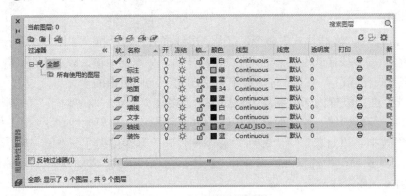

图 13-2 新建并设置图层

（2）将"轴线"图层设置为当前图层。调用"直线"命令，绘制一条水平轴线，长度约为30000mm，如图13-3所示。

———————————————————————————————

图 13-3 绘制水平轴线

（3）调用"偏移"命令，向上偏移刚刚绘制的水平轴线，距离分别为 2635mm、4590mm、2310mm、2690mm、2780mm、1430mm、4750mm、3050mm、1200mm、1190mm、1440mm、1870mm、2530mm、3470mm，如图13-4所示。

（4）调用"直线"命令，在水平轴线左侧绘制竖直轴线，长度为 36000mm，如图13-5所示。

（5）调用"偏移"命令，将竖直轴线偏移到右侧，距离分别为 3600mm、3000mm、4500mm、3300mm、6000mm、9000mm，如图13-6所示。

图 13-4　偏移水平轴线　　　　图 13-5　绘制垂直轴线　　　　图 13-6　偏移竖直轴线

📢 注意

当轴线的线型由于尺寸较大而无法显示为点画线时，可以选中轴线，右击并在弹出的快捷菜单中选择"特性"命令，将线型比例修改为 30，即可看到点画线。

13.2.2　绘制墙线和门窗

利用"多线""图案填充""矩形""直线"等命令来绘制墙线和门窗。

【操作步骤】

（1）绘制墙线。

① 选择"格式"→"多线样式"命令，打开"多线样式"对话框，如图13-7所示。单击"新建"按钮，打开"创建新的多线样式"对话框，在"新样式名"文本框中输入WALL。单击"继续"按钮，在弹出的"新建多线样式：WALL"对话框中将"图元"选项组中的"偏移"设置为 120 和 -120。

② 将"墙线"图层设置为当前图层，然后调用"多线"命令，将"对正"方式设置为"无"，"比例"设置为1，绘制墙线。绘制时注意多线的方向和起点，结果如图13-8所示。

③ 选择"修改"→"对象"→"多线"命令，打开"多线编辑工具"对话框，如图13-9所示。在"多线编辑工具"选项组中选择"T 形合并"选项，在多线的 T 形交点处依次单击两条多线，将交点合并，如图13-10所示。

④ 修改后，按 Enter 键确认。再次打开"多线编辑工具"对话框，在"多线编辑工具"选项组中选择"十字打开"选项，将十字交叉的多线修改为打开的多线，如图13-11所示。

⑤ 按照上面的方法，将其他墙线进行补充并编辑，修改后的结果如图13-12所示。

⑥ 在"默认"选项卡中单击"绘图"面板中的"矩形"按钮 ▢，绘制尺寸为 500mm×500mm 的矩形，如图13-13（a）所示。在"默认"选项卡中单击"绘图"面板中的"图案填充"按钮 ▩，打

开"图案填充创建"选项卡,单击"图案填充"按钮,在弹出的下拉列表框中选择 ANSI131,填充刚刚绘制的矩形,结果如图13-13(b)所示。

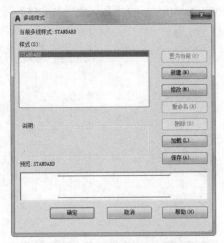

图13-7 "多线样式"对话框

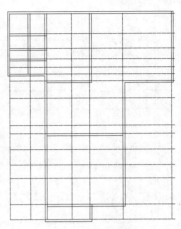

图13-8 绘制墙线

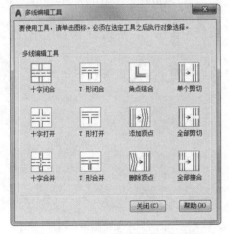

图13-9 "多线编辑工具"对话框

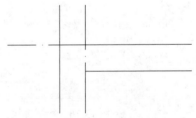

图13-10 合并交点

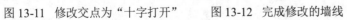

图13-11 修改交点为"十字打开"

图13-12 完成修改的墙线

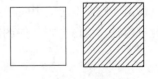

(a)绘制矩形 (b)填充矩形

图13-13 绘制矩形并填充

⑦ 在"默认"选项卡中单击"修改"面板中的"移动"按钮 ✛ 和"复制"按钮 ⬚,将柱子模型复制到图中,如图13-14所示。

（2）绘制门窗。

① 将"门窗"图层设置为当前图层。首先绘制单扇门，在"默认"选项卡中单击"绘图"面板中的"矩形"按钮□，在空白处绘制一个尺寸为 1000mm×50mm 的矩形，如图13-15所示。

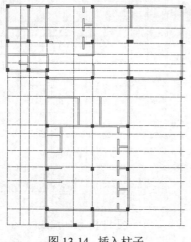

图 13-14 插入柱子

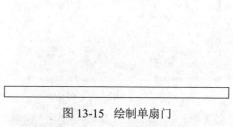

图 13-15 绘制单扇门

② 在"默认"选项卡中单击"绘图"面板中的"直线"按钮／，单击矩形左下角，在命令行中输入"@0,1000"，绘制直线，如图13-16所示。

③ 在"默认"选项卡中单击"绘图"面板中的"圆"按钮⊘，以矩形左下角为圆心，半径设置为 1000，绘制圆，如图13-17所示。

图 13-16 绘制直线

图 13-17 绘制圆

④ 在"默认"选项卡中单击"修改"面板中的"修剪"按钮，选择矩形的上边和垂直的直线作为修剪边界，然后单击圆的外侧相对应的弧线，如图13-18所示。

⑤ 删除垂直直线，然后在"默认"选项卡中单击"绘图"面板中的"矩形"按钮□，在弧线的末端和矩形的左下端分别绘制尺寸为 50mm×100mm 的矩形，作为门垛，如图13-19所示。

⑥ 绘制双扇门的图块。选中弧线和相对应的矩形，并将其复制到空白处，然后在"默认"选项卡中单击"修改"面板中的"镜像"按钮⚎，选择复制后的图形，以弧形的端点和矩形左下角的连线为对称轴，镜像图形，如图13-20所示。

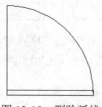

图 13-18 删除弧线

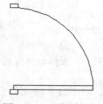

图 13-19 绘制门垛

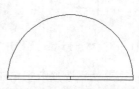

图 13-20 镜像图形

⑦ 在"默认"选项卡中单击"修改"面板中的"镜像"按钮 ◮ ，以经过弧线顶点的水平延长线为镜像线，镜像图形（水平延长线：可打开状态栏中的"极轴追踪"或"对象捕捉跟踪"功能，在单击弧线顶点后，水平移动鼠标即可看到，如图13-21所示）。镜像后的结果如图13-22所示。

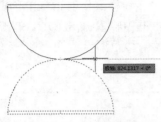

图13-21　指定镜像线

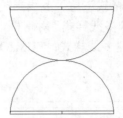

图13-22　镜像图形

⑧ 将单扇门和双扇门移动和复制到图中相应的位置，如图13-23所示。

⑨ 选择"格式"→"多线样式"命令，打开"多线样式"对话框。单击"新建"按钮，打开"创建新的多线样式"对话框，在"新样式名"文本框中输入WINDOW。单击"继续"按钮，在弹出的如图13-24所示的"新建多线样式：WINDOW"对话框中对 WINDOW 多线样式进行特性设置。

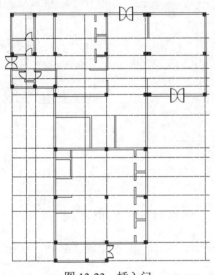

图13-23　插入门

图13-24　"新建多线样式：WINDOW"对话框

⑩ 将 WINDOW 多线样式置为当前样式，调用"多线"命令，绘制窗线，如图13-25所示。

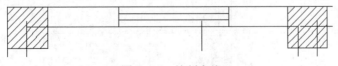

图13-25　绘制窗线

13.2.3　绘制陈设

本小节绘制陈设，主要详细讲解楼梯、水池、衣柜的绘制。

【操作步骤】

（1）绘制楼梯。

本康体中心共设置 3 处楼梯，一处主楼梯、一处副楼梯和一处消防楼梯。下面主要以主楼梯为例进行说明。

① 将"陈设"图层设置为当前图层，在图13-26所示的位置绘制一条水平辅助线。

② 选择"格式"→"多线样式"命令，在弹出的"多线样式"对话框中单击"新建"按钮，打开"创建新的多线样式"对话框，在"新样式名"文本框中输入FUSHOU，单击"继续"按钮，在弹出的"新建多线样式：FUSHOU"对话框中将多线偏移距离设置为 50。绘制楼梯扶手，如图13-27所示。

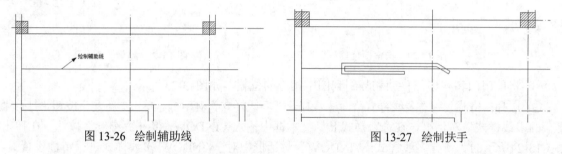

图 13-26　绘制辅助线　　　　　　　　　　图 13-27　绘制扶手

③ 在"默认"选项卡中单击"绘图"面板中的"直线"按钮 ／，在扶手的上侧绘制一条直线，如图13-28所示。

④ 在"默认"选项卡中单击"修改"面板中的"矩形阵列"按钮 ，设置行数为 1，列数为8，列间距为 400，阵列图形，如图13-29所示。

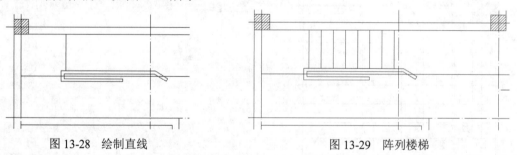

图 13-28　绘制直线　　　　　　　　　　图 13-29　阵列楼梯

⑤ 用同样的方法绘制下方楼梯。在"默认"选项卡中单击"绘图"面板中的"直线"按钮 ／，绘制隔断线，如图13-30所示。

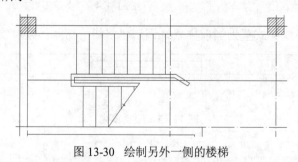

图 13-30　绘制另外一侧的楼梯

⑥ 用同样的方法绘制副楼梯和消防楼梯。

（2）绘制水池。

康体中心最主要的设施是水池。本康体中心在南部设置了 4 个浴池，中间设置了休息平台，供顾客休息观景。

① 在"默认"选项卡中单击"绘图"面板中的"矩形"按钮口，绘制一个尺寸为 9000mm×12000mm 的矩形，如图13-31所示。

② 在"默认"选项卡中单击"修改"面板中的"偏移"按钮⊆，设置偏移距离为 300，将矩形向内部偏移，如图13-32所示。

③ 修改矩形左下角，沿矩形的边缘绘制折线并进行偏移，删除多余直线，如图13-33所示。

④ 在矩形内部绘制一个尺寸为 6000mm×4000mm 的矩形和两个直径为 2300mm 的圆，如图13-34所示。

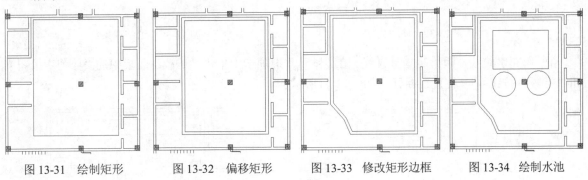

图 13-31 绘制矩形　　　图 13-32 偏移矩形　　　图 13-33 修改矩形边框　　　图 13-34 绘制水池

⑤ 绘制一条通过矩形水平边中点的直线作为辅助线。

⑥ 在"默认"选项卡中单击"修改"面板中的"圆角"按钮┌，将矩形进行圆角处理，圆角半径为 800，如图13-35所示。

⑦ 在"默认"选项卡中单击"修改"面板中的"偏移"按钮⊆，将矩形和圆分别向内偏移，距离设置为 300，如图13-36所示。

⑧ 在"默认"选项卡中单击"修改"面板中的"偏移"按钮⊆，将圆向外偏移 100mm，如图13-37所示。

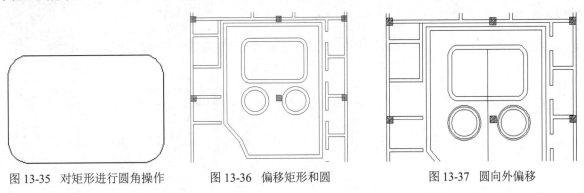

图 13-35 对矩形进行圆角操作　　　图 13-36 偏移矩形和圆　　　图 13-37 圆向外偏移

⑨ 在"默认"选项卡中单击"修改"面板中的"移动"按钮✛，移动圆，令其与矩形外侧边缘相切，如图13-38所示。

⑩ 在"默认"选项卡中单击"绘图"面板中的"直线"按钮/，绘制一条通过两个圆的圆心的水平直线作为辅助线，以辅助线的交点为圆心绘制一个直径为 1800mm 的圆作为观景台，如图13-39所示。

⑪ 在"默认"选项卡中单击"修改"面板中的"修剪"按钮▼，将多余的线删除，并在两个圆的下部绘制弧线，如图13-40所示。

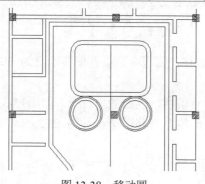

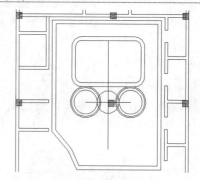

图 13-38　移动圆　　　　　　　　　　　　图 13-39　绘制观景台

⑫ 填充水纹线，即绘制垂直直线。在"默认"选项卡中单击"修改"面板中的"修剪"按钮和"打断"按钮，将直线断开，如图13-41所示。

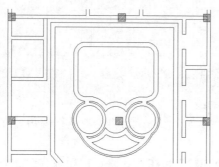

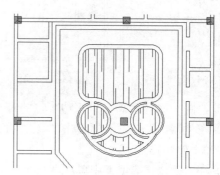

图 13-40　绘制弧线并修剪　　　　　　　　图 13-41　绘制水纹线

⑬ 在"默认"选项卡中单击"修改"面板中的"偏移"按钮，将矩形外框向外偏移100mm，如图13-42所示，然后单击"修剪"按钮，将最外层轮廓线相交的部分删除，使其形成一个封闭的轮廓。

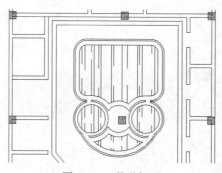

图 13-42　偏移矩形

⑭ 在"默认"选项卡中单击"绘图"面板中的"图案填充"按钮，打开"图案填充创建"选项卡。单击"图案填充图案"按钮，在弹出的下拉列表框中选择EARTH，将填充比例设置为 15，旋转角度设置为 0，如图13-43所示，然后单击"拾取点"按钮，拾取轮廓并填充图案，效果如图13-44所示。

（3）绘制衣柜及其他陈设。

康体中心包括男、女两个更衣室，更衣室中设置衣柜，以存放衣物。下面主要以男更衣室为例进行说明。

① 将"墙线"图层设置为当前图层，新建多线样式 IN-WALL，按图13-45所示对"新建多线样式：IN-WALL"对话框进行设置。

图 13-43 设置填充选项

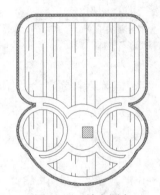

图 13-44 填充图案

图 13-45 设置多线样式

② 选择菜单栏中的"绘图"→"多线"命令，按照轴线及空间的需要，绘制内隔墙，如图13-46所示。

③ 在"默认"选项卡中单击"绘图"面板中的"矩形"按钮 口，在男更衣室左下角处绘制一个尺寸为 700mm×475mm 的矩形，如图13-47所示。

④ 在"默认"选项卡中单击"绘图"面板中的"直线"按钮 ／，绘制矩形的对角线，并在矩形右侧绘制柜门，如图13-48所示。

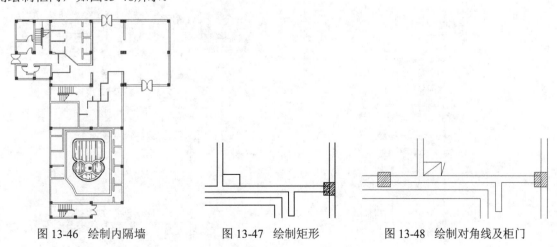

图 13-46 绘制内隔墙　　　　图 13-47 绘制矩形　　　　图 13-48 绘制对角线及柜门

⑤ 在"默认"选项卡中单击"修改"面板中的"矩形阵列"按钮，对刚刚绘制的衣柜进行阵列操作，设置"行数"为 10，"列数"为 1，行"介于"为 475，结果如图13-49所示。

⑥ 删除上面 5 个柜子的柜门，然后在"默认"选项卡中单击"修改"面板中的"镜像"按钮，选择下面 5 个柜子的柜门，以中间柜子的边为镜像线，镜像柜门。最终结果如图13-50所示。

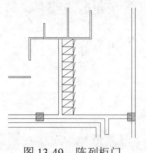

图 13-49　阵列柜门

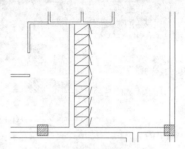

图 13-50　镜像柜门

⑦ 选择左侧的柜子，再次在"默认"选项卡中单击"修改"面板中的"镜像"按钮，以经过下边墙的中点的竖直线为镜像线，镜像柜子，如图13-51所示。

⑧ 在"默认"选项卡中单击"修改"面板中的"复制"按钮 和"删除"按钮 进行编辑，补齐如图13-52所示的柜子图形，并调用"矩形"命令，绘制一个座椅。

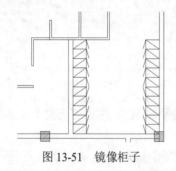

图 13-51　镜像柜子

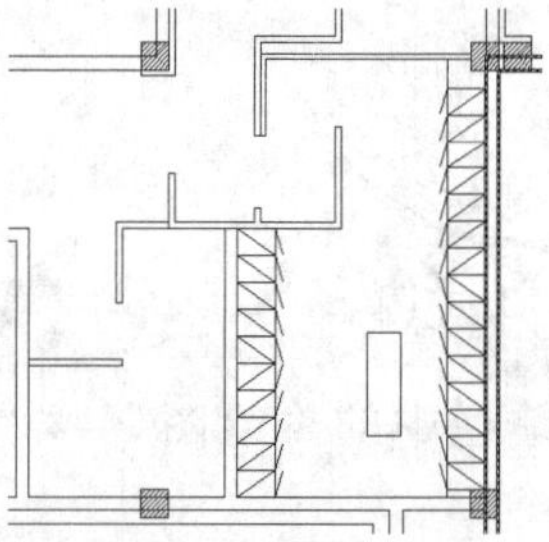

图 13-52　绘制柜子

⑨ 用同样的方法绘制女更衣室的柜子和座椅，如图13-53所示。

⑩ 用同样的方法绘制其他陈设，最终效果如图13-54所示。

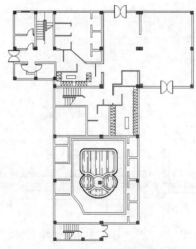

图 13-53　绘制更衣室

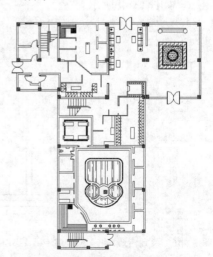

图 13-54　绘制其他陈设

动手练——某商住楼平面图

源文件：源文件\第13章\某商住楼平面图.dwg

绘制如图13-55所示的某商住楼平面图。

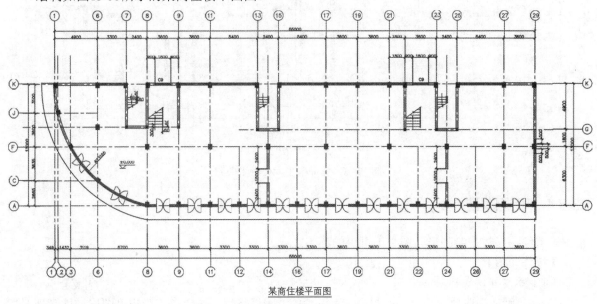

某商住楼平面图

图 13-55 某商住楼平面图

思路点拨

（1）设置绘图环境。

（2）绘制轴线网。

（3）绘制柱。

（4）绘制墙线。

（5）绘制门窗。

（6）绘制楼梯。

（7）绘制散水。

（8）尺寸标注和文字说明。

13.3 商品房单元标准平面图

源文件：源文件\第13章\商品房单元标准平面图.dwg

商品房单元平面图是一个非常复杂的平面图，如图13-56所示。商品房是由许多单元组成的，需要绘制的图形元素比较多。如果需要绘制的图纸用于实际工程，除了需要采用比较规范的绘图方法外，还需要进行非常多的标注和说明。绘制一整张大楼平面图需要花费一定的时间。

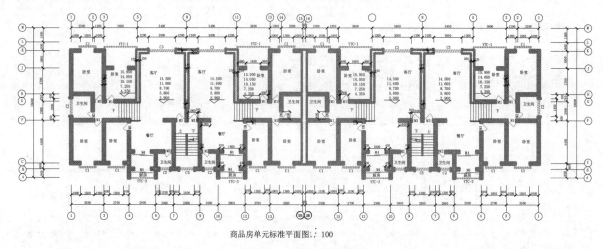

商品房单元标准平面图1：100

图 13-56　商品房单元标准平面图

13.3.1　设置绘图参数

设置绘图参数是绘制平面图必不可少的环节之一。

【操作步骤】

（1）新建并设置图层。

① 在"默认"选项卡中单击"图层"面板中的"图层特性"按钮 ，弹出"图层特性管理器"选项板。

② 在"图层特性管理器"选项板中，单击"新建图层"按钮 ，新建图层"轴线"和"门窗"，指定颜色为"洋红色"；新建图层"墙"，指定颜色为"红色"；新建图层"阳台"，指定颜色为"蓝色"；新建图层"标注"，其他参数采用默认设置，如图 13-57 所示。

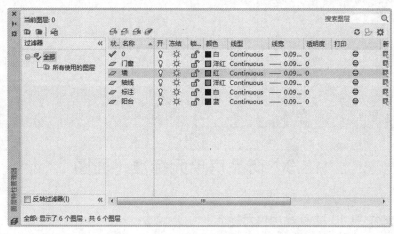

图 13-57　图层设置

（2）设置标注样式。

① 选择菜单栏中的"格式"→"标注样式"命令，打开"标注样式管理器"对话框，如图13-58所示。单击"修改"按钮，打开"修改标注样式：ISO-25"对话框。

② 选择"线"选项卡，在"尺寸线"选项组中设置"基线间距"为 1；在"尺寸界线"选项组

中设置"超出尺寸线"为 1,"起点偏移量"为 0,如图13-59所示。

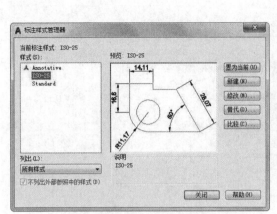

图 13-58 "标注样式管理器"对话框

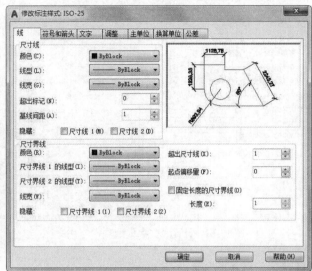

图 13-59 设置"线"选项卡

③ 选择"符号和箭头"选项卡,在"箭头"选项组中的"第一个"和"第二个"下拉列表框中均选择"✐建筑标记",设置"箭头大小"为 2.5,如图13-60所示。

④ 选择"文字"选项卡,在"文字外观"选项组中设置"文字高度"为 2,如图13-61所示。

⑤ 选择"调整"选项卡,在"调整选项"选项组中选中"箭头"单选按钮,在"文字位置"选项组中选中"尺寸线上方,不带引线"单选按钮,在"标注特征比例"选项组中设置"使用全局比例"为 100,如图13-62所示。单击"确定"按钮返回"标注样式管理器"对话框,最后单击"关闭"按钮返回绘图区。

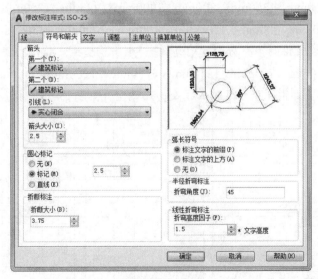

图 13-60 设置"符号和箭头"选项卡

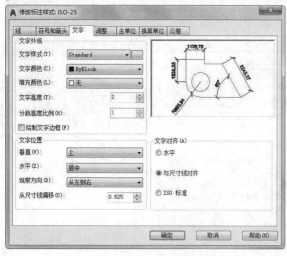

图 13-61　设置"文字"选项卡　　　　　　　　图 13-62　设置"调整"选项卡

13.3.2　绘制轴线

利用"构造线""偏移"命令完成轴线的绘制。

【操作步骤】

（1）将"轴线"图层设置为当前图层。在"默认"选项卡中单击"绘图"面板中的"构造线"按钮✐，在正交模式下绘制一条竖直构造线和一条水平构造线，组成"十"字轴线网。

（2）在"默认"选项卡中单击"修改"面板中的"偏移"按钮⊂，将竖直构造线连续向右偏移2300mm、1200mm、2700mm、900mm、2000mm、2000mm、1400mm、1400mm、2000mm、2000mm、900mm、2700mm、1200mm、2300mm、300mm、2300mm、1200mm、2700mm、900mm、2000mm、2000mm、1400mm、1400mm、1300mm、800mm、2900mm、300mm、1200mm、2100mm、2100mm、1200mm、300mm、2900mm、800mm、1300mm、1400mm、1400mm、1300mm、800mm、2900mm、300mm、1200mm、2100mm，得到竖直方向的辅助线。将水平构造线连续向下偏移 1500mm、900mm、1800mm、2700mm、750mm、750mm、1250mm、3250mm、1200mm、600mm、900mm，得到水平方向的辅助线。它们和竖直辅助线一起构成正交的轴线网，如图13-63所示。

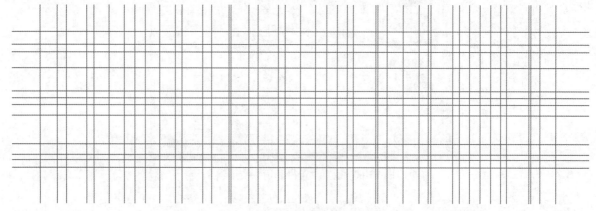

图 13-63　底层建筑辅助线网格

13.3.3　绘制墙体

在建筑平面图中，墙体用双线表示，一般采用轴线定位的方式，以轴线为中心，具有很强的对称关系，因此使用"多线"命令直接绘制墙线。

【操作步骤】

（1）绘制主墙。

① 将"墙体"图层设置为当前图层。选择菜单栏中的"格式"→"多线样式"命令，在弹出的"多线样式"对话框中单击"新建"按钮；弹出"创建新的多线样式"对话框，在"新样式名"文本框中输入240，单击"继续"按钮；弹出"新建多线样式：240"对话框，在"图元"选项组中设置"偏移"为 120、-120，如图13-64所示；单击"确定"按钮，返回"多线样式"对话框，选取多线样式240，单击"置为当前"按钮，然后单击"确定"按钮，完成隔墙墙体多线的设置。

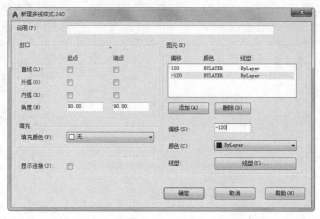

图 13-64　"新建多线样式：240"对话框

② 选择菜单栏中的"绘图"→"多线"命令，根据命令提示设定多线样式为 240，比例为 1，对正方式为"无"，根据轴线网绘制如图13-65所示的墙体多线。

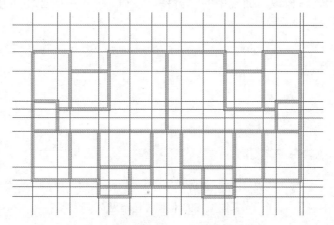

图 13-65　绘制 240 宽主墙体结果

③ 在"默认"选项卡中单击"修改"面板中的"分解"按钮 ⬚，把全部的多线分解掉。在"默认"选项卡中单击"修改"面板中的"修剪"按钮 ↘，将墙体交叉处多余的线条修剪掉，使得墙体

连贯。例如，左上角修剪前的墙体如图13-66所示，修剪后的墙体如图13-67所示。

④ 在"默认"选项卡中单击"修改"面板中的"修剪"按钮 ，继续把墙体其余交叉处多余的线条修剪掉，使得墙体整体连贯。该单元全部墙体修剪结果如图13-68所示。

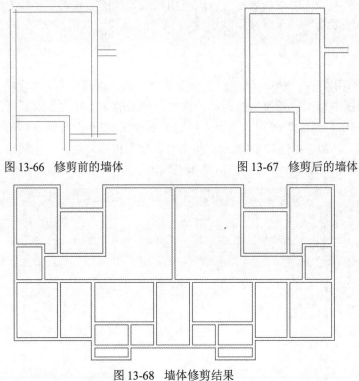

图 13-66　修剪前的墙体　　　　　图 13-67　修剪后的墙体

图 13-68　墙体修剪结果

（2）调整墙体。

单元中间靠上部有几段墙体是370 宽，需要在前边的240 墙体上进行宽度调整。具体步骤如下。

① 在"默认"选项卡中单击"修改"面板中的"偏移"按钮 ，将中间的墙线向外偏移 65。在"默认"选项卡中单击"修改"面板中的"偏移"按钮 ，将周围的 4 段墙线向里偏移 130，得到拓宽的墙体，如图13-69所示。

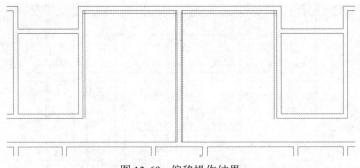

图 13-69　偏移操作结果

② 删除掉原来的墙线。在"默认"选项卡中单击"修改"面板中的"修剪"按钮 ，修剪掉新墙线冒头的部分。在"默认"选项卡中单击"修改"面板中的"延伸"按钮 ，把断开的墙体延伸使得连贯。最终调整结果如图13-70所示。

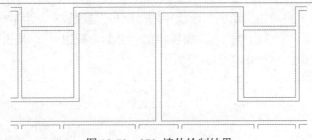

图 13-70　370 墙体绘制结果

13.3.4　绘制门窗、楼梯

本实例主要通过"直线""偏移""矩形阵列"和"修剪"命令来绘制门窗、楼梯。

【操作步骤】

（1）绘制门窗洞。

① 将"门窗"图层设置为当前图层。在"默认"选项卡中单击"绘图"面板中的"直线"按钮 /，根据门和窗户的具体位置，在对应的墙上绘制出这些门窗的一边边界。

② 在"默认"选项卡中单击"修改"面板中的"偏移"按钮 ⊑，根据各个门和窗户的具体大小，将前边绘制的门窗边界偏移相应的距离，得到门窗洞在图上的具体位置，如图13-71所示。

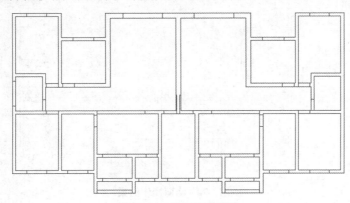

图 13-71　绘制门窗洞线

③ 在"默认"选项卡中单击"修改"面板中的"修剪"按钮 ⅓，修剪各个门窗洞，得到全部的门窗洞，如图13-72所示。

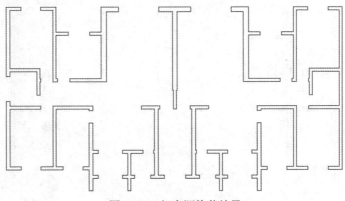

图 13-72　门窗洞修剪结果

④ 在"默认"选项卡中单击"绘图"面板中的"矩形"按钮 □，绘制一个 80mm×80mm 的矩形，然后在"默认"选项卡中单击"修改"面板中的"复制"按钮 ⅜，把该矩形复制到各个窗户的外边角上，作为突出的窗台，结果如图13-73所示。

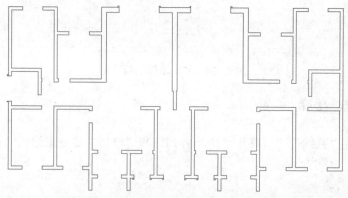

图 13-73　复制小矩形结果

⑤ 在"默认"选项卡中单击"修改"面板中的"修剪"按钮 ⅏，修剪窗台和墙体间的重合部分，使得窗台和墙体合并连通，结果如图13-74所示。

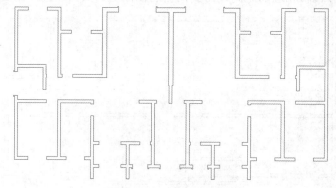

图 13-74　修剪操作结果

⑥ 选取所有的墙线，然后右击，在弹出的快捷菜单中选择"特性"命令，在弹出的"特性"选项板中把墙线的线宽更改为 0.3 mm，表明该墙线是被剖切到的墙线。这样就得到了全部的墙线绘制结果，如图13-75所示。

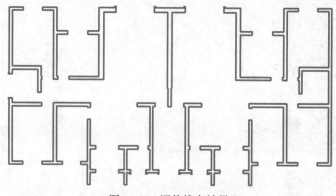

图 13-75　调整线宽结果

（2）绘制门。

① 在"默认"选项卡中单击"绘图"面板中的"直线"按钮 ，在门洞上绘制出门板线。

② 在"默认"选项卡中单击"绘图"面板中的"圆弧"按钮 ，绘制圆弧表示门的开启方向，得到门的图例。绘制全部门的结果如图13-76所示。

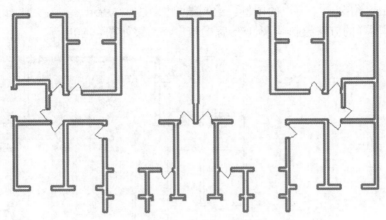

图 13-76　全部门的绘制结果

（3）绘制窗。

① 在"默认"选项卡中单击"绘图"面板中的"直线"按钮 ，在窗洞中绘制一条直线作为窗边线。

② 在"默认"选项卡中单击"修改"面板中的"偏移"按钮 ，将窗边线连续向下偏移 3 次，偏移距离为 80mm，得到一个窗户的图例。绘制结果如图13-77所示。

图 13-77　绘制一个窗户的结果

③ 继续采用同样的方法绘制其余 240 宽的窗户，结果如图13-78所示。

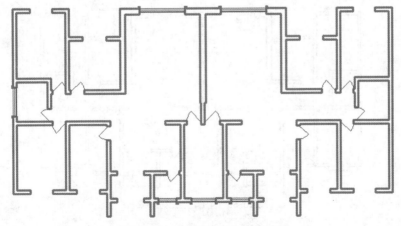

图 13-78　240 宽窗户的绘制结果

④ 在"默认"选项卡中单击"绘图"面板中的"多段线"按钮 ⤵，在左上角的窗洞口绘制多段线。选择左侧墙角作为起点，然后输入下一点的坐标"@0,220"，继续输入下一点的坐标"@1500,0"，最后选择另一端的墙角作为终点。

⑤ 在"默认"选项卡中单击"修改"面板中的"偏移"按钮 ⊑，将窗边线连续向外偏移 3 次，偏移距离为 60mm，得到一个窗户的图例。绘制结果如图13-79所示。

⑥ 继续采用同样的方法绘制其余 180 宽的窗户，结果如图13-80所示。

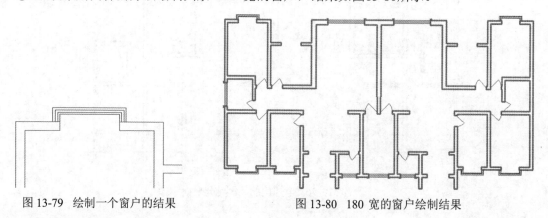

图 13-79　绘制一个窗户的结果　　　　　图 13-80　180 宽的窗户绘制结果

⑦ 采用同样的方法绘制 120 宽的窗户，凸出窗和平窗绘制结果分别如图13-81和图13-82所示。

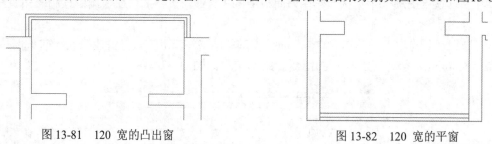

图 13-81　120 宽的凸出窗　　　　　　图 13-82　120 宽的平窗

⑧ 绘制全部窗户，结果如图13-83所示。

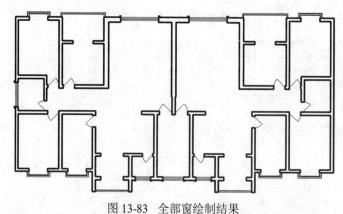

图 13-83　全部窗绘制结果

⑨ 在"默认"选项卡中单击"绘图"面板中的"矩形"按钮 ▭，绘制 2 个 1400mm×40mm 的矩形，结果如图13-84所示。

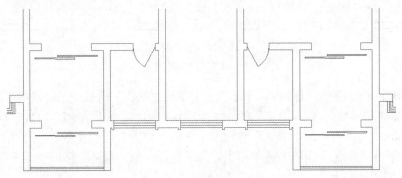

图13-84 绘制隔断图例结果

⑩ 在"默认"选项卡中单击"修改"面板中的"复制"按钮 ❝，把隔断图例复制到其他房间，结果如图13-85所示。

图13-85 隔断复制结果

（4）绘制楼梯。

① 将"楼梯"图层设置为当前图层。在"默认"选项卡中单击"绘图"面板中的"直线"按钮 ╱，根据墙角点绘制楼梯边线，结果如图13-86所示。

② 在"默认"选项卡中单击"修改"面板中的"矩形阵列"按钮 ⊞，打开"阵列创建"选项卡，选择"矩形阵列"类型；单击"选择对象"按钮，在图形中选择楼梯竖直边线作为阵列对象；设置阵列"行数"为 1，"列数"为 9，列"介于"为 −280，如图13-87所示。

图13-86 绘制楼梯边线　　　　　图13-87 "阵列创建"选项卡

③ 单击"确定"按钮完成阵列操作，结果如图13-88所示。

④ 在"默认"选项卡中单击"修改"面板中的"偏移"按钮 ⊜，将水平直线向上连续偏移 2 次，偏移距离为 60mm，然后在"默认"选项卡中单击"绘图"面板中的"直线"按钮 ╱，绘制突出的扶手部分，结果如图13-89所示。

⑤ 在"默认"选项卡中单击"修改"面板中的"修剪"按钮 ⅍，把多余的部分修剪掉，结果如图13-90所示。

图13-88 阵列操作结果　　　　图13-89 绘制楼梯扶手结果　　　　图13-90 一个楼梯绘制结果

⑥ 在"默认"选项卡中单击"修改"面板中的"镜像"按钮⚎，选择楼梯作为镜像对象，以单元中间轴线作为镜像轴，得到另外的一个楼梯，如图13-91所示。

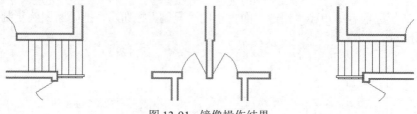

图 13-91　镜像操作结果

⑦ 接着绘制中间的楼梯。在"默认"选项卡中单击"绘图"面板中的"直线"按钮╱，捕捉中间房间的墙边中点绘制直线。在"默认"选项卡中单击"绘图"面板中的"矩形"按钮▭，绘制一个 60mm×2160mm 的矩形。在"默认"选项卡中单击"修改"面板中的"偏移"按钮⊂，将矩形向外偏移 60mm。在"默认"选项卡中单击"修改"面板中的"移动"按钮✛，把矩形移动到房间的正中间，结果如图13-92所示。

⑧ 在"默认"选项卡中单击"修改"面板中的"修剪"按钮✂，修剪掉中间的重合线，这样得到两条台阶线，结果如图13-93所示。

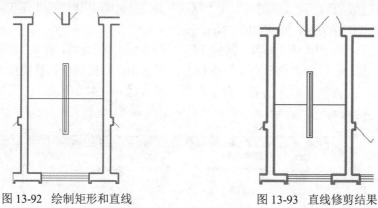

图 13-92　绘制矩形和直线　　　　　图 13-93　直线修剪结果

⑨ 在"默认"选项卡中单击"修改"面板中的"偏移"按钮⊂，将两条台阶线向两边分别偏移4 次，偏移距离为 265，得到全部的台阶线，如图13-94所示。

⑩ 在"默认"选项卡中单击"绘图"面板中的"直线"按钮╱，绘制出楼梯剖切符号，如图13-95所示。

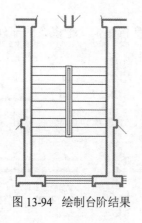
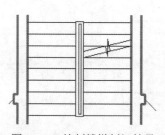

图 13-94　绘制台阶结果　　　　　图 13-95　绘制楼梯剖切符号

⑪ 在"默认"选项卡中单击"修改"面板中的"修剪"按钮 ✂，修剪掉剖切符号中的台阶线，这样就得到了中间的楼梯，如图13-96所示。

⑫ 全部楼梯都绘制好了，整体结果如图13-97所示。

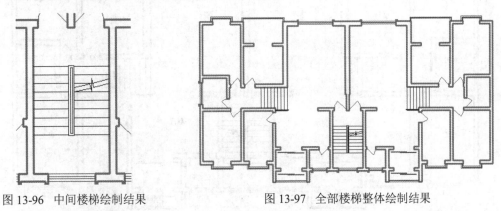

图 13-96 中间楼梯绘制结果   图 13-97 全部楼梯整体绘制结果

13.3.5 尺寸和文字标注

正确地进行尺寸和文字标注是设计绘图工作中非常重要的一个环节。

【操作步骤】

（1）文字标注。

① 将"文字标注"图层设置为当前图层。在"默认"选项卡中单击"注释"面板中的"多行文字"按钮 A，在各个房间中间进行文字标注，设定文字高度为 300，然后在各个楼梯的出入口标注"上"或"下"字样，表示该楼梯的走向。文字标注结果如图13-98所示。

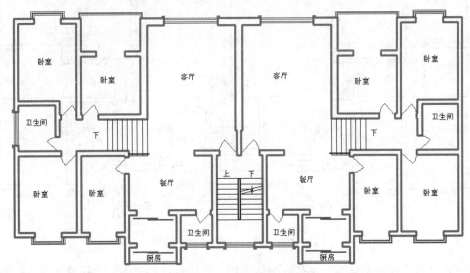

图 13-98 文字标注结果

② 建筑制图标准规定，在建筑平面图中采用大写字母M来表示门，大写字母C来表示窗，YTC来表示阳台窗。为了表达平面图中不同的门窗，需要对这些门窗做出标记。单击"绘图"工具栏中的"多行文字"命令按钮 A，采用M1、M2、M3等标记门，采用C1、C2、C3等标记窗，采用YTC1、YTC2、YTC3等标记阳台窗（其中字高为 300），结果如图13-99所示。

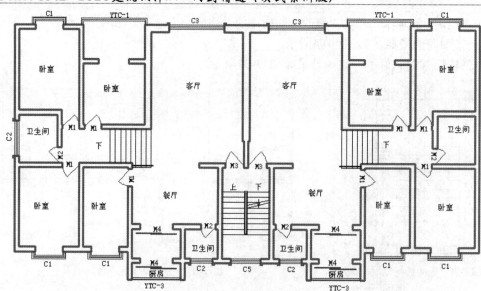

图 13-99　门窗标记结果

（2）尺寸标注。

① 将"标注"图层设置为当前图层。在"默认"选项卡中单击"注释"面板中的"线性标注"按钮，对内部各个建筑部件进行尺寸标注，结果如图13-100所示。

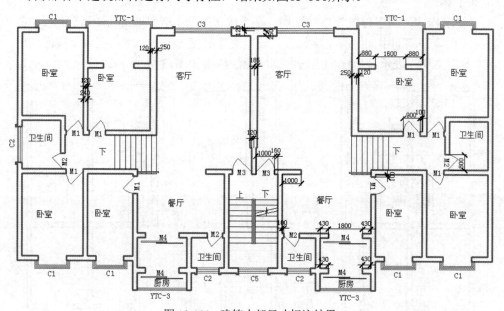

图 13-100　建筑内部尺寸标注结果

② 下一步进行室内标高标注。这是一个标准层，可以进行多层的标高标注。在"默认"选项卡中单击"绘图"面板中的"直线"按钮，绘制一个标高符号。然后在"默认"选项卡中单击"注释"面板中的"多行文字"按钮，在标高符号上注明各层的具体高度。中心室内的地面标高如图13-101所示。

③ 由于这是一个带有室内楼梯的单元房，所以楼梯两端的房间标高是不一样的，另外房间的标高如图13-102所示。

14.500　　　　　　15.950
11.600　　　　　　14.050
8.700　　　　　　10.150
5.800　　　　　　7.250
2.900　　　　　　4.350

图 13-101　中心室内地面标高　　　　　图 13-102　楼梯端部室内标高

④ 室内整体标高结果如图13-103所示。

⑤ 在"默认"选项卡中单击"注释"面板中的"线性标注"按钮，对建筑物外部的各个建筑部件进行尺寸标注，结果如图13-104所示。建筑外部的尺寸标注一般比较规则，形成多层次的标注。

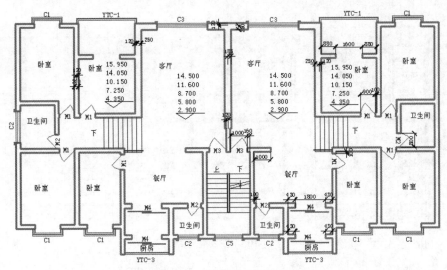

图 13-103　室内整体标高结果

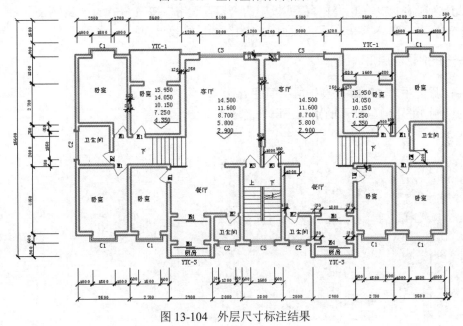

图 13-104　外层尺寸标注结果

（3）轴线编号。

① 将"轴线编号"图层设置为当前图层。在"默认"选项卡中单击"绘图"面板中的"圆"按钮⊙，绘制一个半径为400的圆。在"默认"选项卡中单击"注释"面板中的"多行文字"按钮A，绘制一个文字A，指定文字高度为300。在"默认"选项卡中单击"修改"面板中的"移动"按钮✛，把文字A移动到圆的中心，再将轴线编号移动到轴线端部，得到一个轴线编号。

② 在"默认"选项卡中单击"修改"面板中的"复制"按钮，把轴线编号复制到其他各个轴线端部。

③ 双击轴线编号内的文字进行修改，横向使用1、2、3、4……作为编号，纵向使用A、B、C、D……作为编号。这样就能得到一个单元内的全部平面图。

④ 采用同样的方法绘制其他的两个单元，绘制过程省略，结果如图13-105所示。

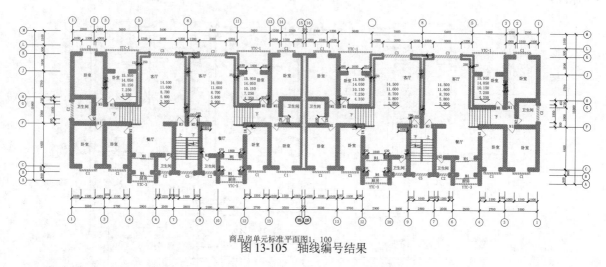

商品房单元标准平面图1：100

图13-105　轴线编号结果

（4）文字说明。

在"默认"选项卡中单击"注释"面板中的"多行文字"按钮A，设定文字大小为600，在平面图的正下方标注"商品房单元标准平面图1:100"。最终效果如图13-56所示。

动手练——别墅一层平面图

源文件：源文件\第13章\别墅一层平面图.dwg

本练习绘制如图13-106所示的别墅一层平面图。

📋 **思路点拨**

（1）设置绘图参数。

（2）绘制轴线网。

（3）绘制墙体。

（4）绘制混凝土柱。

（5）绘制门窗。

（6）绘制客厅台阶。

（7）绘制楼梯。

（8）室内布置。

（9）室内铺地。

（10）室内装饰。

（11）绘制室外台阶和坡道。

（12）尺寸标注和文字说明。

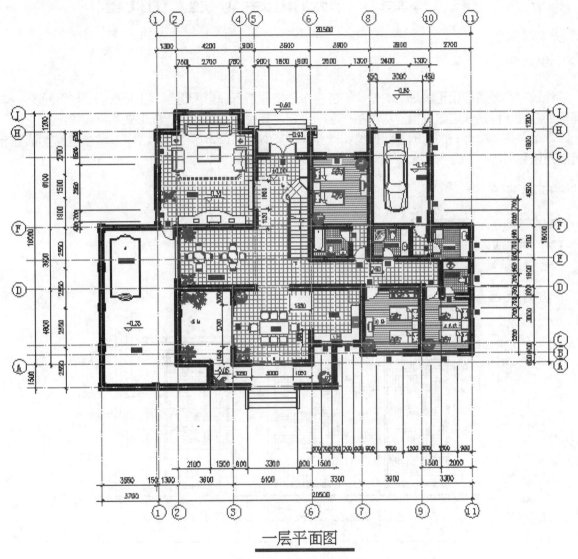

一层平面图

图 13-106 别墅一层平面图

第14章　绘制建筑立面图

内容简介

建筑立面图是指用正投影法对建筑物的各个外墙面进行投影所得到的正投影图。与平面图一样，建筑的立面图也是表达建筑物的基本图样之一，它主要反映建筑物的立面形式和外观情况。

本章将讲述建筑立面图的基础理论和一些典型实例。通过本章的学习，可以掌握建筑立面图的绘制方法和技巧。

内容要点

➦ 建筑立面图绘制概述
➦ 绘制康体中心按摩房立面图
➦ 绘制办公楼立面图

案例效果

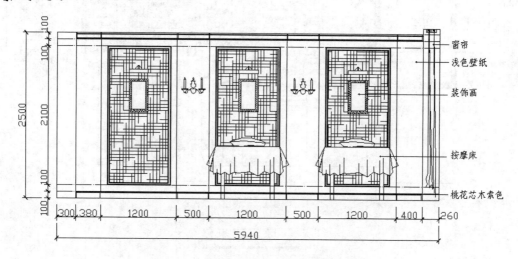

14.1　建筑立面图绘制概述

本节简要归纳建筑立面图的概念、图示内容、命名方式及一般绘制步骤，为下一步结合实例讲解 AutoCAD 操作做准备。

14.1.1　建筑立面图的概念及图示内容

建筑立面图是用正投影法对建筑物的各个外墙面进行投影所得到的正投影图。一般情况下，立面图上的图示内容包括墙体外轮廓及内部凹凸轮廓、门窗（幕墙）、入口台阶及坡道、雨篷、窗台、窗楣、壁柱、檐口、栏杆、外露楼梯、各种脚线等。从理论上讲，所有建筑配件的正投影图均要反映在立面图上，但实际上，一些比例较小的细部可以简化或用比例来代替。例如，门窗的立面，可以在具有代表性的位置仔细绘制出窗扇、门扇等细节，而同类门窗则用其轮廓表示即可。在施工图中，如果门窗不是引用有关门窗图集，则其细部构造需要通过绘制大样图来表示，这就弥补了立面图的不足。

此外，当立面转折、曲折较复杂时，可以绘制展开立面图。圆形或多边形平面的建筑物可以通过分段展开来绘制立面图。为了图示明确，在图名上均应注明"展开"二字，在转角处应准确标明轴线号。

14.1.2 建筑立面图的命名方式

建筑立面图命名的目的在于使读者一目了然地识别其立面的位置。因此，各种命名方式都是围绕"明确位置"这一主题来实施的。至于采取哪种方式，则视具体情况而定。

1. 以相对主入口的位置特征来命名

如果以相对主入口的位置特征来命名，则建筑立面图称为正立面图、背立面图和侧立面图。这种方式一般适用于建筑平面方正、简单，入口位置明确的情况。

2. 以相对地理方位的特征来命名

如果以相对地理方位的特征来命名，则建筑立面图常称为南立面图、北立面图、东立面图和西立面图。这种方式一般适用于建筑平面规整、简单，而且朝向相对正南、正北偏转不大的情况。

3. 以轴线编号来命名

以轴线编号来命名是指用立面图的起止定位轴线来命名，如①—⑥立面图、Ⓔ—Ⓐ立面图等。这种命名方式较为准确，便于查对，特别适用于平面较复杂的情况。

根据《建筑制图标准》（GB/T 50104—2010），有定位轴线的建筑物，宜根据两端定位轴线号来编注立面图名称；无定位轴线的建筑物可按平面图各面的朝向来确定名称。

14.1.3 绘制建筑立面图的一般步骤

从总体上来说，立面图是在平面图的基础上引出定位辅助线来确定立面图样的水平位置及大小，然后根据高度方向的设计尺寸来确定立面图样的竖向位置及尺寸，从而绘制出一系列的图样。因此，绘制立面图的一般步骤如下。

（1）设置绘图环境。

（2）确定定位辅助线，包括墙、柱定位轴线、楼层水平定位辅助线及其他立面图样的辅助线。

（3）绘制立面图样，包括墙体外轮廓及内部凹凸轮廓、门窗（幕墙）、入口台阶及坡道、雨篷、窗台、窗楣、壁柱、檐口、栏杆、外露楼梯、各种脚线等。

（4）绘制配景，包括植物、车辆、人物等。

（5）标注尺寸、文字。

14.2 绘制康体中心按摩房立面图

源文件：源文件\第14章\康体中心按摩房立面图.dwg

本节简要介绍康体中心按摩房立面图的绘制方法，如图14-1所示。

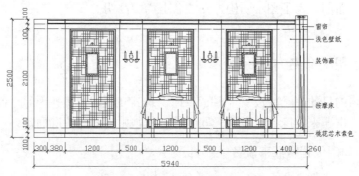

图 14-1 康体中心按摩房立面图

14.2.1 绘图准备

在绘制立面图之前新建"立面图"图层。可使视图层次分明。方便图形对象的编辑与管理。

【操作步骤】

新建文件，命名为"立面图"，按照图14-2所示新建并设置图层。

图 14-2 新建并设置图层

14.2.2 绘制轴线

利用"直线""复制"命令完成轴线的绘制。

【操作步骤】

（1）将"轴线"图层设置为当前图层。在"默认"选项卡中单击"绘图"面板中的"直线"按钮╱，绘制一条长为 5940mm 的水平直线，再绘制一条长为 2500mm 的竖直直线，两条直线的端点相交，如图14-3所示。

（2）在"默认"选项卡中单击"修改"面板中的"复制"按钮 ⁰ᵖ，复制水平轴线和竖直轴线，复制距离如图14-4所示。形成轴线网，并修改直线线型比例为 10。

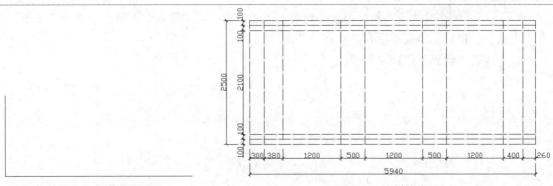

图 14-3　绘制轴线 　　　　　　　　　　　　　图 14-4　绘制轴线网

14.2.3　绘制背景

【操作步骤】

（1）将"墙线"图层设置为当前图层。在"默认"选项卡中单击"绘图"面板中的"直线"按钮，按照轴线的距离，绘制墙和柱子的轮廓线，如图14-5所示。

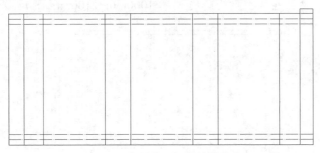

图 14-5　绘制墙和柱子的轮廓线

（2）柱头和柱脚区域存在因装修包边而形成的曲线。选择"格式"→"多线样式"命令，在弹出的"多线样式"对话框中单击"新建"按钮，在弹出的"创建新的多线样式"对话框的"新样式名"文本框中输入DIJIAO，单击"继续"按钮，按照图14-6所示的"新建多线样式：DIJIAO"对话框进行设置。

（3）选择"绘图"→"多线"命令，绘制地脚和顶棚的装修吊顶线，如图14-7所示。

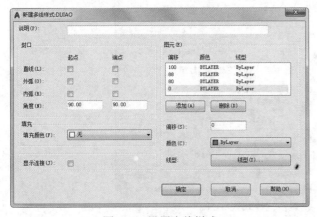

图 14-6　设置多线样式

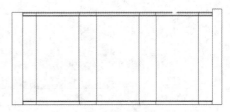

图 14-7　绘制装修吊顶线

（4）在吊顶线通过柱子和墙的交接处时，会形成曲线。在"默认"选项卡中单击"绘图"面板中的"圆弧"按钮　，绘制如图14-8所示的曲线。

绘制完成后的结果如图14-9所示。

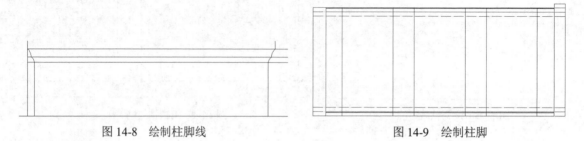

图 14-8　绘制柱脚线　　　　　　　　　　　　图 14-9　绘制柱脚

14.2.4　绘制装饰

【操作步骤】

（1）将"装饰"图层设置为当前图层。首先绘制墙面装饰。在"默认"选项卡中单击"绘图"面板中的"矩形"按钮　，在墙面上绘制尺寸为 1000mm×2100mm 的矩形，如图14-10所示。

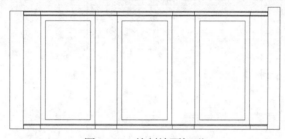

图 14-10　绘制墙面矩形

（2）选择"格式"→"多线样式"命令，在弹出的"多线样式"对话框中单击"新建"按钮，在弹出的"创建新的多线样式"对话框的"新样式名"文本框中输入QIANG，单击"继续"按钮，按照图14-11所示的"新建多线样式：QIANG"对话框进行设置。

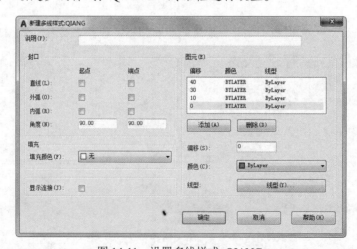

图 14-11　设置多线样式 QIANG

沿刚刚绘制的矩形内侧，选择菜单栏中的"绘图"→"多线"命令，绘制多线。绘制完成后的结果如图14-12所示。

（3）在"默认"选项卡中单击"绘图"面板中的"矩形"按钮口，在墙面上设置装饰画，画框尺寸为 300mm×500mm 的矩形，如图14-13所示。

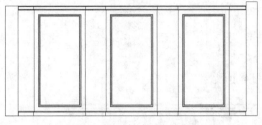

图 14-12 绘制矩形边框

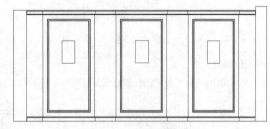

图 14-13 绘制画框

（4）在"默认"选项卡中单击"修改"面板中的"偏移"按钮⊜，将画框向内偏移 40，如图14-14所示。

（5）在画框上方绘制墙面灯。在"默认"选项卡中单击"绘图"面板中的"矩形"按钮口，绘制尺寸为 300×50 的矩形；在"默认"选项卡中单击"绘图"面板中的"圆弧"按钮╭，在矩形的上方绘制半径为 50 的半圆，如图14-15所示。

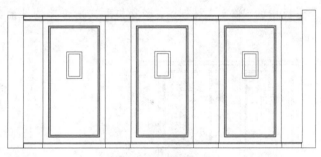

图 14-14 偏移矩形

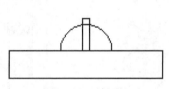

图 14-15 墙面灯

绘制完成后的结果如图14-16所示。

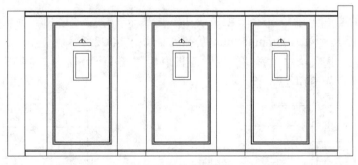

图 14-16 绘制墙面灯

（6）绘制按摩床的立面图。首先在"默认"选项卡中单击"绘图"面板中的"矩形"按钮口，绘制尺寸为 1000mm×400mm 的矩形，再在下方绘制两个尺寸为 60mm×400mm 的矩形，如图14-17所示。在按摩床的上方以矩形的边缘作为参考线，绘制床单的轮廓线（绘制时可以关闭"二维对象捕捉"等辅助功能），结果如图14-18所示。

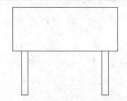
图 14-17 绘制按摩床轮廓

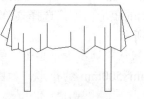
图 14-18 绘制床单

（7）在"默认"选项卡中单击"绘图"面板中的"多段线"按钮，在按摩床上绘制枕头轮廓线，如图14-19所示。

（8）将按摩床制作成图块并插入到图中，如图14-20所示。

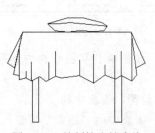
图 14-19 绘制枕头轮廓线

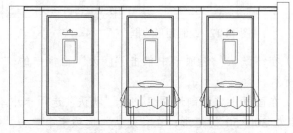
图 14-20 插入按摩床图块

（9）在"默认"选项卡中单击"修改"面板中的"修剪"按钮，删除按摩床所覆盖的墙面线，如图14-21所示。

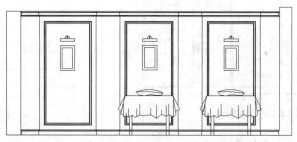
图 14-21 删除多余墙线

（10）在右侧的立柱上绘制窗帘。在"默认"选项卡中单击"绘图"面板中的"矩形"按钮，在顶部绘制两个尺寸为 100mm×50mm 的矩形，如图14-22所示。

（11）在"默认"选项卡中单击"绘图"面板中的"直线"按钮，在矩形中间绘制线条，作为固定窗帘的金属件，如图14-23所示。

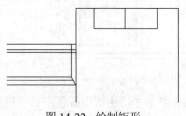
图 14-22 绘制矩形

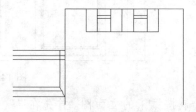
图 14-23 绘制金属件

（12）在"默认"选项卡中单击"绘图"面板中的"直线"按钮和"圆弧"按钮，绘制窗帘的线条，如图14-24所示。

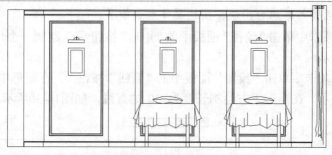

图 14-24 绘制窗帘

（13）在"默认"选项卡中单击"绘图"面板中的"图案填充"按钮■，打开"图案填充创建"选项卡，单击"图案填充图案"按钮，在弹出的下拉列表框中选择 HOUND，设置填充比例为30，其余参数如图14-25所示，填充墙面装饰，结果如图14-26所示。

图 14-25 设置填充参数

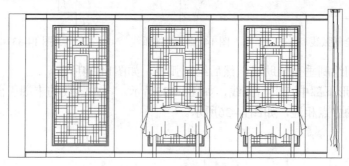

图 14-26 填充墙面

（14）在"默认"选项卡中单击"绘图"面板中的"图案填充"按钮■，打开"图案填充创建"选项卡，单击"图案填充图案"按钮，在弹出的下拉列表框中选择 AR-HBONE，设置填充比例为0.2，填充后的结果如图14-27所示。

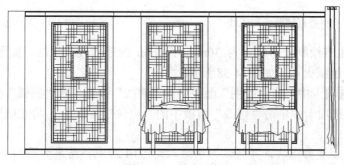

图 14-27 填充画框

（15）在柱子中间插入蜡烛台图块，图块具体画法如下。

① 在"默认"选项卡中单击"绘图"面板中的"矩形"按钮□，绘制一个尺寸为 100mm×10mm 的矩形，如图14-28所示。

② 在"默认"选项卡中单击"绘图"面板中的"直线"按钮╱，在矩形中间绘制垂直直线作为辅助线，如图14-29所示。在矩形下方绘制长度为 30 的直线，如图14-30所示。

图 14-28　绘制矩形　　　　　图 14-29　绘制辅助线　　　　　图 14-30　绘制水平线

③ 在"默认"选项卡中单击"绘图"面板中的"圆弧"按钮╱，在左侧绘制弧线，如图14-31所示。

④ 在"默认"选项卡中单击"修改"面板中的"镜像"按钮⚠，将弧线进行镜像，如图14-32所示。

⑤ 在"默认"选项卡中单击"绘图"面板中的"直线"按钮╱，在此图形的右侧绘制长度为80的直线，并且在两侧绘制如图14-33所示的图形。

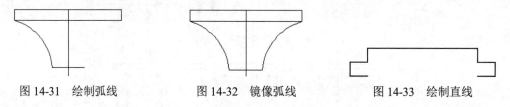

图 14-31　绘制弧线　　　　　图 14-32　镜像弧线　　　　　图 14-33　绘制直线

同样在直线中间绘制垂直辅助线，然后绘制弧线，如图14-34所示。

⑥ 由左侧的图形下部中点引出弧线，如图14-35所示。再由弧线的末端引出另外一条弧线，与右侧图形左侧竖线的中点相连，如图14-36所示。

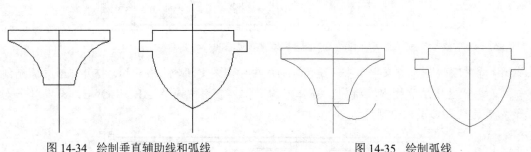

图 14-34　绘制垂直辅助线和弧线　　　　　图 14-35　绘制弧线

⑦ 在左侧灯托上方绘制一个尺寸为 30mm×100mm 的矩形代表蜡烛，如图14-37所示。在蜡烛顶端用"圆弧"命令绘制火苗，如图14-38所示。

⑧ 在"默认"选项卡中单击"绘图"面板中的"直线"按钮╱和"圆弧"按钮╱，绘制中间的蜡烛台。在"默认"选项卡中单击"修改"面板中的"镜像"按钮⚠，将左侧图形镜像到右侧，如图14-39所示。

（16）将蜡烛台创建为图块，并将该图块插入到图14-27中，结果如图14-40所示。

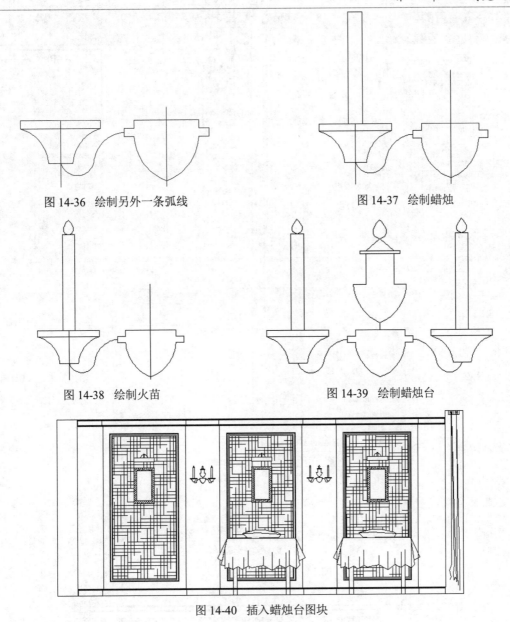

图 14-36 绘制另外一条弧线　　　　　　　　　　图 14-37 绘制蜡烛

图 14-38 绘制火苗　　　　　　　　　　图 14-39 绘制蜡烛台

图 14-40 插入蜡烛台图块

14.2.5　尺寸和文字标注

正确地进行尺寸和文字标注是设计绘图工作中非常重要的一个环节。

【操作步骤】

（1）将"尺寸标注"图层设置为当前图层。选择菜单栏中的"格式"→"标注样式"命令，在弹出的"标注样式管理器"对话框中单击"新建"按钮，在弹出的"创建新标注样式"对话框的"新样式名"文本框中输入"副本 ISO-25"，单击"继续"按钮，按照图14-41所示的"新建标注样式：副本ISO-25"对话框进行设置。

（2）在"默认"选项卡中单击"注释"面板中的"线性标注"按钮，在图中添加尺寸标注，如图14-42所示。

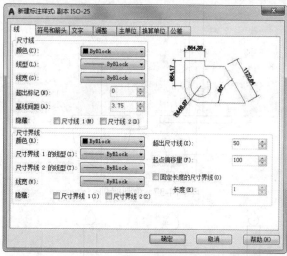

（a）设置"线"选项卡

（b）设置"符号和箭头"选项卡

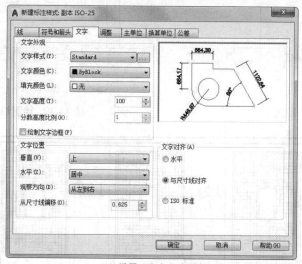

（c）设置"文字"选项卡

图 14-41　设置尺寸标注样式

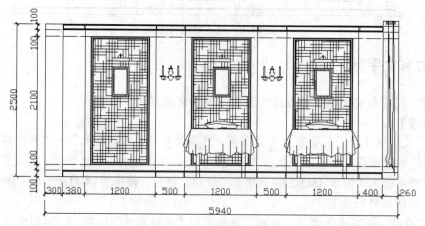

图 14-42　添加尺寸标注

（3）选择菜单栏中的"格式"→"文字样式"命令，按照图14-43所示进行文字样式设置。

（4）将"文字"图层设置为当前图层。在"默认"选项卡中单击"注释"面板中的"多行文字"按钮**A**，在图中添加文字标注。最终效果如图14-1所示。

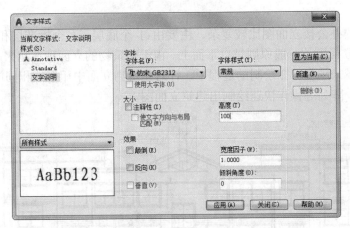

图 14-43 设置文字样式

动手练——商住楼南立面图

源文件：源文件\第 14 章\商住楼南立面图.dwg

本练习绘制如图14-44所示的商住楼南立面图。

📋 **思路点拨**

（1）设置绘图环境。

（2）绘制定位辅助线。

（3）绘制第一层立面图。

（4）绘制第二层立面图。

（5）绘制第三层立面图。

（6）绘制第四～六层立面图。

（7）绘制隔热层和屋顶。

（8）文字说明和标高标注。

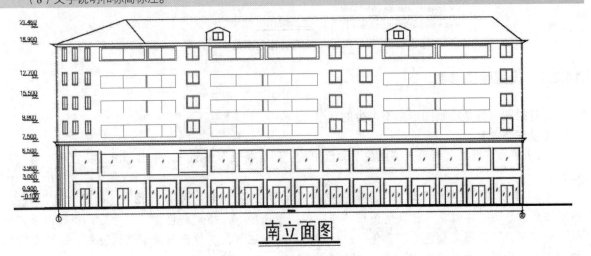

图 14-44 商住楼南立面图

扫一扫，看视频

14.3　绘制办公楼立面图

本实例要绘制的办公楼立面图比较复杂，主要由 1 个底层、4 个标准层和 1 个顶层组成，如图14-45所示。绘制立面图的一般原则是自下而上。由于建筑物的立面现在越来越复杂，所以需要表现的图形元素也就越来越多。在绘制的过程中，针对建筑物立面中相似或相同的图形对象，可以灵活运用复制、镜像、阵列等操作快速绘制出建筑立面图。

图 14-45　办公楼立面图

14.3.1　设置绘图参数

设置绘图参数是绘制图形必不可少的环节之一。

【操作步骤】

（1）单击"默认"选项卡"图层"面板中的"图层特性"按钮，弹出"图层特性管理器"对话框。

（2）单击"图层特性管理器"选项板中的"新建图层"按钮，新建图层"轴线"和"门"，指定图层颜色为"洋红色"；新建图层"墙"和"屋顶房"，指定颜色为"红色"；新建图层"屋板"和"窗户"，指定颜色为"蓝色"；新建图层"标注"，其他设置采用默认设置。这样就得到初步的图层设置，如图14-46所示。

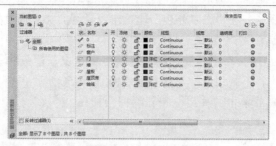

图 14-46　图层设置

14.3.2　设置标注样式

在进行尺寸标注前，首先要创建尺寸标注的样式。如果不创建尺寸样式而直接进行标注，系统将使用默认的名为 Standard 的样式。如果认为所用的标注样式某些设置不合适，也可以对其进行修改。

【操作步骤】

（1）选择菜单栏中的"标注"→"标注样式"命令，弹出"标注样式管理器"对话框，如图14-47所示。在"样式"列表框中选择 ISO-25，单击"修改"按钮，弹出"修改标注样式：ISO-25"对话框。

（2）选择"线"选项卡，在"尺寸线"选项组中设置"基线间距"为3.75，在"尺寸界线"选项组中设置"超出尺寸线"为 100，"起点偏移量"为 200，如图14-48（a）所示；选择"符号和箭头"选项卡，在"箭头"选项组的"第一个"和"第二个"下拉列表框中均选择"／建筑标记"，设置"箭头大小"为 150，如图14-48（b）所示。

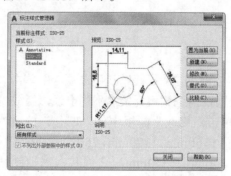

图 14-47　"标注样式管理器"对话框

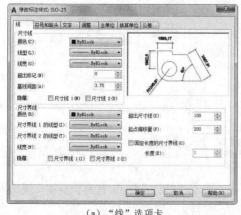

（a）"线"选项卡

（b）"符号和箭头"选项卡

图 14-48　设置"线"与"符号和箭头"选项卡

（3）选择"文字"选项卡，在"文字外观"选项组中设置"文字高度"为 300，在"文字位置"选项组中设置"从尺寸线偏移"为 150，如图14-49所示。

（4）选择"调整"选项卡，在"调整选项"选项组中选中"箭头"单选按钮，在"文字位置"选项组中选中"尺寸线上方，不带引线"单选按钮，如图14-50所示。单击"确定"按钮，返回"标注样式管理器"对话框，最后单击"关闭"按钮返回绘图区。

图 14-49 设置"文字"选项卡

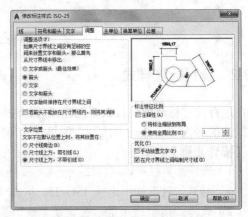
图 14-50 设置"调整"选项卡

14.3.3 绘制底层立面图

底层立面图由轴线、墙体、屋板和门窗组成。

【操作步骤】

（1）绘制轴线。

① 将"轴线"图层设置为当前图层。在"默认"选项卡中单击"绘图"面板中的"构造线"按钮，在正交模式下绘制一条竖直构造线和一条水平构造线，组成"十"字轴线网。

② 在"默认"选项卡中单击"修改"面板中的"偏移"按钮，将竖直构造线连续向右偏移3500mm、2580mm、3140mm、1360mm、1170mm、750mm；将水平构造线连续向上偏移 100mm、2150mm、750mm、800mm、350mm、350mm，它们和水平辅助线一起构成正交的轴线网，如图14-51所示。

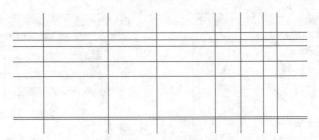
图 14-51 底层的轴线网

（2）绘制墙体。

① 将"墙"图层设置为当前图层。在"默认"选项卡中单击"修改"面板中的"偏移"按钮，把左边的两条竖直线往左、右两边各偏移 120，得到墙的边界线，如图14-52所示。

② 在"默认"选项卡中单击"绘图"面板中的"多段线"按钮，设定多段线的宽度为 50，

根据轴线绘制出墙轮廓，结果如图 14-53 所示。

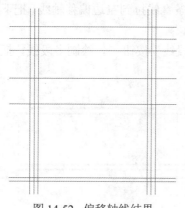

图 14-52 偏移轴线结果

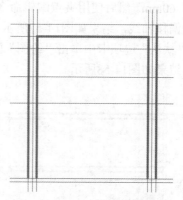

图 14-53 绘制墙轮廓

③ 在"默认"选项卡中单击"绘图"面板中的"多段线"按钮，根据轴线绘制出中间的墙轮廓，结果如图14-54所示。

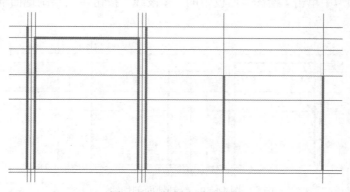

图 14-54 绘制中间墙轮廓

④ 在"默认"选项卡中单击"绘图"面板中的"直线"按钮，沿着中间墙边界绘制两条长度为 1520mm 的竖直线。然后在"默认"选项卡中单击"修改"面板中的"移动"按钮，把左边的直线往右边移动 190mm，把右边的直线往左边移动 190mm，得到中间的墙体，结果如图14-55所示。

⑤ 在"默认"选项卡中单击"绘图"面板中的"多段线"按钮，设定多段线的宽度为 20，根据右边的轴线绘制出一条水平直线。在"默认"选项卡中单击"修改"面板中的"偏移"按钮，把刚才绘制的直线连续向上偏移 100mm、60mm、580mm、60mm，结果如图14-56所示。

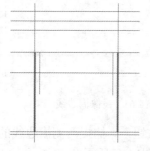

图 14-55 中间墙体的绘制结果

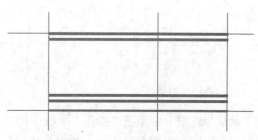

图 14-56 绘制直线并偏移

⑥ 在"默认"选项卡中单击"修改"面板中的"偏移"按钮⧉，把竖直轴线往左边偏移 40mm，往右边偏移 60mm。然后使用夹点编辑命令把上边的 4 条直线拉到左边偏移轴线，把下边的一条直线拉到右边偏移轴线，结果如图14-57所示。

⑦ 在"默认"选项卡中单击"绘图"面板中的"多段线"按钮⤵，绘制多段线，把左边的偏移直线连上，结果如图14-58所示。

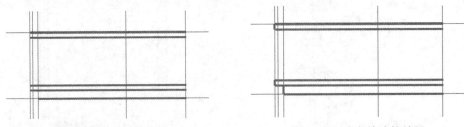

图 14-57　夹点编辑结果　　　　　　图 14-58　多段线连接结果

⑧ 在"默认"选项卡中单击"修改"面板中的"偏移"按钮⧉，把墙边的轴线往外偏移 900mm。然后在"默认"选项卡中单击"绘图"面板中的"多段线"按钮⤵，绘制地面剖切线（共 4 段），如图14-59所示。

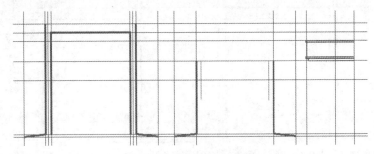

图 14-59　绘制地面剖切线

（3）绘制屋板。

① 将"屋板"图层设置为当前图层。在"默认"选项卡中单击"绘图"面板中的"多段线"按钮⤵，设定多段线的宽度为 0，在墙上绘制出如图14-60所示的檐边线。

② 在"默认"选项卡中单击"修改"面板中的"镜像"按钮⚖，镜像得到另一端的檐边线，如图14-61所示。

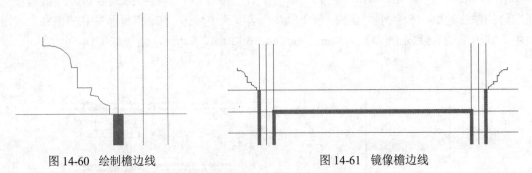

图 14-60　绘制檐边线　　　　　　　图 14-61　镜像檐边线

③ 在"默认"选项卡中单击"绘图"面板中的"直线"按钮╱，捕捉两侧檐边线的对称点绘制直线，绘制结果放大后如图14-62所示。屋板整体绘制结果如图14-63所示。

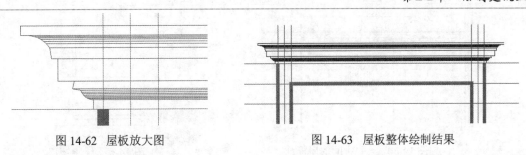

图 14-62 屋板放大图　　　　　　　　　图 14-63 屋板整体绘制结果

（4）绘制门窗。

① 将"窗户"图层设置为当前图层。在"默认"选项卡中单击"绘图"面板中的"直线"按钮╱，绘制 3 个不同规格的窗户，各个窗户的具体规格如图14-64所示。

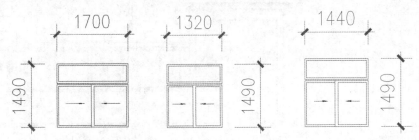

图 14-64 绘制 3 个不同的窗户

② 在"默认"选项卡中单击"修改"面板中的"复制"按钮 ，复制窗户到立面图中，如图14-65所示。其中最左边的是宽为 1700 的窗户，中间的是宽为1320的窗户，最右边的是宽为1440的窗户。

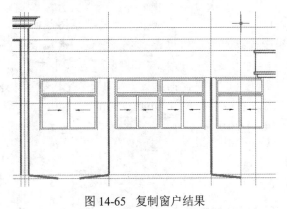

图 14-65 复制窗户结果

③ 在"默认"选项卡中单击"修改"面板中的"复制"按钮 ，复制屋板的中间直线部分到窗户上方。在"默认"选项卡中单击"修改"面板中的"延伸"按钮 ，把屋板线延伸到两边的墙上，得到中间的屋板，如图14-66所示。

④ 在"默认"选项卡中单击"绘图"面板中的"直线"按钮╱，在入口屋板上绘制一个冒头的窗户，结果如图14-67所示。

⑤ 将"门"图层设置为当前图层。在"默认"选项卡中单击"绘图"面板中的"直线"按钮╱，根据辅助线绘制入口的大门，结果如图14-68所示。

⑥ 在"默认"选项卡中单击"绘图"面板中的"直线"按钮╱，按照辅助线把地面线绘制出来。

图 14-66 绘制中间的屋板

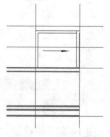

图 14-67 绘制窗户

⑦ 在"默认"选项卡中单击"绘图"面板中的"多段线"按钮 ⤵，指定线的宽度为 50，在各个窗户上方和下方绘制矩形窗台。这样底层立面就绘制好了，结果如图14-69所示。

图 14-68 绘制大门

图 14-69 底层立面绘制效果

14.3.4 绘制标准层立面图

本实例主要通过"多段线""偏移""复制""直线"和"镜像"命令来绘制标准层立面图。

【操作步骤】

（1）标准层高度为 2900。在"默认"选项卡中单击"绘图"面板中的"多段线"按钮 ⤵，绘制一条长度为 2900 的竖直多段线作为墙的边线。在"默认"选项卡中单击"修改"面板中的"复制"按钮 ㏒，复制多段线到各个墙边处。然后在"默认"选项卡中单击"绘图"面板中的"直线"按钮 ╱，在墙的端部绘制两条直线作为顶板上边线。在"默认"选项卡中单击"修改"面板中的"偏移"按钮 ⊆，将顶板上边线向下连续偏移 140mm、20mm、140mm，即可得到楼板线。这样标准层框架就绘制好了，结果如图14-70所示。

图 14-70 绘制标准层框架

（2）在"默认"选项卡中单击"修改"面板中的"复制"按钮 ㏒，复制一个宽为 1700mm 的窗户到左边的房间立面上，结果如图14-71所示。

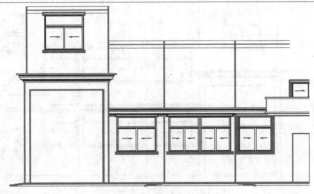

图 14-71 复制窗户结果

（3）在"默认"选项卡中单击"修改"面板中的"复制"按钮 ⊡，把底层的 4 个窗户复制到标准层对应位置，结果如图14-72所示。

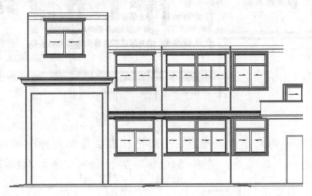

图 14-72 复制 4 个窗户

（4）绘制标准层右边的窗户。在"默认"选项卡中单击"修改"面板中的"复制"按钮 ⊡，复制下边只有一半的窗户。在"默认"选项卡中单击"修改"面板中的"偏移"按钮 ⊏，将窗户里最下边的水平直线向下连续偏移 625mm、40mm、30mm，结果如图14-73所示。

（5）使用夹点编辑命令把窗户里的直线闭合。在"默认"选项卡中单击"绘图"面板中的"多段线"按钮 ↪，使用多段线把窗户包围起来，得到窗框，如图14-74所示。

（6）在"默认"选项卡中单击"修改"面板中的"镜像"按钮 ⚏，对前边的绘制结果进行镜像操作，即可得到标准层右边的窗户，如图14-75所示。

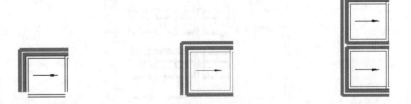

图 14-73 偏移操作结果　　　图 14-74 绘制窗框　　　图 14-75 右边窗户绘制结果

（7）这样，标准层就绘制好了，结果如图14-76所示。

（8）在"默认"选项卡中单击"修改"面板中的"复制"按钮 ⊡，选中标准层作为复制对象，如图14-77所示。

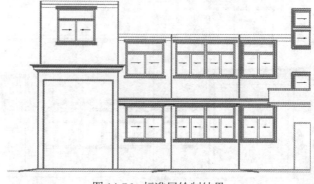

图 14-76　标准层绘制结果

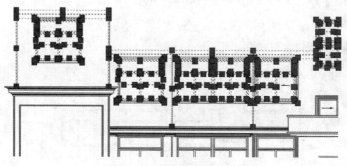

图 14-77　选择复制的对象

（9）捕捉标准层最左下角点作为基准点，不断把标准层复制到标准层的最左上角点，总共复制4 个标准层，加上原来的一个标准层，共有 5 个标准层。绘制结果如图14-78所示。

图 14-78　复制标准层结果

14.3.5　绘制顶层立面图

本实例主要通过"多段线""延伸""复制""直线"和"镜像"命令来绘制顶层立面图。

【操作步骤】

（1）在"默认"选项卡中单击"修改"面板中的"删除"按钮 ✍，删除掉顶层立面不需要的图形元素，如右边的窗户和楼板等，结果如图14-79所示。

图 14-79 删除多余线条

（2）在"默认"选项卡中单击"绘图"面板中的"多段线"按钮 ⊃，在顶层上部绘制墙体框架。然后在"默认"选项卡中单击"修改"面板中的"复制"按钮 ❀，把底层的檐口边线复制到墙边处，结果如图14-80所示。

（3）在"默认"选项卡中单击"修改"面板中的"复制"按钮 ❀，复制底层的顶板图案到最顶层对应位置。在"默认"选项卡中单击"修改"面板中的"延伸"按钮 ⊐，把所有直线延伸到最远的两端，结果如图14-81所示。

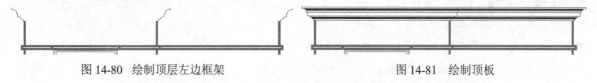

图 14-80 绘制顶层左边框架　　　　　　　　　　图 14-81 绘制顶板

（4）采用同样的办法绘制下一级的顶板，结果如图14-82所示。

（5）在"默认"选项卡中单击"绘图"面板中的"直线"按钮 ╱，绘制一个三角屋顶，结果如图14-83所示。

（6）整个立面效果如图14-84所示。

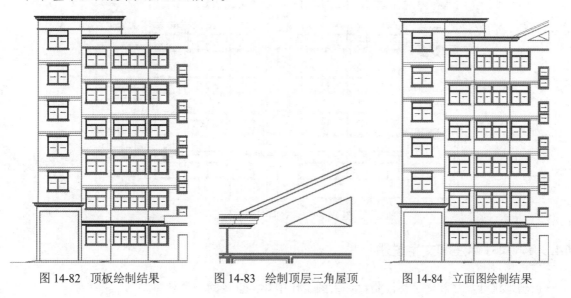

图 14-82 顶板绘制结果　　　　图 14-83 绘制顶层三角屋顶　　　　图 14-84 立面图绘制结果

（7）在"默认"选项卡中单击"修改"面板中的"镜像"按钮△，选中所有的图形，进行镜像操作，结果如图14-85所示。

图 14-85　镜像操作结果

（8）在"默认"选项卡中单击"修改"面板中的"删除"按钮，删除掉右下角的墙线；然后在"默认"选项卡中单击"修改"面板中的"复制"按钮，复制两个小窗户到对应的墙面上。现在，整个墙的立面图就绘制好了，结果如图14-86所示。

图 14-86　正立面图绘制结果

14.3.6　尺寸标注和文字说明

正确地进行尺寸和文字标注是设计绘图工作中非常重要的一个环节。

【操作步骤】

（1）将"标注"图层设置为当前图层。在"默认"选项卡中单击"绘图"面板中的"直线"按钮／，在立面上引出折线。在"默认"选项卡中单击"注释"面板中的"多行文字"按钮 A，在折线上标出各个立面的材料。这样就得到建筑外立面图，如图14-87和图14-88所示。

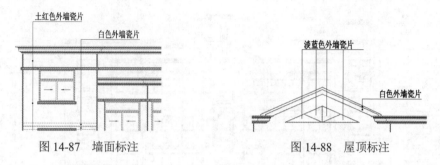

图 14-87 墙面标注　　　　　　　　　　　图 14-88 屋顶标注

（2）在"默认"选项卡中单击"注释"面板中的"线性标注"按钮⊢，进行尺寸标注，立面内部的标注结果如图14-89所示。

图 14-89 立面图的内部标注

（3）在"默认"选项卡中单击"注释"面板中的"线性标注"按钮⊢，进行尺寸标注，立面外部的标注结果如图14-90所示。

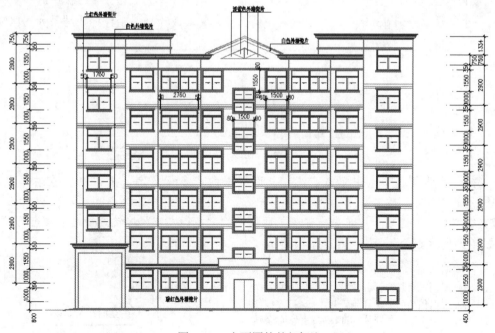

图 14-90 立面图的外部标注

（4）在"默认"选项卡中单击"绘图"面板中的"直线"按钮╱，绘制一个标高符号。在"默认"选项卡中单击"修改"面板中的"复制"按钮 ，把标高符号复制到各个需要处。在"默认"选项卡中单击"注释"面板中的"多行文字"按钮 Ａ，在标高符号上方标出具体高度值。标注结果如图14-91所示。

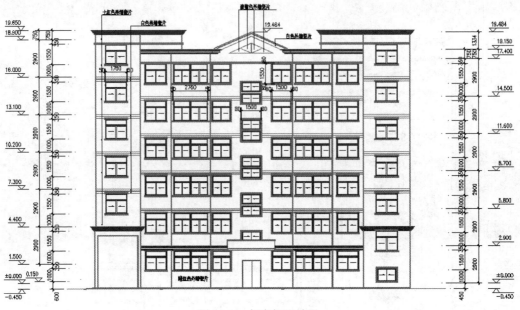

图14-91　标高标注结果

（5）绘制两边的定位轴线编号。在"默认"选项卡中单击"绘图"面板中的"圆"按钮，绘制一个小圆作为轴线编号的圆圈。然后在"默认"选项卡中单击"注释"面板中的"多行文字"按钮 Ａ，在圆圈内标上文字1，得到1轴的编号。在"默认"选项卡中单击"修改"面板中的"复制"按钮 ，复制一个轴线编号到 13 轴处，并双击其中的文字，将其改为15。轴线标注结果如图14-92所示。

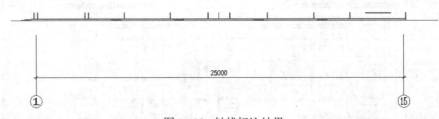

图14-92　轴线标注结果

（6）在"默认"选项卡中单击"注释"面板中的"多行文字"按钮 Ａ，在右下角标注如图14-93所示的文字。

（7）在"默认"选项卡中单击"注释"面板中的"多行文字"按钮 Ａ，在图纸正下方标注图名，如图14-94所示。

说明：

1.屋顶三角装饰、墙面细部线条装饰见各详图

2.大面积墙面为土红色瓷片，线条为白色瓷片

3.一层为暗红色瓷片，沿口刷白色外墙涂料

图14-93　文字说明

正立面图 1:100

图14-94　标注图名

312

（8）立面图的最终绘制效果如图14-45所示。

动手练——商住楼西立面图

源文件：源文件\第 14 章\商住楼西立面图.dwg

本练习绘制如图14-95所示的商住楼西立面图。

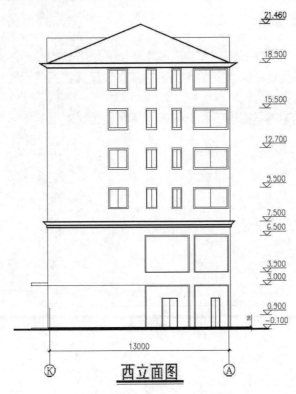

图 14-95　商住楼西立面图

📋**思路点拨**

（1）设置绘图环境。
（2）绘制定位辅助线。
（3）绘制第一层立面图。
（4）绘制第二层立面图。
（5）绘制第三层立面图。
（6）绘制第四～六层立面图。
（7）绘制隔热层和屋顶。
（8）标注文字说明和标高。

第15章 绘制建筑剖面图

内容简介

建筑剖面图是指用一个假想的剖切面将房屋垂直剖开所得到的投影图。建筑剖面图是与平面图和立面图相互配合来表达建筑物的重要图样，它主要反映建筑物的结构形式、垂直空间利用、各层构造做法和门窗洞口高度等情况。

本章将讲述建筑剖面图的基础理论和一些典型实例。通过本章的学习，可以掌握建筑剖面图的绘制方法和技巧。

内容要点

➥ 建筑剖面图绘制概述
➥ 绘制汽车展厅剖面图
➥ 绘制某住宅剖面图

案例效果

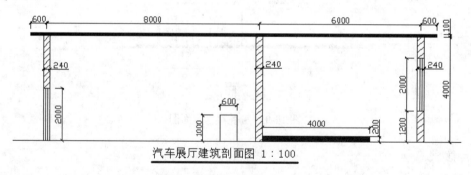

汽车展厅建筑剖面图 1∶100

15.1 建筑剖面图绘制概述

本节简要归纳建筑剖面图的概念、图示内容、剖切位置、投射方向，以及一般绘制步骤等基本知识，为下一步结合实例讲解 AutoCAD 操作做准备。

15.1.1 建筑剖面图的概念及图示内容

剖面图是指用一个剖切面将建筑物的某一位置剖开，移去一侧后，剩下的一侧沿剖视方向的正投影图。根据工程的需要，绘制一个剖面图可以选择 1 个剖切面、2 个平行剖切面或 2 个相交剖切面，如图15-1所示。对于两个相交剖切面的情况，应在图中注明"展开"二字。剖面图与断面图的区别在于：剖面图除了表示剖切到的部位外，还应表示出在投射方向看到的构配件轮廓（即所谓的"看线"）；而断面图只需要表示剖切到的部位。

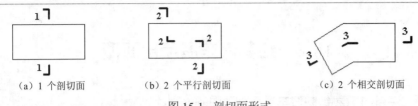

(a) 1 个剖切面　　　　(b) 2 个平行剖切面　　　　(c) 2 个相交剖切面

图 15-1　剖切面形式

对于不同的设计深度，图示内容也有所不同。

- ➥ 方案阶段：重点在于表达剖切部位的空间关系、建筑层数、高度、室内外高度差等。剖面图中应注明室内外地坪标高、楼层标高、建筑总高度（室外地面至檐口）、剖面标号、比例或比例尺等。如果有建筑高度控制，还需标明最高点的标高。

- ➥ 初步设计阶段：需要在方案图的基础上增加主要内外承重墙、柱的定位轴线和编号，更加详细、清晰、准确地表达出建筑结构、构件（剖切到的或看到的墙、柱、门窗、楼板、地坪、楼梯、台阶、坡道、雨篷、阳台等）本身及相互关系。

- ➥ 施工阶段：在优化、调整和丰富初步设计图的基础上，图示内容最为全面、详细。一方面是剖切到的和看到的构配件图样准确、详尽、到位；另一方面是标注详细。除了标注室内外地坪、楼层、屋面突出物、各构配件的标高外，还需要标注竖向尺寸和水平尺寸。竖向尺寸包括外部 3 道尺寸（与立面图类似）和内部地坑、隔断、吊顶、门窗等部位的尺寸；水平尺寸包括两端和内部剖切到的墙、柱定位轴线间的尺寸及轴线编号。

15.1.2　剖切位置及投射方向的选择

根据规定，剖面图的剖切部位应根据图纸的用途或设计深度，选择空间复杂、能反映建筑全貌、构造特征及有代表性的部位。

投射方向一般宜向左、向上，当然也要根据工程情况而定。剖切符号在底层平面图中，短线指向为投射方向。剖面图编号标注在投射方向那一侧；剖切线若有转折，应在转角的外侧加注与该符号相同的编号。

15.1.3　绘制建筑剖面图的一般步骤

建筑剖面图一般在平面图、立面图的基础上，并参照平面图、立面图进行绘制。绘制剖面图的一般步骤如下。

（1）设置绘图环境。

（2）确定剖切位置和投射方向。

（3）绘制定位辅助线，包括墙、柱定位轴线、楼层水平定位辅助线及其他剖面图样的辅助线。

（4）绘制剖面图样及看线，包括剖切到的和看到的墙、柱、地坪、楼层、屋面、门窗（幕墙）、楼梯、台阶及坡道、雨篷、窗台、窗楣、檐口、阳台、栏杆、各种线脚等。

（5）绘制配景，包括植物、车辆、人物等。

（6）尺寸标注、文字标注。

15.2 绘制汽车展厅剖面图

源文件：源文件\第15章\绘制汽车展厅剖面图.dwg

本节以汽车展厅剖面图为例讲解剖面图的绘制方法，如图15-2所示。绘制的基本思路是：首先，调整绘图环境，主要是图层设置的问题；其次，绘制断面图形和看到的图形；最后，完成配景、标注等内容。

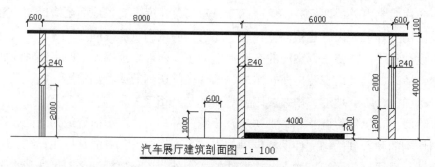

汽车展厅建筑剖面图 1：100

图15-2 汽车展厅剖面图

15.2.1 绘制汽车展厅剖面图

【操作步骤】

（1）在"默认"选项卡中单击"图层"面板中的"图层特性"按钮，在弹出的"图层特性管理器"选项板中单击"新建图层"按钮，新建图层"辅助线""标注""展厅"，一切特性采用默认设置。将"辅助线"图层设置为当前图层。单击"关闭"按钮，退出"图层特性管理器"选项板。

（2）在"默认"选项卡中单击"绘图"面板中的"构造线"按钮，在正交模式下绘制一条竖直构造线和一条水平构造线，组成如图15-3所示的"十"字轴线网。

（3）在"默认"选项卡中单击"修改"面板中的"偏移"按钮，将水平构造线向上偏移4000mm，得到水平方向的辅助线。再次在"默认"选项卡中单击"修改"面板中的"偏移"按钮，将竖直构造线连续向右偏移 8000mm、6000mm，得到竖直方向的辅助线，它们和水平辅助线一起构成主要辅助线网，如图15-4所示。

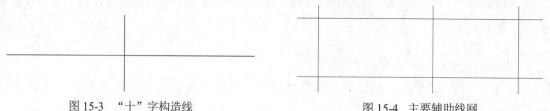

图15-3 "十"字构造线　　　　　　图15-4 主要辅助线网

（4）将"展厅"图层设置为当前图层。选择菜单栏中的"格式"→"多线样式"命令，弹出"多线样式"对话框，如图15-5所示。单击"新建"按钮，弹出"创建新的多线样式"对话框，在"新样式名"文本框中输入WALL240。单击"继续"按钮，弹出"新建多线样式：WALL240"对话框，设置图元偏移量为 120 和 -120，如图15-6所示。

图15-5 "多线样式"对话框

图15-6 "新建多线样式：WALL240"对话框

（5）单击"确定"按钮，返回"多线样式"对话框。如果当前的多线样式不是 WALL240，则在"样式"列表框中选择多线样式 WALL240，单击"置为当前"按钮即可。然后单击"确定"按钮，完成多线样式的设置。

（6）选择菜单栏中的"绘图"→"多线"命令，按照命令提示设定多线样式为 240，比例为 1，对正方式为"无"，根据辅助线网格绘制如图15-7所示的多线墙体。

（7）在"默认"选项卡中单击"修改"面板中的"偏移"按钮◁，将两边竖直墙的竖直构造线分别向外偏移 600mm，得到楼板的范围；在"默认"选项卡中单击"绘图"面板中的"构造线"按钮↗，根据辅助线绘制水平地面线和楼板线；然后在"默认"选项卡中单击"修改"面板中的"偏移"按钮◁，将楼板线向上偏移 100mm，得到楼板，如图15-8所示。

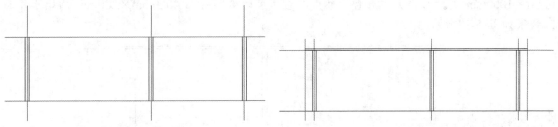

图15-7 绘制多线墙体　　　　　　　图15-8 楼板绘制结果

（8）在"默认"选项卡中单击"绘图"面板中的"直线"按钮╱，绘制直线把楼板封闭。在"默认"选项卡中单击"修改"面板中的"偏移"按钮◁，将地面线向上偏移 2000mm，然后在"默认"选项卡中单击"修改"面板中的"修剪"按钮▸，把多余的线条修剪掉，只保留第一堵墙的部分。这样得到一个高为 2000mm 的门框，如图15-9所示。

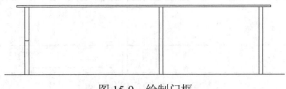
图15-9 绘制门框

（9）选择菜单栏中的"格式"→"点样式"命令，在弹出的"点样式"对话框中选择如图15-10

所示的点样式，然后单击"确定"按钮。

（10）在"默认"选项卡中单击"绘图"面板中的"定数等分"按钮 ，将门框的直线等分为3 部分，如图15-11所示。

（11）在"默认"选项卡中单击"绘图"面板中的"直线"按钮 /，根据等分点绘制直线得到门。然后在"默认"选项卡中单击"修改"面板中的"删除"按钮 ，删除掉刚才绘制的点，这样就能得到一个完整的被剖切的门，如图15-12所示。

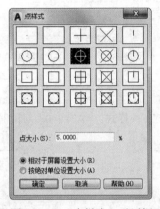

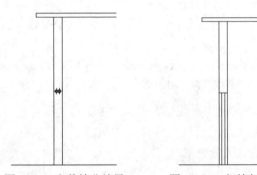

图 15-10　"点样式"对话框　　　　图 15-11　定数等分结果　　　图 15-12　门绘制结果

📢 注意

在这里定数等分的作用是为绘制门图线做准备，可以通过捕捉等分点确定门轮廓线的起点，这样能保证图线的均匀性与准确性。

（12）在"默认"选项卡中单击"绘图"面板中的"矩形"按钮 □，在左边房间绘制一个600mm×1000mm 的矩形作为主席台，然后在右边房间绘制一个 4000mm×200mm 的矩形作为展台，结果如图15-13所示。

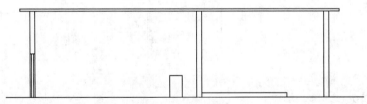

图 15-13　绘制主席台和汽车展台

（13）在"默认"选项卡中单击"修改"面板中的"偏移"按钮 ，将地面线连续往上偏移1200mm 和 2000mm，结果如图15-14所示。

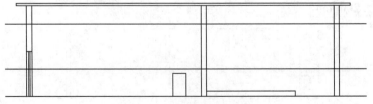

图 15-14　偏移操作结果

（14）采用绘制门的方法绘制一个窗户，结果如图15-15所示。

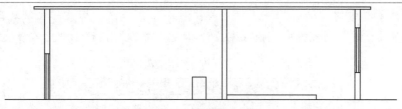

图 15-15　绘制窗户结果

15.2.2　图案填充和尺寸标注

在剖面边界内进行图案填充，可以表示剖面结构的大小与建筑材料。

【操作步骤】

（1）在"默认"选项卡中单击"绘图"面板中的"图案填充"按钮，打开"图案填充创建"选项卡，单击"图案填充图案"按钮，在弹出的下拉列表框中选择 SOLID 图案，如图15-16所示。单击"拾取点"按钮，在图形中选取楼板、展台剖切面，按 Enter 键，完成图案填充。

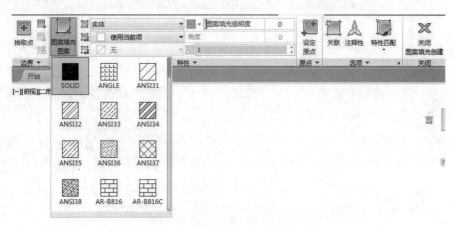

图 15-16　"图案填充创建"选项卡

（2）楼板、展台剖切面图案填充的结果如图15-17所示。

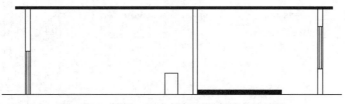

图 15-17　楼板、展台剖切面图案填充的结果

（3）采用同样的方法给墙体填充 ANSI31，结果如图15-18所示。

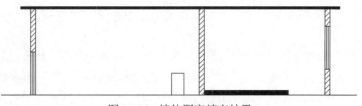

图 15-18　墙体图案填充结果

（4）选择菜单栏中的"格式"→"标注样式"命令，弹出"标注样式管理器"对话框，如图15-19所示。在"样式"列表框中选择 ISO-25，单击"修改"按钮，弹出"修改标注样式：ISO-25"对话框。

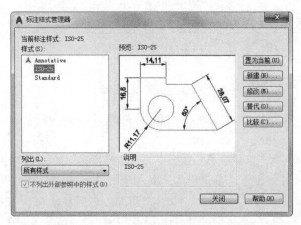

图15-19 "标注样式管理器"对话框

（5）选择"线"选项卡，在"尺寸线"选项组中设置"基线间距"为 1，在"尺寸界线"选项组中设置"超出尺寸线"为 1，"起点偏移量"为 0，如图15-20（a）所示；选择"符号和箭头"选项卡，在"箭头"选项组的"第一个"和"第二个"下拉列表框中均选择" ✏ 建筑标记"，并设定"箭头大小"为 2.5，如图15-20（b）所示。

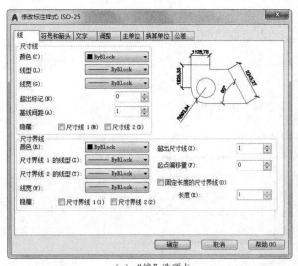

（a）"线"选项卡　　　　　　　　　　　　　（b）"符号和箭头"选项卡

图15-20 设置"线""符号和箭头"选项卡

（6）选择"文字"选项卡，在"文字外观"选项组中设置"文字高度"为 2，如图15-21（a）所示。

（7）选择"调整"选项卡，在"调整选项"选项组中选中"箭头"单选按钮，在"文字位置"选项组中选中"尺寸线上方，不带引线"单选按钮，在"标注特征比例"选项组中选中"使用全局比例"单选按钮，在右侧的微调框中输入100，如图15-21（b）所示。单击"确定"按钮，返回"标注样式管理器"对话框，最后单击"关闭"按钮返回绘图区。

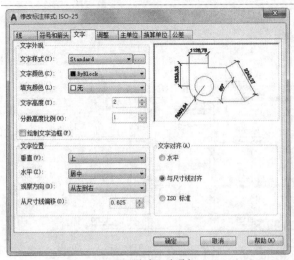

（a）"文字"选项卡

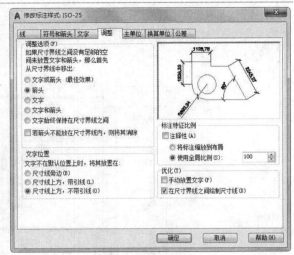

（b）"调整"选项卡

图 15-21 设置"文字"和"调整"选项卡

（8）在"默认"选项卡中单击"注释"面板中的"线性标注"按钮卜，对剖面图的各个细部进行尺寸标注，结果如图15-22所示。

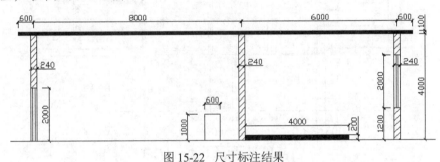

图 15-22 尺寸标注结果

（9）在"默认"选项卡中单击"注释"面板中的"多行文字"按钮A，在图形的正下方选择文字区域，在其中输入"汽车展厅建筑剖面图 1:100"，字高为 300。然后在"默认"选项卡中单击"绘图"面板中的"直线"按钮／，在文字下方绘制一根线宽为 0.3mm 的直线。此时就全部绘制好了，最终效果如图15-2所示。

📢 注意

剖面图的作用主要有两个方面：确定墙体的厚度与材料。前者通过填充图案的尺寸来表达，后者通过填充图案的样式来表达。建筑制图国家标准中为不同材料规定了不同图案符号。

动手练——居民楼剖面图

源文件：源文件\第 15 章\居民楼剖面图.dwg
本练习绘制如图15-23所示的居民楼剖面图。

📋 思路点拨

（1）设置绘图参数。
（2）绘制底层剖面图。

（3）绘制标准层剖面图。

（4）绘制顶层剖面图。

（5）尺寸标注和文字说明。

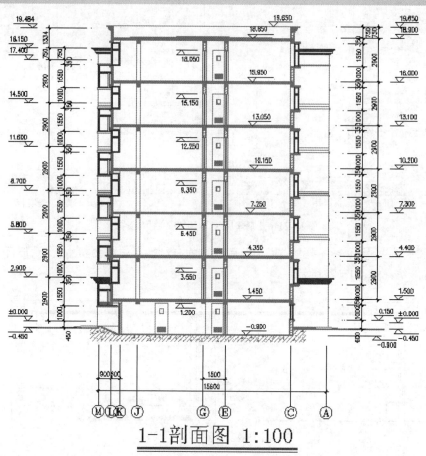

1-1剖面图 1:100

图15-23　居民楼剖面图

扫一扫，看视频

15.3　绘制某住宅剖面图

本节通过绘制墙体、门窗等剖面图形，建立标准层建筑剖面图及屋面剖面轮廓图，完成某住宅剖面图的绘制，如图15-24所示。

15.3.1　设置绘图环境

设置绘图参数是绘制图形必不可少的环节之一。

【操作步骤】

（1）在命令行中输入 LIMITS 命令，设置图幅为 42000×29700。

（2）在"默认"选项卡中单击"图层"面板中的"图层特性"按钮，在弹出的"图层特性管理器"选项板中单击"新建图层"按钮，新建"剖面"图层，并将其设置为当前图层，如图15-25所示。

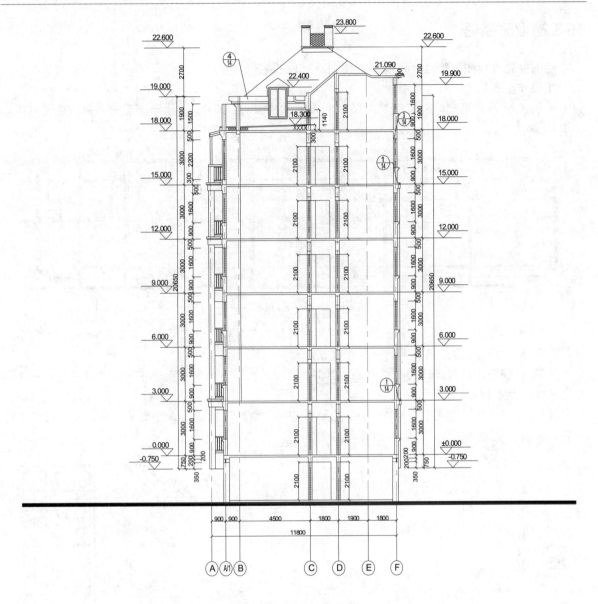

图 15-24　某住宅剖面图

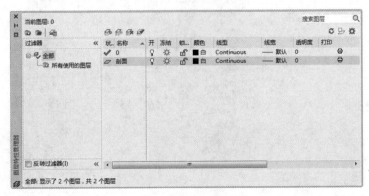

图 15-25　新建图层

15.3.2 图形整理

绘图前先进行图形整理，可以更方便图形对象的编辑与管理。

【操作步骤】

（1）打开资源包中的"源文件\第15章\一层平面图.dwg"文件，关闭不需要的图层，整理图形，如图15-26所示。

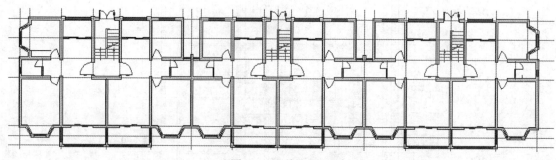

图15-26 整理图形

（2）框选图形，右击，在弹出的快捷菜单中选择"剪贴板"→"带基点复制"命令，如图15-27所示，选取任意一点为基点，复制一层平面图。

（3）切换到"绘制建筑剖面图.dwg"图形，右击，在弹出的快捷菜单中选择"剪贴板"→"粘贴"命令，如图15-28所示。

（4）在"默认"选项卡中单击"修改"面板中的"旋转"按钮，选取复制的一层平面图进行旋转，旋转角度为 90°，如图15-29所示。

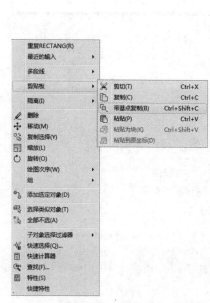

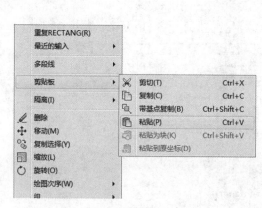

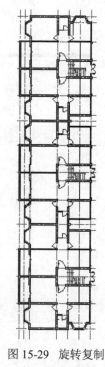

图15-27 选择"剪贴板"→"带基点复制"命令　　图15-28 选择"剪贴板"→"粘贴"命令　　图15-29 旋转复制的一层平面图

15.3.3 绘制辅助线

利用"多段线""延伸"命令完成辅助线的绘制。

【操作步骤】

（1）在"默认"选项卡中单击"绘图"面板中的"多段线"按钮，指定起点宽度为 100，端点宽度为 100，在旋转后的一层平面图下方绘制室外地坪线，如图15-30所示。

（2）在"默认"选项卡中单击"修改"面板中的"延伸"按钮，选取部分轴线，将其延伸到上步绘制的地坪线上，结果如图15-31所示。

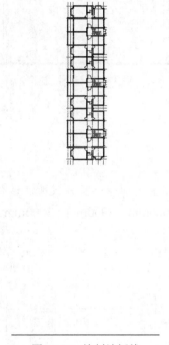

图 15-30 绘制地坪线

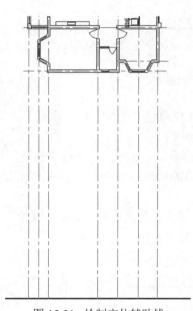

图 15-31 绘制定位辅助线

15.3.4 绘制墙线

在建筑剖面图中，墙体用双线表示，一般采用轴线定位的方式，以轴线为中心，具有很强的对称关系，因此使用"多线"命令直接绘制墙线。

【操作步骤】

（1）在"默认"选项卡中单击"修改"面板中的"偏移"按钮，选取左、右两侧竖直轴线分别向外偏移 120mm，并将偏移后的轴线切换到墙线层，如图15-32所示。

注意

在绘制建筑剖面图中的门窗或楼梯时，除了利用前面介绍的方法直接绘制外，也可借助图库中的图块进行绘制。例如，一些未被剖切的可见门窗或一组楼梯栏杆等。在常见的室内图库中，有很多不同种类和尺寸的门窗和栏杆立面可供选择，绘图者只需找到合适的图块进行复制，然后粘贴到自己的图形中即可。如果图库中提供的图块与实际需要的图形之间存在尺寸或角度上的差异，可利用"分解"命令先将图块进行分解，然后利用"旋转"或"缩放"命令进行修改，将其调整到满意的结果后，插入到图中的相应位置即可。

（2）在"默认"选项卡中单击"修改"面板中的"偏移"按钮 ⊆ ，选取最左侧竖直直线向右偏移，偏移距离分别为 370mm、530mm、240mm、130mm、650mm、120mm、4260mm、240mm、1560mm、240mm、3330mm、130mm、240mm，如图15-33所示。

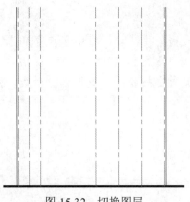

图 15-32　切换图层

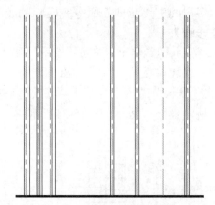

图 15-33　偏移线段

15.3.5　绘制楼板

本实例主要通过"偏移"和"修剪"命令来绘制楼板。

【操作步骤】

（1）在"默认"选项卡中单击"修改"面板中的"偏移"按钮⊆，选取地坪线向上偏移，偏移距离分别为 2700mm、3000mm、3000mm、3000mm、3000mm、3000mm、3000mm、4600mm，如图15-34所示。

（2）在"默认"选项卡中单击"修改"面板中的"修剪"按钮 ，对偏移后线段进行修剪，如图15-35所示。

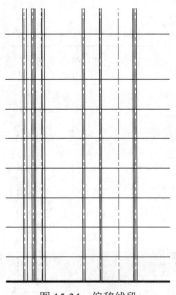

图 15-34　偏移线段

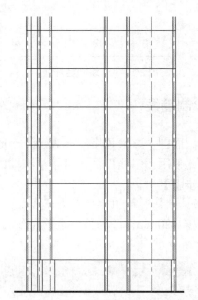

图 15-35　修剪线段

（3）在"默认"选项卡中单击"修改"面板中的"偏移"按钮 ⊆，选取除最上端、最下端水平线以外所有水平直线分别向下偏移，偏移距离为 100mm、400mm、1600mm、900mm。重复"偏移"命令，选取最下端水平线向下偏移，偏移距离为 100mm、300mm，如图15-36所示。

（4）在"默认"选项卡中单击"修改"面板中的"修剪"按钮 ⯌，对偏移后线段进行修剪。在"默认"选项卡中单击"修改"面板中的"删除"按钮 ⯍，删除多余线段，如图 15-37 所示。

（5）在"默认"选项卡中单击"修改"面板中的"偏移"按钮 ⊆，选取最上端水平直线连续向下偏移，偏移距离为 4800mm、500mm、200mm、2300mm、500mm、200mm、2300mm、500mm、200mm、2300mm、500mm、200mm、2300mm、500mm、200mm、2300mm、500mm、200mm，如图15-38所示。

（6）在"默认"选项卡中单击"修改"面板中的"修剪"按钮 ⯌，对偏移线段进行修剪，如图15-39所示。

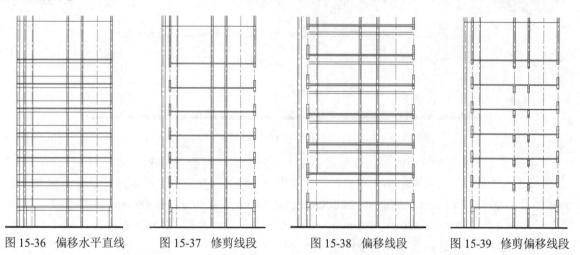

图 15-36　偏移水平直线　　图 15-37　修剪线段　　图 15-38　偏移线段　　图 15-39　修剪偏移线段

15.3.6　绘制门窗

建筑剖面图中门窗的绘制过程基本如下：首先在墙体相应位置绘制门窗洞口；接着使用直线、矩形和圆弧等工具绘制门窗基本图形，并根据所绘门窗的基本图形创建门窗图块；最后在相应门窗洞口处插入门窗图块，并根据需要进行适当调整，进而完成所有门和窗的绘制。

【操作步骤】

（1）在"默认"选项卡中单击"修改"面板中的"偏移"按钮 ⊆，选取地坪线向上偏移，偏移距离为 200mm、2100mm、200mm；在"默认"选项卡中单击"修改"面板中的"修剪"按钮 ⯌，对偏移线段进行修剪，如图15-40所示。

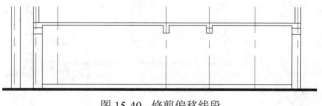

图 15-40　修剪偏移线段

（2）在"默认"选项卡中单击"绘图"面板中的"直线"按钮／，在修剪的窗洞口处绘制一条竖直直线，如图15-41所示。

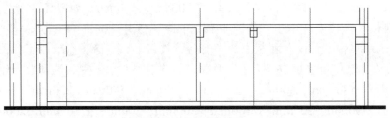

图15-41　绘制直线

（3）在"默认"选项卡中单击"修改"面板中的"偏移"按钮⊆，选取上步绘制的竖直直线向右偏移，偏移距离为 80mm、80mm、80mm，如图15-42所示。

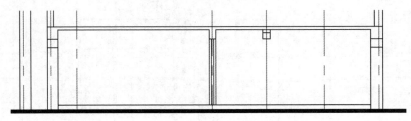

图15-42　偏移直线

（4）利用上述绘制窗线的方法绘制剖面图中其他窗线，如图 15-43 所示。

（5）在"默认"选项卡中单击"修改"面板中的"偏移"按钮⊆，选取地坪线向上偏移，偏移距离为 2300mm、2500mm、3000mm、3000mm、3000mm、3000mm、3000mm；选取左侧竖直轴线向右偏移，偏移距离为 6720mm、900mm，然后将当前图层切换到"剖面"图层，如图15-44所示。

（6）在"默认"选项卡中单击"修改"面板中的"修剪"按钮，对偏移后线段进行修剪，如图15-45所示。

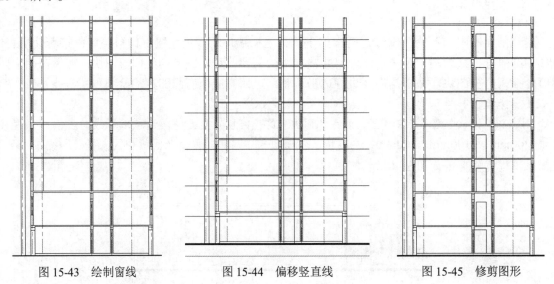

图 15-43　绘制窗线　　　　图 15-44　偏移竖直线　　　　图 15-45　修剪图形

（7）在"默认"选项卡中单击"绘图"面板中的"直线"按钮／，在图形适当的位置绘制一条水平直线，使其在一层楼板线下 750，如图15-46所示。

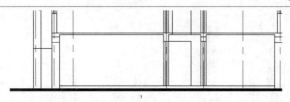

图 15-46　绘制水平直线

（8）在"默认"选项卡中单击"修改"面板中的"偏移"按钮⏚，选取上步绘制的水平直线向上偏移，偏移距离为 900mm、100mm、50mm、700mm、50mm、1480mm、150mm、300mm、40mm、100mm，如图15-47所示。

（9）在"默认"选项卡中单击"修改"面板中的"偏移"按钮⏚，选取左侧竖直直线向左偏移，偏移距离为 50mm、50mm、50mm；向右偏移，偏移距离为 750mm、50mm、50mm、50mm。在"默认"选项卡中单击"修改"面板中的"延伸"按钮┅／，选取水平直线向左延伸到最左侧竖直直线，如图15-48所示。

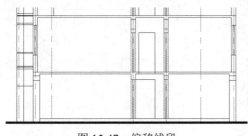

图 15-47　偏移线段

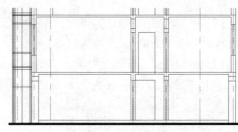

图 15-48　延伸线段

（10）在"默认"选项卡中单击"修改"面板中的"修剪"按钮▓，对偏移线段进行修剪，如图15-49所示。

（11）在"默认"选项卡中单击"绘图"面板中的"直线"按钮／和"修改"面板中的"偏移"按钮⏚，绘制内部图形，如图15-50所示。

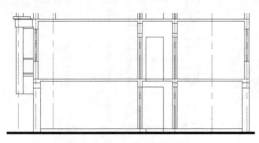

图 15-49　修剪图形

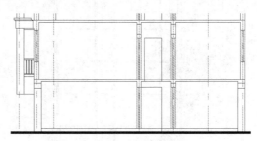

图 15-50　绘制内部图形

15.3.7　绘制剩余图形

利用"复制""偏移""直线"和"修剪"命令来完成剩余图形的绘制。

【操作步骤】

（1）在"默认"选项卡中单击"修改"面板中的"复制"按钮 ❏❏，完成左侧图形的绘制，如图15-51所示。

（2）利用上述方法绘制右侧图形，如图15-52所示。

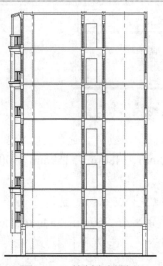

图 15-51　绘制左侧图形

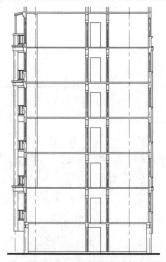

图 15-52　绘制右侧图形

（3）在"默认"选项卡中单击"修改"面板中的"偏移"按钮⊆，选取最上端水平直线向上偏移，偏移距离为 1200mm，如图15-53所示。

（4）在"默认"选项卡中单击"绘图"面板中的"直线"按钮╱和"修改"面板中的"偏移"按钮⊆，补充顶层墙体和窗线，如图15-54所示。

图 15-53　偏移线段

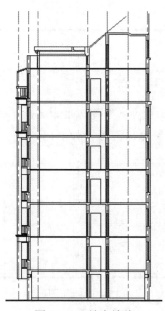

图 15-54　补充墙线

（5）在"默认"选项卡中单击"绘图"面板中的"直线"按钮╱，绘制多段斜向直线，如图15-55所示。

（6）在"默认"选项卡中单击"绘图"面板中的"直线"按钮╱和"矩形"按钮▢，绘制顶层小屋窗户大体轮廓。

（7）在"默认"选项卡中单击"修改"面板中的"修剪"按钮👃和"偏移"按钮⊆，细化窗户图形，如图15-56所示。

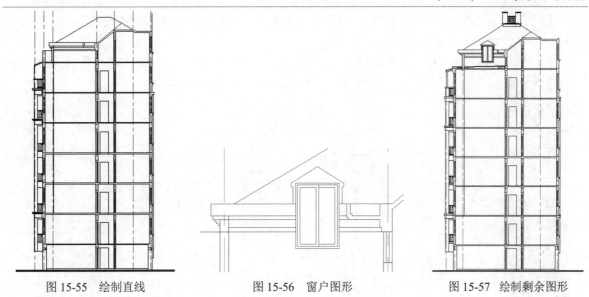

图 15-55　绘制直线　　　　　　图 15-56　窗户图形　　　　　　图 15-57　绘制剩余图形

（8）利用上述方法完成剩余图形的绘制，如图15-57所示。

15.3.8　添加文字说明和标注

正确地进行尺寸和文字标注是设计绘图工作中非常重要的一个环节。

【操作步骤】

（1）在"默认"选项卡中单击"注释"面板中的"线性标注"按钮和"连续"按钮，标注细部尺寸，如图15-58所示。

（2）在"默认"选项卡中单击"注释"面板中的"线性标注"按钮和"连续"按钮，标注第一道尺寸，如图15-59所示。

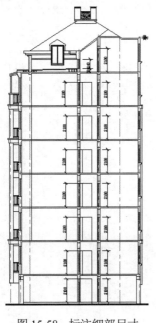

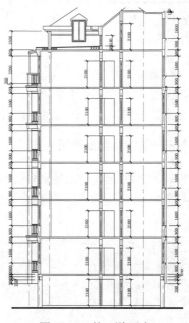

图 15-58　标注细部尺寸　　　　　　　　　　图 15-59　第一道尺寸

（3）在"默认"选项卡中单击"注释"面板中的"线性标注"按钮┤├和"连续"按钮╫╫，标注剩余尺寸，如图15-60所示。

（4）在"默认"选项卡中单击"绘图"面板中的"直线"按钮╱，在"默认"选项卡中单击"注释"面板中的"多行文字"按钮**A**，进行标高标注，如图15-61所示。

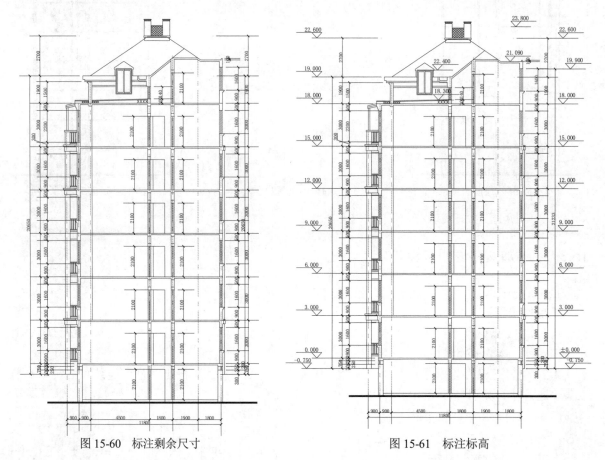

图 15-60　标注剩余尺寸　　　　　　　　　　图 15-61　标注标高

（5）在"默认"选项卡中单击"绘图"面板中的"圆"按钮⊙和"修改"面板中的"复制"按钮❀，以及在"默认"选项卡中单击"注释"面板中的"多行文字"按钮**A**，标注轴线号和文字说明。最终完成某住宅剖面图的绘制，如图15-24所示。

动手练——某宿舍楼剖面图

源文件：源文件\第15章\某宿舍楼剖面图.dwg
绘制如图15-62所示的某宿舍楼剖面图。

📋 **思路点拨**

（1）前期工作。

（2）绘制底层剖面图。

（3）绘制标准层剖面图。

（4）绘制顶层剖面图。

（5）文字及尺寸标注。

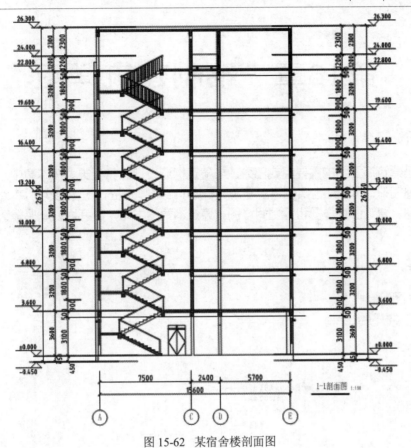

图 15-62　某宿舍楼剖面图

第16章　绘制建筑详图

内容简介

建筑详图是建筑施工图的重要组成部分，与建筑构造设计息息相关。在本章中，首先简要介绍建筑详图的基础知识，然后结合实例讲解在AutoCAD中绘制详图的方法和技巧。本章涉及的实例有屋面女儿墙详图、建筑台阶详图和卫生间详图。通过本章的学习，读者可以掌握建筑详图的绘制方法和技巧。

内容要点

↳ 建筑详图绘制概述
↳ 建筑相关详图的绘制

案例效果

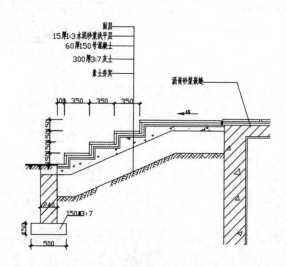

16.1　建筑详图绘制概述

在正式讲述如何使用 AutoCAD 绘制建筑详图之前，本节简要归纳建筑详图的基础知识和一般绘制步骤。

16.1.1　建筑详图的概念

前面介绍的平面图、立面图、剖面图均是全局性的图纸，由于比例的限制，不可能将一些复杂的细部或局部做法表示清楚，因此需要将这些细部、局部的构造、材料及相互关系采用较大的比例详细绘制出来，以指导施工。这样的建筑图形称为详图，也称大样图。对于局部平面（如厨房、卫生间）放大绘制的图形，习惯叫作放大图。需要绘制详图的位置一般有室内外墙节点、楼梯间、电梯、厨房、卫生间、门窗、室内外装饰等。

16.1.2　建筑详图图示内容

室内外墙节点一般用平面和剖面表示，常用比例为 1:20。平面节点详图需要表示出墙、柱或构造柱的材料和构造关系。剖面节点详图即常说的墙身详图，需要表示出墙体与室内外地坪、楼面、屋面的关系，同时表示出相关的门窗洞口、梁或圈梁、雨棚、阳台、女儿墙、檐口、散水、防潮层、屋面防水、地下室防水等构造的做法。墙身详图可以从室内外地坪、防潮层处开始一路画到女儿墙压顶。为了节省图纸，在门窗洞口处可以断开，也可以重点绘制地坪、中间层、屋面处的几个节点，而将中间层重复使用的节点集中到一个详图中表示。节点编号一般由上到下来编号。

楼梯间详图包括平面、剖面及节点 3 部分。平面、剖面常用 1:50 的比例绘制，楼梯中的节点详图可以根据对象大小酌情采用 1:5、1:10、1:20 等比例。楼梯平面图与建筑平面图不同的是，它只需绘制出楼梯及四面相接的墙体，而且需要准确地表示出楼梯间净空、梯段长度、梯段宽度、踏步宽度和级数、栏杆（栏板）的大小及位置，以及楼面、平台处的标高等；楼梯剖面图只需绘制出与楼梯相关的部分，相邻部分可用折断线断开。选择在底层第一跑梯并能够剖到门窗的位置剖切，向底层另一跑梯段方向投射。尺寸需要标注层高、平台、梯段、门窗洞口、栏杆高度等竖向尺寸，并应标注出室内外地坪、平台、平台梁底面的标高；水平方向需要标注定位轴线及编号、轴线尺寸、平台、梯段尺寸等。梯段尺寸一般用"踏步宽（高）× 级数 = 梯段宽（高）"的形式表示。此外，楼梯剖面上还应注明栏杆构造节点详图的索引编号。

电梯详图一般包括电梯间平面图、机房平面图和电梯间剖面图 3 部分，常用 1:50 的比例绘制。电梯间平面图需要表示出电梯井、电梯厅、前室相对定位轴线的尺寸及自身的净空尺寸、电梯图例及配重位置、电梯编号、门洞大小及开取形式、地坪标高等。机房平面需要表示出设备平台位置及平面尺寸、顶面标高、楼面标高，以及通往平台的梯子形式等内容。剖面图需要剖在电梯井、门洞处，表示出地坪、楼层、地坑、机房平台的竖向尺寸和高度，标注出门洞高度。为了节约图纸，中间相同部分可以折断绘制。

厨房、卫生间放大图根据其大小可酌情采用 1:30、1:40、1:50 的比例绘制，需要详细表示出各种设备的形状、大小、位置、地面设计标高、地面排水方向，以及坡度等，对于需要进一步说明的构造节点，需标明详图索引符号、绘制节点详图或引用图集。

门窗详图包括立面图、断面图、节点详图等内容。立面图常用 1:20 的比例绘制，断面图常用 1:5 的比例绘制，节点图常用 1:10 的比例绘制。标准化的门窗可以引用有关标准图集，说明其门窗图集编号和所在位置。根据《建筑工程设计文件编制深度规定》（2016 年版），非标准的门窗、幕墙需绘制详图。如委托加工，需绘制出立面分格图，标明开取扇、开取方向，说明材料、颜色，以及与主体结构的连接方式等。

就图形而言，详图兼有平、立、剖面的特征，它综合了平、立、剖面绘制的基本操作方法，并具有自己的特点，只要掌握一定的绘图程序，绘制难度应不大；真正的难度在于对建筑构造、建筑材料、建筑规范等相关知识的掌握。

16.1.3　绘制详图的一般步骤

绘制详图的一般步骤如下。

（1）绘制图形轮廓：包括断面轮廓和看线。

（2）材料图例填充：包括各种材料图例的选用和填充。

（3）符号、尺寸、文字等标注：包括设计深度要求的轴线及编号、标高、索引、折断符号和尺寸、说明文字等。

16.2　建筑相关详图的绘制

建筑详图有很多，如楼梯间详图、卫生间放大图、墙体大样图等，它们是建筑图纸不可缺少的部分。

本节结合屋面女儿墙详图、建筑台阶详图和卫生间详图等实例，详细介绍详图的绘制方法与技巧，帮助读者深入掌握在面对构造复杂的建筑时，如何根据其构造形式，有序而准确地创建出完整图形的技能。

16.2.1　绘制屋面女儿墙详图

扫一扫，看视频

源文件：源文件\第16章\屋面女儿墙详图.dwg

建筑女儿墙有多种形式，下面以图16-1所示的常见女儿墙形式为例，说明其绘制方法与技巧。

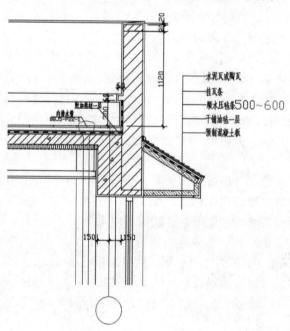

图16-1　屋面女儿墙详图

【操作步骤】

（1）在"默认"选项卡中单击"绘图"面板中的"圆"按钮⊙和"直线"按钮／，绘制定位轴线，如图16-2所示。

◁》 注意

不必标注轴线编号。

（2）在"默认"选项卡中单击"绘图"面板中的"多段线"按钮 ，绘制屋面楼板和结构墙体，如图16-3所示。

（3）在"默认"选项卡中单击"绘图"面板中的"直线"按钮 ，绘制女儿墙墙体，如图16-4所示。

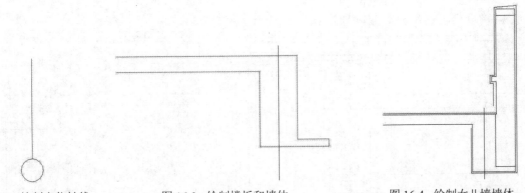

图16-2 绘制定位轴线　　　　图16-3 绘制楼板和墙体　　　　图16-4 绘制女儿墙墙体

（4）在"默认"选项卡中单击"修改"面板中的"编辑多段线"按钮 ，将绘制的直线转换成多段线。命令行提示与操作如下。

```
命令：PEDIT（输入编辑命令对女儿墙墙线进行编辑）
选择多段线或 [多条 (M)]:（选择线条，输入 M 可以选择多条线条）
选定的对象不是多段线
是否将其转换为多段线 ？ <Y>（输入 Y 或按 Enter 键改变线条为多段线）
输入选项 [闭合 (C)/ 合并 (J)/ 宽度 (W)/ 编辑顶点 (E)/ 拟合 (F)/ 样条曲线 (S)/ 非曲线化
(D)/ 线型生成 (L)/ 反转（R）/ 放弃 (U)]：W（输入 W 改变线条宽度）
指定所有线段的新宽度：5（输入线条宽度）
输入选项 [闭合 (C)/ 合并 (J)/ 宽度 (W)/ 编辑顶点 (E)/ 拟合 (F)/ 样条曲线 (S)/ 非曲线化
(D)/ 线型生成 (L)/ 反转（R）/ 放弃 (U)]：（按 Enter 键结束）
```

（5）在"默认"选项卡中单击"修改"面板中的"偏移"按钮 ，将楼板图线偏移，从而得到平行轮廓线，如图16-5所示。

（6）在"默认"选项卡中单击"绘图"面板中的"多段线"按钮 和"偏移"按钮 ，绘制吊顶和窗户轮廓线，如图16-6所示。

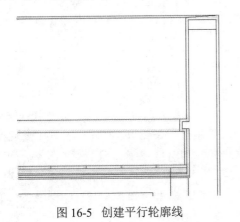

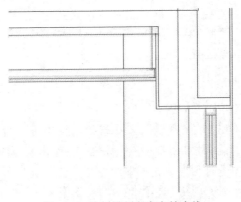

图16-5 创建平行轮廓线　　　　　图16-6 绘制吊顶和窗户轮廓线

（7）在"默认"选项卡中单击"绘图"面板中的"圆弧"按钮✐和"直线"按钮╱，绘制雨水管轮廓线，如图16-7所示。

（8）在"默认"选项卡中单击"修改"面板中的"镜像"按钮⚎，对上面绘制的雨水管轮廓线进行镜像，从而得到雨水管，如图16-8所示。

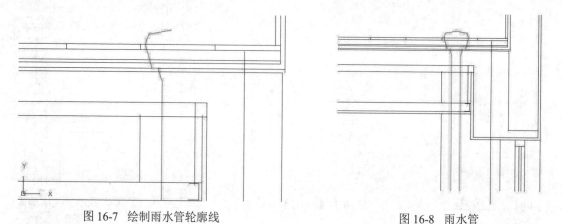

图16-7　绘制雨水管轮廓线　　　　　　　　　　　图16-8　雨水管

（9）在"默认"选项卡中单击"绘图"面板中的"直线"按钮╱，绘制多条竖直直线。

（10）在"默认"选项卡中单击"绘图"面板中的"图案填充"按钮▦，打开"图案填充创建"选项卡，单击"图案填充图案"按钮，在弹出的下拉列表框中选择 SOLID 图案，进行图案填充，创建防水层，如图16-9所示。

📢 **注意**

防水层用黑白相间图形表示。

（11）在"默认"选项卡中单击"绘图"面板中的"圆弧"按钮✐和"直线"按钮╱，创建吊顶保温层，如图16-10所示。

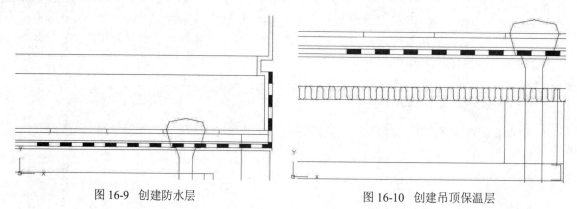

图16-9　创建防水层　　　　　　　　　　　　图16-10　创建吊顶保温层

（12）在"默认"选项卡中单击"修改"面板中的"缩放"按钮◻，观察图形，如图16-11所示。

（13）在"默认"选项卡中单击"绘图"面板中的"图案填充"按钮▦，打开"图案填充创建"选项卡，单击"图案填充"按钮，在弹出的下拉列表框中选择 ANSI31 图案，设置填充比例为 30，对墙体进行图案填充；继续在"默认"选项卡中单击"绘图"面板中的"图案填充"按钮▦，打开"图案填充创建"选项卡，单击"图案填充"按钮，在弹出的下拉列表框中选择ANSI31 和 AR-CONC图案，填充比例分别设置为 20 和 2，对楼板进行图案填充，如图16-12所示。

（14）在"默认"选项卡中单击"绘图"面板中的"直线"按钮／，绘制挑檐口水平结构板造型，如图16-13所示。

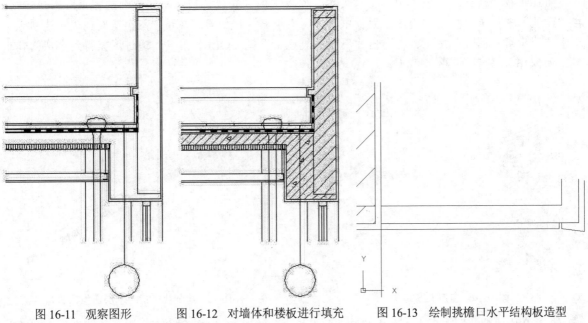

图 16-11 观察图形　　　图 16-12 对墙体和楼板进行填充　　　图 16-13 绘制挑檐口水平结构板造型

📢 注意：

檐口宽度为 600～1000mm。

（15）在"默认"选项卡中单击"绘图"面板中的"直线"按钮／，绘制挑檐口斜向结构板造型，如图16-14所示。

（16）在"默认"选项卡中单击"绘图"面板中的"直线"按钮／，勾画瓦片造型，如图16-15所示。

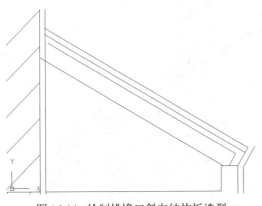

图 16-14 绘制挑檐口斜向结构板造型

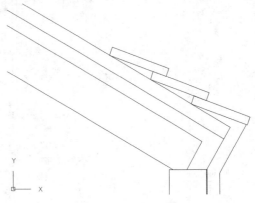

图 16-15 勾画瓦片造型

✍ 技巧

瓦片造型为重叠式。

（17）在"默认"选项卡中单击"修改"面板中的"复制"按钮 $^{\circ}_{\circ}$，复制瓦片造型，如图16-16所示。

（18）在"默认"选项卡中单击"绘图"面板中的"直线"按钮 ∕，绘制挑檐口防水层造型。在"默认"选项卡中单击"绘图"面板中的"图案填充"按钮 圖，打开"图案填充创建"选项卡，单击"图案填充图案"按钮，在弹出的下拉列表框中选择 SOLID 图案，通过填充得到小实心体造型，如图16-17所示。

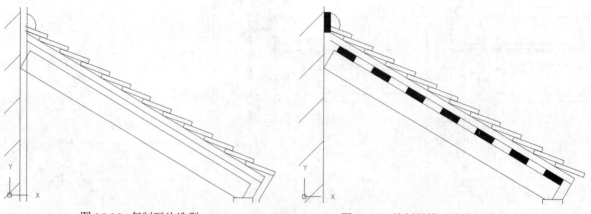

图 16-16　复制瓦片造型　　　　　　　　　图 16-17　绘制挑檐口防水层造型并填充

（19）在"默认"选项卡中单击"绘图"面板中的"图案填充"按钮 圖，打开"图案填充创建"选项卡，单击"图案填充图案"按钮，在弹出的下拉列表框中选择 ANSI31 和 AR-CONC 图案，填充比例分别设置为 10 和 1，角度分别设置为 90°和 0°，单击"拾取点"按钮 ，为挑檐口的结构板造型填充材质，如图16-18所示。

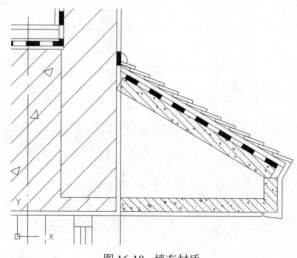

图 16-18　填充材质

（20）在"默认"选项卡中单击"注释"面板中的"线性标注"按钮 ，标注尺寸，如图16-19所示。

（21）在"默认"选项卡中单击"注释"面板中的"多行文字"按钮 A，标注说明文字和构造做法，完成屋面女儿墙建筑详图的绘制，如图16-20所示。

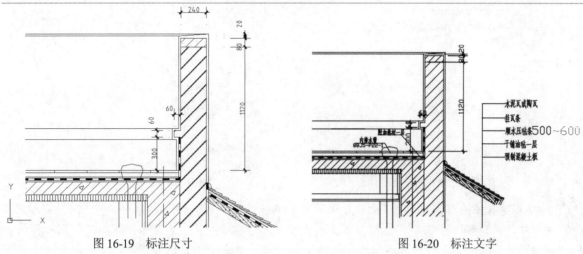

图 16-19　标注尺寸　　　　　　　　　图 16-20　标注文字

扫一扫，看视频

16.2.2　绘制建筑台阶详图

源文件：源文件\第 16 章\建筑台阶详图.dwg

下面以图16-21所示的常见台阶形式为例，说明建筑台阶详图的绘制方法与技巧。

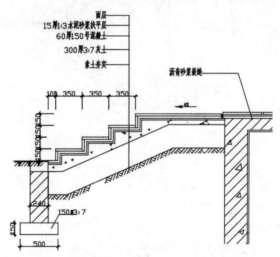

图 16-21　台阶详图

【操作步骤】

（1）在"默认"选项卡中单击"绘图"面板中的"直线"按钮╱和"修改"面板中的"偏移"按钮∈，绘制台阶处的墙体轮廓线，如图16-22所示。

（2）在"默认"选项卡中单击"绘图"面板中的"多段线"按钮⌐⟂，绘制台阶轮廓线，如图16-23所示。

（3）在"默认"选项卡中单击"绘图"面板中的"直线"按钮╱，绘制台阶踏步，如图16-24所示。

✐ **技巧**

台阶踏步高度小于或等于 150mm。

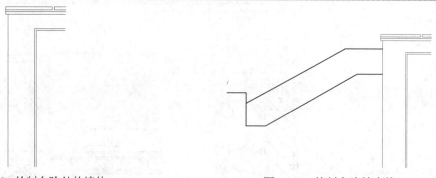

图 16-22 绘制台阶处的墙体 图 16-23 绘制台阶轮廓线

（4）创建自然土壤造型。在"默认"选项卡中单击"绘图"面板中的"多段线"按钮 ⊃ 和"修改"面板中的"偏移"按钮 ⊜，绘制自然土壤造型；然后在"默认"选项卡中单击"绘图"面板中的"图案填充"按钮 ▦，打开"图案填充创建"选项卡，单击"图案填充图案"按钮，在弹出的下拉列表框中选择 SOLID 和 ANSI31 图案，填充比例分别设置为1和10，对其进行填充，如图16-25所示。

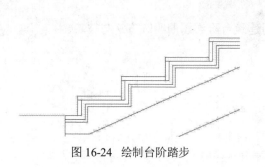

图 16-24 绘制台阶踏步

图 16-25 创建自然土壤造型

✎ 技巧

需设置 PLINE 不同宽度大小。

（5）在"默认"选项卡中单击"绘图"面板中的"直线"按钮 ╱ 和"偏移"按钮 ⊜，按上述方法，创建台阶下面压实土层的造型，如图16-26所示。

（6）在"默认"选项卡中单击"绘图"面板中的"直线"按钮 ╱，创建底部挡土墙造型，如图16-27所示。

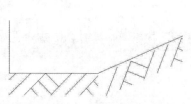

图 16-26 创建台阶下面的图形

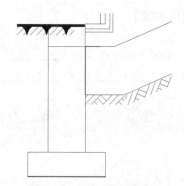

图 16-27 创建挡土墙造型

（7）在"默认"选项卡中单击"绘图"面板中的"图案填充"按钮 ，打开"图案填充创建"选项卡。单击"图案填充图案"按钮，在弹出的下拉列表框中选择 ANSI31 图案，填充比例设置为 30，进行两次填充；然后选择 AR-CONC 图案，填充比例分别设置为 4 和 1，进行两次填充；继续选择 AR-SAND 图案，填充比例分别设置为 3 和 2，进行两次填充，如图16-28所示。

（8）在"默认"选项卡中单击"注释"面板中的"线性标注"按钮 ，标注尺寸。在"默认"选项卡中单击"注释"面板中的"多行文字"按钮 A，标注说明文字和构造做法，完成台阶的绘制，如图16-29所示。

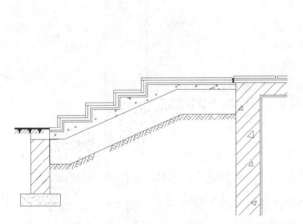

图 16-28 进行两次填充

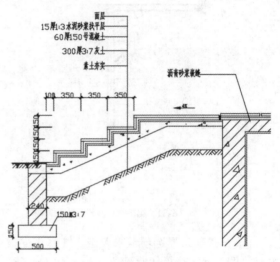

图 16-29 标注尺寸及文字等

16.2.3 绘制楼梯间详图

源文件：源文件\第 16 章\楼梯间详图.dwg

楼梯间详图包括平面图、剖面图和节点详图。首先从平面图和剖面图中复制出楼梯的平面图和剖面图，并进行修改，结果如图16-30所示。

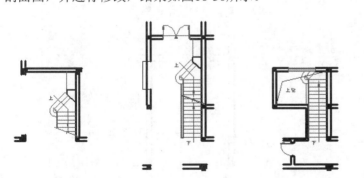
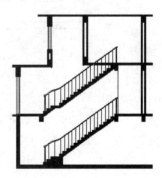

图 16-30 复制楼梯平面图和剖面图

【操作步骤】

（1）标注底层平面图。

① 标注楼梯地下层平面图。在"默认"选项卡中单击"绘图"面板中的"直线"按钮 、"圆"按钮 和"注释"面板中的"多行文字"按钮 A，绘制地下层楼梯轴线并标注轴线编号，结果如

图16-31所示。

②在"默认"选项卡中单击"注释"面板中的"线性标注"按钮 ⊢⊣，在"默认"选项卡中单击"绘图"面板中的"直线"按钮╱和"注释"面板中的"多行文字"按钮 **A**，标注地下层楼梯的细部尺寸和标高，结果如图16-32所示。

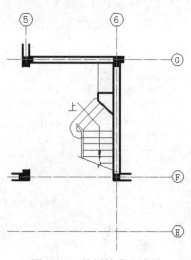

图 16-31　绘制轴线及编号

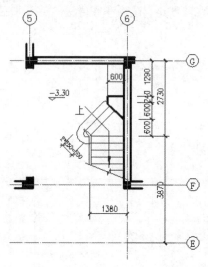

图 16-32　标注细部尺寸及标高

③在"默认"选项卡中单击"注释"面板中的"线性标注"按钮 ⊢⊣，在"默认"选项卡中单击"绘图"面板中的"直线"按钮╱和"注释"面板中的"多行文字"按钮 **A**，标注地下层楼梯轴线尺寸并进行文字说明，完成楼梯地下层平面图的标注，结果如图16-33所示。

④标注楼梯底层平面图。在"默认"选项卡中单击"绘图"面板中的"直线"按钮╱、"圆"按钮 ⊙ 和"注释"面板中的"多行文字"按钮 **A**，绘制底层楼梯轴线并标注轴线编号，结果如图16-34所示。

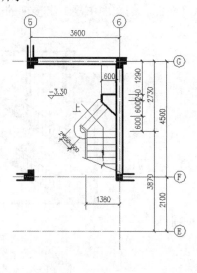

楼梯地下层平面图

图 16-33　标注楼梯地下层平面图

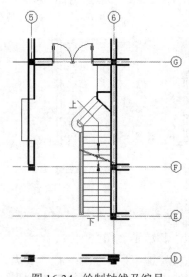

图 16-34　绘制轴线及编号

⑤ 在"默认"选项卡中单击"注释"面板中的"线性标注"按钮⊢┐，在"默认"选项卡中单击"绘图"面板中的"直线"按钮╱和"注释"面板中的"多行文字"按钮Ａ，标注底层楼梯的细部尺寸和标高，结果如图16-35所示。

⑥ 在"默认"选项卡中单击"注释"面板中的"线性标注"按钮⊢┐，标注底层楼梯梯段尺寸，结果如图16-36所示。

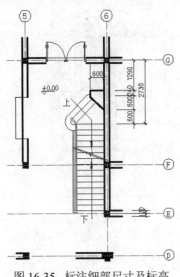

图16-35 标注细部尺寸及标高

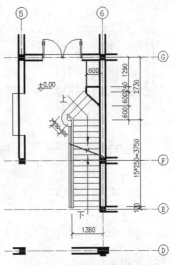

图16-36 标注梯段尺寸

⑦ 在"默认"选项卡中单击"注释"面板中的"多行文字"按钮Ａ和"线性标注"按钮⊢┐，标注底层楼梯轴线尺寸并进行文字说明，完成楼梯底层平面图的标注，结果如图16-37所示。

（2）标注楼梯二层平面图。

① 在"默认"选项卡中单击"绘图"面板中的"直线"按钮╱、"圆"按钮⊘和"注释"面板中的"多行文字"按钮Ａ，绘制二层楼梯轴线并标注轴线编号，结果如图16-38所示。

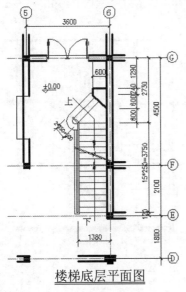

楼梯底层平面图

图16-37 标注楼梯底层平面图

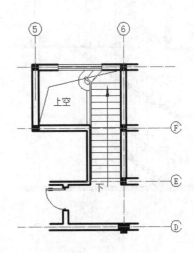

图16-38 绘制轴线及编号

② 在"默认"选项卡中单击"注释"面板中的"线性标注"按钮，标注二层楼梯梯段尺寸，结果如图16-39所示。

③ 在"默认"选项卡中单击"注释"面板中的"多行文字"按钮 A 和"线性标注"按钮，标注二层楼梯轴线尺寸并进行文字说明，完成楼梯二层平面图的标注，结果如图16-40所示。

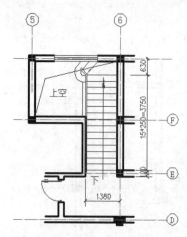

图 16-39　标注二层楼梯梯段尺寸

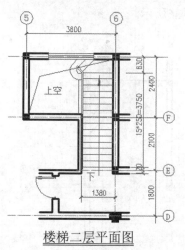

楼梯二层平面图

图 16-40　标注楼梯二层平面图

（3）楼梯剖面图。

① 在"默认"选项卡中单击"绘图"面板中的"直线"按钮、"圆"按钮和"注释"面板中的"多行文字"按钮 A，绘制楼梯剖面轴线并标注轴线编号，结果如图16-41所示。

② 在"默认"选项卡中单击"注释"面板中的"线性标注"按钮，标注楼梯剖面的梯段尺寸，结果如图16-42所示。

③ 在"默认"选项卡中单击"注释"面板中的"多行文字"按钮 A 和"线性标注"按钮，标注楼梯剖面轴线尺寸并进行文字说明，完成楼梯剖面图的标注，结果如图16-43所示。

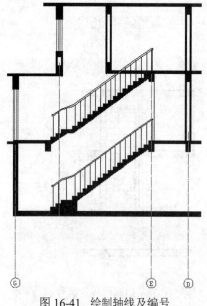

图 16-41　绘制轴线及编号

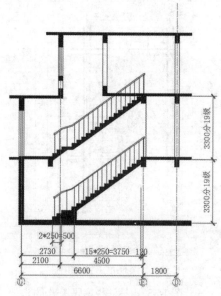

图 16-42　标注梯段尺寸

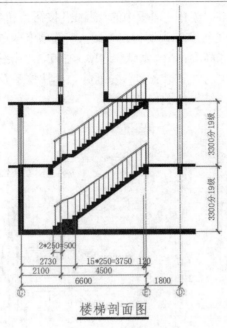

图 16-43 标注楼梯剖面图

（4）楼梯踏步栏杆详图。

① 绘制楼梯踏步和栏杆。复制剖面图中的楼梯踏步和栏杆，然后进行适当的修改，如图16-44所示。

② 在"默认"选项卡中单击"修改"面板中的"偏移"按钮 ⊆、"绘图"面板中的"直线"按钮 ╱，绘制踏步面。

③ 在"默认"选项卡中单击"绘图"面板中的"图案填充"按钮 ▨，打开"图案填充创建"选项卡，单击"图案填充"按钮，在弹出的下拉列表框中选择 ANSI31 图案，设置填充比例为 5，单击"拾取点"按钮 ➕，选择刚刚绘制的踏步面为填充区域，图案填充结果如图16-45所示。

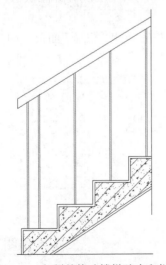

图 16-44 复制并修改楼梯踏步和栏杆

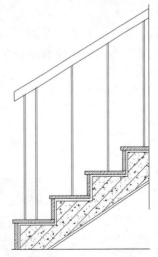

图 16-45 绘制踏步面并填充

④ 在"默认"选项卡中单击"绘图"面板中的"直线"按钮 ╱、"圆"按钮 ⊙ 和"椭圆"按钮 ⊙，绘制栏杆的装饰结构，结果如图16-46所示。

⑤ 在"默认"选项卡中单击"绘图"面板中的"直线"按钮╱和"注释"面板中的"多行文字"按钮Ａ，对踏步和栏杆的材料进行文字说明；在"默认"选项卡中单击"注释"面板中的"线性标注"按钮┌┐，标注踏步的宽度和高度；在"默认"选项卡中单击"绘图"面板中的"直线"按钮╱、"圆"按钮⊙和"注释"面板中的"多行文字"按钮Ａ，标注扶手及栏杆剖切面的位置，以便说明栏杆、扶手和踏步的连接方式，结果如图16-47所示。

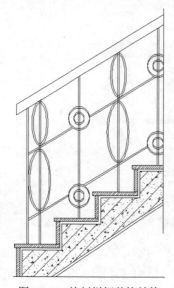

图 16-46　绘制栏杆装饰结构

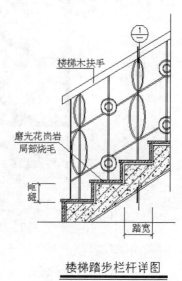

楼梯踏步栏杆详图

图 16-47　文字说明

（5）绘制其他图形。

① 绘制楼梯扶手。在"默认"选项卡中单击"绘图"面板中的"直线"按钮╱和"多段线"按钮⌐↩，绘制扶手和连接件，结果如图16-48所示。

② 在"默认"选项卡中单击"注释"面板中的"线性标注"按钮┌┐，标注扶手尺寸，结果如图16-49所示。

③ 在"默认"选项卡中单击"绘图"面板中的"直线"按钮╱和"注释"面板中的"多行文字"按钮Ａ，进行文字说明，结果如图16-50所示。

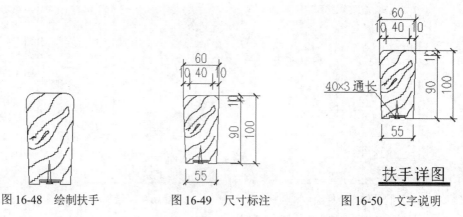

扶手详图

图 16-48　绘制扶手　　　　图 16-49　尺寸标注　　　　图 16-50　文字说明

④ 绘制栏杆与踏步的连接。复制栏杆和踏步并修改，结果如图16-51所示。

⑤ 在"默认"选项卡中单击"注释"面板中的"线性标注"按钮┌┐和"多行文字"按钮Ａ，

进行尺寸标注，结果如图16-52所示。

⑥ 在"默认"选项卡中单击"绘图"面板中的"直线"按钮╱、"圆"按钮⊙和"注释"面板中的"多行文字"按钮 A ，进行文字说明，结果如图16-53所示。

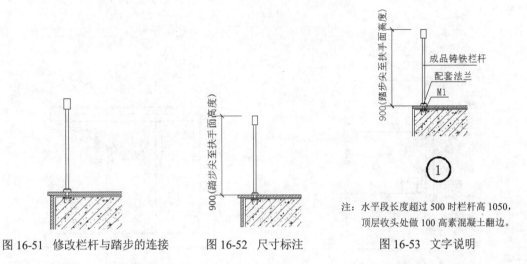

图 16-51　修改栏杆与踏步的连接　　图 16-52　尺寸标注　　图 16-53　文字说明

⑦ 绘制锚固件。在"默认"选项卡中单击"绘图"面板中的"直线"按钮╱和"矩形"按钮▢，绘制锚固件，结果如图16-54所示。

⑧ 在"默认"选项卡中单击"注释"面板中的"线性标注"按钮🔲，标注锚固件尺寸，结果如图16-55所示。

⑨ 在"默认"选项卡中单击"绘图"面板中的"直线"按钮╱和"注释"面板中的"多行文字"按钮 A ，进行文字说明，结果如图16-56所示。

图 16-54　绘制锚固件

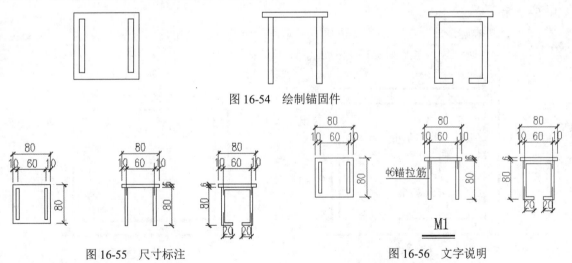

图 16-55　尺寸标注　　　　　　图 16-56　文字说明

16.2.4　卫生间放大图

源文件：源文件\第 16 章\卫生间放大图.dwg

卫生间放大图根据其大小可酌情采用 1:30、1:40、1:50 的比例绘制，需要详细表示出各种设备的形状、大小、位置、地面设计标高、地面排水方向，以及坡度等；对于需要进一步说明的构造节点，需标明详图索引符号、绘制节点详图或引用图集。

1. 卫生间 1 放大图（如图 16-57 所示）

【操作步骤】

（1）复制卫生间 1 图样，并调整内部浴缸、洗脸盆、坐便器等设备，使它们的位置、形状和设计意图与规范要求相符，结果如图16-58所示。

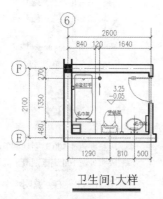

卫生间1大样

图 16-57　卫生间 1 放大图

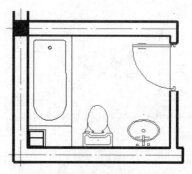

图 16-58　复制卫生间 1 图样

（2）绘制地漏。在"默认"选项卡中单击"绘图"面板中的"圆"按钮⊙，绘制地漏外轮廓。

（3）在"默认"选项卡中单击"绘图"面板中的"图案填充"按钮▨，打开"图案填充创建"选项卡，单击"图案填充"按钮，在弹出的下拉列表框中选择 ANSI31 图案，对刚刚绘制好的地漏进行图案填充。

（4）在"默认"选项卡中单击"绘图"面板中的"直线"按钮╱，绘制排水方向，结果如图16-59所示。

（5）绘制辅助设施。在"默认"选项卡中单击"绘图"面板中的"直线"按钮╱，绘制毛巾架、手纸架等辅助设施，结果如图16-60所示。

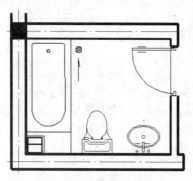

图 16-59　绘制地漏

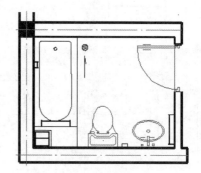

图 16-60　绘制辅助设施

（6）文字说明。在"默认"选项卡中单击"绘图"面板中的"直线"按钮╱和"多行文字"按钮 A，进行文字说明，结果如图16-61所示。

（7）尺寸标注。在"默认"选项卡中单击"绘图"面板中的"直线"按钮╱和"注释"面板中的"多行文字"按钮 A，标注标高。在"默认"选项卡中单击"注释"面板中的"线性标注"按钮⊢，标注卫生间 1 尺寸，结果如图16-62所示。

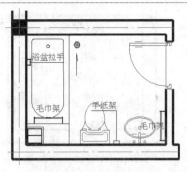

图 16-61　文字说明

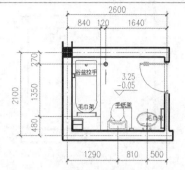

图 16-62　尺寸标注

（8）标注轴线编号和文字说明。在"默认"选项卡中单击"绘图"面板中的"直线"按钮／、"圆"按钮⊙和"注释"面板中的"多行文字"按钮 A，标注轴线编号和文字说明，完成卫生间 1 放大图的绘制，结果如图16-57所示。

2. 卫生间 2 放大图（如图 16-63 所示）

【操作步骤】

（1）复制卫生间 2 图样，并调整内部设备，结果如图16-64所示。

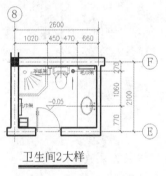

图 16-63　卫生间 2 放大图

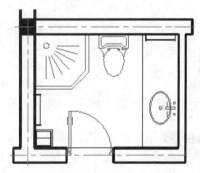

图 16-64　复制卫生间 2 图样

（2）绘制地漏。在"默认"选项卡中单击"绘图"面板中的"圆"按钮⊙，绘制地漏外轮廓。

（3）在"默认"选项卡中单击"绘图"面板中的"图案填充"按钮 图，打开"图案填充创建"选项卡，单击"图案填充图案"按钮，在弹出的下拉列表框中选择 ANSI31 图案，对刚刚绘制好的地漏进行图案填充。

（4）在"默认"选项卡中单击"绘图"面板中的"直线"按钮／，绘制排水方向，结果如图16-65所示。

（5）绘制辅助设施。在"默认"选项卡中单击"绘图"面板中的"直线"按钮／，绘制辅助设施，结果如图16-66所示。

（6）文字说明。在"默认"选项卡中单击"绘图"面板中的"直线"按钮／和"注释"面板中的"多行文字"按钮 A，进行文字说明，结果如图16-67所示。

（7）尺寸标注。在"默认"选项卡中单击"绘图"面板中的"直线"按钮／和"注释"面板中的"多行文字"按钮 A，标注标高；单击"注释"面板中的"线性标注"按钮，标注卫生间2尺寸，结果如图16-68所示。

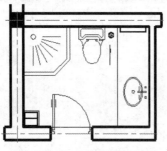

图 16-65　绘制地漏

图 16-66　绘制辅助设施

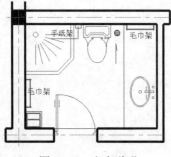

图 16-67　文字说明

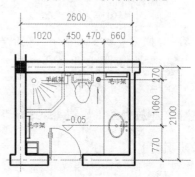

图 16-68　尺寸标注

（8）标注轴线编号和文字说明。在"默认"选项卡中单击"绘图"面板中的"直线"按钮╱、"圆"按钮⊙和"注释"面板中的"多行文字"按钮 **A**，标注轴线编号和文字说明，完成卫生间2放大图的绘制，结果如图16-63所示。

3. 卫生间 3 放大图（如图 16-69 所示）

【操作步骤】

（1）复制卫生间 3 及洗衣房图样，并调整内部设备，结果如图16-70所示。

图 16-69　卫生间 3 放大图

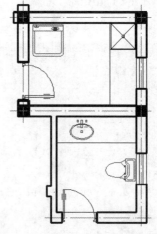

图 16-70　复制卫生间 3 及洗衣房

（2）绘制地漏。在"默认"选项卡中单击"绘图"面板中的"圆"按钮⊙，绘制卫生间和洗衣房地漏外轮廓。

（3）在"默认"选项卡中单击"绘图"面板中的"图案填充"按钮▨，系统打开"图案填充创建"选项卡，单击"图案填充图案"按钮，在弹出的下拉列表框中选择 ANSI31 图案，对刚刚绘制好的地漏进行图案填充。

（4）在"默认"选项卡中单击"绘图"面板中的"直线"按钮╱，绘制卫生间和洗衣房的排水方向，结果如图16-71所示。

（5）绘制辅助设施。与卫生间 1 和卫生间 2 绘制辅助设施的方法相同，结果如图16-72所示。

（6）文字说明和尺寸标注。在"默认"选项卡中单击"绘图"面板中的"直线"按钮╱、"注释"面板中的"多行文字"按钮▲和"标注"工具栏中的"线性标注"按钮├┤，进行文字说明和尺寸标注，结果如图16-73所示。

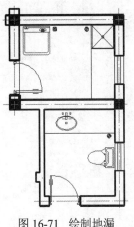

图 16-71　绘制地漏

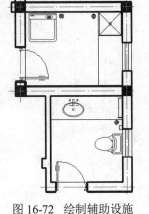

图 16-72　绘制辅助设施

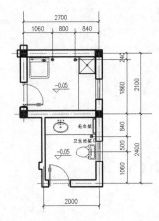

图 16-73　文字说明和尺寸标注

（7）标注轴线编号和文字说明。在"默认"选项卡中单击"绘图"面板中的"直线"按钮╱、"圆"按钮⊙和"注释"面板中的"多行文字"按钮▲，标注轴线编号和文字说明，完成卫生间 3 放大图的绘制，结果如图16-69所示。

4. 卫生间 4 放大图和卫生间 5 放大图

【操作步骤】

用上述同样的方法绘制卫生间 4 放大图和卫生间 5 放大图，结果如图16-74和图16-75所示。

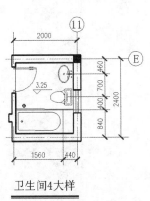

卫生间4大样

图 16-74　卫生间 4 放大图

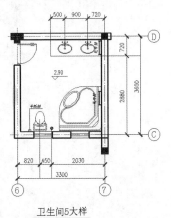

卫生间5大样

图 16-75　卫生间 5 放大图

动手练——建筑节点详图

源文件：源文件\第16章\建筑节点详图.dwg
本练习绘制如图16-76所示的建筑节点详图。

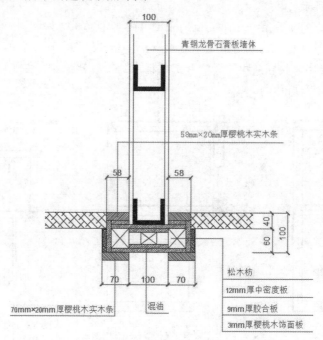

图16-76　建筑节点详图

📋 **思路点拨**

（1）设置绘图参数。

（2）绘制节点轮廓。

（3）填充及标注。

3

办公大楼是最常见、最典型的城市现代建筑形式之一，其设计在遵循建筑设计相关标准和规范的基础上，要求最大限度地满足客户的办公使用要求，并尽量做到美观、适用、功能齐全、造价合理。

第 3 篇　办公大楼设计实例篇

本篇围绕办公大楼建筑设计，逐层展开、循序渐进，全面、系统地讲述建筑设计工程图的绘制方法和技巧，包括总平面图、平面图、立面图、剖面图和详图等知识。

通过本篇的学习，可以进一步加深对 AutoCAD功能的理解，熟练掌握各种建筑设计施工图的绘制方法。

第17章 办公大楼总平面图

内容简介

本实例的制作思路：先绘制辅助线网，然后绘制总平面图的核心——新建建筑物，阐述新建筑物与周围环境的关系，最后利用图案填充来表现周围的地面情况，再配以必要的文字说明。

内容要点

- ↘ 设置绘图参数
- ↘ 绘制主要轮廓
- ↘ 绘制入口
- ↘ 绘制场地道路
- ↘ 布置办公大楼设施
- ↘ 布置绿地设施
- ↘ 各种标注

案例效果

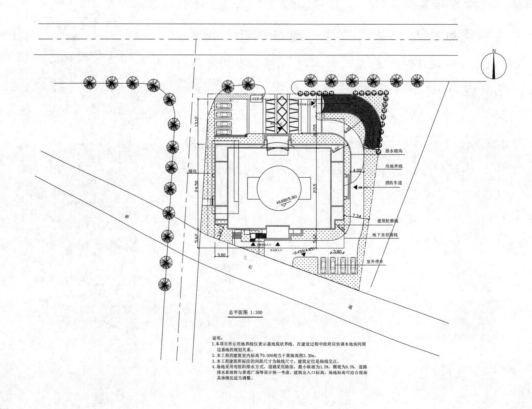

总平面图 1:300

说明:
1.本项目所示用地界线仅表示基地现状界线，在建设过程中政府应协调本地块与周边基地的规划关系。
2.本工程的建筑室内标高70.000相当于黄海高程3.30m。
3.本工程建筑所标注的间距尺寸为轴线尺寸，建筑定位是轴线交点。
4.场地采用有组织排水方式，道路采用路面，最小纵坡为1%，横坡为0.5%，道路排水系统将与景观广场等设计统一考虑，建筑出入口标高，场地标高可结合现场具体情况适当调整。

17.1 设置绘图参数

设置绘图参数是绘制图形必不可少的环节之一，其中包括文件、单位、图形边界、图层等的设置。

【操作步骤】

（1）新建文件。

单击快速访问工具栏中的"新建"按钮 🗋，打开"选择样板"对话框，选择acadiso.dwt样板文件，单击"打开"按钮，新建文件；然后将该文件保存，命名为"办公大楼总平面图"。

（2）设置单位。

选择菜单栏中的"格式"→"单位"命令，打开"图形单位"对话框，设置"长度"选项组中的"类型"为"小数"，"精度"为 0；"角度"选项组中的"类型"为"十进制度数"，"精度"为0；"插入时的缩放单位"为"毫米"，系统默认逆时针方向为正，单击"确定"按钮，完成单位的设置。

（3）设置图形边界。

在命令行中输入LIMITS，命令行提示与操作如下。

```
命令: LIMITS
重新设置模型空间界限:
指定左下角点或 [开(ON)/关(OFF)] <0.0000,0.0000>:
指定右上角点 <12.0000,9.0000>: 420000,297000
```

（4）新建并设置图层。

在"默认"选项卡中单击"图层"面板中的"图层特性"按钮 🖷，弹出"图层特性管理器"选项板，完成所有图层的创建与设置，结果如图17-1所示。

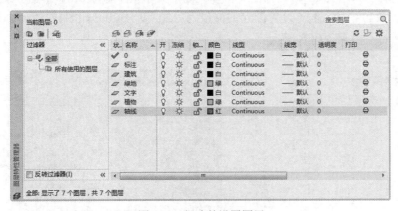

图 17-1 新建并设置图层

17.2 绘制主要轮廓

这里只需要勾勒出建筑物的大体外形和相对位置即可。首先绘制定位轴线网，然后根据轴线绘制建筑物的外形轮廓。

【操作步骤】

（1）绘制轴线网。

① 在"默认"选项卡中单击"图层"面板中的"图层特性"按钮，在弹出的"图层特性管理器"选项板中双击"轴线"图层，将其设置为当前图层。

② 在"默认"选项卡中单击"绘图"面板中的"构造线"按钮，按 F8 键打开正交模式，绘制竖直构造线和水平构造线，组成"十"字辅助线网，如图17-2所示。

③ 在"默认"选项卡中单击"修改"面板中的"偏移"按钮，将竖直构造线向右连续偏移3800mm、30400mm、1200mm 和 2600mm，将水平构造线连续往上偏移 1300mm、1300mm、4000mm、12900mm、4000mm 和 1000mm，创建主要轴线网，结果如图17-3所示。

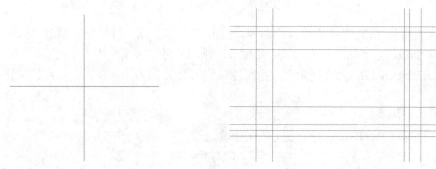

图 17-2 绘制十字辅助线网　　　　　　图 17-3 绘制主要轴线网

（2）绘制建筑物轮廓。

① 在"默认"选项卡中单击"图层"面板中的"图层特性"按钮，在弹出的"图层特性管理器"选项板中双击"建筑"图层，将其设置为当前图层。

② 在命令行中输入MLSTYLE，打开"多线样式"对话框，如图17-4所示。单击"新建"按钮，在弹出的"创建新的多线样式"对话框的"新样式名"文本框中输入240。单击"继续"按钮，打开"新建多线样式：240"对话框，设置图元偏移量为 120 和 -120，如图17-5所示。

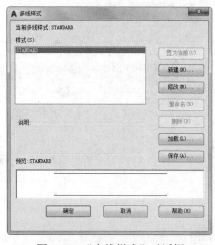

图 17-4 "多线样式"对话框　　　　　图 17-5 "新建多线样式：240"对话框

③ 在命令行中输入MLINE，根据轴线网绘制建筑轮廓线，如图17-6所示。

④ 在"默认"选项卡中单击"修改"面板中的"分解"按钮 ，将墙线分解。

⑤ 在"默认"选项卡中单击"修改"面板中的"修剪"按钮，修剪掉多余的直线，结果如图17-7所示。

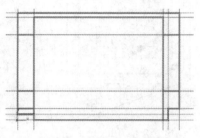

图 17-6 绘制建筑轮廓线

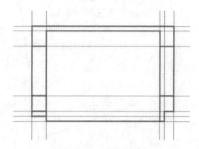

图 17-7 修剪直线

⑥ 在"默认"选项卡中单击"修改"面板中的"偏移"按钮，将墙线向外偏移；然后在"默认"选项卡中单击"修改"面板中的"修剪"按钮，修剪掉多余的线段，如图17-8所示。

⑦ 在"默认"选项卡中单击"修改"面板中的"圆角"按钮，对偏移后的图形进行倒圆角，圆角半径为 6000mm，如图17-9所示。

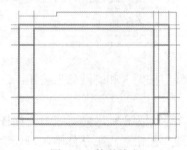

图 17-8 修剪线段

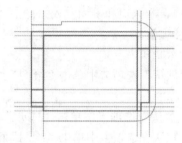

图 17-9 倒圆角

⑧ 在"默认"选项卡中单击"绘图"面板中的"直线"按钮，绘制地下室范围线，设置线型为 ACAD_ISOO2W100，如图17-10所示。

⑨ 在"默认"选项卡中单击"绘图"面板中的"直线"按钮，绘制用地界线，设置线型为 CENTER，宽度为 0.3，如图17-11所示。

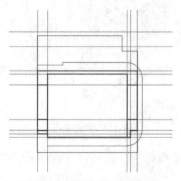

图 17-10 绘制地下室范围线

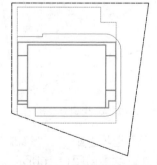

图 17-11 绘制用地界线

⑩ 在"默认"选项卡中单击"绘图"面板中的"圆"按钮，绘制一个圆，如图17-12所示。

⑪ 在"默认"选项卡中单击"绘图"面板中的"直线"按钮，在圆外侧绘制图形，完成机房的绘制，结果如图17-13所示。

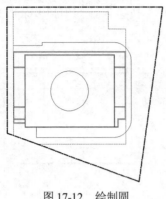

图 17-12 绘制圆

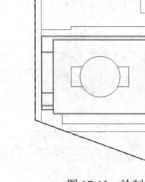

图 17-13 绘制机房

17.3 绘 制 入 口

利用"圆弧""直线""矩形"等二维绘制命令和"修剪""偏移"等二维编辑命令来完成办公楼的主入口、次入口和侧面室入口。

【操作步骤】

（1）办公楼主入口。

① 在"默认"选项卡中单击"绘图"面板中的"直线"按钮／和"圆弧"按钮／，绘制办公楼主入口。

② 在"默认"选项卡中单击"修改"面板中的"修剪"按钮，修剪线段，如图17-14所示。

③ 在"默认"选项卡中单击"绘图"面板中的"直线"按钮／，在办公楼入口处绘制线段，如图17-15所示。

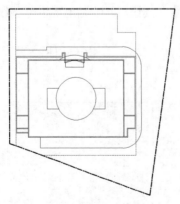

图 17-14 绘制办公楼主入口

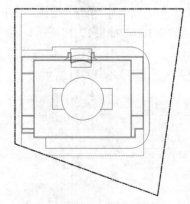

图 17-15 绘制线段

④ 在"默认"选项卡中单击"修改"面板中的"偏移"按钮，将上步中绘制的直线向上偏移，完成台阶的绘制，结果如图17-16所示。

（2）办公楼次入口。

① 在"默认"选项卡中单击"绘图"面板中的"直线"按钮／，绘制办公楼次入口。

② 在"默认"选项卡中单击"修改"面板中的"修剪"按钮，修剪线段，如图17-17所示。

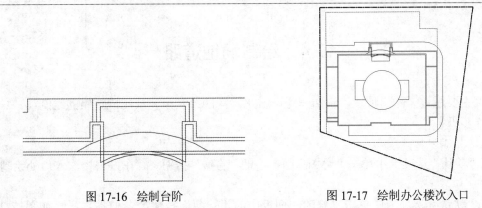

图 17-16　绘制台阶　　　　　　　　　图 17-17　绘制办公楼次入口

③ 在"默认"选项卡中单击"绘图"面板中的"矩形"按钮 ▢ ，在次入口两侧绘制矩形，如图17-18所示。

④ 在"默认"选项卡中单击"绘图"面板中的"直线"按钮 ╱ 和"偏移"按钮 ⊆ ，绘制台阶，如图17-19所示。

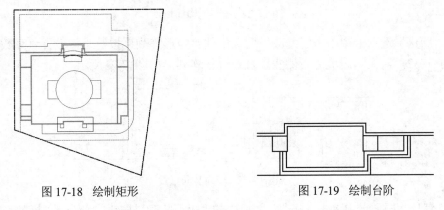

图 17-18　绘制矩形　　　　　　　　　图 17-19　绘制台阶

（3）侧面室入口。

① 在"默认"选项卡中单击"绘图"面板中的"矩形"按钮，在右侧绘制两个矩形，如图17-20所示。

② 在"默认"选项卡中单击"绘图"面板中的"直线"按钮和"偏移"按钮 ⊆ ，绘制台阶，如图17-21所示。

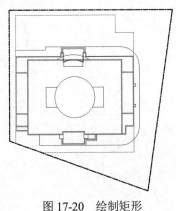

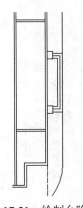

图 17-20　绘制矩形　　　　　　　　　图 17-21　绘制台阶

17.4 绘制场地道路

本实例主要通过无障碍坡道、消防车道、排水暗沟的绘制来完成场地道路的绘制。

【操作步骤】

（1）绘制无障碍坡道。

① 在"默认"选项卡中单击"绘图"面板中的"直线"按钮／，在办公楼次入口处绘制无障碍坡道。

② 在"默认"选项卡中单击"修改"面板中的"修剪"按钮，修剪线段，如图17-22所示。

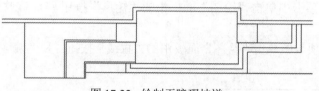

图 17-22 绘制无障碍坡道

③ 在"默认"选项卡中单击"修改"面板中的"矩形阵列"按钮，设置"列数"为 25、列"介于"为 –132，对无障碍坡道右侧竖直直线进行阵列，如图17-23所示。

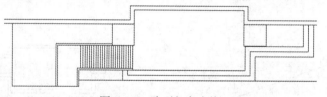

图 17-23 阵列竖向直线

④ 在"默认"选项卡中单击"修改"面板中的"矩形阵列"按钮，设置"行数"为 8、行"介于"为 125，对无障碍坡道下侧水平直线进行阵列，如图17-24所示。

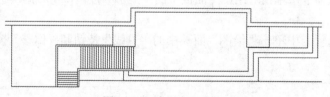

图 17-24 阵列水平直线

⑤ 在"默认"选项卡中单击"修改"面板中的"圆角"按钮，对无障碍坡道拐角处进行圆角处理，圆角半径为 200，如图17-25所示。

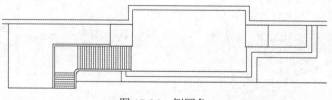

图 17-25 倒圆角

⑥ 在"默认"选项卡中单击"绘图"面板中的"直线"按钮╱，绘制左侧台阶，如图17-26所示。

⑦ 在"默认"选项卡中单击"绘图"面板中的"多边形"按钮⬡，绘制一个三角形，如图17-27所示。

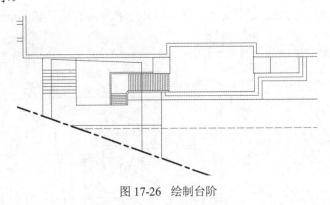

图 17-26 绘制台阶

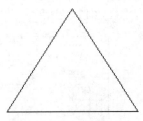

图 17-27 绘制三角形

⑧ 在"默认"选项卡中单击"绘图"面板中的"图案填充"按钮▨，打开"图案填充创建"选项卡，如图17-28所示。单击"图案填充"按钮，在弹出的下拉列表框中选择 SOLID 图案，选择上步绘制的三角形为填充对象，进行填充，图案填充结果如图17-29所示。

默认	插入	注释	参数化	三维工具	可视化	视图	管理	输出	附加模块	协作	精选应用	图案填充创建	⬆ ▾

图案填充透明度 0
使用当前项 角度 0
无 1

拾取点 图案填充 图案 设定原点 关联 注释性 特性匹配 关闭图案填充创建

边界 ▾ 图案 特性 ▾ 原点 ▾ 选项 ▾ 关闭

图 17-28 "图案填充创建"选项卡

⑨ 在"默认"选项卡中单击"修改"面板中的"复制"按钮 ⬚⬚，将三角形复制到图中各个入口处作为标志，如图17-30所示。

图 17-29 填充图案

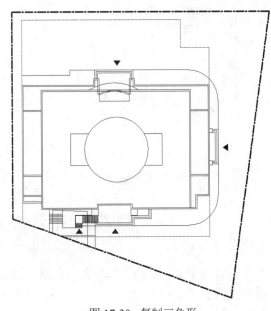

图 17-30 复制三角形

（2）绘制消防车道。

① 在"默认"选项卡中单击"图层"面板中的"图层特性"按钮，在弹出的"图层特性管理器"选项板中双击"道路"图层，将其设置为当前图层。

② 在"默认"选项卡中单击"修改"面板中的"偏移"按钮，将右侧外轮廓线向右偏移4000mm，如图17-31所示。

③ 在"默认"选项卡中单击"绘图"面板中的"直线"按钮和"圆弧"按钮，绘制消防车道，结果如图17-32所示。

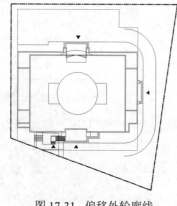

图 17-31　偏移外轮廓线

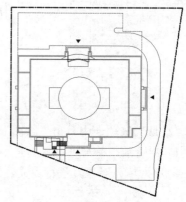

图 17-32　绘制消防车道

（3）绘制排水暗沟。

在"默认"选项卡中单击"绘图"面板中的"直线"按钮，设置线型为虚线，绘制排水暗沟，结果如图17-33所示。

（4）绘制其他道路。

在"默认"选项卡中单击"绘图"面板中的"直线"按钮，绘制其他道路，结果如图17-34所示。

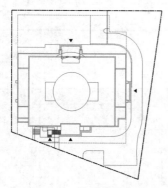

图 17-33　绘制排水暗沟

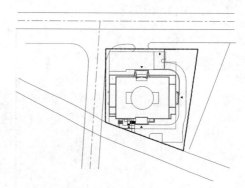

图 17-34　绘制道路

17.5　布置办公大楼设施

办公大楼设施主要包括地下车库入口、室外停车场、门卫室等设施。

【操作步骤】

（1）绘制地下车库入口。

① 在"默认"选项卡中单击"绘图"面板中的"直线"按钮✏️和"修改"面板中的"圆角"按钮⌐，绘制地下车库入口，如图17-35所示。

② 在"默认"选项卡中单击"绘图"面板中的"直线"按钮✏️，细化图形，如图17-36所示。

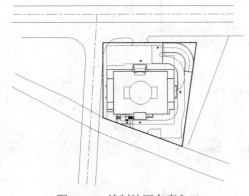

图 17-35 绘制地下车库入口

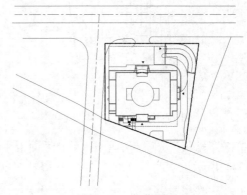

图 17-36 细化图形

③ 在"默认"选项卡中单击"绘图"面板中的"图案填充"按钮▨，打开"图案填充创建"选项卡，单击"图案填充"按钮，在弹出的下拉列表框中选择 ANSI31 图案，设置填充角度为90°，填充比例为 50，对地下车库入口进行图案填充，结果如图17-37所示。

（2）绘制室外停车场。

① 在"默认"选项卡中单击"绘图"面板中的"直线"按钮✏️，绘制停车场的分割线，如图17-38所示。

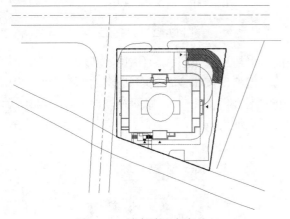

图 17-37 填充地下车库入口

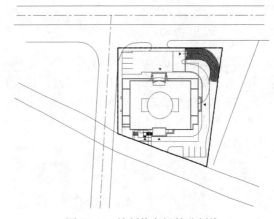

图 17-38 绘制停车场的分割线

② 打开配书光盘中或通过扫码下载的"源文件\图库\CAD图库.dwg"文件，选择汽车模型，然后按 Ctrl+C 组合键复制；返回总平面图中，按 Ctrl+V 组合键粘贴，将汽车模块复制到图形中并放置到停车场中，如图17-39所示。

③ 在"默认"选项卡中单击"绘图"面板中的"直线"按钮✏️，细化图形，如图17-40所示。

（3）绘制剩余图形。

① 在"默认"选项卡中单击"绘图"面板中的"直线"按钮✏️，在办公楼入口处绘制几条竖直直线，如图17-41所示。

② 在"默认"选项卡中单击"绘图"面板中的"直线"按钮✏️，绘制斜向直线。

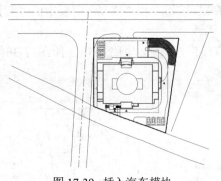

图 17-39　插入汽车模块

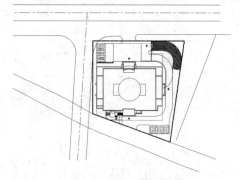

图 17-40　细化图形

③ 在"默认"选项卡中单击"修改"面板中的"偏移"按钮 ⫶，将上步中绘制的斜线向内偏移，如图17-42所示。

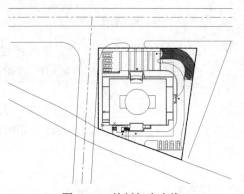

图 17-41　绘制竖直直线

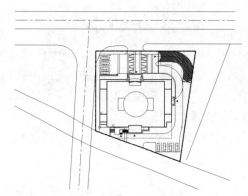

图 17-42　偏移直线

④ 在"默认"选项卡中单击"绘图"面板中的"多边形"按钮 ⬠，绘制四边形。

⑤ 在"默认"选项卡中单击"修改"面板中的"偏移"按钮 ⫶，将多边形向内偏移。

⑥ 在"默认"选项卡中单击"修改"面板中的"修剪"按钮 ⟊，修剪线段，如图17-43所示。

⑦ 在"默认"选项卡中单击"绘图"面板中的"矩形"按钮 ▭，在停车位右侧绘制门卫室，如图17-44所示。

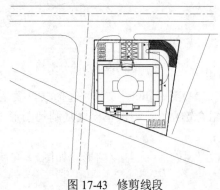

图 17-43　修剪线段

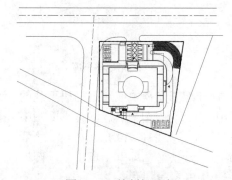

图 17-44　绘制门卫室

⑧ 在"默认"选项卡中单击"绘图"面板中的"直线"按钮 ╱ 和"矩形"按钮 ▭，绘制剩余图形，结果如图17-45所示。

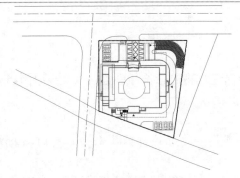

图 17-45 绘制剩余图形

17.6 布置绿地设施

利用图案填充布置绿地设施，表现出周围的地面情况。

【操作步骤】

（1）在"默认"选项卡中单击"图层"面板中的"图层特性"按钮，在弹出的"图层特性管理器"选项板中双击"绿地"图层，将其设置为当前图层。

（2）在"默认"选项卡中单击"绘图"面板中的"图案填充"按钮，打开"图案填充创建"选项卡，单击"图案填充"按钮，在弹出的下拉列表框中选择 GRASS 图案，设置填充角度为0°，填充比例为 30，填充绿地，如图17-46所示。

（3）将"植物"图层设置为当前图层。打开资源包中的"源文件\图库\CAD图库.dwg"文件，将植物插入到图形中，结果如图17-47所示。

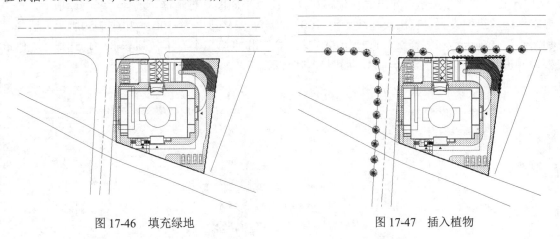

图 17-46 填充绿地   图 17-47 插入植物

17.7 各 种 标 注

总平面图中的标注内容包括尺寸标注、标高标注、文字标注、指北针、文字说明等，它们是总图不可或缺的组成部分。完成总平面图的图线绘制后，最后的工作就是进行各种标注，对图形进行完善。

【操作步骤】

1. 尺寸标注

在总平面图中，应标注新建建筑物的总长、总宽，以及与周围建筑物、构筑物、道路、红线之间的距离。

（1）尺寸样式设置。

① 选择菜单栏中的"格式"→"标注样式"命令，打开"标注样式管理器"对话框，如图17-48所示。

② 单击"新建"按钮，打开"创建新标注样式"对话框，在"新样式名"文本框中输入"总平面图"，如图17-49所示。

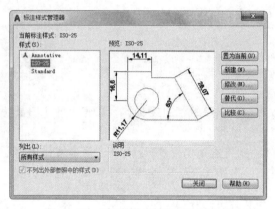

图17-48 "标注样式管理器"对话框   图17-49 "创建新标注样式"对话框

③ 单击"继续"按钮，弹出"新建标注样式：总平面图"对话框。选择"线"选项卡，在"尺寸界限"选项组中设置"超出尺寸线"为100，"起点偏移量"为100，如图17-50所示。选择"符号和箭头"选项卡，在"箭头"选项组的"第一个"和"第二个"下拉列表框中均选择"建筑标记"，并设定"箭头大小"为400，如图17-51所示。

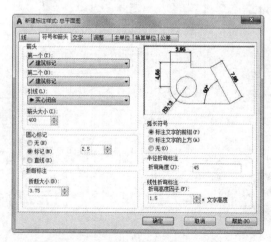

图17-50 设置"线"选项卡   图17-51 设置"符号和箭头"选项卡

④ 选择"文字"选项卡，设置"文字高度"为700，"从尺寸线偏移"为50，如图17-52所示。

⑤ 选择"主单位"选项卡，将"比例因子"设置为0.001，如图17-53所示。

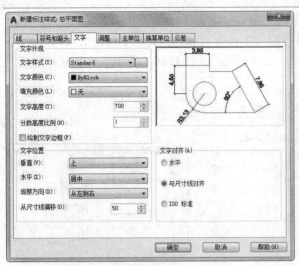 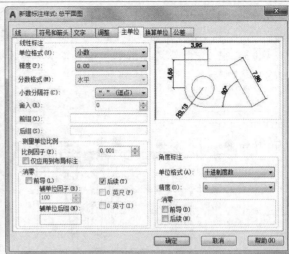

图 17-52 设置"文字"选项卡　　　　　图 17-53 设置"主单位"选项卡

（2）标注尺寸。

① 在"默认"选项卡中单击"图层"面板中的"图层特性"按钮，在弹出的"图层特性管理器"选项板中双击"标注"图层，将其设置为当前图层。

② 在"默认"选项卡中单击"注释"面板中的"线性标注"按钮和"连续"按钮，为图形标注尺寸，如图17-54所示。

（3）选择菜单栏中的"标注"→"半径"命令，标注圆角尺寸，结果如图17-55所示。

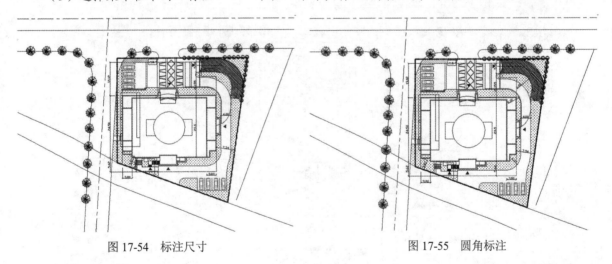

图 17-54 标注尺寸　　　　　　图 17-55 圆角标注

2. 标高标注

（1）在"默认"选项卡中单击"绘图"面板中的"直线"按钮 ╱ ，绘制标高符号。

（2）在"注释"选项卡中单击"文字"面板中的"多行文字"按钮 A ，输入相应的标高值，结果如图17-56所示。

3. 文字标注

（1）在"默认"选项卡中单击"图层"面板中的"图层特性"按钮，在弹出的"图层特性管理器"选项板中双击"文字"图层，将其设置为当前图层。

（2）在"默认"选项卡中单击"绘图"面板中的"直线"按钮∕，在图中引出直线。

（3）在"注释"选项卡中单击"文字"面板中的"多行文字"按钮**A**，在直线上方标注文字，如图17-57所示。

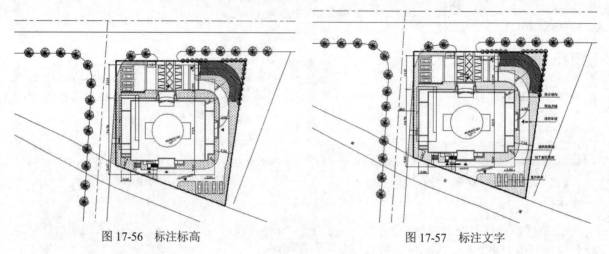

图 17-56　标注标高　　　　　　　　　　　　图 17-57　标注文字

（4）在"注释"选项卡中单击"文字"面板中的"多行文字"按钮**A**，在图形下方输入文字说明，结果如图17-58所示。

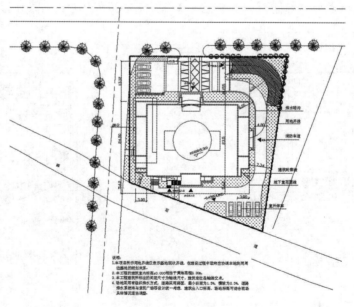

图 17-58　输入文字说明

4. 图名标注

在"注释"选项卡中单击"文字"面板中的"多行文字"按钮**A**，在"默认"选项卡中单击"绘图"面板中的"多段线"按钮⊃，标注图名，结果如图17-59所示。

总平面图 1:300

图 17-59　图名标注

5. 绘制指北针

（1）在"默认"选项卡中单击"绘图"面板中的"圆"按钮⊙，绘制一个圆，如图17-60所示。

（2）在"默认"选项卡中单击"绘图"面板中的"直线"按钮╱，绘制圆的竖直直径和另外两条弦，结果如图17-61所示。

（3）在"默认"选项卡中单击"绘图"面板中的"图案填充"按钮▨，打开"图案填充创建"选项卡，单击"图案填充"按钮，在弹出的下拉列表框中选择 SOLID，填充指北针，结果如图17-62所示。

（4）在"注释"选项卡中单击"文字"面板中的"多行文字"按钮 **A**，在指北针上部标上N字，设置字高为 1000，字体为仿宋-GB2312，如图17-63所示。最终完成总平面图的绘制，结果如图17-64所示。

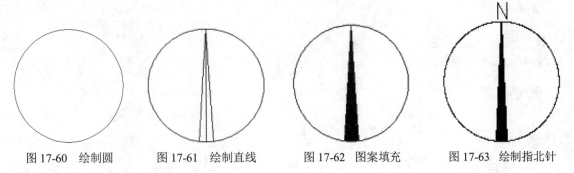

图 17-60 绘制圆　　　图 17-61 绘制直线　　　图 17-62 图案填充　　　图 17-63 绘制指北针

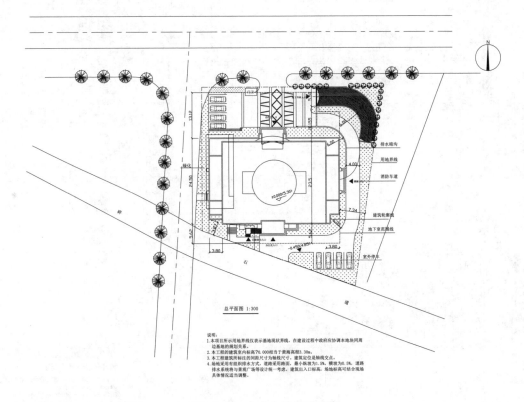

图 17-64 办公大楼总平面图

第18章　办公大楼平面图

内容简介

本章以办公大楼平面图的绘制过程为例，继续讲解平面图的一般绘制方法与技巧。本办公大楼总建筑面积约为 13946.6 m²，其中地上建筑面积为 12285.0 m²，地下室为 1661.6 m²，拥有办证大厅、调解室、值班室、变配电间、门厅等各种不同功能的房间及空间。

内容要点

➤ 一层平面图的绘制
➤ 标准层平面图的绘制

案例效果

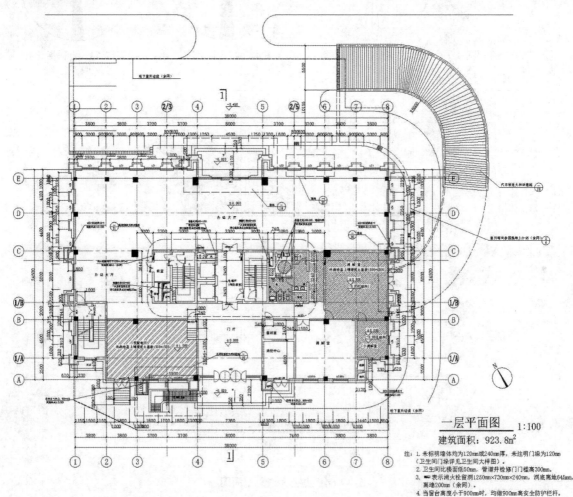

一层平面图　　1:100
建筑面积：923.8m²

注：1. 未标明墙体均为120mm或240mm厚，未注明门垛为120mm
（卫生间门垛详见卫生间大样图）。
2. 卫生间比楼面低50mm，管道井检修门门槛高300mm。
3. ▨表示消火栓留洞1250mm×720mm×240mm，洞底离地640mm，
离地200mm（余同）。
4. 当窗台高度小于900mm时，均做900mm高安全防护栏杆。

18.1　一层平面图的绘制

首先绘制这栋办公大楼的定位轴线，接着在已有轴线的基础上绘出办公大楼的墙线，然后借助已有图库或图形模块绘制办公大楼的门窗和设备，最后进行尺寸和文字标注。下面就按照以上思路绘制办公大楼的一层平面图，如图18-1所示。

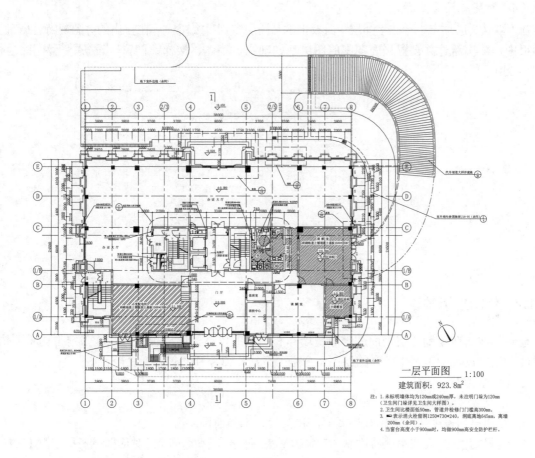

图 18-1　办公大楼的一层平面图

18.1.1　设置绘图环境

设置绘图环境是绘制图形必不可少的环节之一，其中包括文件、单位、图形边界、图层等设置。

【操作步骤】

（1）创建图形文件。

单击快速访问工具栏中的"新建"按钮 ，打开"选择样板"对话框，选择"acadiso.dwt"样板文件，单击"打开"按钮，新建文件。

（2）设置图形单位。

选择菜单栏中的"格式"→"单位"命令，打开"图形单位"对话框，设置"长度"选项组中的"类型"为"小数"，"精度"为0；"角度"选项组中的"类型"为"十进制度数"，"精度"为0；"插入时的缩放单位"为"毫米"，系统默认逆时针方向为正，单击"确定"按钮，完成单位的设置。

（3）保存图形。

单击快速访问工具栏中的"保存"按钮 🖫，弹出"图形另存为"对话框。在"文件名"下拉列表框中输入图形文件名称"办公大楼一层平面图 .dwg"，单击"保存"按钮，保存图形文件。

（4）新建并设置图层。

在"默认"选项卡中单击"图层"面板中的"图层特性"按钮 🗐，在弹出的"图层特性管理器"选项板中，依次新建并设置平面图中的图层，如轴线、墙体、楼梯、门窗、设备、标注和文字等，如图18-2所示。

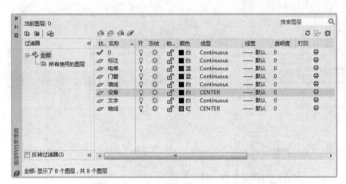

图 18-2　"图层特性管理器"选项板

18.1.2　绘制建筑轴线

建筑轴线是在绘制建筑平面图时布置墙体和门窗的依据，同样也是建筑施工定位的重要依据。在轴线的绘制过程中，运用较多的绘图命令是"直线"命令和"偏移"命令。

【操作步骤】

（1）设置"轴线"特性。

① 在图层列表中选择"轴线"图层，将其设置为当前图层。

② 设置线型比例。在命令行中输入LINETYPE，弹出"线型管理器"对话框；选择线型CENTER，单击"显示细节"按钮，将"全局比例因子"设置为 100；然后单击"确定"按钮，完成对轴线线型的设置，如图18-3所示。

（2）绘制轴线。

① 在"默认"选项卡中单击"绘图"面板中的"直线"按钮 ／，按 F8 键打开"正交"模式，绘制一条水平基准轴线，长度为 54000mm；在水平线靠左边适当位置绘制一条竖直基准轴线，长度为 44000mm，如图18-4所示。

② 在"默认"选项卡中单击"修改"面板中的"偏移"按钮 ⊂，将纵向基准轴线依次向右偏移，偏移量分别为3800mm、3800mm、3700mm、3700mm、8000mm、3700mm、3700mm、3800mm、3800mm；将横向基准轴线依次向上偏移，偏移量分别为 2500mm、4500mm、2000mm、6000mm、4400mm、4100mm、1000mm，完成轴线网的绘制，如图18-5所示。

图 18-3　设置线型比例

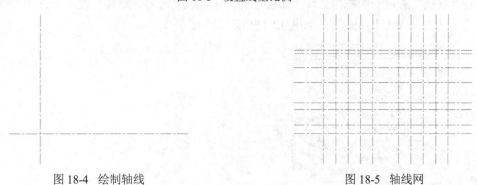

图 18-4　绘制轴线　　　　　　　　　　　　　　图 18-5　轴线网

（3）绘制轴号。

上步绘制的这些轴线称为定位轴线。在建筑施工图中，房间结构比较复杂，定位轴线很多，不易区分。为便于在施工时进行定位放线和查阅图纸，需要为其注明编号。

轴线编号的圆圈采用细实线，一般直径为 8mm，详图中为 10mm。在平面图中水平方向上的编号采用阿拉伯数字，从左至右依次编写；垂直方向上的编号采用大写拉丁字母按从下至上的顺序编写。要注意的是，拉丁字母中的 I、O、Z 3 个字母不得作为轴线编号，以免和数字 1、0、2 混淆。在简单或者对称的图形中，轴线编号只标在平面图的下方和左侧即可。如果图形比较复杂或不对称，则需在图形的上方和右侧也进行标注。

① 在"默认"选项卡中单击"绘图"面板中的"圆"下拉按钮，在弹出的下拉菜单中选择"圆心，半径"命令，绘制一个半径为 800mm 的圆，如图18-6所示。

② 选择菜单栏中的"绘图"→"块"→"定义属性"命令，弹出"属性定义"对话框。在"属性"选项组的"标记"文本框中输入X，表示所设置的属性名称是 X；在"提示"文本框中输入"轴线编号"，表示插入块时的"提示符"；在"文字设置"选项组中，将"对正"设置为"中间"，"文字样式"设置为Standard，"文字高度"设置为 800，如图18-7所示。

③ 单击"确定"按钮，用光标拾取所绘制圆的圆心，按 Enter 键，结果如图18-8所示。

④ 在"插入"选项卡中单击"块定义"面板中的"写块"按钮，打开"写块"对话框。单击"基点"选项组中的"拾取点"按钮，返回绘图区，拾取圆上边作为块的基点；单击"对象"选项组中的"选择对象"按钮，在绘图区选取圆形及圆内文字；右击绘图区域，返回对话框，在"文件名和路径"下拉列表框中输入要保存到的路径，将"插入单位"设置为"毫米"；单击"确定"按钮，如图18-9所示。

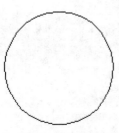

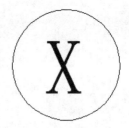

图 18-6　绘制圆　　　　　图 18-7　"属性定义"对话框　　　　　图 18-8　"块"定义

⑤ 在"默认"选项卡中单击"块"面板中的"插入"按钮，将轴号插入到图中轴线端点处。

⑥ 用上述方法绘制其他轴号，如图18-10所示。

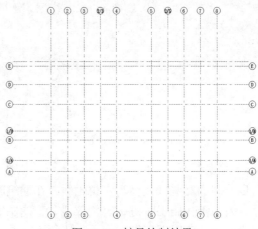

图 18-9　"写块"对话框　　　　　　　　图 18-10　轴号绘制结果

18.1.3　绘制柱子

利用"矩形"和"图案填充"命令绘制柱子。

【操作步骤】

（1）在"默认"选项卡中单击"绘图"面板中的"矩形"按钮，绘制一个 400mm×400mm 的矩形，如图18-11所示。

（2）在"默认"选项卡中单击"绘图"面板中的"图案填充"按钮，打开"图案填充创建"选项卡，单击"图案填充"按钮，在弹出的下拉列表框中选择SOLID图案，填充矩形，完成混凝土柱的绘制，如图18-12所示。

图 18-11　绘制矩形　　　　　　图 18-12　填充矩形

（3）在"默认"选项卡中单击"绘图"面板中的"矩形"按钮☐，绘制480mm×480mm、500mm×500mm、600mm×600mm、800mm×800mm、700mm×900mm等几个矩形，并对其进行图案填充。

（4）在"默认"选项卡中单击"修改"面板中的"移动"按钮✛和"复制"按钮⊡，将混凝土柱复制、移动到图中合适的位置，完成所有柱子的绘制，结果如图18-13所示。

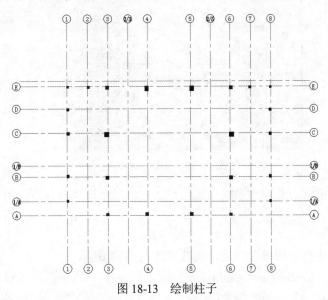

图 18-13　绘制柱子

18.1.4　绘制墙体

在建筑平面图中，墙体用双线表示，一般采用轴线定位的方式，以轴线为中心，具有很强的对称关系，因此使用"多线"命令直接绘制墙线。

【操作步骤】

（1）定义多线样式。

在使用"多线"命令绘制墙线前，应首先对多线样式进行设置。

① 在命令行中输入MLSTYLE，弹出"多线样式"对话框，如图18-14所示。单击"新建"按钮，在弹出的"创建新的多线样式"对话框中的"新样式名"文本框中输入240，如图18-15所示。

图 18-14　"多线样式"对话框

图 18-15　"创建新的多线样式"对话框

② 单击"继续"按钮，弹出"新建多线样式：240"对话框，如图18-16所示。在该对话框中进行以下设置：选择直线起点和端点均封口；偏移量首行设置为120，第二行设置为-120。

图18-16　设置多线样式

③ 单击"确定"按钮，返回"多线样式"对话框，在"样式"列表框中选择多线样式240，将其置为当前。

（2）绘制墙线。

① 在图层列表中选择"墙线"图层，将其设置为当前图层。

② 在命令行中输入MLSTYLE，绘制墙线，结果如图18-17所示。命令行提示与操作如下。

```
命令 : _mline
当前设置 : 对正 = 上，比例 = 20.00，样式 = 240 墙
指定起点或 [ 对正 (J) / 比例 (S) / 样式 (ST) ]:J
输入对正类型 [ 上 (T) / 无 (Z) / 下 (B) ] < 上 >: Z
当前设置 : 对正 = 无，比例 = 20.00，样式 = 240 墙
指定起点或 [ 对正 (J) / 比例 (S) / 样式 (ST) ]:S
输入多线比例 <20.00>: 1
当前设置 : 对正 = 无，比例 = 1.00，样式 = 240 墙
指定起点或 [ 对正 (J) / 比例 (S) / 样式 (ST) ]:
指定下一点 :
指定下一点或 [ 放弃 (U) ]:
```

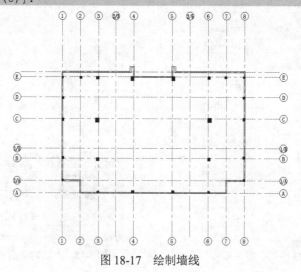

图18-17　绘制墙线

③ 在"默认"选项卡中单击"修改"面板中的"偏移"按钮⊆，将1/A水平轴线向上偏移2100mm，如图18-18所示。

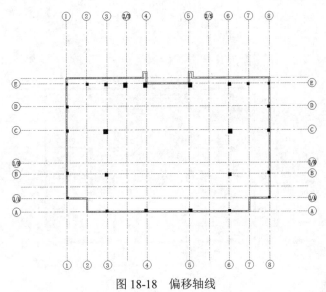

图 18-18 偏移轴线

④ 在命令行中输入MLINE，根据偏移的轴线继续绘制墙线，如图18-19所示。

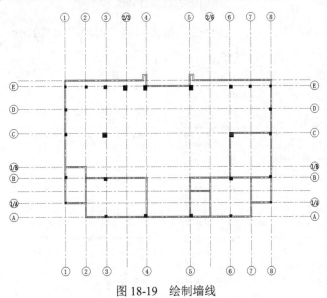

图 18-19 绘制墙线

⑤ 在命令行中输入MLSTYLE，在弹出的"多线样式"对话框中单击"新建"按钮，弹出"创建新的多线样式"对话框，在"新样式名"文本框中输入120，如图18-20所示。

图 18-20 "创建新的多线样式"对话框

⑥ 在"默认"选项卡中单击"修改"面板中的"偏移"按钮 ⊆，将1/B轴线向上偏移 2360mm 和 3640mm，将③轴线向右偏移 2000mm、2200mm 和 3000mm，如图18-21所示。

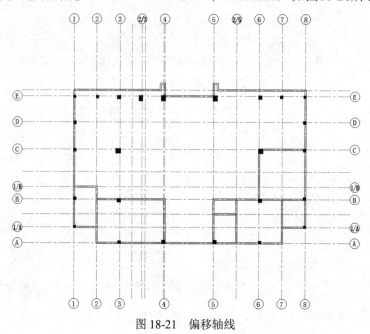

图 18-21　偏移轴线

⑦ 在命令行中输入MLINE，绘制楼梯处的墙体，其中内墙厚为 120mm，如图18-22所示。

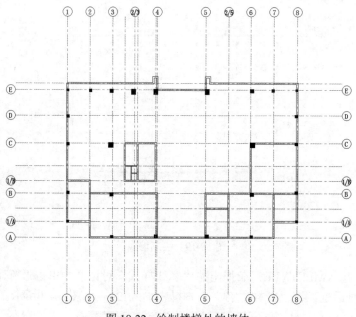

图 18-22　绘制楼梯处的墙体

⑧ 在"默认"选项卡中单击"修改"面板中的"偏移"按钮 ⊆，将 1/B 轴线向上偏移 2450mm、2450mm 和 1100mm，将步骤⑥中偏移后的最右侧竖直直线继续向右偏移 2500mm 和 3300mm，如图18-23所示。

⑨ 在命令行中输入MLINE，绘制电梯处的墙体，如图18-24所示。

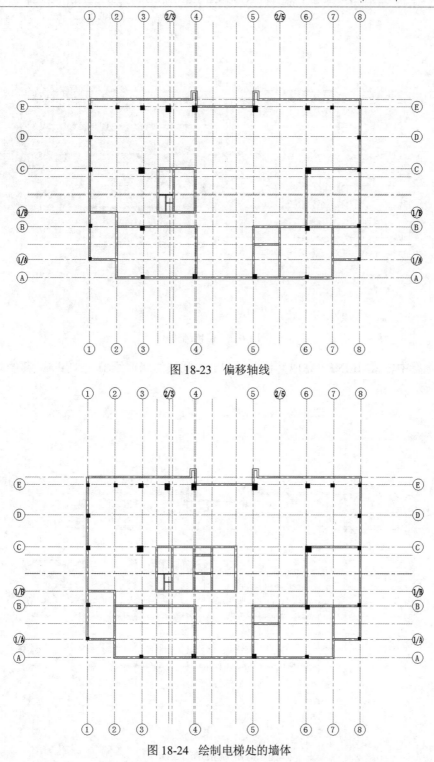

图 18-23　偏移轴线

图 18-24　绘制电梯处的墙体

⑩ 在"默认"选项卡中单击"修改"面板中的"偏移"按钮⊆，将 1/B 轴线向上偏移 1260mm、3240mm 和 1500mm，将步骤⑧中偏移后的最右侧竖直直线继续向右偏移 3000mm、740mm、2080mm、1980mm 和 2000mm，如图18-25所示。

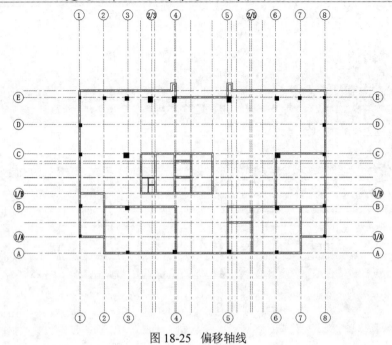

图 18-25　偏移轴线

⑪ 在命令行中输入MLINE，完成其他楼梯和卫生间处的墙体绘制，然后将偏移的轴线删除，结果如图18-26所示。

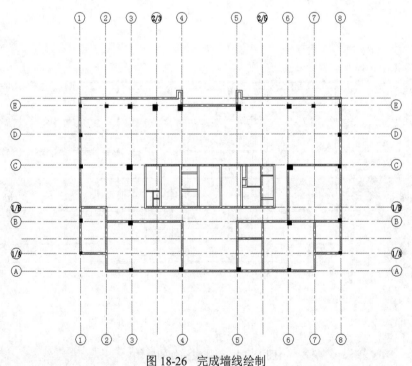

图 18-26　完成墙线绘制

（3）编辑和修整墙线。

① 在命令行中输入MLEDIT，弹出"多线编辑工具"对话框，如图18-27所示。该对话框中提供了12种多线编辑工具，可根据不同的多线交叉方式选择相应的工具进行编辑。

图 18-27 "多线编辑工具"对话框

② 少数较复杂的墙线结合处无法找到相应的多线编辑工具进行编辑，此时可以在"默认"选项卡中单击"修改"面板中的"分解"按钮 ⬚，将多线分解，然后在"默认"选项卡中单击"修改"面板中的"修剪"按钮 ⬚，对该结合处的线条进行修整。

另外，一些内部墙体并不在主要轴线上，可以通过添加辅助轴线，并在"默认"选项卡中单击"修改"面板中的"修剪"按钮 ⬚或"延伸"按钮 →⬚，进行绘制和修整。

经过编辑和修整后的墙线如图18-28所示。

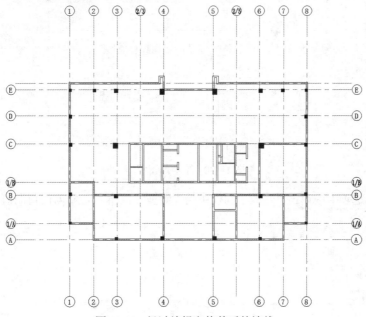

图 18-28 经过编辑和修整后的墙线

18.1.5 绘制门窗

建筑平面图中门窗的绘制过程基本如下。首先在墙体相应位置绘制门窗洞口；接着使用直线、矩形和圆弧等工具绘制门窗基本图形，并根据所绘门窗的基本图形创建门窗图块；然后在相应门窗洞口处插入门窗图块，并根据需要进行适当的调整，进而完成平面图中所有门和窗的绘制。

【操作步骤】

（1）绘制门窗洞口。

在平面图中，门洞口与窗洞口基本形状相同，因此在绘制过程中可以将它们一并绘制。

① 在图层列表中选择"门窗"图层，将其设置为当前图层。

② 在"默认"选项卡中单击"修改"面板中的"偏移"按钮⊜，将①轴线向右偏移 900mm 和 2000mm。

③ 在"默认"选项卡中单击"修改"面板中的"修剪"按钮，修剪轴线，然后将修剪后的线段图层转换为门窗层，结果如图18-29所示。

图 18-29　修剪线段

④ 在"默认"选项卡中单击"修改"面板中的"偏移"按钮⊜，按图 18-30 所示的标注尺寸绘制其他的门窗洞口，如图18-30所示。

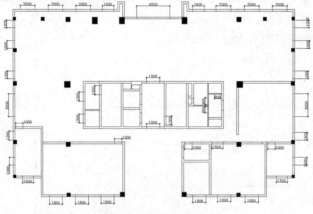

图 18-30　绘制门窗洞口

⑤ 在"默认"选项卡中单击"修改"面板中的"修剪"按钮，修剪门窗洞口，如图18-31所示。

图 18-31　修剪门窗洞口

⑥ 在"默认"选项卡中单击"修改"面板中的"偏移"按钮 ⊆，将④轴线向右偏移 320mm，⑤轴线向左偏移 320mm，如图18-32所示。

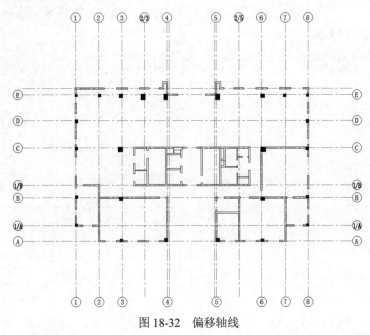

图 18-32　偏移轴线

⑦ 在"默认"选项卡中单击"绘图"面板中的"直线"按钮 ╱，补充绘制柱子图形，结果如图18-33所示。

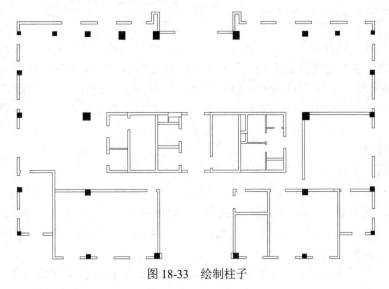

图 18-33　绘制柱子

（2）绘制保温墙。

① 在"默认"选项卡中单击"图层"面板中的"图层特性"按钮，在弹出的"图层特性管理器"选项板中新建一个名为"保温墙"的图层，并将其设置为当前图层。

② 在"默认"选项卡中单击"修改"面板中的"偏移"按钮 ⊆，将外侧墙线向外偏移200mm、300mm。在"默认"选项卡中单击"绘图"面板中的"直线"按钮 ╱，绘制墙线。

③ 在"默认"选项卡中单击"修改"面板中的"修剪"按钮，修剪掉多余的直线。

④ 在"默认"选项卡中单击"修改"面板中的"偏移"按钮，将上面偏移后的直线继续向外偏移 120mm；在"默认"选项卡中单击"修改"面板中的"修剪"按钮，修剪掉多余的直线，完成保温墙的绘制，如图18-34所示。

⑤ 按同样的方法绘制出所有的保温墙，结果如图18-35所示。

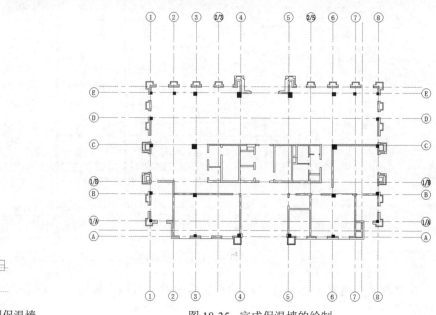

图 18-34　绘制保温墙

图 18-35　完成保温墙的绘制

（3）绘制平面门。

从开启方式上看，门的常见形式主要有平开门、弹簧门、推拉门、折叠门、旋转门、升降门和卷帘门等。门的尺寸主要用来满足人流通行、交通疏散、家具搬运的要求，而且应符合建筑模数的有关规定。在平面图中，单扇门的宽度一般在 800～1000mm，双扇门则为1200～1800mm。

门的绘制步骤为：先画出门的基本图形，然后将其创建成图块，最后将门图块插入到已绘制好的相应门洞口位置。在插入门图块的同时，还应调整图块的比例大小和旋转角度以适应平面图中不同宽度和角度的门洞口。

② 在图层列表中选择"门窗"图层，将其设置为当前图层。

② 在"默认"选项卡中单击"绘图"面板中的"直线"按钮，绘制一条长为1000mm的直线。

③ 在"默认"选项卡中单击"绘图"面板中的"圆弧"下拉按钮，在弹出的下拉菜单中选择"起点，圆心，角度"命令，以直线上端点为起点，绘制一条圆心角为90°、半径为1000mm的圆弧，完成单扇门的绘制，如图18-36所示。

④ 在"默认"选项卡中单击"块"面板中的"创建"按钮，打开"块定义"对话框，在"名称"文本框中输入"单扇门"，单击"确定"按钮，将单扇门创建为块，如图18-37所示。

⑤ 在"默认"选项卡中单击"块"面板中的"插入"按钮，将单扇门插入到图形中。

⑥ 在"默认"选项卡中单击"绘图"面板中的"直线"按钮和"圆弧"按钮，绘制一个门图形。

⑦ 在"默认"选项卡中单击"修改"面板中的"镜像"按钮，将门图形镜像到另外一侧，完成双扇门的绘制，如图18-38所示。

图 18-36 绘制单扇门 图 18-37 "块定义"对话框

⑧ 按照上述相同的方法，将双扇门创建为块。在"默认"选项卡中单击"块"面板中的"插入"按钮□，将双扇门插入到图形中。

⑨ 按照同样的方法绘制出图中其他的平面门，结果如图18-39所示。

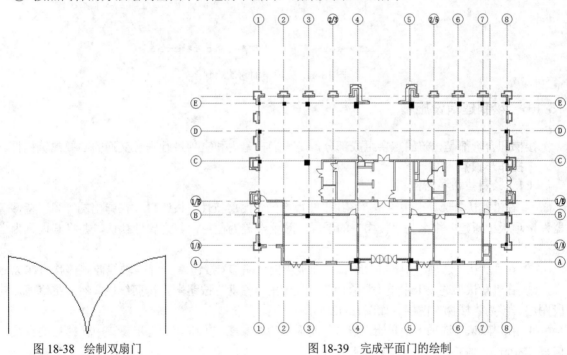

图 18-38 绘制双扇门 图 18-39 完成平面门的绘制

（4）绘制平面窗。

从开启方式上看，窗的常见形式主要有固定窗、平开窗、横式旋窗、立式转窗和推拉窗等。窗洞口的宽度和高度尺寸均为 300mm 的扩大模数；在平面图中，一般平开窗的窗扇宽度为400 ～ 600mm，固定窗和推拉窗的尺寸可更大一些。

① 在"默认"选项卡中单击"绘图"面板中的"直线"按钮∕，在窗洞之间绘制连线。

② 在"默认"选项卡中单击"修改"面板中的"偏移"按钮 ⊂，将直线向上偏移，间距为60mm、120mm 和 60mm，如图18-40所示。

③ 按照同样的方法绘制出图中其他的平面窗，结果如图18-41所示。

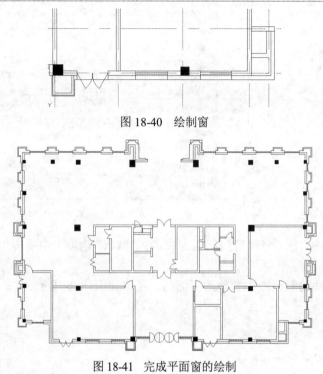

图 18-40　绘制窗

图 18-41　完成平面窗的绘制

18.1.6　绘制建筑设施

楼梯和台阶都是建筑的重要组成部分，是人们在室内和室外进行垂直交通的必要建筑构件。

【操作步骤】

（1）绘制楼梯和电梯。

① 在"默认"选项卡中单击"图层"面板中的"图层特性"按钮，在弹出的"图层特性管理器"选项板中新建一个名为"楼梯"的图层，颜色设置为蓝色，其余属性默认，并将其设置为当前图层。

② 在"默认"选项卡中单击"修改"面板中的"偏移"按钮，将①/B轴线向上偏移 1700mm。

③ 在"默认"选项卡中单击"修改"面板中的"修剪"按钮，修剪线段，然后将修剪后的线段图层转换为"楼梯"图层，如图18-42所示。

④ 在"默认"选项卡中单击"修改"面板中的"偏移"按钮，将步骤②中偏移后的直线向上偏移 280mm，偏移 9 次，如图18-43所示。

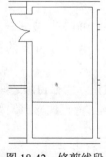

图 18-42　修剪线段

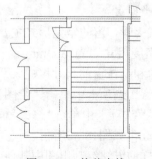

图 18-43　偏移直线

⑤ 在"默认"选项卡中单击"绘图"面板中的"矩形"按钮▢，补充绘制墙体。

⑥ 在"默认"选项卡中单击"修改"面板中的"修剪"按钮⅍，修剪线段。

⑦ 在"默认"选项卡中单击"块"面板中的"插入"按钮🗗，将单扇门插入到图中，如图18-44所示。

⑧ 在"默认"选项卡中单击"绘图"面板中的"直线"按钮╱，绘制楼梯扶手。

⑨ 在"默认"选项卡中单击"修改"面板中的"修剪"按钮⅍，修剪线段，如图18-45所示。

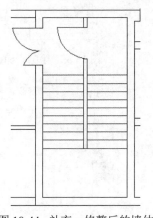
图 18-44 补充、修整后的墙体

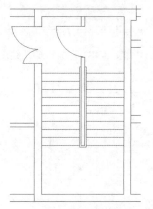
图 18-45 绘制楼梯扶手

⑩ 在"默认"选项卡中单击"绘图"面板中的"直线"按钮╱，绘制折断线。

⑪ 在"默认"选项卡中单击"修改"面板中的"修剪"按钮⅍，修剪线段，如图18-46所示。

⑫ 在"默认"选项卡中单击"绘图"面板中的"多段线"按钮⌐，绘制指示箭头，如图18-47所示。

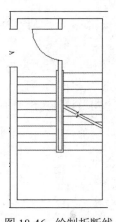
图 18-46 绘制折断线

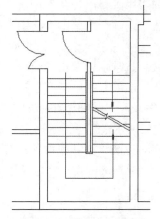
图 18-47 绘制指示箭头

⑬ 在"注释"选项卡中单击"文字"面板中的"多行文字"按钮**A**，输入文字，完成楼梯的绘制，如图18-48所示。

⑭ 在"默认"选项卡中单击"绘图"面板中的"直线"按钮╱、"多段线"按钮⌐和"修改"面板中的"修剪"按钮⅍，绘制电梯，如图18-49所示。

⑮ 在"默认"选项卡中单击"修改"面板中的"复制"按钮🖧，复制电梯，如图18-50所示。

⑯ 使用同样的方法绘制剩余的楼梯，结果如图18-51所示。

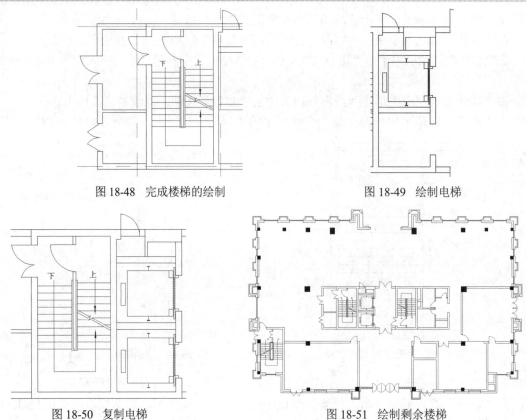

图 18-48　完成楼梯的绘制　　　　　　　图 18-49　绘制电梯

图 18-50　复制电梯　　　　　　　　　图 18-51　绘制剩余楼梯

（2）绘制消火栓。

① 在图层列表中选择"设备"图层，将其设置为当前图层。

② 在"默认"选项卡中单击"绘图"面板中的"矩形"按钮口，绘制一个 700mm×240mm的矩形。

③ 在"默认"选项卡中单击"绘图"面板中的"直线"按钮／，在矩形内绘制斜线。

④ 在"默认"选项卡中单击"绘图"面板中的"图案填充"按钮▨，打开"图案填充创建"选项板，单击"图案填充"按钮，在弹出的下拉列表框中选择 SOLID 图案，填充图形，完成消火栓的绘制，如图18-52所示。

⑤ 按照同样的方法绘制其他设备，结果如图18-53所示。

图 18-52　绘制消火栓

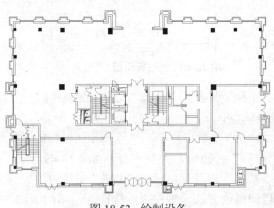

图 18-53　绘制设备

（3）绘制台阶。

① 在"默认"选项卡中单击"图层"面板中的"图层特性"按钮，在弹出的"图层特性管理器"选项板中新建一个名为"台阶"的图层，其属性默认，并将其设置为当前图层。

② 在"默认"选项卡中单击"修改"面板中的"偏移"按钮，将 B 轴线向下偏移 1020mm和 1300mm。

③ 在"默认"选项卡中单击"修改"面板中的"修剪"按钮，修剪偏移的轴线，然后将修剪后的线段图层转换为"台阶"图层，如图18-54所示。

④ 在"默认"选项卡中单击"修改"面板中的"偏移"按钮，将上步中偏移后的最下面水平直线向上偏移 260mm，偏移 4 次，结果如图18-55所示。

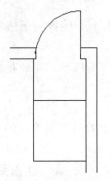

图 18-54　修剪线段

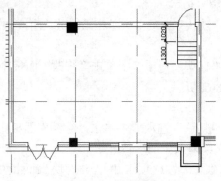

图 18-55　偏移线段

⑤ 在"默认"选项卡中单击"修改"面板中的"偏移"按钮，将 A 轴线向下偏移 1000mm和 1960mm。

⑥ 在"默认"选项卡中单击"修改"面板中的"修剪"按钮，修剪偏移的轴线，然后将修剪后的线段图层转换为"台阶"图层。

⑦ 在"默认"选项卡中单击"绘图"面板中的"直线"按钮，在两侧绘制线段，如图18-56所示。

⑧ 在"默认"选项卡中单击"修改"面板中的"偏移"按钮，将水平直线向上偏移280mm，偏移 6 次；将外侧的两条直线向内偏移 100mm，完成台阶的绘制，结果如图18-57所示。

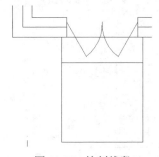

图 18-56　绘制线段

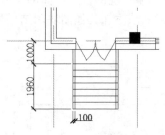

图 18-57　偏移线段

⑨ 在"默认"选项卡中单击"修改"面板中的"偏移"按钮，将最上侧的轴线向上偏移 2120mm；在"默认"选项卡中单击"绘图"面板中的"直线"按钮，绘制踏步，间距为350mm，完成室外台阶的绘制，结果如图18-58所示。

⑩ 使用同样的方法绘制另外一侧的台阶，结果如图18-59所示。

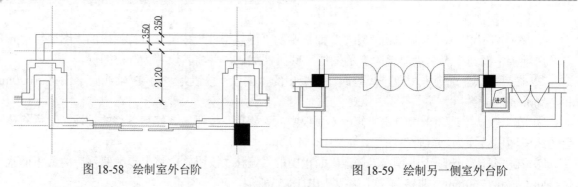

图 18-58　绘制室外台阶　　　　　　　图 18-59　绘制另一侧室外台阶

（4）绘制花坛。

① 在"默认"选项卡中单击"修改"面板中的"偏移"按钮，将 1/A 轴线向下偏移 1400mm 和 200mm。

② 在"默认"选项卡中单击"修改"面板中的"修剪"按钮，修剪线段，完成花坛的绘制，结果如图18-60所示。

（5）布置洁具。

① 在"默认"选项卡中单击"绘图"面板中的"直线"按钮和"修改"面板中的"修剪"按钮，补充绘制卫生间墙体。

② 在"默认"选项卡中单击"块"面板中的"插入"按钮，将单扇门插入到图中，如图18-61所示。

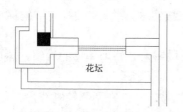

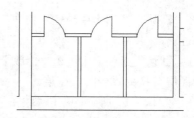

图 18-60　绘制花坛　　　　　　　　图 18-61　补充绘制墙体并插入单扇门

③ 打开"源文件、图库、CAD 图库"，选中坐便器模块，然后按 Ctrl+C 组合键复制；返回一层平面图中，按 Ctrl+V 组合键粘贴；在"默认"选项卡中单击"修改"面板中的"移动"按钮，将坐便器移动到图中合适的位置，如图18-62所示。

④ 使用上述方法添加其他图块，结果如图18-63所示。

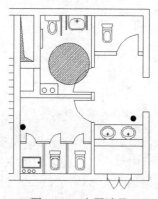

图 18-62　插入坐便器　　　　　　　　图 18-63　布置洁具

18.1.7 绘制坡道

坡道的绘制分为无障碍坡道和汽车坡道两部分。

【操作步骤】

（1）绘制无障碍坡道。

① 在"默认"选项卡中单击"修改"面板中的"偏移"按钮⊑，将 A 轴线向下偏移 1300mm 和 2500mm，然后将偏移后的直线向内侧偏移 200mm。

② 在"默认"选项卡中单击"绘图"面板中的"直线"按钮／，在两侧绘制竖向直线。

③ 在"默认"选项卡中单击"修改"面板中的"修剪"按钮⊁，修剪线段，如图18-64所示。

④ 在"默认"选项卡中单击"修改"面板中的"倒角"按钮／，对图形进行倒角处理，如图18-65所示。

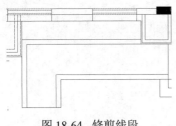

图 18-64 修剪线段

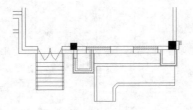

图 18-65 倒角处理

⑤ 在"默认"选项卡中单击"修改"面板中的"矩形阵列"按钮▦，将绘图区选择上面绘制的右侧竖向直线作为阵列对象，设置"列数"为 40、列"介于"为 110，阵列结果如图18-66所示。

⑥ 在"默认"选项卡中单击"修改"面板中的"偏移"按钮⊑，将下面的水平直线依次向上偏移，间距为 110mm，结果如图18-67所示。

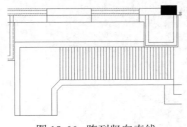

图 18-66 阵列竖向直线

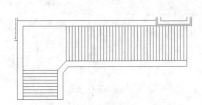

图 18-67 偏移水平直线

⑦ 在"默认"选项卡中单击"绘图"面板中的"多段线"按钮⊸，绘制指示箭头，如图18-68所示。

⑧ 在"注释"选项卡中单击"文字"面板中的"多行文字"按钮 A，输入文字，结果如图18-69所示。

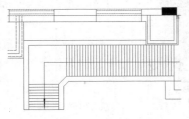

图 18-68 绘制指示箭头

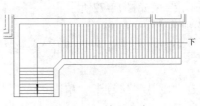

图 18-69 输入文字

（2）绘制汽车坡道。

① 在"默认"选项卡中单击"绘图"面板中的"直线"按钮／和"样条曲线控制点"按钮✎，绘制汽车坡道轮廓线。

② 在"默认"选项卡中单击"修改"面板中的"修剪"按钮✂，修剪线段，如图18-70所示。

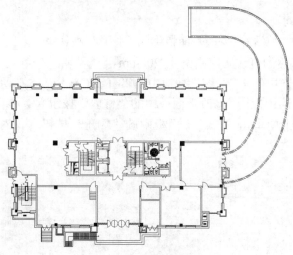

图18-70　修剪线段

③ 在"默认"选项卡中单击"绘图"面板中的"图案填充"按钮▨，填充图案，如图18-71所示。

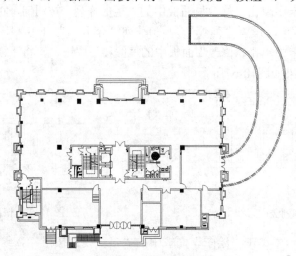

图18-71　填充图案

④ 在"默认"选项卡中单击"绘图"面板中的"直线"按钮／，细化图形。

⑤ 在"默认"选项卡中单击"修改"面板中的"修剪"按钮✂，修剪多余的直线，完成汽车坡道的绘制，结果如图18-72所示。

（3）绘制剩余图形。

① 在"默认"选项卡中单击"绘图"面板中的"直线"按钮／，绘制室外暗沟，并设置线型为虚线。

② 在"默认"选项卡中单击"修改"面板中的"圆角"按钮⌐，对图形进行倒圆角处理，如图18-73所示。

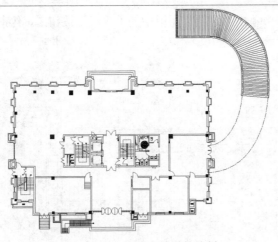

图 18-72　完成汽车坡道的绘制

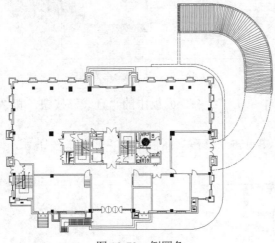

图 18-73　倒圆角

③ 在"默认"选项卡中单击"绘图"面板中的"直线"按钮／，细化图形，完成室外暗沟的绘制，结果如图18-74所示。

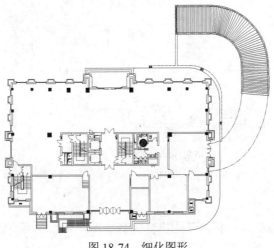

图 18-74　细化图形

④ 在"默认"选项卡中单击"绘图"面板中的"直线"按钮／，绘制地下室外边线，并设置线型为虚线，如图18-75所示。

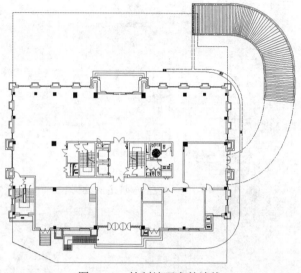

图 18-75 绘制地下室外边线

⑤ 在"默认"选项卡中单击"绘图"面板中的"直线"按钮／和"圆弧"按钮／，绘制剩余图形。

⑥ 在"默认"选项卡中单击"修改"面板中的"修剪"按钮，修剪线段，结果如图18-76所示。

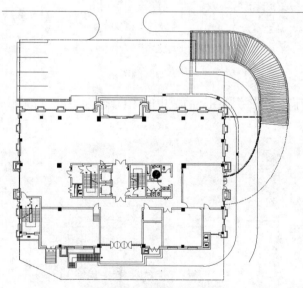

图 18-76 绘制剩余图形

18.1.8 平面标注

办公大楼的尺寸标注首先将"标注"图层置为当前图层，然后再设置标注样式，最后利用线性连续标注命令完成图形的平面标注。

【操作步骤】

1. 尺寸标注

（1）在图层列表中选择"标注"图层，将其设置为当前图层。

（2）设置标注样式。

① 选择菜单栏中的"格式"→"标注样式"命令，打开"标注样式管理器"对话框，如图18-77所示；单击"新建"按钮，打开"创建新标注样式"对话框，在"新样式名"文本框中输入"平面标注"，如图18-78所示。

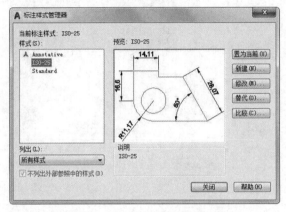

图18-77　"标注样式管理器"对话框　　　　图18-78　"创建新标注样式"对话框

② 单击"继续"按钮，打开"新建标注样式：平面标注"对话框，进行以下设置。

➥ 选择"符号和箭头"选项卡，在"箭头"选项组中的"第一个"和"第二个"下拉列表框中均选择"✎建筑标记"，在"引线"下拉列表框中选择"➡实心闭合"，在"箭头大小"微调框中输入250，如图18-79所示。

➥ 选择"文字"选项卡，在"文字外观"选项组中的"文字高度"微调框中输入300，如图18-80所示。

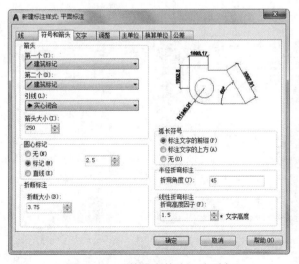

图18-79　"符号和箭头"选项卡　　　　　　图18-80　"文字"选项卡

③ 单击"确定"按钮，回到"标注样式管理器"对话框。在"样式"列表框中激活"平面标注"标注样式，单击"置为当前"按钮。单击"关闭"按钮，完成标注样式的设置。

（3）在"默认"选项卡中单击"注释"面板中的"线性标注"按钮 和"连续标注"按钮 ，标注相邻两轴线之间的距离。

（4）在"默认"选项卡中单击"注释"面板中的"线性标注"按钮 和"连续标注"按钮 ，标注第一道尺寸，如图18-81所示。

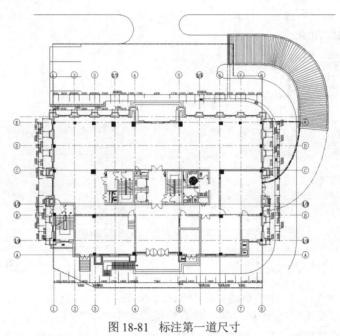

图 18-81　标注第一道尺寸

（5）在"默认"选项卡中单击"注释"面板中的"线性标注"按钮 和"连续标注"按钮 ，标注第二道尺寸，如图18-82所示。

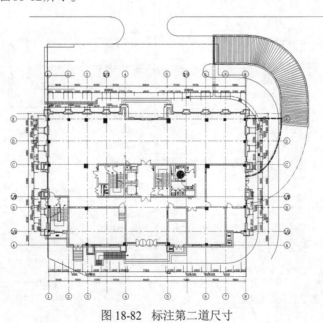

图 18-82　标注第二道尺寸

（6）在"默认"选项卡中单击"注释"面板中的"线性标注"按钮⊢⊣，标注总尺寸，结果如图18-83所示。

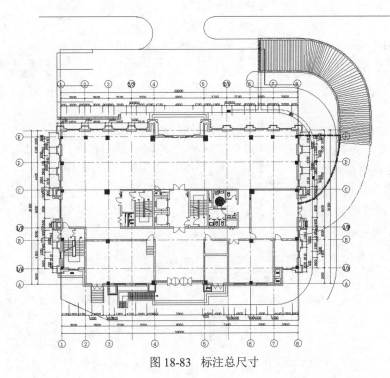

图18-83　标注总尺寸

（7）在"默认"选项卡中单击"注释"面板中的"线性标注"按钮⊢⊣、"连续标注"按钮⊢⊣⊢及"线性"下拉列表框中的"半径"按钮，标注细节尺寸，结果如图18-84所示。

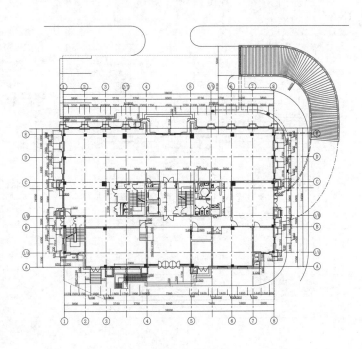

图18-84　标注细节尺寸

2. 标高标注

（1）在"默认"选项卡中单击"绘图"面板中的"直线"按钮╱，绘制标高符号。

（2）在"注释"选项卡中单击"文字"面板中的"多行文字"按钮A，输入标高数值，结果如图18-85所示。

±0.000

图18-85 标注标高

3. 文字标注

（1）在图层列表中选择"文字"图层，将其设置为当前图层。

（2）在"默认"选项卡中单击"绘图"面板中的"矩形"按钮▢，将需要文字说明的图形用矩形圈起来，并设置线型为虚线。

（3）在"注释"选项卡中单击"文字"面板中的"多行文字"按钮A，在平面图中指定文字插入位置后，打开"文字编辑器"选项卡，如图18-86所示。在该选项板中设置字体为"宋体"文字高度为300，为各房间标注文字。

图18-86 "文字编辑器"选项卡

（4）在"默认"选项卡中单击"绘图"面板中的"直线"按钮╱，在需要标注文字处引出直线。

（5）在"注释"选项卡中单击"文字"面板中的"多行文字"按钮A，完成一层平面图的文字标注，结果如图18-87所示。

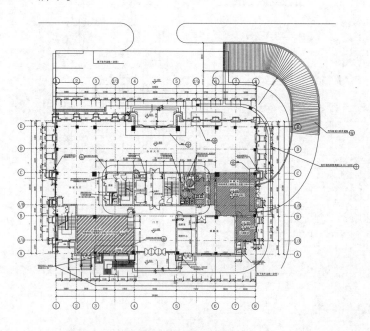

图18-87 标注文字

（6）在“注释”选项卡中单击“文字”面板中的“多行文字”按钮A，在“默认”选项卡中单击“绘图”面板中的“多段线”按钮，标注图名，如图18-88所示。

（7）在“注释”选项卡中单击“文字”面板中的“多行文字”按钮A，为一层平面图标注文字说明，如图18-89所示。

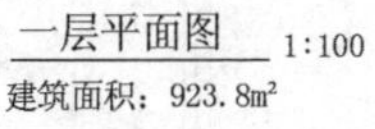

一层平面图 1:100
建筑面积：923.8m²

图 18-88 标注图名

注：1.未标明墙体均为120mm或240mm厚，未注明门垛为120mm
（卫生间门垛详见卫生间大样图）。
2.卫生间比楼面低50mm，管道井检修门门槛高300mm。
3. 表示消火栓留洞1250mm×730mm×240mm，洞底离地
645mm，离墙200mm（余同）。
4.当窗台高度小于900mm时，均做900mm高安全防护栏杆。

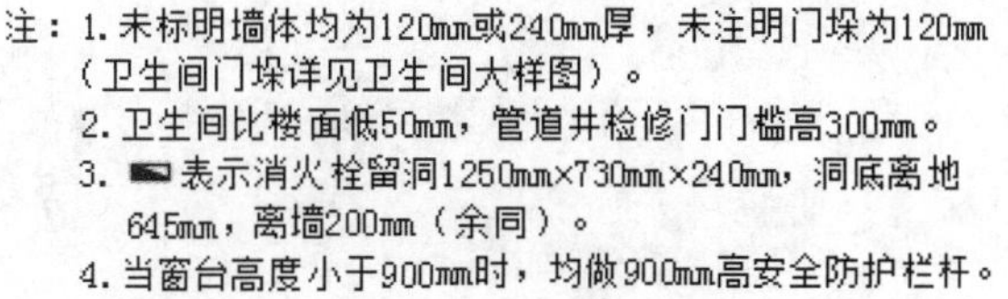

图 18-89 标注文字说明

（8）在“默认”选项卡中单击“绘图”面板中的“图案填充”按钮，补充填充一层平面图，结果如图18-90所示。

一层平面图 1:100
建筑面积：923.8m²

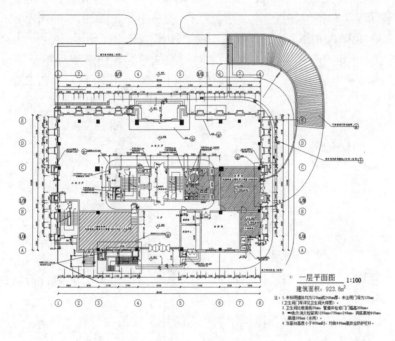

图 18-90 填充平面图

18.1.9 绘制指北针和剖切符号

在一层平面图中应绘制指北针以标明建筑方位；如果需要绘制建筑的剖面图，则还应在一层平面图中画出剖切符号以标明剖面剖切位置。

【操作步骤】

（1）绘制指北针。

① 在“默认”选项卡中单击“图层”面板中的“图层特性”按钮，在弹出的“图层特性管理器”选项板中新建一个名为“指北针与剖切符号”的图层，并将其设置为当前图层。

② 在“默认”选项卡中单击“绘图”面板中的“圆”下拉按钮，在弹出的下拉菜单中选择“圆心，半径”命令，绘制一个半径为 1200mm 的圆，如图18-91所示。

③ 在"默认"选项卡中单击"绘图"面板中的"直线"按钮╱，绘制圆的垂直方向直径作为辅助线，如图18-92所示。

④ 在"默认"选项卡中单击"修改"面板中的"偏移"按钮⊂，将辅助线分别向左右两侧偏移，偏移量均为 100mm，如图18-93所示。

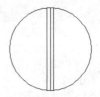

图 18-91　绘制圆　　　　　图 18-92　绘制直线　　　　　图 18-93　偏移直线

⑤ 在"默认"选项卡中单击"绘图"面板中的"直线"按钮╱，将两条偏移线与圆的下方交点同辅助线上端点连接起来；然后在"默认"选项卡中单击"修改"面板中的"删除"按钮✐，删除2条辅助线（原有辅助线及两条偏移线），得到一个等腰三角形，如图18-94所示。

⑥ 在"默认"选项卡中单击"绘图"面板中的"图案填充"按钮▨，打开"图案填充创建"选项板，设置填充类型"预定义"图案为 SOLID，对所绘的等腰三角形进行填充。

⑦ 在"注释"选项卡中单击"文字"面板中的"多行文字"按钮Ａ，设置文字高度为600mm，在等腰三角形上端顶点的正上方书写大写的英文字母N，标示平面图的正北方向，如图18-95所示。

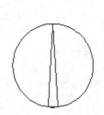
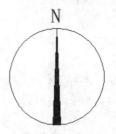

图 18-94　圆与三角形　　　　　图 18-95　指北针

⑧ 在"默认"选项卡中单击"修改"面板中的"旋转"按钮⟳，将指北针旋转30°。

（2）绘制剖切符号。

在"默认"选项卡中单击"绘图"面板中的"多段线"按钮⊃，在"注释"选项卡中单击"文字"面板中的"多行文字"按钮Ａ，绘制剖切符号。最终效果如图18-1所示。

📢 注意

剖面的剖切符号应由剖切位置线及剖视方向线组成，均应以粗实线绘制。剖视方向线应垂直于剖切位置线，长度应短于剖切位置线。绘图时，剖面剖切符号不宜与图面上的图线相接触。

剖面剖切符号的编号宜采用阿拉伯数字，按顺序由左至右、由下至上连续编排，并应注写在剖视方向线的端部。

18.2　标准层平面图的绘制

在本实例办公大楼中，标准层平面图与一层平面图在设计中有很多相同之处，两者的基本轴线关系是一致的，只有部分墙体形状和内部建筑设施存在着一些差别。因此，可以在一层平面图的基础上对已有图形元素进行修改和添加，进而完成办公大楼标准层平面图的绘制，如图18-96所示。

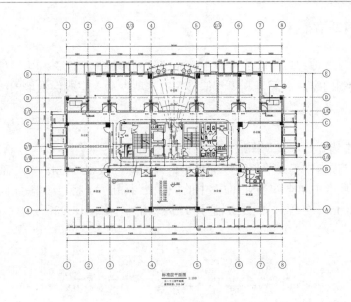

图 18-96　办公大楼标准层平面图

18.2.1　设置绘图环境

设置绘图环境是绘制图形必不可少的环节之一，其中包括建立图形文件、清理图形元素等。

【操作步骤】

（1）建立图形文件。

打开资源包中的"源文件\第18章\办公大楼一层平面图.dwg"文件，单击快速访问工具栏中的"另存为"按钮 ，打开"图形另存为"对话框。在"文件名"下拉列表框中输入新的图形文件名称"办公大楼标准层平面图.dwg"，然后单击"保存"按钮，建立图形文件。

（2）清理图形元素。

在"默认"选项卡中单击"修改"面板中的"删除"按钮 ，删除一层平面图中部分建筑设施、标注和文字等图形元素，如图18-97所示。

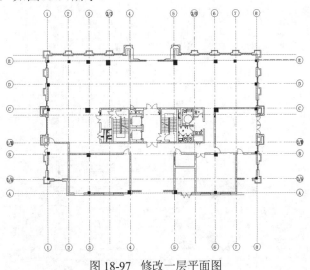

图 18-97　修改一层平面图

18.2.2　修改墙体和门窗

首先利用"删除""偏移""多线"命令完成墙体的修改，然后再利用"偏移""修剪""直线""圆"等命令绘制门窗，最后再利用"偏移""修剪"命令完成保温墙的绘制。

【操作步骤】

（1）修改墙体。

① 在图层列表中选择"墙线"图层，将其设置为当前图层。

② 在"默认"选项卡中单击"修改"面板中的"删除"按钮，将 1/A 轴线删除。

③ 在"默认"选项卡中单击"修改"面板中的"偏移"按钮，将 1/B 轴线向上偏移 2000mm，C轴线向上偏移 2000mm，分别添加 2/B 轴号和 1/C 轴号，如图18-98所示。

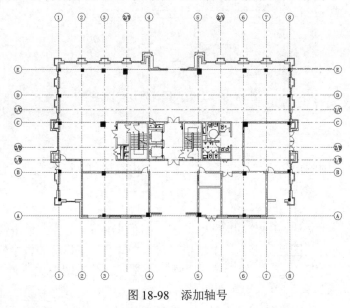

图 18-98　添加轴号

④ 在"默认"选项卡中单击"修改"面板中的"删除"按钮，删除多余的墙体和门窗，如图18-99所示。

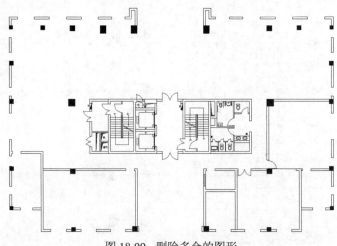

图 18-99　删除多余的图形

⑤ 在命令行中输入MLINE，根据轴线补充绘制标准层平面墙体，结果如图18-100所示。

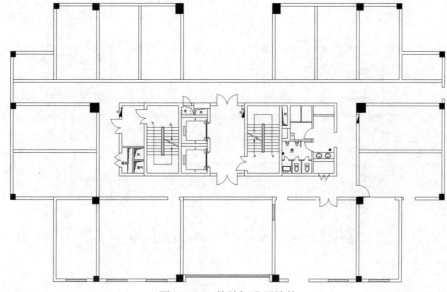

图18-100 修补标准层墙体

（2）绘制门窗。

① 在"默认"选项卡中单击"修改"面板中的"偏移"按钮≡，将②轴线向右偏移 1300mm和1200mm。

② 在"默认"选项卡中单击"修改"面板中的"修剪"按钮▼，修剪轴线，然后将修剪后的线段图层转换为门窗层，如图18-101所示。

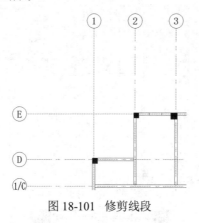

图18-101 修剪线段

③ 在"默认"选项卡中单击"修改"面板中的"偏移"按钮≡，按图18-102所示的标注绘制其他的门窗洞口。

④ 在"默认"选项卡中单击"修改"面板中的"修剪"按钮▼，修剪门窗洞口，结果如图18-103所示。

⑤ 在"默认"选项卡中单击"绘图"面板中的"直线"按钮／，在门窗洞口处绘制一条直线。

⑥ 在"默认"选项卡中单击"修改"面板中的"偏移"按钮≡，将上步中绘制的水平线向下偏移 60mm、120mm 和 60mm，如图18-104所示。

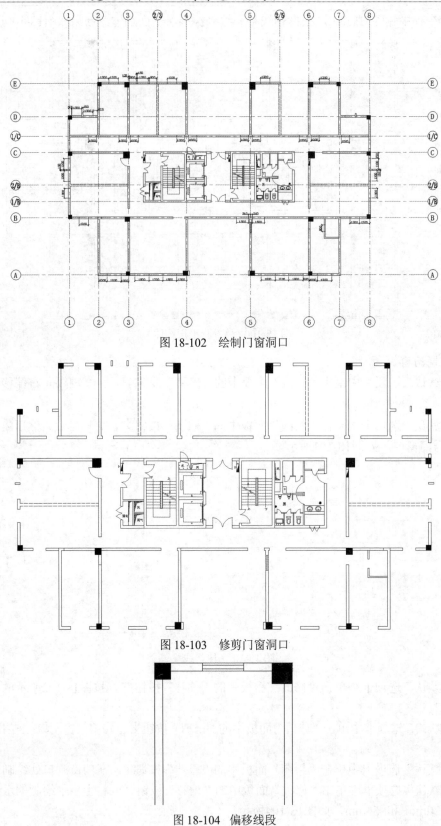

图 18-102　绘制门窗洞口

图 18-103　修剪门窗洞口

图 18-104　偏移线段

⑦ 在"默认"选项卡中单击"块"面板中的"插入"按钮🗂，在标准层平面相应的位置插入门图块，并对该图块进行适当的比例或角度调整，如图18-105所示。

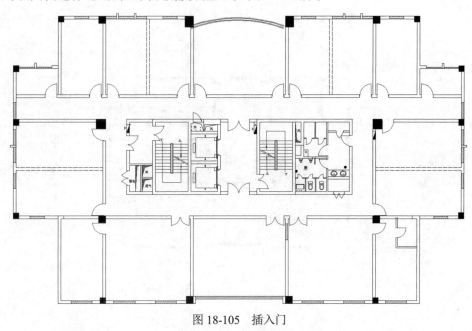

图 18-105　插入门

⑧ 在"默认"选项卡中单击"修改"面板中的"偏移"按钮⊜，将 1/B 轴线向上偏移 3000mm。

⑨ 在"默认"选项卡中单击"绘图"面板中的"直线"按钮／，在④与⑤轴线间的中点处绘制一条竖直直线，如图18-106所示。

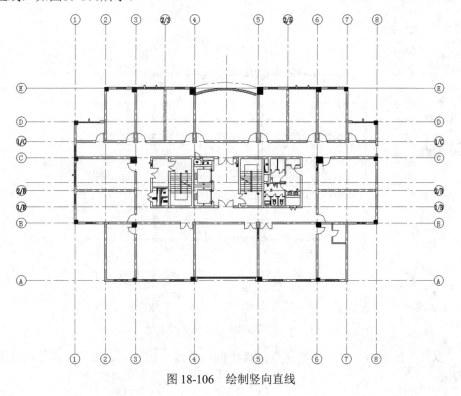

图 18-106　绘制竖向直线

⑩ 在"默认"选项卡中单击"修改"面板中的"旋转"按钮 ↻，将竖直直线向左旋转复制8.27°、4.7°和 7.81°，向右旋转复制 8.27°、4.7°和 7.81°，如图18-107所示。

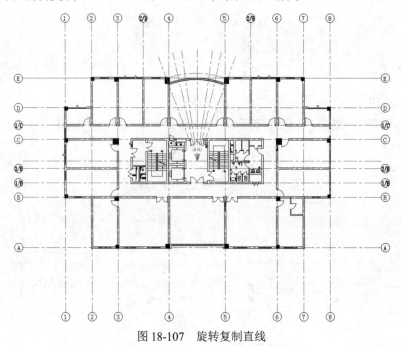

图 18-107 旋转复制直线

⑪ 在"默认"选项卡中单击"绘图"面板中的"圆"按钮 ⊙，以上步中绘制的圆弧和旋转复制的直线交点处为圆心，绘制圆，如图18-108所示。

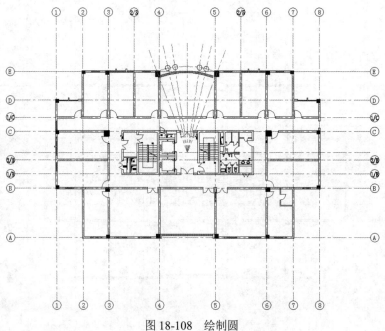

图 18-108 绘制圆

⑫ 在"默认"选项卡中单击"绘图"面板中的"直线"按钮 ╱，在圆和窗线间绘制连线，如图18-109所示。

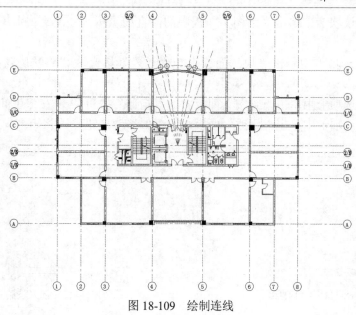

图 18-109　绘制连线

（3）绘制保温墙。

① 在"默认"选项卡中单击"修改"面板中的"偏移"按钮⊑，将外墙向外偏移 200mm，完成保温墙的绘制。

② 在"默认"选项卡中单击"修改"面板中的"修剪"按钮，修剪掉多余的直线，如图18-110所示。

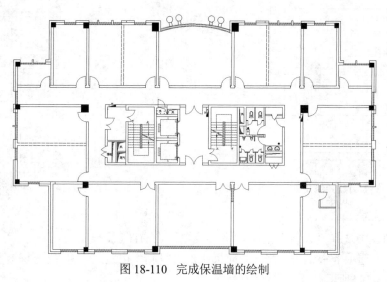

图 18-110　完成保温墙的绘制

18.2.3　绘制建筑设施

卫生间和消火栓都是建筑的重要组成部分，是室内和室外的必要建筑构件。

【操作步骤】

（1）布置卫生间。

① 在"默认"选项卡中单击"块"面板中的"插入"按钮，将坐便器插入到图形中。

② 在"默认"选项卡中单击"绘图"面板中的"直线"按钮✐，绘制水平直线，如图18-111所示。

③ 在"默认"选项卡中单击"块"面板中的"插入"按钮🗂，将洗脸盆插入到图形中，如图18-112所示。

④ 在"默认"选项卡中单击"绘图"面板中的"矩形"按钮▢，在卫生间右上角绘制矩形。

⑤ 在"默认"选项卡中单击"修改"面板中的"偏移"按钮⫷，将矩形向内偏移。

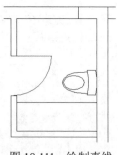

图 18-111 绘制直线

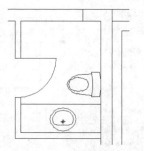

图 18-112 插入洗脸盆

⑥ 在"默认"选项卡中单击"修改"面板中的"倒角"按钮◸，对矩形进行倒角处理，如图18-113所示。

⑦ 在"默认"选项卡中单击"绘图"面板中的"圆"按钮⊙，在矩形内绘制一个圆。

⑧ 在"默认"选项卡中单击"绘图"面板中的"直线"按钮✐，细化图形，完成淋浴的绘制，如图18-114所示。

图 18-113 倒角处理

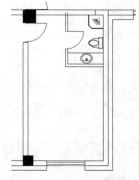

图 18-114 绘制淋浴

（2）绘制消火栓。

① 在图层列表中选择"设备"图层，将其设置为当前图层。

② 在"默认"选项卡中单击"修改"面板中的"复制"按钮🗗，将楼梯处的消火栓复制到图中其他位置，如图18-115所示。

（3）绘制剩余图形。

① 在"默认"选项卡中单击"绘图"面板中的"矩形"按钮▢，绘制一个矩形，如图18-116所示。

② 在"默认"选项卡中单击"绘图"面板中的"直线"按钮✐，在矩形内绘制竖向直线，如图18-117所示。

③ 在"默认"选项卡中单击"绘图"面板中的"圆"按钮⊙，绘制一个圆。

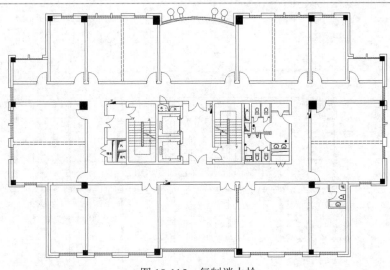

图 18-115 复制消火栓

④ 在"默认"选项卡中单击"修改"面板中的"复制"按钮[⌒]，复制圆。

⑤ 在"默认"选项卡中单击"绘图"面板中的"图案填充"按钮▨，填充圆，如图18-118所示。

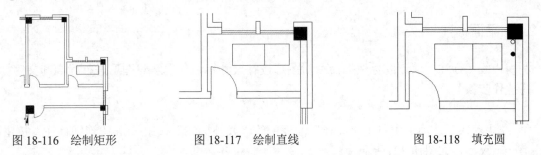

图 18-116 绘制矩形　　　图 18-117 绘制直线　　　图 18-118 填充圆

⑥ 在"默认"选项卡中单击"修改"面板中的"镜像"按钮⚏，将上步中绘制的图形镜像到另外一侧，如图18-119所示。

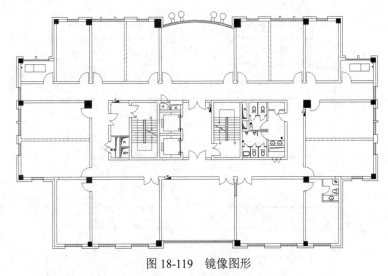

图 18-119 镜像图形

⑦ 使用上述方法完成剩余图形的绘制，结果如图18-120所示。

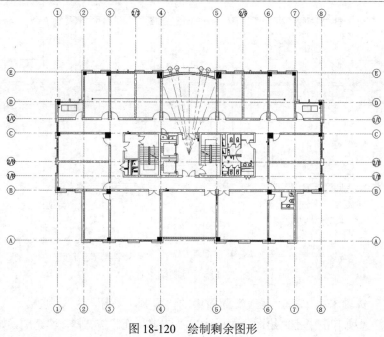

图 18-120　绘制剩余图形

18.2.4　平面标注

利用"线性标注""连续标注"命令对图形进行尺寸标注，继续对图形进行标高和文字标注。

【操作步骤】

（1）尺寸标注。

① 在"默认"选项卡中单击"注释"面板中的"线性标注"按钮┠┤和"连续标注"按钮┠┠┤，标注第一道尺寸，如图18-121所示。

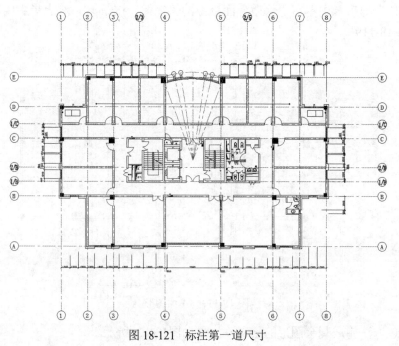

图 18-121　标注第一道尺寸

② 在"默认"选项卡中单击"注释"面板中的"线性标注"按钮⊢⊣和"连续标注"按钮⊦⊦，标注第二道尺寸，如图18-122所示。

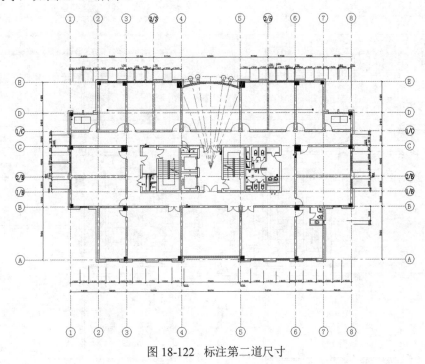

图 18-122　标注第二道尺寸

③ 在"默认"选项卡中单击"注释"面板中的"线性标注"按钮⊢⊣，标注总尺寸，结果如图18-123所示。

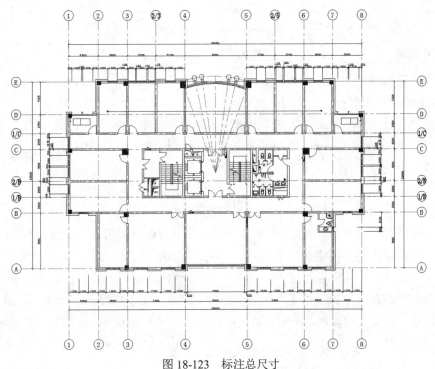

图 18-123　标注总尺寸

④ 在"默认"选项卡中单击"注释"面板中的"线性标注"按钮┌┐和"角度标注"按钮△，标注细节尺寸，结果如图18-124所示。

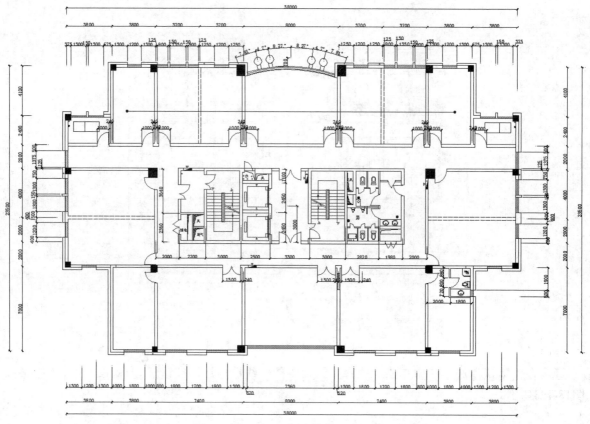

图 18-124　标注细节尺寸

（2）平面标高。

① 在"默认"选项卡中单击"块"面板中的"插入"按钮，将已创建的图块插入到平面图中需要标高的位置。

② 在"注释"选项卡中单击"文字"面板中的"多行文字"按钮 A，设置字体为"宋体"文字高度为 300，在标高符号的长直线上方添加具体的标注数值，如图18-125所示。

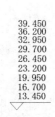

图 18-125　标注标高

（3）文字标注。

① 在图层列表中选择"文字"图层，将其设置为当前图层。

② 在"注释"选项卡中单击"文字"面板中的"多行文字"按钮 A，设置字体为"宋体"、文字高度为300，标注标准层平面中的文字说明，如图18-126所示。

（4）图名标注

① 在"注释"选项卡中单击"文字"面板中的"多行文字"按钮 A，标注图名。

② 在"默认"选项卡中单击"绘图"面板中的"多段线"按钮，在图名下方绘制多段线，结果如图18-127所示。

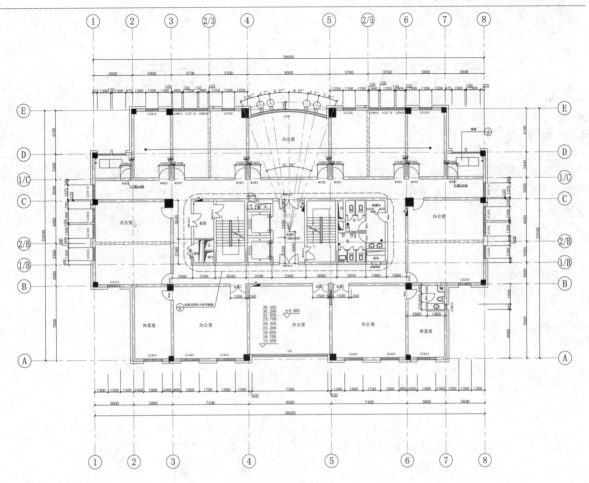

图 18-126 标注文字

标准层平面图 1:100

五～十三层平面图
建筑面积：818.2m²

图 18-127 标注图名

第19章　办公大楼立面图

内容简介

本章仍结合前一章中所引用的建筑实例——办公大楼，对建筑立面图的绘制方法进行介绍。通过学习本章内容，读者应掌握绘制建筑立面图的基本方法，并能够独立完成一栋建筑的立面图的绘制。

内容要点

➤ ⑧~①轴立面图的绘制
➤ Ⓔ~Ⓐ轴立面图的绘制

案例效果

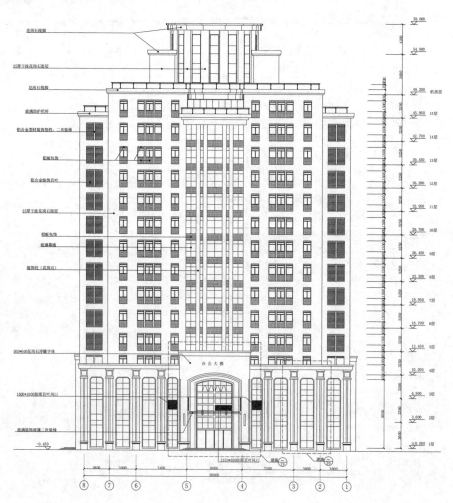

19.1 ⑧～①轴立面图的绘制

　　首先根据已有平面图中提供的信息绘制该立面图中各主要构件的定位辅助线，确定各主要构件的位置关系；接着在已有辅助线的基础上，结合具体的标高数值绘制办公大楼的外墙及屋顶轮廓线；然后依次绘制台阶、门窗等建筑构件的立面轮廓及其他建筑细部；最后添加立面标注，并对建筑表面的装饰材料和做法进行必要的文字说明。下面就按照以上思路绘制办公大楼的⑧～①轴立面图，如图19-1所示。

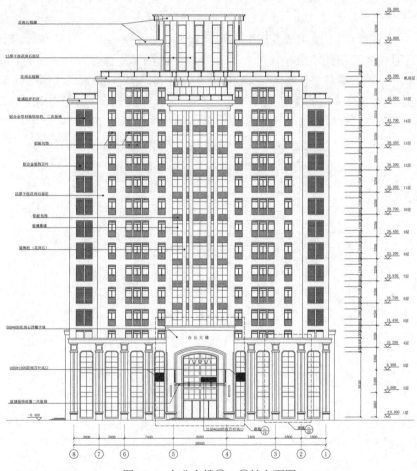

图 19-1　办公大楼⑧～①轴立面图

　　立面图主要是反映房屋的外貌和立面装修的做法，这是因为建筑物的外观美感主要来自于其立面的造型和装修。反映主要入口或是比较显著地反映建筑物外貌特征的一面的立面图叫作正立面图，其余面的立面图相应地称为背立面图和侧立面图。如果按照房屋的朝向来分，可以称为南立面图、东立面图、西立面图和北立面图。如果按照轴线编号来分，则有①～⑧立面图、Ⓐ～Ⓔ立面图等。建筑立面图使用大量图例来表示很多细部，这些细部的构造和做法一般都另有详图。如果建筑物有一部分立面不平行于投影面，可以将这一部分展开到和投影面平行，再画出其立面图，然后在其图名后注写"展开"字样。

19.1.1 设置绘图环境

设置绘图环境是绘制图形必不可少的环节之一，其中包括创建图形文件、清理图形元素和新建并设置图层等。

【操作步骤】

（1）创建图形文件。

打开资源包中的"源文件\第 18 章\办公大楼一层平面图.dwg"文件，单击快速访问工具栏中的"另存为"按钮，打开"图形另存为"对话框。在"文件名"下拉列表框中输入新的图形文件名称"办公大楼⑧～①轴立面图.dwg"，然后单击"保存"按钮，建立图形文件。

（2）清理图形元素。

在平面图中，可作为立面图生成基础的图形元素只有外墙、台阶、立柱和外墙上的门窗等，而其他元素对于立面图的绘制帮助很小，因此有必要对平面图形进行选择性的清理。具体做法如下。

① 在"默认"选项卡中单击"修改"面板中的"删除"按钮，删除平面图中的部分建筑设施。

② 单击程序图标，在弹出的下拉菜单（称之为主菜单）中选择"图形实用工具"→"清理"命令，在弹出的"清理"对话框中清理图形文件中多余的图形元素，如图19-2所示。

图 19-2 "清理"对话框

③ 在"默认"选项卡中单击"修改"面板中的"旋转"按钮，将平面图旋转 180°，如图19-3所示。

🔊 **注意**

使用"清理"命令对图形和数据内容进行清理时，要确认该元素在当前图纸中确实毫无作用，以免丢失一些有用的数据和图形元素。

对于一些暂时无法确定是否该清理的图层，可以先将其保留，仅删去该图层中无用的图形元素；或者将该图层关闭，使其保持不可见状态，待整个图形文件绘制完成后再进行选择性的清理。

（3）新建并设置图层。

① 在"默认"选项卡中单击"图层"面板中的"图层特性"按钮，在弹出的"图层特性管理器"选项板中新建 3 个图层，分别命名为"百叶""地坪"和"屋顶轮廓线"，并分别对每个新图层的属性进行设置，如图19-4所示。

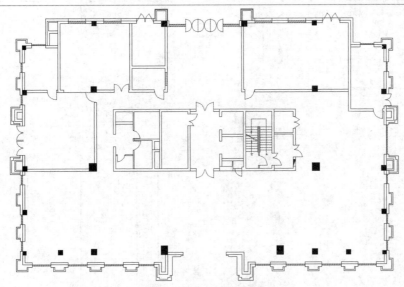

图 19-3　旋转后的平面图形

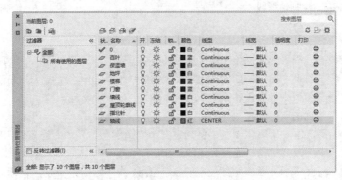

图 19-4　"图层特性管理器"对话框

② 将清理后的平面图形转移到0图层。

19.1.2　绘制地坪线与定位线

本实例通过"直线"命令绘制室外地坪线和定位线。

【操作步骤】

（1）绘制室外地坪线。

绘制建筑的立面图时，首先要绘制一条地坪线。

① 在图层列表中选择"地坪"图层，将其设置为当前图层。

② 在"默认"选项卡中单击"绘图"面板中的"直线"按钮／，在如图19-3所示的平面图形下方绘制一条水平线段，将该线段作为办公大楼的地坪线，并设置其线宽为0.30mm，如图19-5所示。

（2）绘制定位线。

① 在图层列表中选择"屋顶轮廓线"图层，将其设置为当前图层。

② 在"默认"选项卡中单击"绘图"面板中的"直线"按钮／，捕捉平面图形中的各外墙交点，垂直向下引出直线，得到立面的定位线，如图19-6所示。

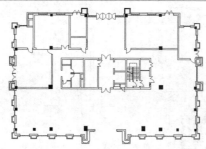

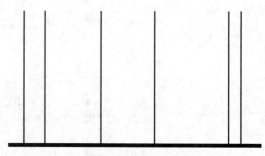

图 19-5 绘制地坪线　　　　　　　　　　　　　　　　图 19-6 绘制定位线

◀》注意

在立面图的绘制中，利用已有图形信息绘制建筑定位线是很重要的。有了水平方向和垂直方向上的双重定位，建筑外部形态就呼之欲出了。在此主要介绍如何利用平面图的信息来添加定位纵线，这种定位纵线所确定的是构件的水平位置；而该构件的垂直位置则可结合其标高，用偏移基线的方法来确定。

下面介绍如何绘制建筑立面的定位纵线。

（1）在图层列表中选择定位对象所属图层，将其设置为当前图层（例如，当定位门窗位置时，应先将"门窗"图层设置为当前图层，然后在该图层中绘制具体的门窗定位线）。

（2）选择"直线"命令 ✍，捕捉平面基础图形中的各定位点，向下绘制延长线，得到与水平方向垂直的立面定位线，如图 19-7 所示。

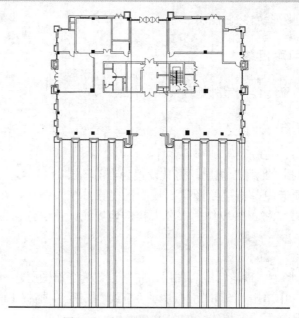

图 19-7 由平面图生成立面定位线

19.1.3 绘制立柱和底层屋檐

下面详细讲解立柱和底层屋檐的绘制过程。

【操作步骤】

（1）绘制立柱。

① 在"默认"选项卡中单击"修改"面板中的"偏移"按钮 ⊆，将地坪线向上偏移 450mm、3600mm、3300mm、3300mm、3250mm、3250mm、3250mm、3250mm、3250mm、3250mm、3250mm、3250mm、3250mm、3250mm、3250mm、3250mm、5600mm 和 4200mm，完成水平辅助线的绘制，如图19-8所示。

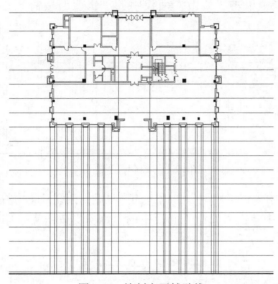

图 19-8 绘制水平辅助线

② 在"默认"选项卡中单击"修改"面板中的"偏移"按钮 ⊆，将地坪线向上偏移10000mm，然后在"默认"选项卡中单击"绘图"面板中的"直线"按钮 ／，绘制柱身，如图19-9所示。

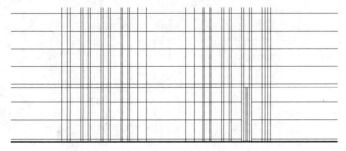

图 19-9 绘制柱身

③ 在"默认"选项卡中单击"修改"面板中的"偏移"按钮 ⊆，将上步偏移后的直线继续向上偏移 1350mm，然后在"默认"选项卡中单击"绘图"面板中的"直线"按钮 ／和"矩形"按钮 □，绘制柱子顶部。

④ 在"默认"选项卡中单击"修改"面板中的"修剪"按钮 ▼，修剪掉图中多余的线段，如图19-10所示。

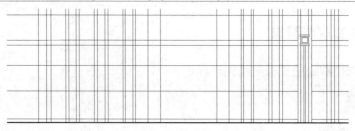

图 19-10　绘制柱子顶部

⑤ 在"默认"选项卡中单击"绘图"面板中的"直线"按钮／和"矩形"按钮 ▭，绘制柱子底部。

⑥ 在"默认"选项卡中单击"修改"面板中的"修剪"按钮，修剪掉图中多余的线段，如图19-11所示。

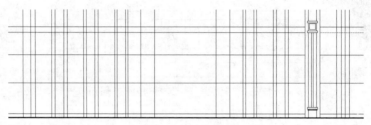

图 19-11　绘制柱子底部

⑦ 在"默认"选项卡中单击"修改"面板中的"复制"按钮，将柱子复制到图中其他位置。

⑧ 在"默认"选项卡中单击"修改"面板中的"修剪"按钮，修剪掉图中多余的线段，如图19-12所示。

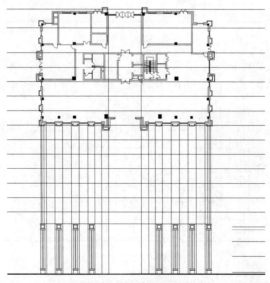

图 19-12　复制柱子

⑨ 在"默认"选项卡中单击"绘图"面板中的"直线"按钮／，补充绘制定位线。

⑩ 在"默认"选项卡中单击"绘图"面板中的"直线"按钮／，绘制两侧的柱子；然后在"默认"选项卡中单击"修改"面板中的"修剪"按钮，修剪掉图中多余的线段，结果如图19-13所示。

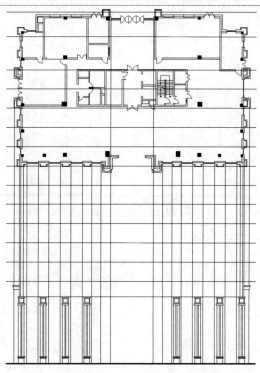

图 19-13 完成柱子的绘制

（2）绘制底层屋檐。

① 在"默认"选项卡中单击"修改"面板中的"偏移"按钮⊆，将地坪线向上偏移12050mm，作为屋檐的顶部。

② 在"默认"选项卡中单击"修改"面板中的"偏移"按钮⊆，将上步偏移后的直线依次向下偏移，然后在"默认"选项卡中单击"修改"面板中的"修剪"按钮¾，修剪图形，结果如图19-14所示。

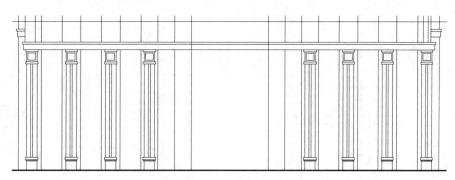

图 19-14 绘制屋檐

③ 在"默认"选项卡中单击"修改"面板中的"偏移"按钮⊆，将上步绘制的屋檐线向上偏移 1850mm，然后在"默认"选项卡中单击"绘图"面板中的"直线"按钮∕，绘制门处的屋檐轮廓线。

④ 在"默认"选项卡中单击"修改"面板中的"修剪"按钮¾，修剪图形，结果如图19-15所示。

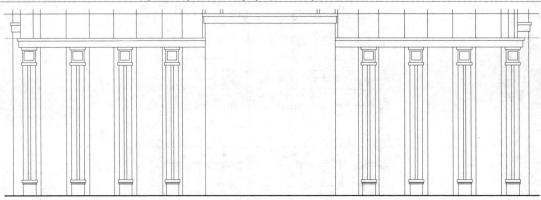

图 19-15　绘制门处屋檐

19.1.4　绘制立面门窗等图形

下面详细讲解底层玻璃窗、防雨百叶风口、门和台阶等图形的绘制过程。

【操作步骤】

（1）绘制底层玻璃窗。

① 在"默认"选项卡中单击"绘图"面板中的"直线"按钮 ╱，绘制窗户轮廓线。

② 在"默认"选项卡中单击"修改"面板中的"倒角"按钮 ╱，对窗户轮廓线进行倒角处理，如图19-16所示。

③ 在"默认"选项卡中单击"修改"面板中的"偏移"按钮 ⊆，向内偏移直线。

④ 在"默认"选项卡中单击"绘图"面板中的"直线"按钮 ╱，细化玻璃窗，如图19-17所示。

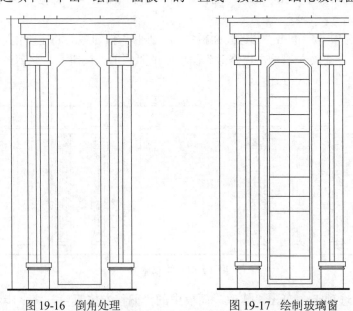

图 19-16　倒角处理　　　　　　　图 19-17　绘制玻璃窗

⑤ 在"默认"选项卡中单击"修改"面板中的"复制"按钮 ％，将玻璃窗复制到图中其他位置，如图19-18所示。

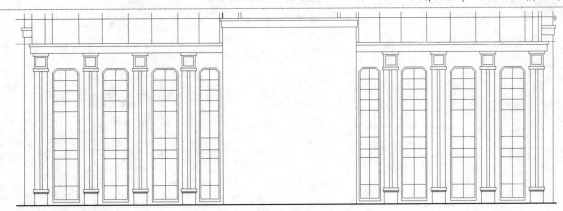

图 19-18 复制玻璃窗

（2）绘制防雨百叶风口。

① 在图层列表中选择"百叶"图层，将其设置为当前图层。

② 在"默认"选项卡中单击"修改"面板中的"偏移"按钮，偏移直线，如图19-19所示。

③ 在"默认"选项卡中单击"修改"面板中的"复制"按钮，将左侧绘制的百叶复制到右侧，如图19-20所示。

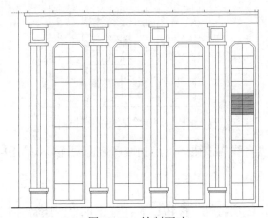

图 19-19 绘制百叶

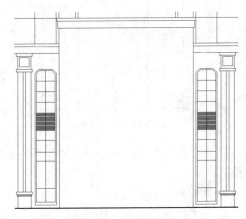

图 19-20 复制百叶

（3）绘制门。

① 在"默认"选项卡中单击"绘图"面板中的"直线"按钮和"修改"面板中的"修剪"按钮，绘制门两侧的柱子。

② 在"默认"选项卡中单击"绘图"面板中的"圆弧"按钮，绘制门的外部轮廓，如图19-21所示。

③ 在"默认"选项卡中单击"修改"面板中的"偏移"按钮，偏移外轮廓线。

④ 在"默认"选项卡中单击"绘图"面板中的"直线"按钮和"修改"面板中的"修剪"按钮，细化门内图形，如图19-22所示。

⑤ 在"默认"选项卡中单击"绘图"面板中的"直线"按钮和"矩形"按钮，绘制门内装饰图形，如图19-23所示。

⑥ 在"默认"选项卡中单击"修改"面板中的"偏移"按钮，绘制防雨百叶风口，如图19-24所示。

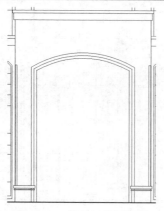

图 19-21　绘制门外部轮廓

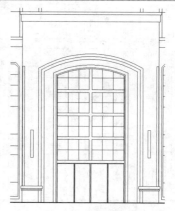

图 19-22　细化图形

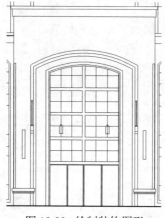

图 19-23　绘制装饰图形

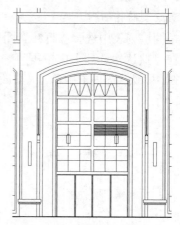

图 19-24　绘制防雨百叶风口

⑦ 在"默认"选项卡中单击"绘图"面板中的"直线"按钮／，绘制玻璃装饰雨篷，如图19-25所示。

（4）绘制台阶。

① 在"默认"选项卡中单击"图层"面板中的"图层特性"按钮，在弹出的"图层特性管理器"选项板中新建"台阶"图层，其属性默认，并将其设置为当前图层。

② 在"默认"选项卡中单击"绘图"面板中的"直线"按钮／，绘制台阶，如图19-26所示。

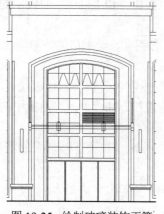

图 19-25　绘制玻璃装饰雨篷

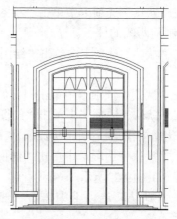

图 19-26　绘制台阶

③ 使用上述方法绘制其他位置处的台阶，如图19-27所示。

图 19-27 完成台阶的绘制

（5）绘制其他楼层的窗户。

① 在图层列表中选择"门窗"图层，将其设置为当前图层。

② 在"默认"选项卡中单击"修改"面板中的"偏移"按钮⊆，将门处的屋檐轮廓线向上偏移2400mm，绘制一条辅助线。

③ 在"默认"选项卡中单击"绘图"面板中的"矩形"按钮▢，根据辅助线绘制窗户的外轮廓。

④ 在"默认"选项卡中单击"绘图"面板中的"直线"按钮╱和"修改"面板中的"修剪"按钮✄，完成窗户的绘制，如图19-28所示。

⑤ 在"默认"选项卡中单击"绘图"面板中的"图案填充"按钮▨，打开"图案填充创建"选项卡，单击"图案填充"按钮，在弹出的下拉列表框中选择 DOTS 图案，设置填充角度为45°，填充比例为 50，填充窗户，如图19-29所示。

⑥ 在"默认"选项卡中单击"块"面板中的"创建"按钮▣，将绘制的窗户创建为块。

⑦ 在"默认"选项卡中单击"块"面板中的"插入"按钮▣，将窗户插入到图中，如图19-30所示。

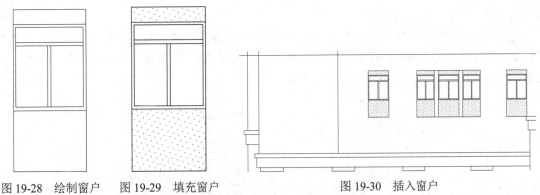

图 19-28 绘制窗户　图 19-29 填充窗户　　　　　图 19-30 插入窗户

⑧ 在"默认"选项卡中单击"修改"面板中的"复制"按钮❀，将窗户复制到其他楼层中。

⑨ 在"默认"选项卡中单击"修改"面板中的"修剪"按钮✄，修剪掉多余的线段。

⑩ 在"默认"选项卡中单击"修改"面板中的"镜像"按钮⚠，将左侧绘制的窗户镜像到另外一侧，结果如图19-31所示。

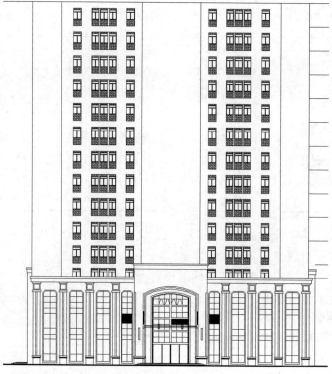

图 19-31　镜像窗户

（6）绘制铝合金装饰百叶窗。

① 在图层列表中选择"百叶"图层，将其设置为当前图层。

② 在"默认"选项卡中单击"修改"面板中的"复制"按钮，复制窗户两次；然后在"默认"选项卡中单击"绘图"面板中的"直线"按钮／，将两个窗户连接起来。

③ 在"默认"选项卡中单击"修改"面板中的"删除"按钮和"修剪"按钮，修整窗户，如图19-32所示。

④ 在"默认"选项卡中单击"修改"面板中的"偏移"按钮，将窗户最上边两条直线依次向下偏移适当距离完成百叶窗的绘制。

⑤ 在"默认"选项卡中单击"绘图"面板中的"图案填充"按钮，打开"图案填充创建"选项卡，单击"图案填充"按钮，在弹出的下拉列表框中选择 DOTS 图案，设置填充角度为45°，填充比例为 50，填充图形，结果如图19-33所示。

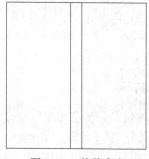

图 19-32　修整窗户

图 19-33　填充百叶窗

⑥ 在"默认"选项卡中单击"修改"面板中的"复制"按钮❀，将百叶窗复制到其他楼层中。

⑦ 在"默认"选项卡中单击"修改"面板中的"修剪"按钮╳，修剪掉多余的线段。

⑧ 在"默认"选项卡中单击"修改"面板中的"镜像"按钮⚠，将左侧绘制的百叶窗镜像到另外一侧，结果如图19-34所示。

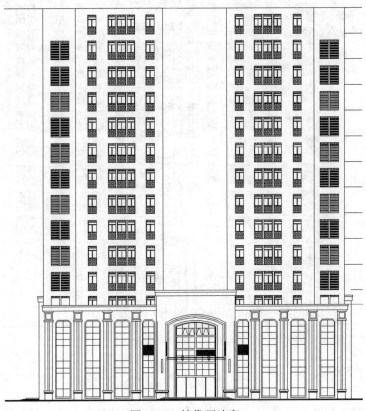

图 19-34 镜像百叶窗

（7）绘制玻璃幕墙。

① 在"默认"选项卡中单击"绘图"面板中的"直线"按钮╱和"修改"面板中的"修剪"按钮╳，绘制玻璃幕墙，如图19-35所示。

② 在"默认"选项卡中单击"绘图"面板中的"图案填充"按钮▦，打开"图案填充创建"选项卡，单击"图案填充"按钮，在弹出的下拉列表框中选择 DOTS 图案，设置填充角度为45°，填充比例为 50，填充幕墙，如图19-36所示。

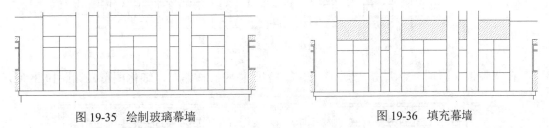

图 19-35 绘制玻璃幕墙　　　　　图 19-36 填充幕墙

③ 在"默认"选项卡中单击"修改"面板中的"复制"按钮❀，将玻璃幕墙复制到图中其他楼层中，结果如图19-37所示。

图 19-37 复制玻璃幕墙

19.1.5 绘制防护栏杆

在建筑图中防护栏是必不可少的，在此主要讲解屋檐和栏杆的绘制过程。

【操作步骤】

（1）绘制屋檐。

① 在"默认"选项卡中单击"修改"面板中的"偏移"按钮 ⊆，将地坪线向上偏移50300mm。

② 在"默认"选项卡中单击"绘图"面板中的"直线"按钮 ╱ 和"修改"面板中的"修剪"按钮 ⅋，绘制屋檐，如图19-38所示。

图 19-38 绘制屋檐

③ 在"默认"选项卡中单击"绘图"面板中的"直线"按钮 ╱，细化图形，如图19-39所示。

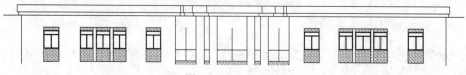

图 19-39 细化屋檐

（2）绘制栏杆。

① 在"默认"选项卡中单击"修改"面板中的"偏移"按钮≪，将屋檐外侧直线向上偏移700mm。

② 在"默认"选项卡中单击"绘图"面板中的"直线"按钮╱和"修改"面板中的"修剪"按钮丅，绘制防护栏杆。

③ 在"默认"选项卡中单击"绘图"面板中的"圆"按钮⊙，细化图形，结果如图19-40所示。

图 19-40 绘制防护栏杆

④ 使用上述方法，绘制图中其他位置处的屋檐和防护栏杆，结果如图19-41所示。

图 19-41 绘制屋檐和防护栏杆

19.1.6 绘制顶层

这里主要讲解顶层屋檐、窗户和墙体的绘制过程。

【操作步骤】

（1）绘制顶层屋檐。

① 在"默认"选项卡中单击"绘图"面板中的"直线"按钮╱和"修改"面板中的"修剪"按钮丅，绘制顶层屋檐，如图19-42所示。

② 在"默认"选项卡中单击"绘图"面板中的"直线"按钮╱，细化屋檐，如图19-43所示。

图 19-42　绘制顶层屋檐　　　　　　　　　图 19-43　细化屋檐

（2）绘制窗户。

① 在"默认"选项卡中单击"绘图"面板中的"直线"按钮／，引出竖向直线，如图19-44所示。

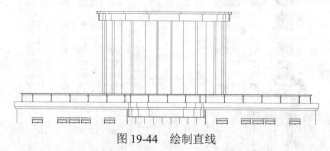

图 19-44　绘制直线

② 在"默认"选项卡中单击"修改"面板中的"偏移"按钮 ⊆，将直线向内偏移。

③ 在"默认"选项卡中单击"绘图"面板中的"直线"按钮／，细化图形。

④ 在"默认"选项卡中单击"修改"面板中的"修剪"按钮 ゙，修剪掉多余的直线，如图19-45所示。

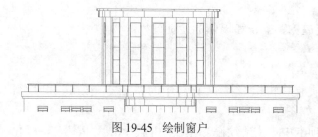

图 19-45　绘制窗户

（3）绘制墙体。

① 在"默认"选项卡中单击"绘图"面板中的"直线"按钮／，绘制墙体。

② 在"默认"选项卡中单击"修改"面板中的"修剪"按钮，修剪多余直线，如图19-46所示。

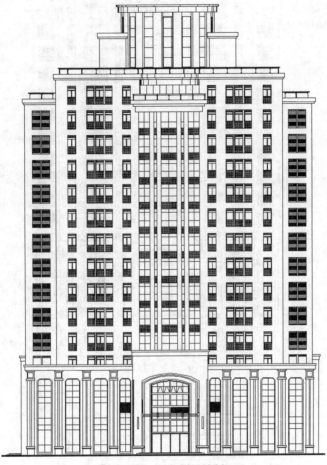

图 19-46　完成顶层绘制

19.1.7　立面标注

在绘制办公大楼的立面图时，除了尺寸标注外，通常要将建筑外表面基本构件的材料和做法用文字表示出来；在建筑立面的一些重要位置还应标注标高。

【操作步骤】

（1）尺寸标注。

① 在"默认"选项卡中单击"图层"面板中的"图层特性"按钮，在弹出的"图层特性管理器"选项板中新建"标注"图层，其属性默认，并将其设置为当前层。

② 在"默认"选项卡中单击"修改"面板中的"复制"按钮，将一层平面图中的轴线和轴号复制到立面图中，如图19-47所示。

③ 在"默认"选项卡中单击"注释"面板中的"线性标注"按钮和"连续标注"按钮，标注立面图尺寸，如图19-48所示。

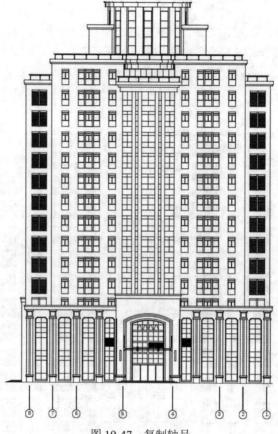

图 19-47　复制轴号

图 19-48　标注尺寸

（2）标高标注。

① 在"默认"选项卡中单击"绘图"面板中的"直线"按钮／，绘制标高。

② 在"注释"选项卡中单击"文字"面板中的"多行文字"按钮 Ａ，输入标高数值，结果如图 19-49所示。

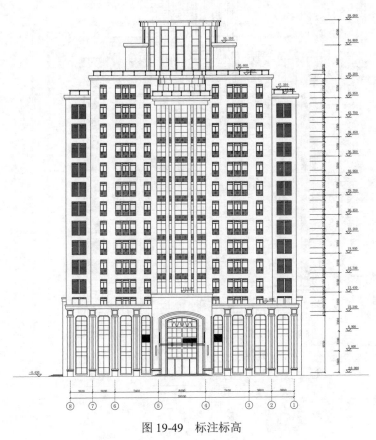

图 19-49 标注标高

（3）文字标注。

① 在命令行中输入QLEADER命令，然后按照提示输入S，打开"引线设置"对话框，如图19-50所示。在该对话框中，设置箭头形式为"点"，引出水平直线标注文字说明。

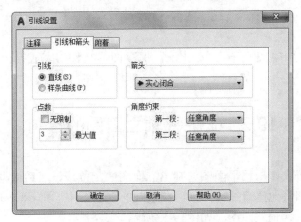

图 19-50 "引线设置"对话框

② 在"注释"选项卡中单击"文字"面板中的"多行文字"按钮 **A**，标注楼层，结果如图19-51所示。

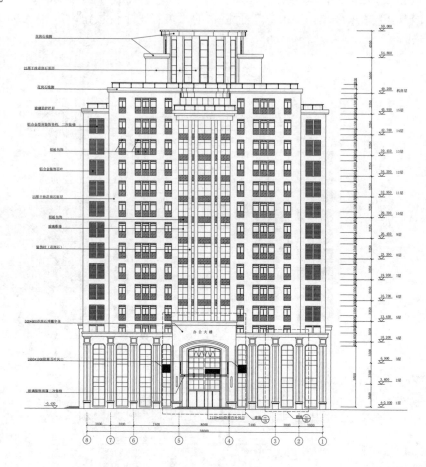

图 19-51　标注文字

（4）图名标注。

① 在"注释"选项卡中单击"文字"面板中的"多行文字"按钮 **A**，标注图名。

② 在"默认"选项卡中单击"绘图"面板中的"多段线"按钮 ，在文字下方绘制多段线，结果如图19-52所示。

（5）保存图形。

⑧～①轴立面图
1:100

图 19-52　标注图名

单击快速访问工具栏中的"保存"按钮 ，保存图形文件，完成办公大楼⑧～①轴立面图的绘制。

19.2　Ｅ～Ａ轴立面图的绘制

扫一扫，看视频

首先根据已有的办公大楼一层平面图绘制出立面图的定位线，然后根据定位线绘制出立柱和门窗，接着绘制防护栏杆和其他建筑细部，最后在绘制的立面图中添加标注和文字。下面就按照上述思路绘制办公大楼的Ｅ～Ａ轴立面图，如图19-53所示。

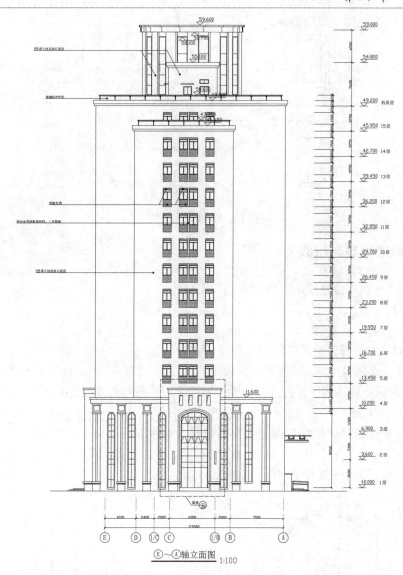

图 19-53　办公大楼Ⓔ～Ⓐ轴立面图

19.2.1　设置绘图环境

在绘制立面图前，首先应设置绘图环境，为后续的操作提供便利。

【操作步骤】

（1）打开资源包中的"源文件\第18章\办公大楼一层平面图.dwg"文件，单击快速访问工具栏中的"另存为"按钮🖬，打开"图形另存为"对话框。在"文件名"下拉列表框中输入新的图形文件名称"办公大楼Ⓔ～Ⓐ轴立面图.dwg"，然后单击"保存"按钮，建立图形文件。

（2）在"默认"选项卡中单击"修改"面板中的"删除"按钮✎，删除平面图中的部分建筑设施。

（3）在"默认"选项卡中单击"修改"面板中的"旋转"按钮Ↄ，将删除建筑设施后的平面图旋转 90°，如图19-54所示。

图 19-54　旋转平面图

19.2.2　绘制地坪线与定位线

本实例通过"直线"命令绘制室外地坪线和定位线。

【操作步骤】

（1）绘制室外地坪线。

① 在图层列表中选择"地坪"图层，将其设置为当前图层。

② 在"默认"选项卡中单击"绘图"面板中的"直线"按钮／，在如图19-54所示的平面图形下方绘制一条水平线段，将该线段作为办公大楼的地坪线，并设置其线宽为0.30mm，如图19-55所示。

（2）绘制定位线。

① 在图层列表中选择"墙线"图层，将其设置为当前图层。

② 在"默认"选项卡中单击"绘图"面板中的"直线"按钮／，捕捉平面图形中的各外墙交点，垂直向下引出直线，得到立面的定位线，如图19-56所示。

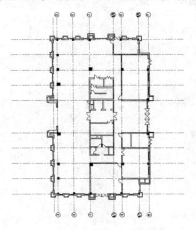

图 19-55　绘制室外地坪线　　　　　图 19-56　绘制定位线

19.2.3 绘制立柱

利用"偏移""复制""修剪"命令完成立柱的绘制。

【操作步骤】

（1）在"默认"选项卡中单击"修改"面板中的"偏移"按钮 ⊆，将地坪线向上偏移 450mm、3600mm、3300mm、3300mm、3250mm、3250mm、3250mm、3250mm、3250mm、3250mm、3250mm、3250mm、3250mm、3250mm、3250mm、5600mm 和 4200mm，完成水平辅助线的绘制，如图19-57所示。

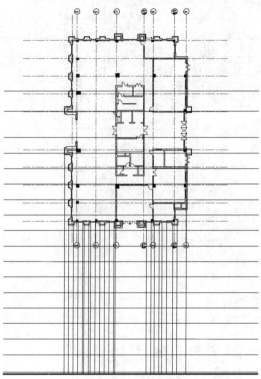

图 19-57 绘制水平辅助线

（2）在"默认"选项卡中单击"修改"面板中的"复制"按钮 ✇，将⑧～①立面图中的柱子复制到Ⓔ～Ⓐ平面图中，如图19-58所示。

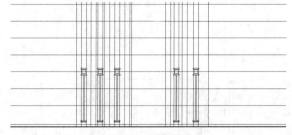

图 19-58 复制柱子

（3）在"默认"选项卡中单击"修改"面板中的"修剪"按钮 ⅓，修剪掉多余的直线，如图19-59所示。

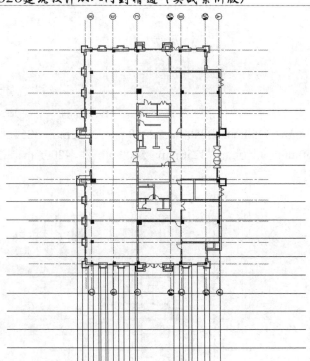

图 19-59　修剪直线

19.2.4　绘制立面门窗

本实例主要讲解底层玻璃窗、门和屋檐的绘制过程。

【操作步骤】

（1）绘制底层玻璃窗。

① 在"默认"选项卡中单击"绘图"面板中的"直线"按钮／，绘制窗户轮廓线，如图19-60所示。

② 在"默认"选项卡中单击"修改"面板中的"倒角"按钮／，对窗户轮廓线进行倒角处理，如图19-61所示。

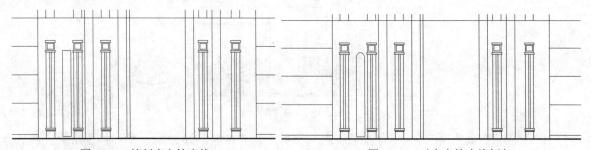

图 19-60　绘制窗户轮廓线　　　　　　　　　图 19-61　对窗户轮廓线倒角

③ 在"默认"选项卡中单击"修改"面板中的"偏移"按钮⊑，向内偏移直线，如图19-62所示。

④ 在"默认"选项卡中单击"绘图"面板中的"直线"按钮／，细化玻璃窗，如图19-63所示。

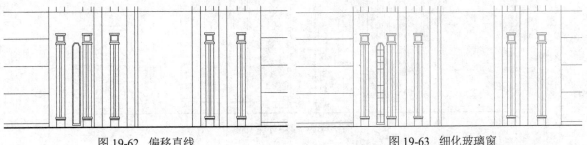

图 19-62 偏移直线　　　　　　　　　　　　　图 19-63 细化玻璃窗

⑤ 在"默认"选项卡中单击"修改"面板中的"复制"按钮⅌，将绘制的玻璃窗复制到其他位置。

⑥ 在"默认"选项卡中单击"修改"面板中的"修剪"按钮，修剪掉多余的直线，如图19-64所示。

（2）绘制门。

① 在"默认"选项卡中单击"绘图"面板中的"直线"按钮／和"修改"面板中的"修剪"按钮，绘制门两侧的柱子，如图19-65所示。

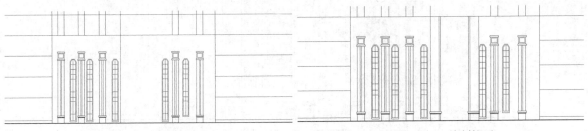

图 19-64 复制并修剪玻璃窗　　　　　　　　图 19-65 绘制柱子

② 在"默认"选项卡中单击"绘图"面板中的"圆弧"按钮⌒，绘制门的外部轮廓，如图19-66所示。

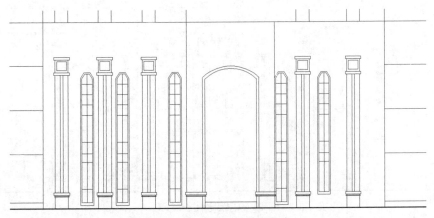

图 19-66 绘制门的外部轮廓

③ 在"默认"选项卡中单击"修改"面板中的"偏移"按钮⊑，偏移外轮廓线，如图19-67所示。

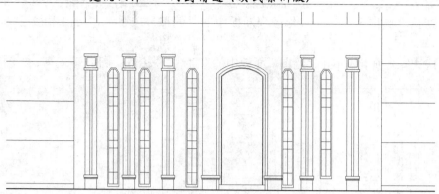

图 19-67　偏移外轮廓线

④ 在"默认"选项卡中单击"绘图"面板中的"直线"按钮／和"样条曲线控制点"按钮 ，
细化门内图形，如图19-68所示。

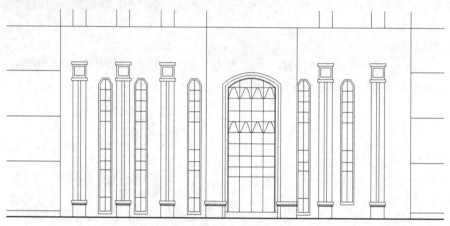

图 19-68　细化门内图形

⑤ 在"默认"选项卡中单击"绘图"面板中的"矩形"按钮 ，绘制柱子装饰，如图19-69所示。

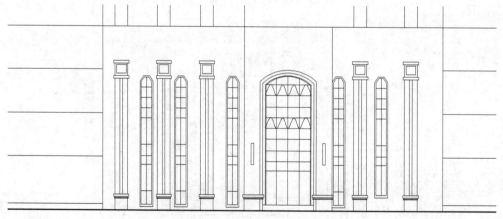

图 19-69　绘制柱子装饰

⑥ 在"默认"选项卡中单击"绘图"面板中的"直线"按钮／和"矩形"按钮 ，绘制大门
装饰，如图19-70所示。

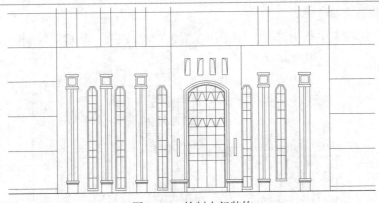

图 19-70 绘制大门装饰

（3）绘制屋檐。

① 在"默认"选项卡中单击"修改"面板中的"复制"按钮，将⑧～①轴立面图中的屋檐复制到Ⓔ～Ⓐ轴立面图中。

② 在"默认"选项卡中单击"修改"面板中的"修剪"按钮，修剪掉多余的直线，如图19-71所示。

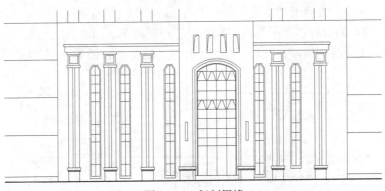

图 19-71 复制屋檐

③ 在"默认"选项卡中单击"绘图"面板中的"直线"按钮，绘制门屋檐。

④ 在"默认"选项卡中单击"修改"面板中的"修剪"按钮，修剪掉多余的直线，如图19-72所示。

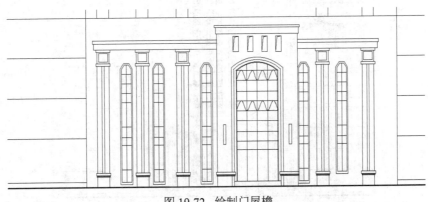

图 19-72 绘制门屋檐

（4）绘制其他楼层的窗户。

① 在"默认"选项卡中单击"块"面板中的"插入"按钮 ，将前面绘制的窗户插入到图中，如图19-73所示。

图 19-73　插入窗户

② 在"默认"选项卡中单击"修改"面板中的"矩形阵列"按钮 ，在绘图区选择窗户作为阵列对象，设置"行数"为11行"介于"为3250，进行矩形阵列。

③ 在"默认"选项卡中单击"修改"面板中的"修剪"按钮 ，修剪掉多余的直线，结果如图19-74所示。

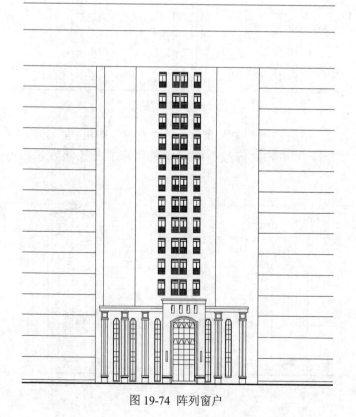

图 19-74　阵列窗户

④ 在"默认"选项卡中单击"绘图"面板中的"直线"按钮 ╱，绘制顶层屋檐。

⑤ 在"默认"选项卡中单击"修改"面板中的"修剪"按钮 ╳，修剪掉多余的直线，结果如图19-75所示。

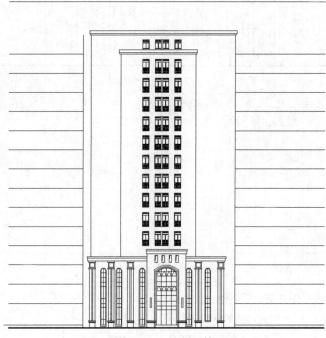

图 19-75　绘制屋檐

（5）绘制剩余图形。

① 在"默认"选项卡中单击"绘图"面板中的"直线"按钮 ╱，绘制左侧的柱子。

② 在"默认"选项卡中单击"修改"面板中的"修剪"按钮 ╳，修剪掉多余的直线，如图19-76所示。

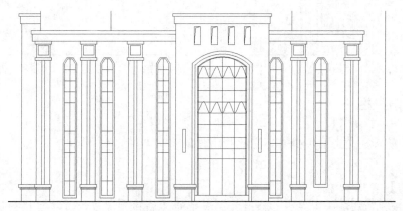

图 19-76　绘制左侧的柱子

③ 在"默认"选项卡中单击"绘图"面板中的"直线"按钮 ╱，绘制右侧墙体，如图19-77所示。

④ 在"默认"选项卡中单击"绘图"面板中的"直线"按钮 ╱，绘制台阶，如图19-78所示。

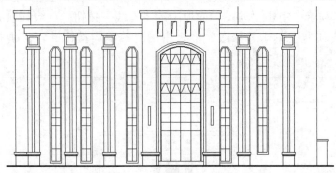

图 19-77 绘制右侧墙体

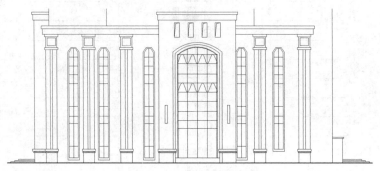

图 19-78 绘制台阶

⑤ 在"默认"选项卡中单击"绘图"面板中的"直线"按钮╱和"修改"面板中的"修剪"按钮\，完成底层剩余图形的绘制，如图19-79所示。

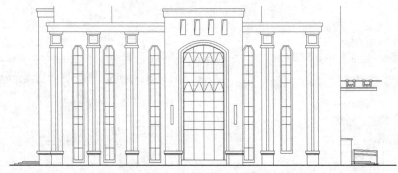

图 19-79 绘制剩余图形

19.2.5 绘制防护栏杆

在建筑图中防护栏是必不可少的。在此利用"偏移""直线""修剪""圆""复制"命令绘制防护栏杆。

【操作步骤】

（1）在"默认"选项卡中单击"修改"面板中的"偏移"按钮⊜，将屋檐外侧直线向上偏移700mm。

（2）在"默认"选项卡中单击"绘图"面板中的"直线"按钮╱和"修改"面板中的"修剪"按钮\，绘制防护栏杆，如图19-80所示。

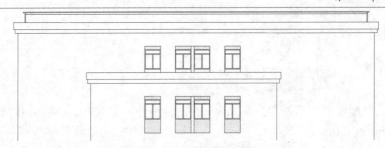

图 19-80 绘制防护栏杆

图 19-81 绘制圆

（3）在"默认"选项卡中单击"绘图"面板中的"圆"按钮 ⊙，绘制一个圆，结果如图19-81所示。

（4）在"默认"选项卡中单击"修改"面板中的"复制"按钮 ％，绘制直线和圆，细化防护栏杆，结果如图19-82所示。

（5）使用上述方法绘制其他位置处的防护栏杆，如图19-83所示。

图 19-82 细化防护栏杆

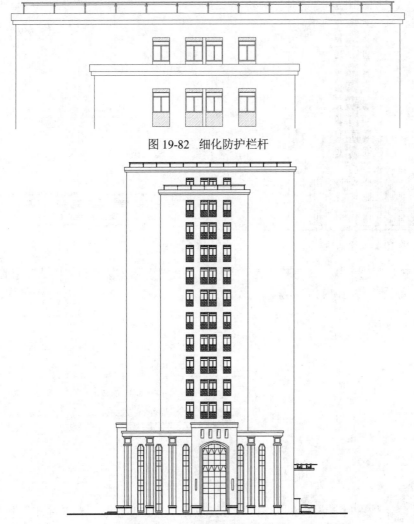

图 19-83 完成防护栏杆的绘制

19.2.6　绘制顶层

在此利用"偏移""直线"和"矩形"命令完成顶层的绘制。

【操作步骤】

（1）在"默认"选项卡中单击"修改"面板中的"偏移"按钮⊆，将顶层屋檐外侧直线向上偏移 550mm、100mm 和 50mm。

（2）在"默认"选项卡中单击"绘图"面板中的"直线"按钮╱，绘制顶层屋檐，如图19-84所示。

（3）在"默认"选项卡中单击"绘图"面板中的"直线"按钮╱，细化屋顶，如图19-85所示。

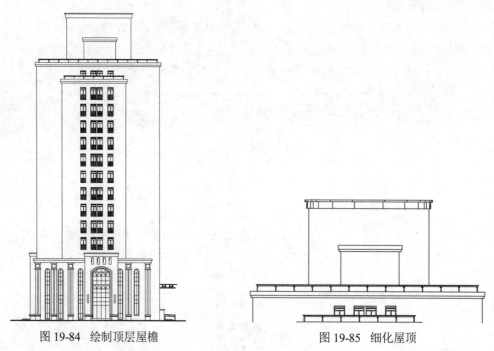

图 19-84　绘制顶层屋檐　　　　　　　　　图 19-85　细化屋顶

（4）在"默认"选项卡中单击"绘图"面板中的"直线"按钮╱和"修改"面板中的"偏移"按钮⊆，绘制顶层窗户，如图19-86所示。

图 19-86　绘制顶层窗户

（5）在"默认"选项卡中单击"绘图"面板中的"直线"按钮╱和"矩形"按钮▢，继续绘制窗户，绘制完成的窗户如图19-87所示。

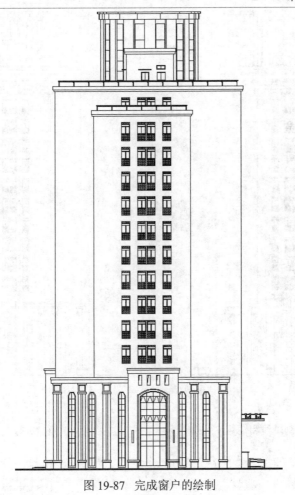

图 19-87 完成窗户的绘制

19.2.7 立面标注

立面标注是立面图中不可或缺的部分。完成立面图的图线绘制后，最后的工作就是进行各种标注，对图形进行完善。

【操作步骤】

（1）尺寸标注。

① 在"默认"选项卡中单击"图层"面板中的"图层特性"按钮🗐，在弹出的"图层特性管理器"选项板中新建"标注"图层，其属性默认，并将其设置为当前图层。

② 在"默认"选项卡中单击"修改"面板中的"复制"按钮🗐，将一层平面图中的轴线和轴号复制到立面图中，如图19-88所示。

③ 在"默认"选项卡中单击"修改"面板中的"偏移"按钮⊆，将 D 轴线向右偏移 2400mm，然后将前面绘制的轴号复制到轴线端点，双击轴号，添加 1/C 轴号，如图19-89所示。

④ 在"默认"选项卡中单击"注释"面板中的"线性标注"按钮┤┤和"连续标注"按钮┤┤┤，标注第一道尺寸，如图19-90所示。

⑤ 在"默认"选项卡中单击"注释"面板中的"线性标注"按钮┤┤和"连续标注"按钮┤┤┤，标注第二道尺寸，如图19-91所示。

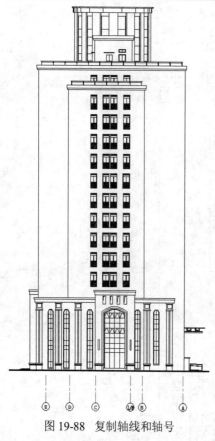

图 19-88　复制轴线和轴号

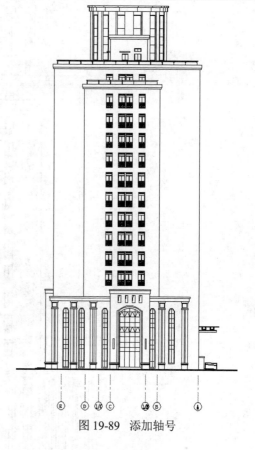

图 19-89　添加轴号

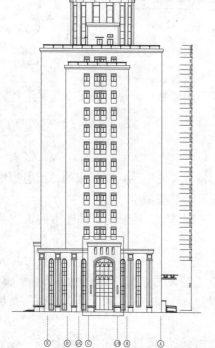

图 19-90　标注第一道尺寸

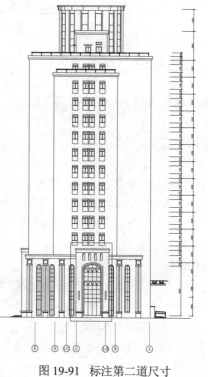

图 19-91　标注第二道尺寸

⑥ 在"默认"选项卡中单击"注释"面板中的"线性标注"按钮┤┤，标注总尺寸，如图19-92所示。

（2）标高标注。

① 在"默认"选项卡中单击"绘图"面板中的"直线"按钮／，绘制标高。

② 在"注释"选项卡中单击"文字"面板中的"多行文字"按钮**A**，输入标高数值，结果如图19-93所示。

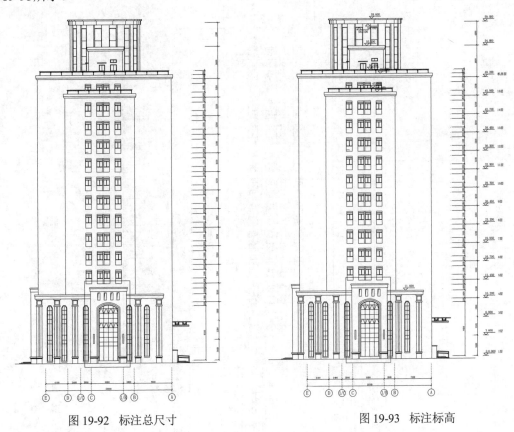

图 19-92 标注总尺寸　　　　　　　　　图 19-93 标注标高

（3）文字标注。

① 在命令行中输入QLEADER命令，在提示下输入S，在弹出的"引线设置"对话框中进行如图19-94所示的设置。

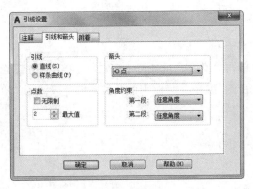

图 19-94 "引线设置"对话框

② 在"注释"选项卡中单击"文字"面板中的"多行文字"按钮 **A**，标注文字说明，结果如图19-95所示。

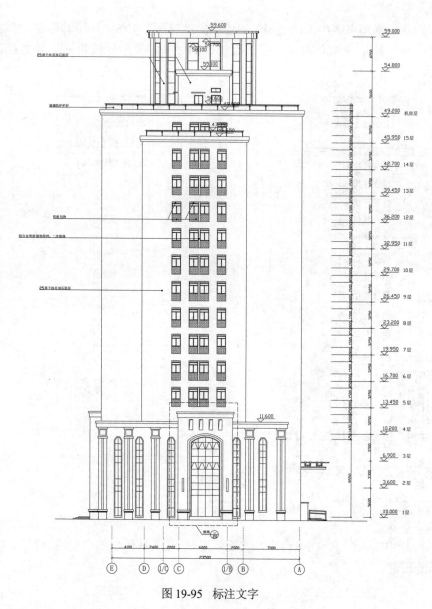

图19-95 标注文字

（4）图名标注。

① 在"注释"选项卡中单击"文字"面板中的"多行文字"按钮 **A**，在立面图下方输入文字。

② 在"默认"选项卡中单击"绘图"面板中的"多段线"按钮 ，在文字下方绘制一条多段线。最终结果如图19-53所示。

第20章 办公大楼剖面图和详图

内容简介

本章以办公大楼剖面图、部分建筑详图为例,详细介绍了如何利用 AutoCAD 2020 绘制一套完整的建筑剖面图和详图。通过本章的学习,读者可以掌握建筑剖面图和详图的绘制方法和技巧。

内容要点

➘ 办公大楼 1-1 剖面图的绘制
➘ 办公大楼部分建筑详图的绘制

案例效果

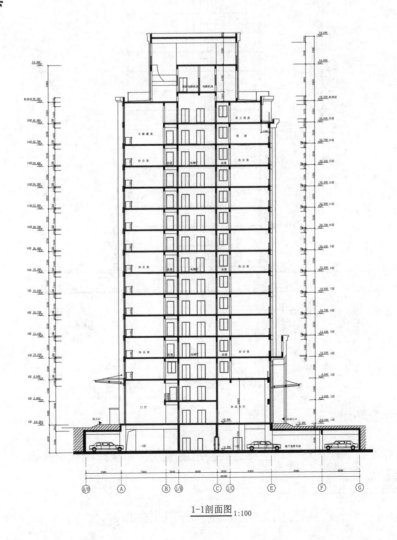

1-1剖面图 1:100

20.1　办公大楼 1-1 剖面图的绘制

办公大楼剖面图的主要绘制思路为：首先，根据已有的建筑平面图引出定位线，并结合"偏移"命令绘制建筑剖面外轮廓线；接着绘制建筑物的各层楼板、墙体和屋顶等被剖切的主要构件；然后绘制剖面门窗和建筑中未被剖切的可见部分；最后，在所绘的剖面图中添加尺寸标注和文字说明。下面就按照上述思路绘制办公大楼 1-1 剖面图，如图20-1所示。

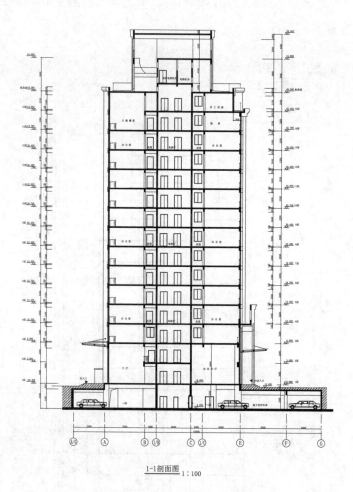

1-1剖面图　1∶100

图 20-1　办公大楼 1-1 剖面图

20.1.1　设置绘图环境

绘图之前首先要设置绘图环境，主要包括创建图形文件和整理图形元素等。

【操作步骤】

（1）创建图形文件。

打开资源包中的"源文件\第18章\办公大楼一层平面图.dwg"文件，单击快速访问工具栏中的

"另存为"按钮 ，打开"图形另存为"对话框。在"文件名"下拉列表框中输入新的图形文件名称"办公大楼剖面图1-1.dwg"，单击"保存"按钮，建立图形文件。

（2）整理图形元素。

① 在"默认"选项卡中单击"图层"面板中的"图层特性"按钮 ，打开"图层特性管理器"选项板，关闭不需要的图层。

② 单击程序图标，在弹出的下拉菜单（称为主菜单）中选择"图形实用工具"→"清理"命令，在弹出的"清理"对话框中，清理图形文件中多余的图形元素。

③ 在"默认"选项卡中单击"修改"面板中的"旋转"按钮 ，将整理后的一层平面图旋转90°，如图20-2所示。

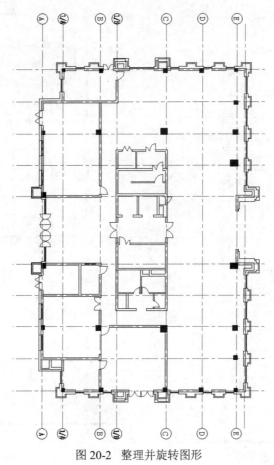

图 20-2　整理并旋转图形

20.1.2　绘制辅助线

辅助线包括地坪线和定位线，主要通过"直线""多段线""复制""偏移"命令来完成。

【操作步骤】

（1）绘制地坪线。

① 在"默认"选项卡中单击"图层"面板中的"图层特性"按钮 ，在弹出的"图层特性管理器"选项板中新建"地坪线"图层，并将其设置为当前图层。

② 在"默认"选项卡中单击"绘图"面板中的"多段线"按钮 ，在旋转后的一层平面图下方

绘制室外地坪线，如图20-3所示。

（2）绘制定位线。

① 在图层列表中选择"轴线"图层，将其设置为当前图层。

② 在"默认"选项卡中单击"绘图"面板中的"直线"按钮╱，根据一层平面图中的轴线引出辅助线，延伸到上步绘制的地坪线上。

③ 在"默认"选项卡中单击"修改"面板中的"偏移"按钮，将 A 轴线向左偏移 5500mm，C 轴线向右偏移 2000mm，E 轴线向右偏移 8000mm 和 6000mm，完成辅助线的绘制。

④ 在"默认"选项卡中单击"修改"面板中的"复制"按钮，将轴号复制到轴线的各端点，然后双击轴号，修改内容，完成轴号的绘制，如图20-4所示。

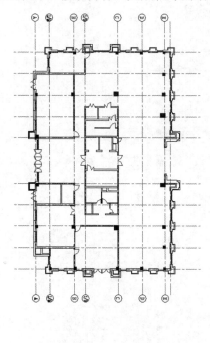

图 20-3　绘制地坪线

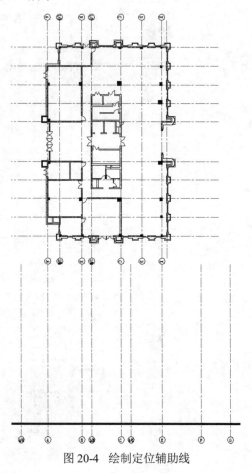

图 20-4　绘制定位辅助线

20.1.3　绘制墙体

利用"多段线""直线""偏移"和"图案填充"命令完成墙体的绘制。

【操作步骤】

（1）在图层列表中选择"墙线"图层，将其设置为当前图层。

（2）在"默认"选项卡中单击"修改"面板中的"偏移"按钮，将A轴线向右偏移500mm、240mm、6020mm、240mm、1880mm、240mm、5760mm、240mm、1880mm、240mm、6020mm 和240mm，并将偏移后的轴线切换到"墙线"图层，如图20-5所示。

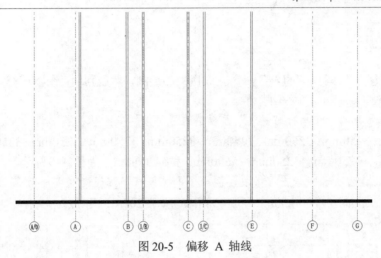

图 20-5 偏移 A 轴线

（3）在"默认"选项卡中单击"修改"面板中的"偏移"按钮⊆，将地坪线向上偏移 3300mm 和 950mm，如图20-6所示。

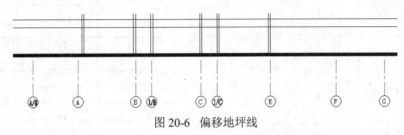

图 20-6 偏移地坪线

（4）在"默认"选项卡中单击"绘图"面板中的"多段线"按钮 ﹏﹏，根据辅助线绘制地下室墙体外轮廓线。

（5）在"默认"选项卡中单击"绘图"面板中的"直线"按钮╱和"图案填充"按钮▨，绘制内墙，如图20-7所示。

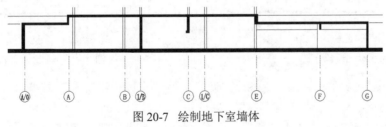

图 20-7 绘制地下室墙体

（6）在"默认"选项卡中单击"块"面板中的"插入"按钮 ，将车图块插入到图中，如图20-8所示。

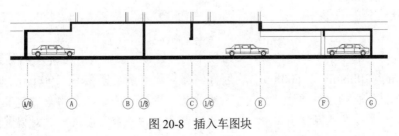

图 20-8 插入车图块

20.1.4　绘制楼板

首先利用"偏移""修剪""直线"命令完成楼板的绘制，然后利用"图案填充"命令进行完善。
【操作步骤】

（1）在"默认"选项卡中单击"修改"面板中的"偏移"按钮⊆，将地坪线向上偏移 7850mm、3300mm、3300mm、3250mm、3250mm、3250mm、3250mm、3250mm、3250mm、3250mm、3250mm、3250mm、3250mm、3250mm、3250mm、5600mm 和 4200mm，如图20-9所示。

（2）在"默认"选项卡中单击"修改"面板中的"偏移"按钮⊆，将上面偏移后的直线分别向上偏移 150mm、向下依次偏移 200mm 和 450mm，如图20-10所示。

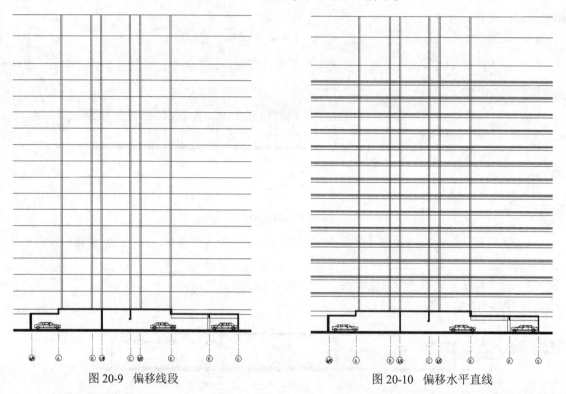

图 20-9　偏移线段　　　　　　　　　　　　　　图 20-10　偏移水平直线

（3）在"默认"选项卡中单击"修改"面板中的"修剪"按钮⅂，对偏移线段进行修剪，如图20-11所示。

（4）在"默认"选项卡中单击"修改"面板中的"偏移"按钮⊆，将地坪线向上偏移 6450mm、750mm、800mm，然后将 3 层到机房层的水平辅助线向下偏移 650mm 和 950mm，最后将最右侧竖直直线向左偏移 320mm 和 240mm。

（5）在"默认"选项卡中单击"修改"面板中的"修剪"按钮⅂，对楼板层进行修剪，结果如图20-12所示。

（6）在"默认"选项卡中单击"修改"面板中的"偏移"按钮⊆，将机房层向上偏移 700mm、750mm、4150mm、4200mm 和 600mm，然后将偏移后的直线向下偏移 200mm，如图20-13所示。

（7）在"默认"选项卡中单击"修改"面板中的"偏移"按钮⊆，将最右边竖直直线向左偏移 1400mm，然后在"默认"选项卡中单击"修改"面板中的"修剪"按钮⅂，对偏移后的直线进行修剪，如图20-14所示。

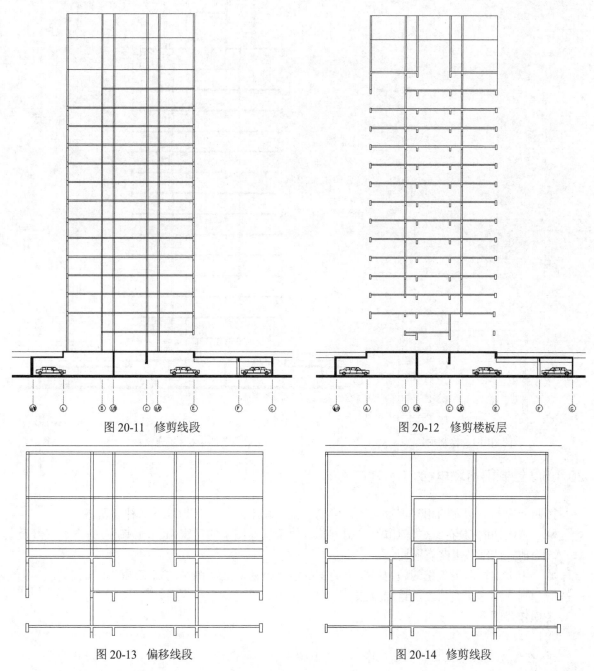

图 20-11　修剪线段　　　　　　　　　图 20-12　修剪楼板层

图 20-13　偏移线段　　　　　　　　　图 20-14　修剪线段

（8）在"默认"选项卡中单击"绘图"面板中的"直线"按钮╱和"修改"面板中的"修剪"按钮 ，完成顶层的绘制，结果如图20-15所示。

（9）在"默认"选项卡中单击"绘图"面板中的"图案填充"按钮 ，打开"图案填充创建"选项卡，单击"图案填充图案"按钮，在弹出的下拉列表框中选择 SOLID 图案，填充楼板层，结果如图20-16所示。

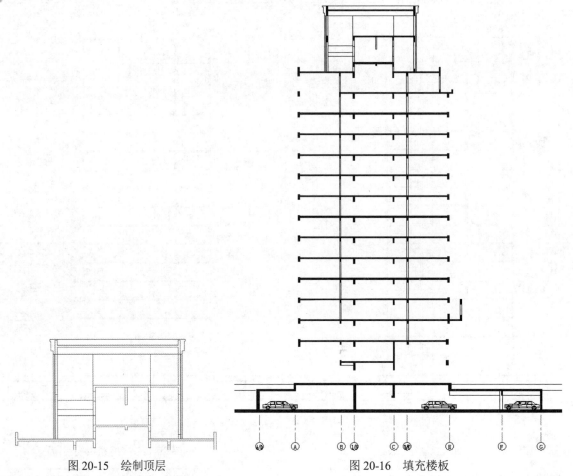

图 20-15　绘制顶层　　　　　　　　　图 20-16　填充楼板

20.1.5　绘制门窗和电梯

按照门窗与剖切面的相对位置关系，可以将剖面图中的门窗分为以下两种类型。

➥ 被剖切的门窗：这类门窗的绘制方法近似于平面图中的门窗画法，只是在方向、尺度及其他一些细节上略有不同。

➥ 未被剖切但仍可见的门窗：此类门窗的绘制方法同立面图中的门窗画法基本相同。下面分别介绍这两类门窗的绘制方法。

【操作步骤】

（1）绘制门窗。

① 在图层列表中选择"门窗"图层，将其设置为当前图层。

② 在"默认"选项卡中单击"绘图"面板中的"矩形"按钮 ▢，绘制一个矩形。

③ 在"默认"选项卡中单击"修改"面板中的"偏移"按钮 ⊜，将矩形向内偏移。

④ 在"默认"选项卡中单击"绘图"面板中的"直线"按钮╱和"修改"面板中的"修剪"按钮▚，完成窗户的绘制，如图20-17所示。

⑤ 在"默认"选项卡中单击"修改"面板中的"矩形阵列"按钮▥，将绘制的窗户进行阵列，设置"行数"为 13，行"介于"为 3250mm，如图20-18所示。

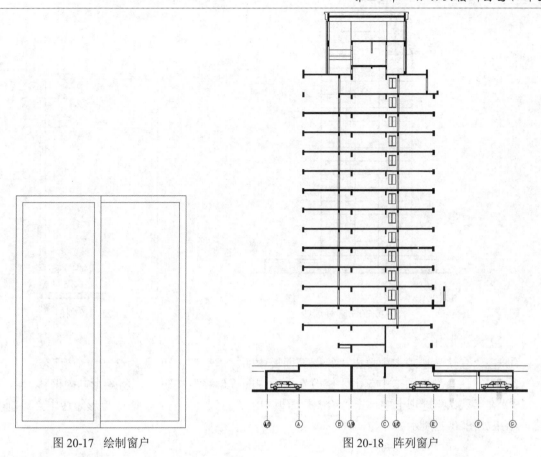

图 20-17 绘制窗户　　　　　　　　图 20-18 阵列窗户

⑥ 在"默认"选项卡中单击"绘图"面板中的"直线"按钮／，在墙之间绘制连线。

⑦ 在"默认"选项卡中单击"修改"面板中的"偏移"按钮⌫，将上述绘制的直线偏移80mm，偏移 3 次，完成墙线的绘制，如图20-19所示。

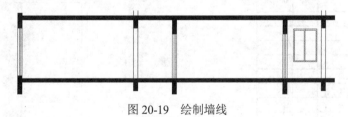

图 20-19 绘制墙线

⑧ 在"默认"选项卡中单击"修改"面板中的"矩形阵列"按钮▦，将绘制的墙线进行阵列，设置"行数"为 13，行"介于"为 3250mm。

⑨ 使用上述方法绘制其他位置处的窗户，结果如图20-20所示。

⑩ 在"默认"选项卡中单击"绘图"面板中的"矩形"按钮▢，绘制一个矩形。

⑪ 在"默认"选项卡中单击"修改"面板中的"偏移"按钮⌫，将矩形向内偏移，如图20-21所示。

⑫ 在"默认"选项卡中单击"修改"面板中的"矩形阵列"按钮▦，将绘制的门进行阵列，设置"行数"为 12，行"介于"为 3250mm。

⑬ 使用上述方法完成所有门的绘制，结果如图20-22所示。

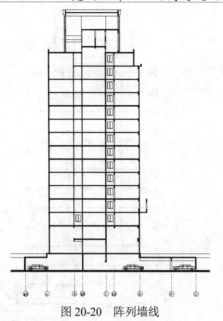

图 20-20　阵列墙线

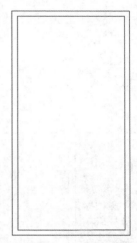

图 20-21　绘制门

（2）绘制电梯。

① 在"默认"选项卡中单击"绘图"面板中的"矩形"按钮 ▱，绘制一个矩形。

② 在"默认"选项卡中单击"修改"面板中的"偏移"按钮 ⊑，将矩形向内偏移。

③ 在"默认"选项卡中单击"绘图"面板中的"直线"按钮 ╱，选取矩形短边中点绘制竖向直线，结果如图20-23所示。

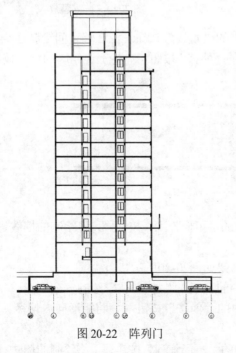

图 20-22　阵列门

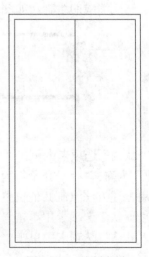

图 20-23　绘制电梯

④ 在"默认"选项卡中单击"修改"面板中的"矩形阵列"按钮 ▦，将绘制的电梯进行阵列，设置"行数"为 13，"行间距介于"为 3250mm。

⑤ 使用上述方法完成所有电梯的绘制，结果如图20-24所示。

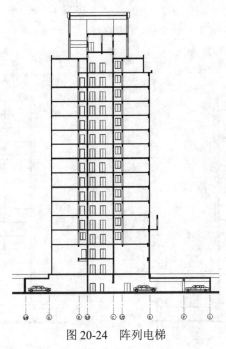

图 20-24 阵列电梯

20.1.6 绘制剩余图形

利用"直线""修剪"命令完成保温墙、柱子等剩余图形的绘制。

【操作步骤】

（1）在"默认"选项卡中单击"绘图"面板中的"直线"按钮 ∕，绘制保温墙，如图20-25所示。

（2）在"默认"选项卡中单击"绘图"面板中的"直线"按钮 ∕，绘制柱子。

（3）在"默认"选项卡中单击"修改"面板中的"修剪"按钮 ，修剪柱子，如图20-26所示。

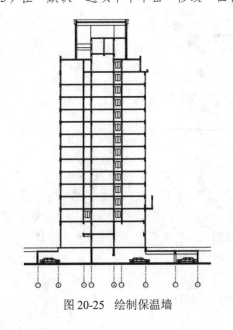

图 20-25 绘制保温墙

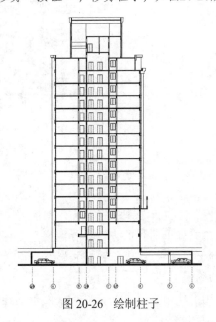

图 20-26 绘制柱子

（4）在"默认"选项卡中单击"绘图"面板中的"直线"按钮╱和"修改"面板中的"修剪"按钮⅍，完成左侧图形的绘制，如图20-27所示。

（5）利用上述方法绘制右侧图形，如图20-28所示。

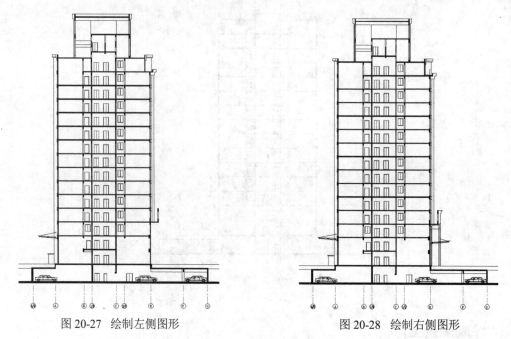

图 20-27 绘制左侧图形　　　　　　　　　　图 20-28 绘制右侧图形

（6）在"默认"选项卡中单击"绘图"面板中的"直线"按钮╱和"图案填充"按钮▨，细化顶层。

（7）在"默认"选项卡中单击"修改"面板中的"修剪"按钮⅍，修剪掉多余的直线，如图20-29所示。

图 20-29   细化顶层

（8）在"默认"选项卡中单击"绘图"面板中的"直线"按钮╱，绘制地下室；然后在"默认"选项卡中单击"绘图"面板中的"图案填充"按钮▨，打开"图案填充创建"选项卡，单击"图案填充图案"按钮，在弹出的下拉列表框中选择 ANSI31 图案，设置填充比例为 100，对地下室进行第一次填充；以同样的方法设置图案填充图案为 DOTS，填充角度为 45°，进一步填充地下室。

（9）在"默认"选项卡中单击"修改"面板中的"修剪"按钮⅍，修剪掉多余的直线，如图20-30所示。

（10）使用上述方法完成剩余图形的绘制，结果如图20-31所示。

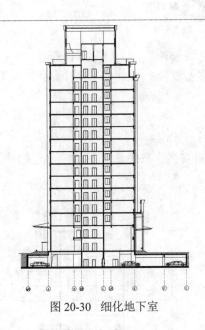

图 20-30 细化地下室

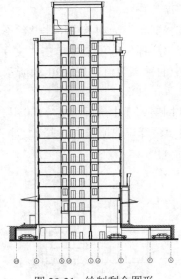

图 20-31 绘制剩余图形

20.1.7 剖面标注

一般情况下，在方案初步设计阶段，剖面图中的标注以剖面标高和门窗等构件尺寸为主，用来表明建筑内、外部空间以及各构件间的水平和垂直关系。

【操作步骤】

（1）尺寸标注。

① 在图层列表中选择"标注"图层，将其设置为当前图层。

② 在"默认"选项卡中单击"注释"面板中的"线性标注"按钮，标注细部尺寸，如图20-32所示。

③ 在"默认"选项卡中单击"注释"面板中的"线性标注"按钮，标注剩余尺寸，如图20-33所示。

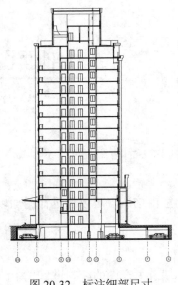

图 20-32 标注细部尺寸

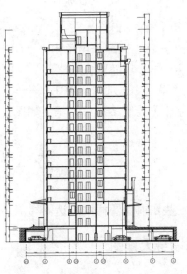

图 20-33 标注剩余尺寸

（2）标高标注。

① 在"默认"选项卡中单击"绘图"面板中的"直线"按钮／，绘制标高符号。

② 在"注释"选项卡中单击"文字"面板中的"多行文字"按钮 A，在标高符号的长直线上方添加相应的标高数值，如图20-34所示。

（3）文字标注。

① 在图层列表中选择"文字"图层，将其设置为当前图层。

② 在"注释"选项卡中单击"文字"面板中的"多行文字"按钮 A，标注文字说明，如图20-35所示。

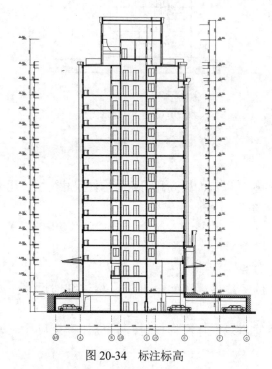

图 20-34　标注标高

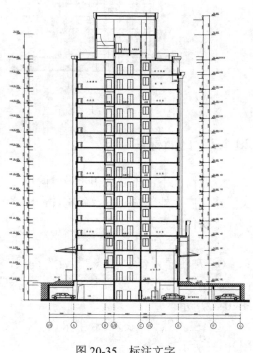

图 20-35　标注文字

（4）图名标注。

① 在"注释"选项卡中单击"文字"面板中的"多行文字"按钮 A，输入"1-1 剖面图1:100"。

② 在"默认"选项卡中单击"绘图"面板中的"多段线"按钮 ⌐͟，在文字下方绘制多段线，结果如图20-36所示。

1-1剖面图 1:100

图 20-36　标注图名

20.2　办公大楼部分建筑详图的绘制

对于一些在前面图样中表达不够清楚而又相对重要的室内构造，可以通过详图加以详细表达。

20.2.1　墙身大样图

本小节以办公大楼 1-1 剖面图中的墙身详图为例讲述墙身大样图的绘制过程。为了使绘图过程更简单、准确，可以从办公大楼 1-1 剖面图中直接复制出墙体图样，再加以修改，即可得到墙身大样图，如图20-37所示。

【操作步骤】

（1）打开资源包中的源文件\第 20 章\办公大楼剖面图 1-1.dwg 文件。

（2）在"默认"选项卡中单击"修改"面板中的"复制"按钮，选择右侧部分墙体复制到办公大楼建筑详图中。

（3）在"默认"选项卡中单击"修改"面板中的"镜像"按钮，镜像墙体，删除源对象。

（4）在"默认"选项卡中单击"绘图"面板中的"直线"按钮和"修改"面板中的"修剪"按钮，绘制折断线，整理图形，结果如图20-38所示。

（5）在"默认"选项卡中单击"注释"面板中的"线性标注"按钮和"连续标注"按钮，标注尺寸，结果如图20-39所示。

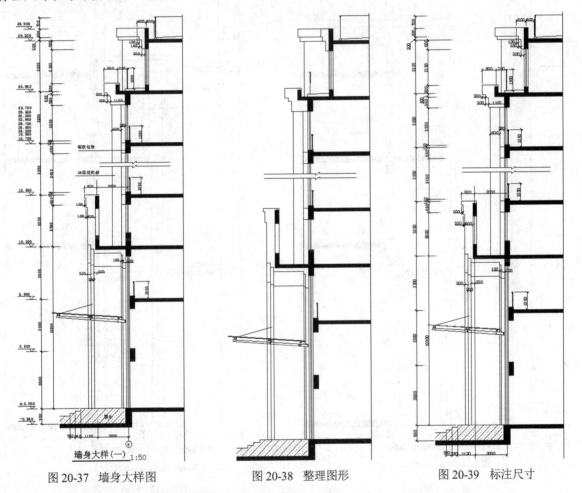

图20-37 墙身大样图　　　图20-38 整理图形　　　图20-39 标注尺寸

（6）在"默认"选项卡中单击"绘图"面板中的"直线"按钮，绘制标高符号。

（7）在"注释"选项卡中单击"文字"面板中的"多行文字"按钮A，在标高符号的长直线上方添加相应的标高数值，如图20-40所示。

（8）在"注释"选项卡中单击"文字"面板中的"多行文字"按钮A，标注文字说明，如图20-41所示。

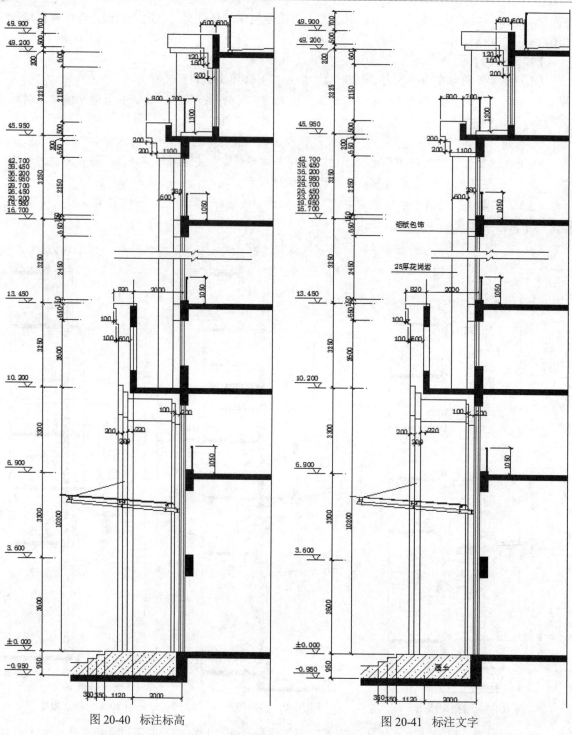

图 20-40 标注标高　　　　　　　　图 20-41 标注文字

（9）在"默认"选项卡中单击"绘图"面板中的"圆"按钮⊙，在"注释"选项卡中单击"文字"面板中的"多行文字"按钮**A**，绘制轴号，如图20-42所示。

（10）在"注释"选项卡中单击"文字"面板中的"多行文字"按钮**A**和"多段线"按钮⊃，标注图名，如图20-43所示。

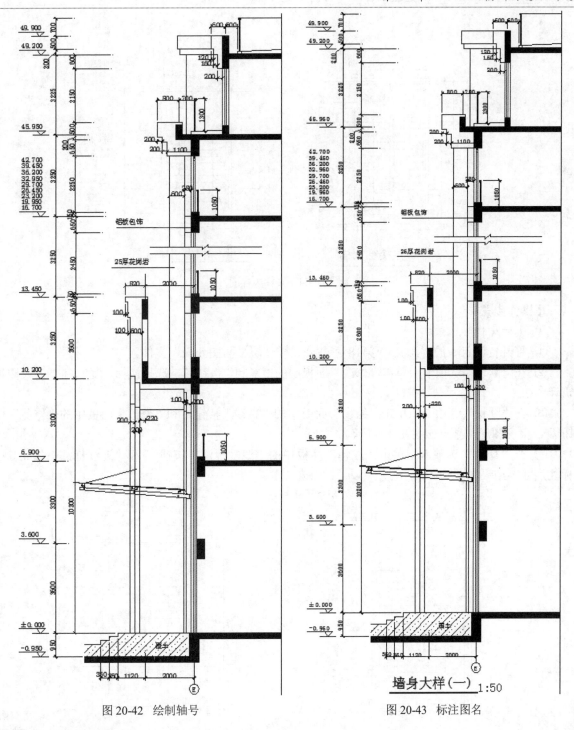

图 20-42 绘制轴号

图 20-43 标注图名

墙身大样(一) 1:50

20.2.2 楼梯大样图

本小节以办公大楼一层平面图和标准层平面图中的楼梯详图为例讲述楼梯大样图的绘制过程。为了使绘图过程更简单、准确,可以直接从办公大楼一层平面图和标准层平面图中直接复制楼梯图样,再加以修改,即可得到楼梯大样图,如图20-44所示。

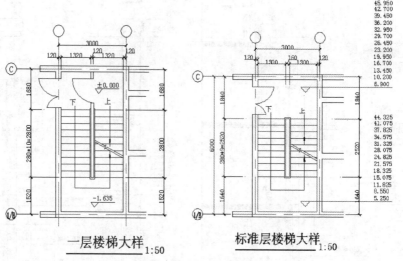

图 20-44　楼梯大样图

【操作步骤】

（1）一层楼梯大样。

① 打开资源包中的"源文件\第18章\办公大楼一层平面图.dwg"文件。

② 在"默认"选项卡中单击"修改"面板中的"复制"按钮🔀，选择楼梯，复制到办公大楼建筑详图中。

③ 在"默认"选项卡中单击"绘图"面板中的"直线"按钮╱和"修改"面板中的"修剪"按钮✂，整理图形，结果如图20-45所示。

④ 在"默认"选项卡中单击"注释"面板中的"线性标注"按钮├┤和"连续标注"按钮├┼┤，标注尺寸，结果如图20-46所示。

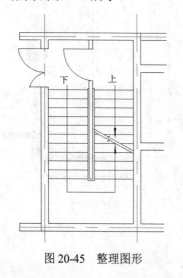

图 20-45　整理图形

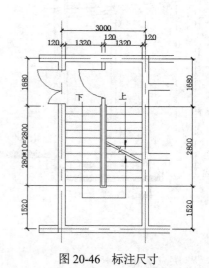

图 20-46　标注尺寸

⑤ 在"默认"选项卡中单击"绘图"面板中的"直线"按钮╱，绘制标高符号。

⑥ 在"注释"选项卡中单击"文字"面板中的"多行文字"按钮**A**，在标高符号的长直线上方添加相应的标高数值，如图20-47所示。

⑦ 在"默认"选项卡中单击"绘图"面板中的"圆"按钮⊙，在"注释"选项卡中单击"文字"面板中的"多行文字"按钮**A**，绘制轴号，如图20-48所示。

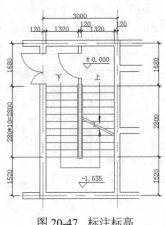

图20-47　标注标高

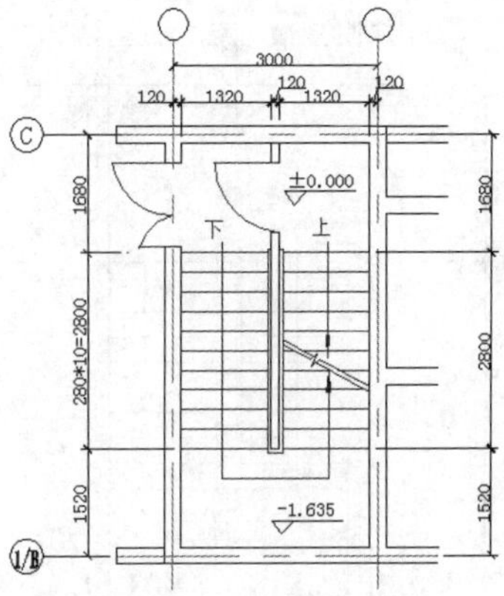

图20-48　绘制轴号

⑧ 在"注释"选项卡中单击"文字"面板中的"多行文字"按钮**A**，在"默认"选项卡中单击"绘图"面板中的"多段线"按钮⤵，标注图名，如图20-49所示。

（2）标准层大样。

① 使用同样的方法单击快速访问工具栏中的"打开"按钮📂，打开"源文件\第18章\办公大楼标准层平面图.dwg"文件。

② 在"默认"选项卡中单击"修改"面板中的"复制"按钮 ❀，选择楼梯，复制到办公大楼建筑详图中。

③ 在"默认"选项卡中单击"绘图"面板中的"直线"按钮╱和"修改"面板中的"修剪"按钮✄，整理图形，结果如图20-50所示。

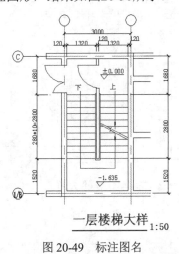

一层楼梯大样 1:50

图20-49　标注图名

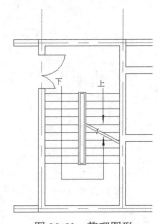

图20-50　整理图形

④ 在"默认"选项卡中单击"注释"面板中的"线性标注"按钮┝┥和"连续标注"按钮┼┼┼，标注尺寸，结果如图20-51所示。

⑤ 在"默认"选项卡中单击"绘图"面板中的"直线"按钮╱，绘制标高符号。

⑥ 在"注释"选项卡中单击"文字"面板中的"多行文字"按钮**A**，在标高符号的长直线上

方添加相应的标高数值，如图20-52所示。

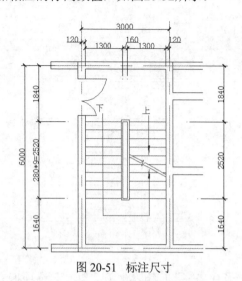

图20-51 标注尺寸

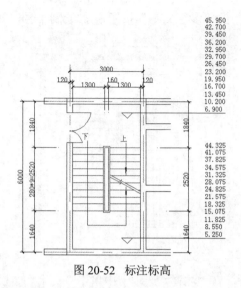

图20-52 标注标高

⑦ 在"默认"选项卡中单击"绘图"面板中的"圆"按钮⊙，在"注释"选项卡中单击"文字"面板中的"多行文字"按钮 A，绘制轴号，如图20-53所示。

⑧ 在"注释"选项卡中单击"文字"面板中的"多行文字"按钮 A，在"默认"选项卡中单击"绘图"面板中的"多段线"按钮⌐，标注图名，如图20-54所示。

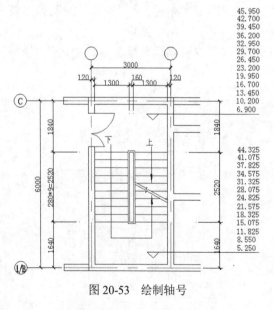

图20-53 绘制轴号

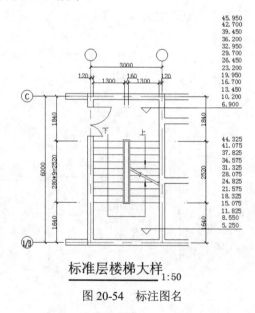

标准层楼梯大样 1:50

图20-54 标注图名

扫一扫，看视频

20.2.3 裙房局部立面大样图

本小节以办公大楼⑧～①轴立面图中裙房局部放大图制作为例讲述裙房局部放大图的绘制过程。为了使绘图过程更简单、准确，可以直接从办公大楼⑧～①轴立面图中直接复制出裙房局部，再加以修改，即可得到裙房局部大样图，如图20-55所示。

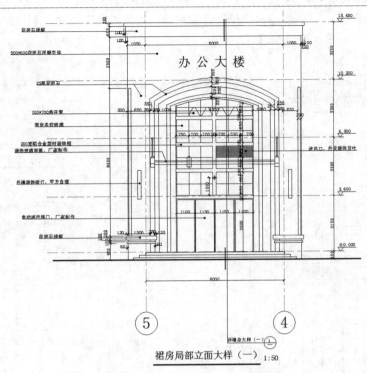

图 20-55　裙房局部立面大样图

【操作步骤】

（1）打开资源包中的"源文件\第19章\办公大楼⑧～①轴立面图.dwg"文件。

（2）在"默认"选项卡中单击"修改"面板中的"复制"按钮，选择裙房局部，复制到办公大楼建筑详图中。

（3）在"默认"选项卡中单击"绘图"面板中的"直线"按钮/和"修改"面板中的"修剪"按钮，整理图形，结果如图20-56所示。

（4）在"默认"选项卡中单击"注释"面板中的"线性标注"按钮和"连续标注"按钮，标注细部尺寸，结果如图20-57所示。

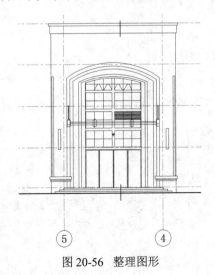

图 20-56　整理图形

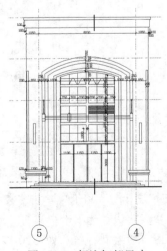

图 20-57　标注细部尺寸

（5）在"默认"选项卡中单击"注释"面板中的"线性标注"按钮⊢⊢和"连续标注"按钮⊢⊢，标注轴线间的尺寸，结果如图20-58所示。

（6）在"默认"选项卡中单击"绘图"面板中的"直线"按钮／，绘制标高符号。

（7）在"注释"选项卡中单击"文字"面板中的"多行文字"按钮A，在标高符号的长直线上方添加相应的标高数值，如图20-59所示。

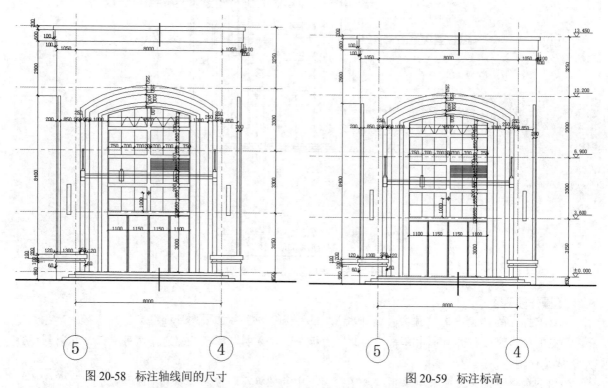

图 20-58　标注轴线间的尺寸　　　　　　　　图 20-59　标注标高

（8）在命令行中输入QLEADER命令，然后按照提示输入S，打开"引线设置"对话框，如图20-60所示。设置箭头形式为"点"，引出水平直线标注文字说明，结果如图20-61所示。

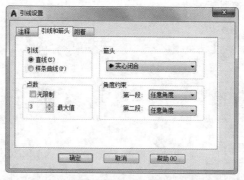

图 20-60　"引线设置"对话框

（9）在"注释"选项卡中单击"文字"面板中的"多行文字"按钮A，在图形下方输入文字。

（10）在"默认"选项卡中单击"绘图"面板中的"多段线"按钮⌐⊃，在文字下方绘制一条多段线，完成图名的绘制，结果如图20-62所示。

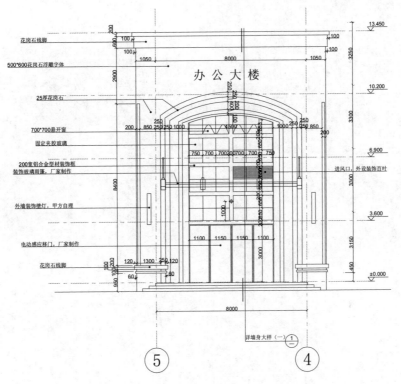

图 20-61 标注文字

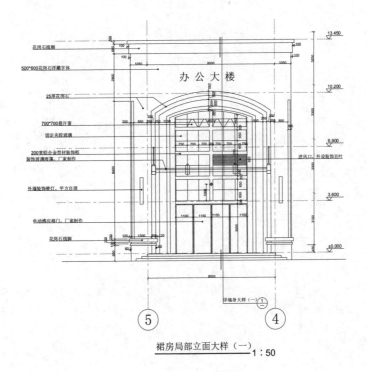

裙房局部立面大样（一）1：50

图 20-62 标注图名